Evandro Carlos Teruel

Arquitetura de sistemas para web com Java utilizando design patterns e frameworks

Arquitetura de Sistemas para Web com Java utilizando Design Patterns e Frameworks

Editor: Paulo André P. Marques
Produção Editorial: Aline Vieira Marques
Assistente Editorial: Amanda Lima da Costa
Capa: Carlos Arthur Candal
Diagramação: André Oliva
Copidesque: Paula Regina Pilastri

FICHA CATALOGRÁFICA

EVANDRO, Carlos Teruel.

Arquitetura de Sistemas para Web com Java utilizando Design Patterns e Frameworks

Rio de Janeiro: Editora Ciência Moderna Ltda., 2012.

1. Programação de Computador – Programas e Dados. 2. Linguagem de Programação

I — Título

ISBN: 978-85-399-0221-7

CDD 005
005.133

Editora Ciência Moderna Ltda.
R. Alice Figueiredo, 46 – Riachuelo
Rio de Janeiro, RJ – Brasil CEP: 20.950-150
Tel: (21) 2201-6662/ Fax: (21) 2201-6896
E-MAIL: LCM@LCM.COM.BR
WWW.LCM.COM.BR

02/12

Requisitos de hardware e de software

Software – Versões recomendadas

- Linux ou Windows XP Professional SP3/Vista SP1/Windows 7 Professional
- NetBeans 6.8 ou posterior
- Java Development Kit (JDK) versão 6
- Servidor de aplicações GlassFish 3.0.1
- JavaServer Faces (JSF) 2.0
- Java Persistence API (JPA) 2.0
- Enterprise JavaBeans (EJB) 3.1
- Download MySQL Community Server 5.1.53
- MySQL Workbench 5.2.30

Notas:

- Todos os softwares, exceto o Windows, são de uso livre.
- As linguagens HTML, XHTML, XML e CSS são de uso livre e normatizadas pela W3C.

Hardware - Configurações recomendadas para cada sistema operacional

- Microsoft Windows XP Professional SP3/Vista SP1/Windows 7 Professional:
  - Processador: 2,6 GHz Intel Premium IV ou equivalente
  - Memória: 2 GB
  - Espaço em disco: 1 GB de espaço livre em disco
- Ubuntu 9.10:
  - Processador: 2,6 GHz Intel Premium IV ou equivalente
  - Memória: 2 GB
  - Espaço em disco: 850 MB de espaço livre em disco
- Solaris OS versão 10 (SPARC):
  - Processador: UltraSPARC IIIi 1 GHz
  - Memória: 2 GB
  - Espaço em disco: 850 MB de espaço livre em disco
- Solaris OS versão 10 (edição plataforma x86/x64):
  - Processador: AMD Opteron 1200 Series 2,8 GHz

- Memória: 2 GB
- Espaço em disco: 850 MB de espaço livre em disco
- OpenSolaris 2010.03 (edição plataforma x86/x64):
- Processador: AMD Opteron 1200 Series 2,8 GHz
- Memória: 2 GB
- Espaço em disco: 650 MB de espaço livre em disco
- Macintosh OS X 10.6 Intel:
- Processador: Intel Dual Core (32 ou 64 bits)
- Memória: 2 GB
- Espaço em disco: 850 MB de espaço livre em disco

Sobre o material disponível na Internet

As respostas dos exercícios e exemplos do livro estão disponíveis para download no site da Editora Ciência Moderna www.lcm.com.br. Para fazer o download basta clicar no item Downloads, no canto direito da página, e buscar pelo titulo do livro.

Procedimento para descompactação

Primeiro passo: Após ter transferido os arquivos, verifique o diretório em que se encontra e dê um duplo-clique nele. Será exibida uma tela do programa WINZIP SELF-EXTRACTOR que o conduzirá ao processo de descompactação. Abaixo do UNZIP To Folder, existe um campo que indica o destino dos arquivos que serão copiados para o disco rígido de seu computador.

Segundo passo: prossiga a instalação, clicando no botão Unzip, o qual se encarrega de descompactar os arquivos. Logo abaixo dessa tela, aparece a barra de status que monitora o processo para que você acompanhe. Após o término, outra tela de informação surgirá, indicando que os arquivos foram descompactados com sucesso e estão no diretório criado. Para sair dessa tela, clique no botão Ok. Para finalizar o programa WINZIP SELF-EXTRACTOR, clique no botão Close.

Dedicatória

A minha mãe, por ter lutado em momentos difíceis para que eu pudesse prosseguir com os estudos.

A minha esposa Angela e a meus filhos, Ana Luiza e Pedro Henrique, que foram compreensivos nos períodos de ausência em que me dediquei à pesquisa.

A meus sogros Iracema e Jorge por terem me acolhido como membro da família, incentivado e apoiado.

Agradecimentos

Agradeço pelo incentivo e apoio prestados por:

- UNINOVE, na pessoa do diretor da Diretoria dos Cursos de Informática, Prof. Marcos Alberto Bussab, e ao coordenador dos cursos de Informática do Campus Santo Amaro, Prof. Nilson Salvetti.
- Prof. Dr. Marcelo Duduchi Feitosa, Prof. Dr. Aristides Novelli Filho e Prof. Dr. Maurício Amaral de Oliveira, orientadores do Programa de Mestrado do Centro Paula Souza.
- Profª Drª Helena Gemignani Peterossi coordenadora do Programa de Mestrado do Centro Paula Souza.
- Prof. Marco A. Tomé, coordenador acadêmico do Instituto de Ciências da Informação da UNIBAN.
- Prof. Carlos Querido, coordenador dos cursos técnicos da ETESP.
- Gestores dos Cursos de Informática da UNINOVE.

Sobre o Autor

Evandro Carlos Teruel é formado em Processamento de Dados pela Faculdade de Tecnologia de São Paulo (FATEC-SP), pós-graduado especialista em Projeto e Desenvolvimento de Sistemas para Web, pós-graduado especialista em Segurança da Informação e Mestre em Tecnologia na linha de pesquisa Gestão da Tecnologia da Informação Aplicada pelo Centro Estadual de Educação Tecnológica Paula Souza (CEETEPS).

Possui vasta experiência em educação, tendo lecionado no ensino fundamental, médio, técnico e superior.

Atua na área da Informática desde 1989 em atividades de desenvolvimento de softwares, treinamento corporativo de pessoal e ensino em escolas e universidades.

Apresentação

Este livro aborda aspectos da arquitetura de sistemas para web desenvolvidos com Java e tecnologias relacionadas. Apresenta os principais *design patterns* e *frameworks* utilizados no desenvolvimento de aplicações web na plataforma Java com exemplos práticos de utilização explicados passo a passo e ferramentas de apoio ao desenvolvimento rápido de banco de dados e programas. É destinado a professores, alunos do ensino técnico e universitário, autodidatas e profissionais que atuam na área de projeto e desenvolvimento de sistemas para web. Para compreender melhor os conteúdos abordados é necessário conhecimento prévio de conceitos relacionados à orientação a objetos como classes, métodos, instância, objetos, encapsulamento, herança, interfaces, classes e métodos abstratos. É aconselhável também conhecimento prévio no desenvolvimento de páginas utilizando as linguagens HTML, XHTML e CSS.

Cada capítulo é estruturado com uma introdução, apresentação dos conceitos teóricos, exemplos práticos explicados passo a passo, resumo e lista de exercícios.

Os conteúdos abordados em cada capítulo são apresentados a seguir:

Capítulo 1 – Arquitetura de aplicações web em três camadas

Apresenta um histórico do surgimento da Internet e a evolução do aspecto arquitetural das aplicações abordando principalmente a arquitetura em três camadas e o *design pattern* MVC com foco nas diferenças entre eles. Apresenta ainda as tecnologias Java Servlet e JavaServer Pages.

Capítulo 2 - Exemplo de aplicação web utilizando a Arquitetura em Três Camadas e o padrão MVC

Apresenta uma aplicação de controle de departamento e funcionários utilizando a arquitetura em três camadas e o padrão MVC. Nesse exemplo, são utilizados diagramas da UML para expor aspectos de interação e arquitetura e um banco de dados com duas tabelas relacionadas com grau 1 para n. Como nenhum *framework* foi utilizado, toda a codificação é feita manualmente, acarretando um maior esforço de programação. Nessa aplicação são utilizadas as tecnologias Java Servlet e JSP, as linguagens HTML e JavaScript e folhas de estilo CSS.

Capítulo 3 - Reuso de componentes: Design Patterns e Frameworks

Apresenta o conceito de *design pattern* e *framework*, as diferenças entre eles e os principais *design patterns* e *frameworks* utilizados no desenvolvimento de aplicações com Java.

Dentre os *design patterns* apresentados estão o MVC, Data Access Object (DAO), Front Controller, View Helper, Command, Intercepting Filter, Session facade, Data Transfer Object (DTO) Business Object e Application Service. Apresenta ainda os *frameworks* Hibernate, Spring, JavaServer Faces, Struts e *Bean* Validation. A maioria desse *design patterns* e *frameworks* são utilizados na prática nos próximos capítulos.

Capítulo 4 - Hibernate

Apresenta o *framework* Hibernate utilizado para fazer o mapeamento objeto/relacional no ambiente Java, ou seja, o mapeamento de classes Java para tabelas de banco de dados. Apresenta ainda os *design patterns* MVC, DAO, DTO, Front Controller, Intercepting Filter, Command e o **View** Helper adaptado para Controller Helper.

Aborda também a Java Persistence API (JPA) e as possibilidade de implementação com o Hibernate, as formas e recursos de consultas, o Hibernate Annotations, a criação de sessões do Hibernate por operação e por requisição e o mesmo exemplo apresentado no capítulo 2 para controle de departamentos e funcionários utilizando o Hibernate.

Capítulo 5 - JavaServer Pages Standard *Tag* Library (JSTL)

Apresenta as bibliotecas de *tag*s JSTL utilizadas para criar a interface do usuário, os seja as páginas JSP embutindo instruções Java em *tag*s JSTL especiais. Utiliza o mesmo exemplo apresentado no capítulo 4, recriando as páginas JSP utilizando *tag*s JSTL.

Capítulo 6 - JavaServer Faces

Apresenta o *framework* JavaServer Faces (JSF) e seus poderosos recursos utilizados no desenvolvimento web com Java. Apresenta as bibliotecas de *tags* JSF, os componentes do *framework* e arquivos XML de configuração, a validação e conversão de dados e suporte a internacionalização, a integração do *framework* com JPA e EJB 3. Apresenta ainda o mesmo exemplo dos capítulos anteriores além dos recursos da IDE NetBeans para gerar aplicações web com JSF automaticamente por meio de seus assistentes.

Capítulo 7 - O futuro do desenvolvimento de software – ferramentas de apoio ao desenvolvimento rápido de software

Apresenta um histórico das formas de desenvolvimento de software e as tendências para o futuro, abordando ferramentas geradoras de banco de dados a partir de um modelo de dados, geradoras da aplicação a partir de um modelo de dados, IDEs com recursos de geração automática de código e a linguagem XML como recurso para a integração de sistemas.

São apresentadas as ferramentas Genexus, Magic Software iBOLT e uniPaaS, ERwin, DBDesigner, MySQL WorkBench e os ambientes de desenvolvimento NetBeans IDE, Visual Studio IDE e DreamWeaver IDE.

Introdução

Nos últimos 20 anos, a evolução tecnológica acelerou todas as formas de produção. Para dar suporte a essa evolução, surgiram uma infinidade de tecnologias voltadas para a criação de novos produtos e serviços, para dar suporte a essa gama de tecnologias. O crescimento da produção e das vendas aumentou a quantidade de informações produzidas e a indústria de software se viu obrigada a produzir softwares capazes de manipular um conjunto crescente de informações em ambientes cada vez mais heterogêneos. O advento da Internet no Brasil e o avanço das telecomunicações a partir da década de 90 criaram o cenário propício para a evolução dos Sistemas de Informação e consequentemente da Tecnologia da Informação.

Nesse cenário, programar se tornou um desafio ainda maior, pois o nível de complexidade dos sistemas aumentou exponencialmente o esforço da programação e a exigência de conhecimento do programador. De um produtor de código em uma linguagem específica, o programador se viu na necessidade de conhecer um conjunto de linguagens, ferramentas de apoio e integração de sistemas, protocolos de comunicação etc.

As universidades, que na década de 80 ofereciam uns poucos cursos na área da Computação centralizados principalmente nas áreas Ciência da Computação e Engenharia da Computação abriram novas opções de cursos e fragmentaram a oferta de conhecimento em uma enorme gama de cursos de tecnologia. Entretanto, o grande desafio passou a ser o de formar pessoas para a área de Tecnologia da Informação realmente capazes de programar e desenvolver modelos abstratos.

Nas primeiras disciplinas dos cursos superiores, como Lógica de Programação ou Modelagem de Dados, é comum muitos alunos abandonarem o curso por falta de habilidade e dificuldade de assimilar conhecimentos essenciais para o desenvolvimento de software.

Essa situação tem levado algumas empresas a desenvolverem softwares para gerar softwares, automatizando alguns dos processos de desenvolvimento, incluindo o processo de geração de banco de dados e programação. Ferramentas inteligentes já conseguem um bom resultado gerando códigos de programa complexos que substituem uma equipe inteira de programadores.

Mesmo as empresas que não utilizam esse tipo de ferramenta,

utilizam conhecimentos adquiridos, testados e sintetizados em *frameworks* específicos para cada domínio de conhecimento. Esses *frameworks* auxiliam na programação por disponibilizarem componentes de software prontos e/ou pré-definidos para um domínio específico que podem ser integrados com um nível aceitável de esforço aos componentes do sistema em desenvolvimento.

Além dos *frameworks*, os *design patterns* oferecem modelos baseados nas melhores práticas de desenvolvimento de software que servem como um guia para o desenvolvimento de novos programas.

Este livro apresenta uma abordagem de programação para web utilizando a plataforma Java que vai desde o desenvolvimento como era quando a plataforma surgiu, na qual tudo era resolvido pela habilidade do programador, com um grande número de linhas de código, até o desenvolvimento nos dias atuais, com o uso de *design patterns* e *frameworks* modernos.

Aborda em cada capítulo um conjunto de tecnologias de forma evolutiva que vão ajudar o desenvolvedor a ampliar seus conhecimentos na área de projeto e desenvolvimento de sistemas para web.

Sumário

Capítulo 1 - Arquitetura de aplicações web em três camadas

1.1 Java Servlets 02
1.2 JavaServer Pages 03
1.3 Modelo de arquitetura em três camadas 04
1.4 O padrão MVC 05
1.4.1 O componente Model do MVC 07
1.4.2 O componente View do MVC 08
1.4.3 O componente Controller do MVC 08
1.5 Regras de negócio 09
1.6 Diferenças entre o padrão MVC e a Arquitetura em Três Camadas 10
1.7 Resumo 12
1.8 Exercícios 13

Capítulo 2 - Exemplo de aplicação web utilizando a Arquitetura em Três Camadas e o padrão MVC

2.1 Arquitetura da aplicação 16
2.1.1 Diagrama de casos de uso da aplicação 16
2.1.2 Diagrama de classe da arquitetura da aplicação 17
2.1.2.1 Breve descrição das classes da arquitetura 18
2.1.3 Diagrama de classes da aplicação 19
2.1.4 Diagrama de pacotes da arquitetura da aplicação 21
2.2 Banco de dados da aplicação 22
2.3 Criação dos componentes da aplicação 23
2.3.1 Criação do Projeto no NetBeans 24
2.3.2 Criação dos componentes do projeto 24
2.3.2.1 Breve descrição dos componentes do projeto 26
2.3.3 Criação do Banco de Dados e das tabelas 28
2.3.4 Adicionando o JDBC MySQL Driver ao projeto 31
2.3.5 Arquivos representados no componente View do MVC 31

2.3.5.1 Arquivo Cascading Style Sheets (CSS) 32
2.3.5.2 Menu principal 34
2.3.5.3 Menu Departamentos 36
2.3.5.4 Incluir departamento 38
2.3.5.5 Pesquisar departamento para modificar os dados 41
2.3.5.6 Alteração dos dados do departamento 42
2.3.5.7 Exclusão de departamentos 45
2.3.5.8 Consultar um departamento 47
2.3.5.9 Exibição dos dados dos departamentos pesquisados 48
2.3.5.10 Menu Funcionários 51
2.3.5.11 Incluir funcionário 53
2.3.5.12 Pesquisar funcionário para modificar os dados 58
2.3.5.13 Alteração dos dados do funcionário 59
2.3.5.14 Exclusão de funcionários 64
2.3.5.15 Consultar um funcionário 66
2.3.5.16 Exibição dos dados dos funcionários pesquisados 67
2.3.5.17 Exibição das mensagens de retorno ao usuário 70
2.3.6 Servlet representada no componente Controller do MVC 73
2.3.6.1 Servlet de controle de fluxo da aplicação 73
2.3.7 Classes representadas no componente Model do MVC 81
2.3.7.1 Classes de entidade – Value Object (VO) 81
2.3.7.2 Classes de negócio – Application Services 85
2.3.7.3 Classes de persistência – Data Access Object (DAO) 89
2.4 Considerações finais sobre o exemplo apresentado 100
2.5 Resumo 101
2.6 Exercícios 101

Capítulo 3 - Reuso de componentes: Design Patterns e Frameworks

3.1 Framework 103
3.2 Design Pattern 105
3.3 Principais Frameworks utilizados 106
3.3.1 Frameworks para desenvolvimento de software com Java 106

3.3.1.1 Hibernate 107
3.3.1.2 Spring 108
3.3.1.3 JavaServer Faces 110
3.3.1.4 Struts 112
3.3.1.5 Bean Validation 114
3.3.2 Principais design patterns utilizados no desenvolvimento de software 115
3.3.2.1 MVC 115
3.3.2.2 Data Access Object (DAO) 116
3.3.2.3 Front Controller 118
3.3.2.4 View Helper 119
3.3.2.5 Command 120
3.3.2.6 Intercepting Filter 121
3.3.2.7 Session Facade 122
3.3.2.8 Data Transfer Object (DTO) 123
3.3.2.9 Business Objects 124
3.3.2.10 Application Service 125
3.4 Resumo 125
3.5 Exercícios 126

Capítulo 4 - Hibernate

4.1 A comunicação Java/Banco de dados 130
4.2 Hibernate e JPA 131
4.3 Vantagens do uso do Hibernate 132
4.4 Arquitetura do Hibernate 133
4.5 Exemplo simples de configuração e uso do Hibernate 134
4.5.1 Criação do banco de dados e da tabela 135
4.5.2 Criação do projeto utilizando o NetBeans 135
4.5.3 Adição do driver JDBC MySQL na biblioteca do projeto 137
4.5.4 Criação da classe de persistência 137
4.5.5 Criação do arquivo de mapeamento 141
4.5.6 Criação do arquivo de configuração do Hibernate 146
4.5.7 Classe de ajuda para a inicialização do Hibernate 149
4.5.8 Incluindo e consultando informações da tabela 151

4.5.9 Outras operações no banco de dados utilizando o Hibernate . 155
4.5.9.1 Alteração de registros na tabela 156
4.5.9.2 Exclusão de registros na tabela 156
4.5.10 Consultas 157
4.5.10.1 Consultas com SQL nativo 158
4.5.10.1.1 Consulta com retorna de apenas uma linha 158
4.5.10.1.2 Consulta com retorno de múltiplas linhas 159
4.5.10.2 Consultas com HQL 160
4.5.10.2.1 Consulta HQL com retorno de uma linha 160
4.5.10.2.2 Consulta HQL com retorno de múltiplas linhas 161
4.5.10.3 Diferenças entre utilizar HQL e SQL 162
4.5.10.4 Consultas por critérios 162
4.5.10.4.1 Consulta por critérios com retorno de uma linha 163
4.5.10.4.2 Consulta por critério com retorno de múltiplas linhas 164
4.5.10.4.3 Consultas por critérios com restrições 165
4.5.10.5 Consultas por exemplos 166
4.5.10.6 Formas de percorrer uma lista de objetos retornados na consulta 167
4.6 Hibernate Annotations 170
4.7 Exemplo com Hibernate Annotations 171
4.8 Sessões do Hibernate 176
4.8.1 Sessão por operação (session-per-operation) 176
4.8.2 Sessão por requisição (session-per-request) 180
4.8.3 Como implementar sessão por requisição (session-per-request) 180
4.8.3.1 Filtro de requisições 180
4.9 Exemplo de aplicação com Hibernate mapeando entidades com grau de relacionamento 1:n 183
4.9.1 Arquitetura da aplicação 183
4.9.2 Distribuição dos componentes nas camadas do MVC 186
4.9.3 Bando de dados da aplicação 190
4.9.4 Criação do projeto no NetBeans 191
4.9.5 Criação dos pacotes no projeto do NetBeans 192
4.9.6 Adição do driver JDBC MySQL na biblioteca do projeto 194

4.9.7 Criação das classes do projeto ... 194
4.9.8 Criação das páginas do projeto ... 197
4.9.9 Arquivo de configuração do Hibernate ... 199
4.9.10 Controle de sessões do Hibernate ... 200
4.9.11 Filtro de requisições ... 201
4.9.12 Identificador de operações ... 204
4.9.13 Classes do componente Model do MVC ... 206
4.9.13.1 Classes de entidade ... 206
4.9.13.1.1 Criação das classes de persistência ... 206
4.9.13.1.2 Mapeamento das classes de persistência ... 211
4.9.13.1.3 Visão geral das associações 1 para N e N para 1 ... 217
4.9.13.2 Componentes de acesso a dados ... 219
4.9.13.2.1 A Interface DAO ... 219
4.9.13.2.2 A classe DAO ... 222
4.9.13.3 Componentes de execução de comandos ... 225
4.9.13.3.1 A Interface Command ... 226
4.9.13.3.2 As Classes Command ... 226
4.9.14 Servlet do componente Controller do MVC ... 246
4.9.15 Arquivos do componente View do MVC ... 247
4.9.15.1 Fragmento JSP reutilizável ... 248
4.9.15.2 Arquivo de estilos CSS ... 249
4.9.15.3 Arquivos JavaScript de validação de entrada de dados nos campos dos formulários ... 255
4.9.15.4 Controle de departamentos ... 259
4.9.15.4.1 Cadastro de departamentos ... 259
4.9.15.4.2 Consulta de departamentos ... 261
4.9.15.4.3 Atualização de departamentos ... 267
4.9.15.5 Controle de funcionários ... 268
4.9.15.5.1 Cadastro de funcionários ... 269
4.9.15.5.2 Consulta de funcionários ... 272
4.9.15.5.3 Atualização de funcionários ... 275
4.10 Outros tipos de mapeamento com Hibernate ... 278
4.10.1 Associação 1 para 1 ... 279
4.10.2 Associação n para n ... 279

4.11 Considerações finais sobre o exemplo apresentado 280
4.12 Resumo 281
4.13 Exercícios 282

Capítulo 5 - JavaServer Pages Standard Tag Library (JSTL)

5.1 Bibliotecas JSTL 286
5.2 Como disponibilizar JSTL para utilização no projeto 287
5.3 Biblioteca JSTL core 288
5.3.1 Manipulação de variáveis 288
5.3.2 Estruturas de seleção 289
5.3.2.1 A estrutura de seleção <c:choose> 290
5.3.2.2 Operadores lógicos && (and) e || (or) 291
5.3.2.3 A estrutura de seleção <c:if> 292
5.3.3 Laços de repetição 293
5.3.3.1 O laço <c:forEach> 293
5.3.3.1.1 Percorrendo os elementos de uma lista de Strings com <c:forEach> 294
5.3.3.1.2 Percorrendo os elementos de uma lista de objetos com <c:forEach> 295
5.3.4 Redirecionamento automático 298
5.4 Biblioteca JSTL sql 300
5.4.1 Exemplo para incluir um registro no banco de dados 300
5.4.1.1 Incluindo valores recebidos como parâmetro 302
5.4.2 Exemplo para alterar um registro no banco de dados 303
5.4.3 Exemplo para excluir um registro no banco de dados 304
5.4.4 Exemplos de consultas 304
5.4.5 Consulta para autoincrementar o id em um formulário 307
5.5 Biblioteca JSTL fmt 308
5.5.1 Formatação de data e hora 309
5.5.2 Formatação de números 311
5.5.3 Conversão de String para data ou hora 311
5.5.4 Conversão de String para número 312
5.6 Biblioteca JSTL functions 313

5.6.1 Obtenção do número de caracteres de uma String 314
5.6.2 Separação das partes de uma String 314
5.6.3 Outras funções 315
5.7 Exemplos práticos 316
5.7.1 Recebendo e exibindo dados validados no servidor 316
5.7.2 Como fazer para receber uma lista de objetos do servidor e exibir os dados contidos nesses objetos 320
5.8 JSTL e Hibernate 326
5.8.1 Como utilizar JSTL nas páginas do projeto criado com Hibernate 327
5.8.1.1 Cadastro de Departamentos 327
5.8.1.2 Cadastro de Funcionários 329
5.8.1.3 Atualização de Departamentos 331
5.8.1.4 Atualização de Funcionários 332
5.8.1.5 Consulta de Departamentos 334
5.8.1.6 Consulta de Funcionários 336
5.9 Considerações finais 338
5.10 Resumo 338
5.11 Exercícios 340

Capítulo 6 - JavaServer Faces

6.1 Arquitetura do JSF 343
6.2 Vantagens do uso de JSF 344
6.3 Desvantagens do uso do JSF 345
6.4 A representação do MVC no JSF 345
6.5 Componentes necessários em uma aplicação com JSF 346
6.6 Arquivos essenciais da aplicação JSF 346
6.6.1 A servlet FacesServlet 347
6.6.2 O arquivo de configuração faces-config.xml 347
6.6.3 O arquivo descritor de implementação web.xml 347
6.7 A Interface com o usuário com JSF 349
6.8 Etapas do processo de desenvolvimento de uma aplicação web com JSF 349

6.9 Internacionalização 350
6.10 Exemplo simples de aplicação com JSF 350
6.10.1 Criação do projeto no NetBeans 350
6.10.2 Componentes do projeto 351
6.10.2.1 Criação dos arquivos de propriedades para internacionalização 352
6.10.2.2 Criação do bean gerenciado 355
6.10.2.3 Criação do formulário de entrada 358
6.10.2.4 Processos que acontecem quando o formulário é submetido 363
6.10.2.5 Criação do arquivo de validação 363
6.10.2.6 Criação do formulário de exibição 366
6.10.2.7 Página de exibição de mensagens de erro 368
6.10.2.8 Conteúdo final dos arquivos XML de configuração 369
6.11 Validação de dados nas páginas 370
6.12 Conversão de dados nas páginas 372
6.13 Facelets 374
6.13.1 Templates Facelets 376
6.14 Expression Language (EL) 377
6.15 Principais tags JSF utilizadas nas páginas XHTML 379
6.15.1 Biblioteca de facelets 380
6.15.1.1 ui:insert e ui:define 380
6.15.1.2 ui:composition 381
6.15.2 Biblioteca HTML 381
6.15.2.1 h:head 381
6.15.2.2 h:body 381
6.15.2.3 h:outputStylesheet 381
6.15.2.4 h:panelGroup 381
6.15.2.5 h:form 382
6.15.2.6 h:messages 384
6.15.2.7 h:outputText 385
6.15.2.8 h:inputText 386
6.15.2.9 h:commandLink 388
6.15.2.10 h:dataTable 390

6.15.2.11 h:column 392
6.15.2.12 h:panelGrid 393
6.15.2.13 h:outputLabel 395
6.15.2.14 h:selectOneMenu 396
6.15.3 Biblioteca HTML 398
6.15.3.1 f:selectItem 398
6.15.3.2 f:selectItems 399
6.15.3.3 f:converter 400
6.15.3.4 f:facet 401
6.16 Integração do JSF com outras tecnologias 402
6.17 Tipos de controle de transações JPA 403
6.18 Termos técnicos Java EE 404
6.18.1 Java EE 405
6.18.2 EJB 3.0 405
6.18.3 Servidor de aplicações 406
6.18.4 Entity beans e EntityManager 406
6.18.5 Persistence Unit 407
6.18.6 Persistence Context 408
6.18.7 Anotações X descritores de implantação 408
6.18.8 Uso de injeção de dependência para acessar recursos com EJB 409
6.18.9 CDI 409
6.19 Exemplo de aplicação Web com JSF e EJB 3.0 410
6.19.1 Arquitetura da aplicação 410
6.19.1.1 Componentes de apresentação (View) 410
6.19.1.2 Componentes de controle (Controller) 412
6.19.1.3 Componentes de modelo 414
6.19.2 Banco de dados 417
6.19.3 Criação do projeto no NetBeans 418
6.19.4 Classes de entidade 419
6.20 Motivos para utilizar ou não Facades 426
6.20.1 Descrição dos componentes Facade da aplicação 428
6.20.2 Criação dos componentes Facade da aplicação 429
6.21 Classes de apoio ou utilitárias 436

6.21.1 Converter 437
6.21.2 Paginação 439
6.21.3 Manipulador de mensagens 440
6.22 Managed Beans 442
6.22.1 Escopo de um Managed Bean 443
6.22.1.1 @RequestScoped 443
6.22.1.2 @SessionScoped 443
6.22.1.3 @ApplicationScoped 443
6.22.1.4 @ConversationScoped 444
6.22.2 Injeção de dependência 444
6.22.3 Criação dos Managed Beans 444
6.22.4 Explicação da Managed Bean DepartamentoMBean.java 448
6.22.4.1 Incluir um novo departamento 448
6.22.4.2 Listar os departamentos 449
6.22.4.3 Ver os dados de um departamento 451
6.22.4.4 Excluir os dados de um departamento 451
6.22.4.5 Alterar os dados de um departamento 452
6.22.4.6 Consultar departamentos por qualquer parte do nome 454
6.22.4.7 Principais métodos pré-definidos utilizados nos managed beans 455
6.22.5 Explicação da managed bean FuncionarioMBean.java 459
6.22.5.1 Incluir um novo funcionário 459
6.23 Arquivos de propriedade de idioma 461
6.24 Páginas XHTML 464
6.24.1 Página de template 466
6.24.2 Menu Principal 468
6.24.3 Páginas de controle de departamentos 469
6.24.3.1 Menu Departamentos 469
6.24.3.2 Incluir um novo departamento 471
6.24.3.3 Consultar departamento 474
6.24.3.4 Listar departamentos consultados 475
6.24.3.5 Listar todos os departamentos 479
6.24.3.6 Exibir os dados de um departamento 483
6.24.3.7 Alterar os dados de um departamento 485

6.24.3.8 Exclui os dados de um departamento ... 487
6.24.4 Páginas de controle de funcionários ... 487
6.24.4.1 Menu Funcionários ... 488
6.24.4.2 Incluir um novo funcionário ... 489
6.24.4.3 Consultar um funcionário ... 492
6.24.4.4 Listagem dos funcionários consultados ... 494
6.24.4.5 Listar todos os funcionários ... 496
6.24.4.6 Alterar os dados de um funcionário ... 498
6.24.4.7 Exibir os dados de um funcionário ... 501
6.24.4.8 Excluir os dados de um funcionário ... 504
6.24.5 Folha de estilos CSS ... 504
6.24.6 Arquivos XML de configuração do projeto ... 508
6.25 Gerando uma aplicação CRUD JavaServer Faces 2.0 a partir de um banco de dados utilizando os assistentes do NetBeans IDE ... 510
6.25.1 Criando o projeto Web ... 512
6.25.2 Gerando as classes de entidade a partir do banco de dados ... 512
6.25.3 Gerando as páginas XHTML/JSF a partir das classes de entidade ... 513
6.25.4 Executando o aplicativo ... 516
6.26 Considerações Finais ... 516
6.27 Resumo ... 516
6.28 Exercícios ... 517

Capítulo 7 - O futuro do desenvolvimento de software – ferramentas de apoio ao desenvolvimento rápido de software

7.1 Ferramentas Rapid Application Development ... 523
7.1.1 Genexus ... 523
7.1.2 Magic Software iBOLT e uniPaaS ... 525
7.2 Ferramentas CASE para criação de banco de dados ... 526
7.2.1 ERwin ... 526
7.2.2 DBDesigner ... 527

7.2.3 MySQL Workbench 528
7.3 Frameworks 529
7.4 IDEs de desenvolvimento 529
7.4.1 NetBeans IDE 529
7.4.2 Visual Studio IDE 530
7.4.3 Dreamweaver IDE 531
7.5 Integração de sistemas 532
7.5.1 XML 533
7.6 Considerações Finais 534
7.7 Resumo 535
7.8 Exercícios 537

Referências Bibliográficas 539

Referências na web 539

CAPÍTULO 1 - ARQUITETURA DE APLICAÇÕES WEB EM TRÊS CAMADAS

Antes de iniciar a apresentação dos aspectos relacionados à arquitetura de aplicações para web, este livro apresenta um breve histórico do surgimento da Internet para auxiliar na compreensão da evolução dos aspectos arquiteturais das aplicações.

Em 1989 os físicos do laboratório CERN[1] propuseram a ideia de compartilhar informações de pesquisa entre pesquisadores usando documentos de hipertexto. Nascia então a Internet.

Na época não havia claramente nenhuma pretensão de que a rede se tornasse indispensável para o mundo empresarial e para a vida das pessoas como é hoje. No entanto, anos depois, no início da década de 1990 a Internet começava a ser utilizada pela sociedade civil.

No início, a Internet foi concebida para visualizar documentos de hipertexto e tempos depois foi incorporada a capacidade de editar esses documentos e apresentar as mudanças no site. Isso foi possível graças ao surgimento do Common Gateway Interface (CGI) na década de 1990. CGI é um padrão que permite que os servidores web interajam com aplicações externas tornando possível a criação de páginas dinâmicas. Consiste em uma tecnologia que permite a um navegador passar parâmetros para um programa no servidor web. Um programa CGI pode recuperar dados a partir de um banco de dados e inseri-los em uma página web. De forma contrária, os dados inseridos em um formulário web também podem ser enviados ao banco de dados.

Apesar das aplicações que utilizam CGI apresentarem bons resultados, há diversas limitações, principalmente decorrentes de múltiplos acessos simultâneos ao servidor que consomem muitos recursos, já que para cada solicitação que vem de um browser, um novo processo do sistema operacional pesado é criado no servidor para processar a requisição.

Outra limitação do CGI tem a ver com as linguagens de script disponíveis para criar aplicativos CGI. Apesar de aplicativos CGI poderem ser criados em diversas linguagens, a linguagem Perl tem

[1] CERN é o acrônimo para Conseil Européen pour la Recherche Nucléaire. É a organização europeia para a investigação nuclear, o maior centro de estudos sobre física de partículas do mundo. Ficou amplamente conhecida pela invenção da World Wide Web (WWW).

sido amplamente utilizada para criar aplicações web até os dias de hoje. No entanto, havia a necessidade de mais de uma linguagem de programação para web que pudesse utilizar a especificação CGI ou outra especificação semelhante para sites dinâmicos.

Por volta de 1997 a tecnologia Java Servlet e JavaServer Pages (JSP) foi criada para essa finalidade e abriu um novo leque de possibilidades para os desenvolvedores.

Este capítulo apresenta as tecnologias Java Servlet e JavaServer Pages, a Arquitetura em Três Camadas e o padrão MVC.

1.1 Java Servlets

A tecnologia Java Servlet utiliza a plataforma Java para criar páginas web dinâmicas em aplicações independentes de plataforma. Essa tecnologia não tem as limitações de desempenho da especificação CGI e é capaz de explorar todo o conjunto de API Java, incluindo JDBC, EJB etc.

A tecnologia Java Servlet é baseada na construção de classes servlet que executam no servidor recebendo dados de requisições do cliente, processando esses dados, opcionalmente acessando recursos externos como bancos de dados, e respondendo ao cliente com conteúdo no formato HyperText Markup Language (HTML).

Embora as servlets sejam muito boas no que fazem, tornou-se difícil responder ao cliente com conteúdo no formato HTML, pelos seguintes motivos:

- Trabalhar com o conteúdo HTML é de responsabilidade dos web designers que geralmente não são programadores Java experientes. Ao misturar HTML dentro da classe servlet, torna-se muito difícil separar as funções de web designer e desenvolvedor Java.
- É muito difícil fazer alterações no conteúdo HTML, pois para cada mudança, uma recompilação do servlet tem de acontecer.
- A saída no formato HTML deve atender ao idioma do cliente, o que não é fácil de identificar e tratar.

Para contornar as limitações da tecnologia Java Servlet a Sun Microsystems lançou a tecnologia JavaServer Pages (JSP).

1.2 JavaServer Pages

A tecnologia JavaServer Pages (JSP) é uma tecnologia que permite combinar, em uma página, códigos Java, HTML estático, Cascading Style Sheets (CSS), Extensible Markup Language (XML) e JavaScript.

Páginas JSP são páginas HTML com código Java embutidos em *tag*s especiais. Essas páginas devem ser salvas com extensão **.jsp**. Cada página JSP é traduzida para uma classe servlet **.java**, compilada para bytecode **.class** e executada no servidor enviando ao cliente o conteúdo de resposta no formato HTML como mostra a Figura 1.1.

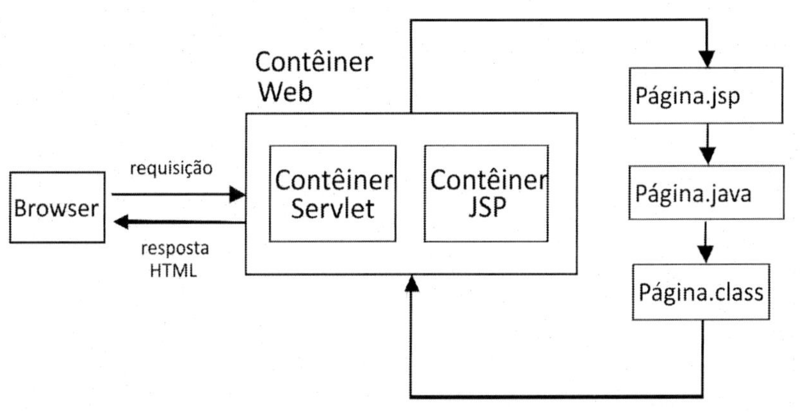

Figura 1.1: Arquitetura JSP em que uma página é traduzida para servlet e compilada.

As principais vantagens oferecidas pela tecnologia JSP são as seguintes:

- Por ser uma especificação e não um produto, JSP permite que diversas empresas construam servidores web concorrentes, aumentando as possibilidades de escolha para os desenvolvedores que utilizam JSP;
- Páginas JSP são compiladas e não interpretadas o que possibilita um desempenho e um processamento mais eficientes;
- Aplicações construídas com JSP são portáveis para qualquer plataforma;
- JSP é uma parte integrante do conjunto de APIs J2EE e é compatível com todas as tecnologias incluídas.

Separar o design da página da lógica de programação - o que é um problema quando se utiliza a tecnologia Java Servlet - é mais fácil quando se utiliza JSP. Se o designer não quiser utilizar scriptlets com código Java ele pode utilizar bibliotecas de *tags* especiais que embutem código Java na página por meio de *tags* em um formato semelhante ao HTML. Isso é mais fácil para os web designers fazerem, pois eles estão habituados a utilizar *tags* HTML. Uma das bibliotecas de *tags* mais conhecidas e utilizadas para essa finalidade é a JavaServer Pages Standard Tag Library (JSTL). Alguns *frameworks*, como o Struts e o JavaServer Faces (JSF) também oferecem bibliotecas de *tags*.

Normalmente, páginas JSP e servlets são combinados no desenvolvimento de páginas web dinâmicas. Ambas as tecnologias são baseadas na plataforma Java, por isso oferecem independência de plataforma.

1.3 Modelo de arquitetura em três camadas

Para organizar os componentes de uma aplicação com a finalidade de facilitar sua manutenção e entender suas relações é importante que eles sejam separados de acordo com algum critério. Com essa separação é possível diminuir o acoplamento entre os componentes, o que permite que modificações em um grupo não tenham grande impacto nos demais grupos de componentes da aplicação.

A técnica de separação em camadas (tiers ou layers) permite que o projetista do software separe os componentes de uma aplicação de acordo com responsabilidades em comum.

Um dos modelos de arquitetura mais utilizados em aplicações web desenvolvidas com Java é o Modelo em Três Camadas, que permite dividir a aplicação nas camadas de **Apresentação**, **Negócio** e **Persistência**. Na camada de **Apresentação** podem ser representadas todas as classes e demais componentes - como páginas HTML e JSP - relacionados com a interação entre o usuário e a aplicação. Na camada de **Negócio** podem ser representadas todas as classes que implementam as regras de negócio[2] e fazem a modelagem do domínio do problema e na camada de **Persistência**, as classes que acessam e executam operações no banco de dados (por exemplo, classes que fazem a conexão com o

[2] Uma **regra de negócio** é uma particularidade do negócio que o software deve considerar e tratar, por exemplo, realizar a verificação do número de itens que está sendo comprado, calcular o total do pedido etc.

banco de dados e executam as instruções SQL **insert, updade, delete e select**).

No modelo de Arquitetura em Três Camadas normalmente a comunicação entre as camadas é sequencial, ou seja, da camada de **Apresentação** para a camada de **Negócio** e da camada de **Negócio** para a camada de **Persistência**. No sentido contrário, da camada de **Persistência** para a camada de **Negócio** e da camada de **Negócio** para a camada de **Apresentação**. A Figura 1.2 apresenta o fluxo de comunicação entre as camadas.

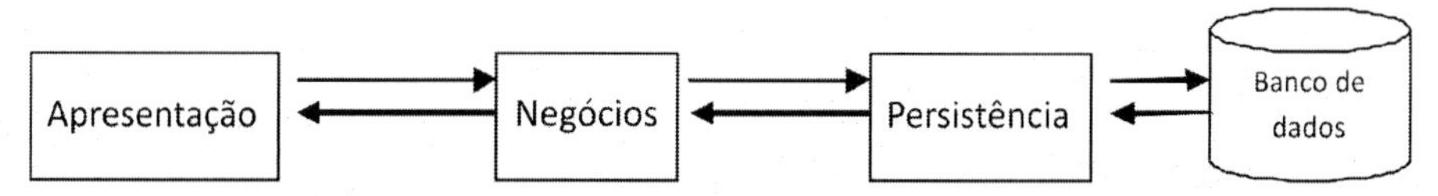

Figura 1.2: Fluxo de informações na arquitetura de três camadas.

Apesar de o modelo de Arquitetura em Três Camadas parecer muito complicado para quem está começando a desenvolver aplicações web, ele pode efetivamente simplificar muito a construção de aplicações grandes. Utilizando três camadas as aplicações ficam mais fáceis de manter e são mais extensíveis do que aplicações utilizando modelos de arquitetura com menos camadas. Apesar das vantagens, utilizar três camadas em aplicações pequenas como para a criação de uma agenda é como matar uma mosca com um canhão. Para esses casos é indicada a arquitetura de duas camadas. Nessas pequenas aplicações geralmente a navegação entre páginas é simples, sem a necessidade de recursos centralizados.

1.4 O padrão MVC

Model-View-Controller (MVC) é um padrão[3] de arquitetura (*design pattern*) que pode ser utilizado para representar e entender a comunicação existente entre os componentes de uma aplicação seja para web, para desktop ou para dispositivos móveis. Os modelos de arquitetura que utilizam o padrão MVC definem claramente a separação de responsabilidades e a comunicação entre os componentes de uma aplicação web construída usando as tecnologias Java Servlet e JSP.

[3] O 'padrão' é uma descrição do problema e a essência de sua solução, de modo que a solução possa ser reutilizada em diversos casos. O padrão não é uma specificação detalhada. Em vez disso, você pode pensar nele como uma descrição de conhecimento e experiência acumulados (SOMMERVILLE, 2003, p.273).

O padrão MVC é geralmente categorizado na literatura especializada como um *design pattern* no desenvolvimento de software, embora haja muita discordância sobre a definição precisa desse padrão.

O MVC permite representar a comunicação entre os componentes que produzem o conteúdo de apresentação, a lógica do negócio e o processamento de requisições.

Nos modelos de arquitetura que utilizam o padrão MVC, a requisição do cliente é primeiro interceptada por uma classe servlet, mais frequentemente conhecida como servlet **Controller**. Essa classe servlet manipula o processamento inicial da requisição, acessa os componentes da camada utilizada para, por exemplo, acessar um banco de dados e também determina qual será a página JSP que irá mostrar o conteúdo de resposta da requisição. Quando se utiliza o padrão MVC, nunca um cliente envia uma requisição diretamente a uma página JSP. O servlet **Controller** atua como um intermediador que pode executar autenticação de usuários e autorização de acesso e centralizar a comunicação entre os componentes de **View** e **Model**.

Sobre o padrão MVC é possível definir que existem três grupos de componentes principais: o **Model** (Modelo), o **View** (Apresentação) e o **Controller** (Controle).

- **Model** - componente responsável pelo conhecimento do domínio de negócio. Nesse componente são representadas as classes que persistem e recuperam do banco de dados um tipo específico de objeto, classes de entidade (famosos *bean*s - classes que definem um tipo específico de dados com métodos *getters* e *setters*) e as classes que implementam as regras de negócio.
- **View** - componente responsável por uma visão de apresentação do domínio do negócio. Nesse componente são representadas todas as classes que representam interface com o usuário, seja utilizando swing, awt, JSP etc.
- **Controller** - componente responsável por controlar o fluxo e o estado da entrada do usuário. Nesse componente são representadas as servlets (geralmente única) que fazem a comunicação entre as páginas e as classes que acessam o banco de dados. Representa a engine da aplicação.

A Figura 1.3 mostra a representação estrutural do padrão MVC.

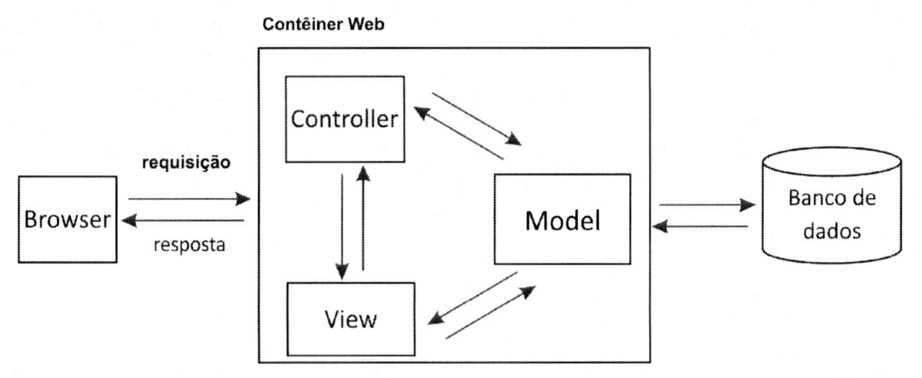

Figura 1.3: Representação do fluxo de informações do padrão MVC.

No padrão MVC a comunicação entre os grupos de componentes não é sequencial como na Arquitetura em Três Camadas. É possível observar que componentes do **Model** podem se comunicar diretamente com componentes da **View** sem passar necessariamente por componentes **Controller**. Isso é especialmente útil quando se quer, por exemplo, obter o último **id** do produto cadastrado na tabela do banco de dados para implementar uma numeração automática para esse campo na página JSP.

1.4.1 O componente Model do MVC

No componente **Model** devem ser representadas as classes Data Access Object[4] (DAO - classes que persistem e recuperam um tipo específico de objeto no banco de dados), as classes de entidade (*bean*s - classes que definem um tipo específico de dados com métodos *getters* e *setters*) e as classes que implementam as regras de negócio. Nesse componente, as classes *bean* representam as tabelas do banco de dados. Por exemplo, se há uma tabela com os campos **id**, **nome** e **telefone**, haverá uma classe *bean* com os atributos **id**, **nome** e **telefone** e com os métodos para manipular dados nesses atributos, os métodos *setters* e *getters*. Nesse componente também serão representadas as classes que manipulam dados no banco de dados por meio de instruções SQL como

[4] ***Data Access Object*** é um *design pattern* que permite que uma aplicação seja desenvolvida de forma que as classes da camada de acesso aos dados (componente **Model** do MVC) sejam isoladas das camadas superiores (componentes **Controller** e **View** do MVC).

select, **update**, **insert** e **delete** (famosas classes DAO). Essas classes também são encarregadas de iniciar e finalizar uma conexão com o banco de dados.

No MVC, classes representadas no componente **Model** podem acessar diretamente componentes representados na camada **View** e vice-versa, apesar de que é mais comum esse acesso passar pelas classes representadas na camada **Controller**.

1.4.2 O componente View do MVC

No componente **View** do padrão MVC tipicamente são representadas páginas HTML e JSP, arquivos Cascading Style Sheets (CSS), JavaScript e outros arquivos construídos com linguagens que executam do lado Cliente. Classes Java não devem ser representadas nesse componente. Páginas HTML são usadas para apresentar conteúdo estático, enquanto as páginas JSP podem ser usadas para apresentar conteúdo estático e dinâmico. A maioria do conteúdo dinâmico é gerado a partir do componente **Controller**. A responsabilidade pela criação das páginas representadas no componente **View** é geralmente dos designers que constroem além de páginas HTML e JSP, folhas de estilo em cascata, animações em Flash e outros recursos de design. Nas páginas JSP geralmente são utilizadas bibliotecas de *tag*s que permitem inserir código Java embutido em *tag*s semelhantes às HTML.

1.4.3 O componente Controller do MVC

No componente **Controller** do padrão MVC são representadas as classes Java Servlet. As servlets têm as seguintes funções principais:

- Recebimento dos pedidos HTTP dos clientes;
- Tradução da requisição em uma operação de negócios específica a ser executada, por exemplo, inclusão de dados em uma base de dados;
- Passagem da ordem de execução da operação de negócio para um componente que pode executar tal operação;
- Definição do componente que exibirá o resultado do processamento da requisição;
- Retorno dos dados da requisição para o cliente.

Em uma aplicação geralmente se cria apenas uma classe servlet no **Controller** para gerenciar a comunicação entre o componente **View** e **Model** do MVC, entretanto, outras servlets podem ser criadas.

1.5 Regras de negócio

Uma regra de negócio é uma particularidade do negócio que o software deve considerar e tratar. Por exemplo:

- Fazer a verificação do número de itens que está sendo comprado;
- Verificar o saldo total do cliente;
- Realizar um reajuste nos salários dos funcionários de um determinado departamento;
- Verificar se um departamento excedeu o número máximo de funcionários permitido;
- Não fazer a verificação de crédito de clientes que já compraram na empresa;
- Exibir automaticamente uma lista de fornecedores preferenciais e horários de abastecimento no sistema de compras.

As regras de negócio são regras que ditam o comportamento, as restrições e as validações existentes num sistema de informação. Definem como o negócio funciona.

A separação das regras de negócio nos sistemas de informação apresenta uma série de vantagens amplamente aceitas na comunidade de sistemas de informação.

Se pensarmos em termos de implementação de código, as regras de negócio geralmente são definidas por meio de um conjunto de comparações (if/else if/else) que estabelecem as restrições e as validações necessárias ao sistema.

Alguns desenvolvedores não caracterizam as validações de entrada de dados em campos de formulários como regras de negócio e separam essas validações das classes de negócio. Isso não é incorreto se a validação não for uma particularidade do negócio e representar uma convenção geral, entretanto, na maioria das vezes a regra de validação é uma regra de negócio. Por exemplo, a obrigatoriedade da digitação do nome do funcionário ou do telefone em um determinado formato pode ser uma exigência da empresa. Nesse caso, é uma regra de negócio. Agora, padrões gerais utilizados, por exemplo, nacionalmente, como validação de números decimais, moeda, data, CPF e RG, se não tiverem de atender obrigatoriamente uma exigência específica da empresa, podem ser considerados apenas regras de validação. Nesse caso, essas regras de validação podem ser colocadas no **Controller** do MVC, entretanto, é indicado colocar as regras de negócio em classes do componente **Model** do MVC.

1.6 Diferenças entre o padrão MVC e a Arquitetura em Três Camadas

Quando se fala em MVC e Arquitetura em Três Camadas gera-se muita polêmica na discussão sobre o assunto.

Não tenho a pretensão de finalizar essas discussões, apenas apresentarei argumentos para definir meu ponto de vista respondendo as seguintes questões:

- A Arquitetura em Três Camadas e o MVC são a mesma coisa?
- Os componentes do MVC podem ser definidos como camadas?

A polêmica gerada em torno da diferenciação entre MVC e Arquitetura em Três Camadas existe porque esses modelos representam conceitos muito próximos, relacionados à separação de componentes na aplicação.

Arquitetura em Três Camadas e padrão MVC não são a mesma coisa.

A Arquitetura em Três Camadas separa os componentes da aplicação nas camadas de **Apresentação**, **Negócio** e **Persistência**. Nesse modelo de separação, a comunicação entre as camadas acontece de forma sequencial (**Apresentação** ↔ **Negócio** ↔ **Persistência**). Na camada de **Apresentação**, além das páginas HTML e JSP, muitas vezes pode-se definir a classe servlet de controle do fluxo da comunicação entre as páginas e as classes que implementam as regras de negócio, pois a servlet funciona normalmente como um gerente de fluxo da comunicação entre o usuário e os componentes da aplicação que executam no servidor.

Já no padrão MVC as páginas e a servlet de controle são representadas em grupos de componentes diferentes. As páginas JSP e HTML são representadas no componente **View** e a **servlet** de controle no componente **Controller** do MVC. Classes Java não podem ser representadas no componente **View** do MVC.

Isso permite concluir que, nesse caso, é possível aplicar o MVC na camada de **Apresentação** da Arquitetura em Três Camadas e separar as páginas da servlet de controle nos componentes **View** e **Controller** do MVC como mostra a Figura 1.4.

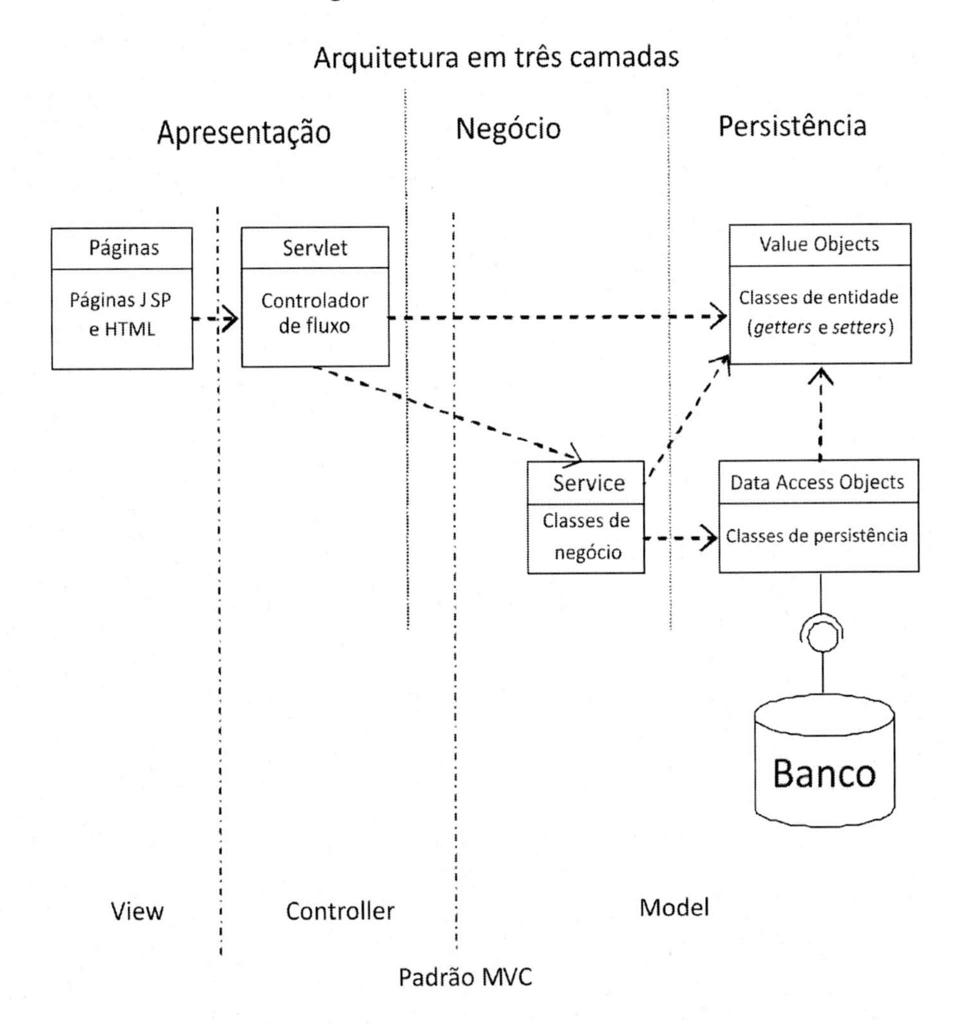

Figura 1.4: Uma diferença entre Arquitetura em Três Camadas e padrão MVC.

Outra diferença entre Arquitetura em Três Camadas e MVC que pode ser observada na Figura 1.4 é que no componente **Model** do MVC são representadas as classes que implementam as regras de negócio e as classes que acessam o banco de dados. Já na Arquitetura em Três

Camadas esses componentes são representados em duas camadas diferentes, nas camadas de **Negócio** e de **Persistência**.

A Figura 1.4, permite observar que não há nenhum impedimento para que os componentes **View**, **Controller** e **Model** do MVC possam ser vistos como três camadas. Se você conseguir identificar todos os componentes de sua aplicação na **View**, **Controller** e **Model**, e se essa divisão lhe atender adequadamente tanto para documentação como para o desenvolvimento, excelente, use-as como camadas.

O dicionário Aurélio define camada como uma porção de algo que forma um todo, com uma parte sobreposta à outra. Apresenta ainda a definição de camada como classe, categoria.

Baseado nessa definição, os componentes do MVC podem ser vistos como categorias (grupos) de componentes que podem ser sobrepostos possuindo um fluxo de comunicação bem definido.

Apesar da Arquitetura em Três Camadas e do padrão MVC possuírem semelhanças, o objetivo é diferente.

O objetivo principal do padrão MVC é separar a lógica de apresentação de um modelo do modelo em si. Já a divisão em três camadas tem como objetivo principal controlar dependências entre os componentes da aplicação e reduzir a complexidade.

Em muitos casos pode-se utilizar o MVC em uma ou mais camadas da Arquitetura em Três Camadas ou até mesmo em uma arquitetura com uma, duas, três ou n camadas.

1.7 Resumo

A Internet surgiu a partir de esforços de instituições militares e de pesquisa na década de 1980 e na década de 1990 foi liberada para uso pelas empresas e pessoas físicas. No início era utilizada para expor informações institucionais, catálogos de produtos e informações pessoais em um ambiente totalmente estático.

Logo, porém, percebeu-se a necessidade de tornar os sites dinâmicos e interativos e a especificação CGI foi criada e utilizada associada, principalmente, à linguagem Pearl. Essa linguagem, que passou a ser conhecida por muitos como CGI Pearl, permitia que usuários interagissem com o site, principalmente, enviando dados ao servidor por meio de formulários HTML. Em pouco tempo diversas outras linguagens de programação para web surgiram para a produção de sites dinâmicos, inclusive muitas delas sem as limitações impostas pela especificação CGI.

No final da década de 1990 a Sun Microsystems lançou as tecnologias Java Servlet e JavaServer Pages (JSP) que rapidamente ganharam a atenção dos desenvolvedores, principalmente, por serem tecnologias que permitiam desenvolver sites independentes de plataforma.

Com o surgimento desse conjunto de novas tecnologias e linguagens, os sites começaram a ganhar novas funcionalidades, como o comércio eletrônico. Aumentou assim a complexidade e o número de componentes das aplicações web e com isso a necessidade de separar os componentes da aplicação em camadas.

Surgiram então diversos modelos de arquitetura em duas, três e n camadas. Para apoiar a separação dos componentes nessas camadas o padrão MVC foi revivido da década de 1970 quando foi criado a partir do uso integrado de alguns *design patterns* clássicos, como o Observer e o Strategy.

Hoje no desenvolvimento web é praticamente impossível não conviver com as definições e eternas discussões sobre Arquitetura em Três Camadas e o padrão MVC. Apesar da polêmica, o que importa de fato, independente das discussões e interpretações diferentes, é que o modelo de arquitetura, seja ele qual for, deve atender às necessidades dos desenvolvedores e do domínio da aplicação, ajudando na separação de componentes e deixando clara a comunicação e a interdependência entre eles. Essa separação de componentes em aplicações pequenas pode parecer um exagero, e de fato o é, entretanto, para aplicações grandes reduz a complexidade, o acoplamento entre os componentes e facilita a manutenção do software.

1.8 Exercícios

1. O que é CGI?
2. Quais as limitações da Tecnologia CGI?
3. O que é Servlet?
4. Quais as características da tecnologia Servlet?
5. O que é JSP?
6. Cite vantagens da tecnologia JSP?
7. Porque é mais fácil separar o design da lógica de programação com JSP do que com Servlet?

8. Qual das duas tecnologias é melhor utilizar: Servlet ou JSP?
9. Qual o objetivo de construir aplicações em camadas?
10. Quais as camadas do modelo em três camadas? Explique cada uma.
11. O que é o MVC?
12. Qual a função da servlet nas aplicações desenvolvidas utilizando o padrão MVC?
13. Qual a função de cada componente do padrão MVC?
14. Qual a principal diferença entre o padrão MVC e a Arquitetura em Três Camadas?
15. Em uma aplicação web, quais são os tipos de arquivos que devem ser representados na camada **View** do MVC?
16. Quais são as principais funções das classe servlets em uma aplicação web que utilizam o padrão MVC?
17. O que são regras de negócio? Dê exemplos.

CAPÍTULO 2 - EXEMPLO DE APLICAÇÃO WEB UTILIZANDO A ARQUITETURA EM TRÊS CAMADAS E O PADRÃO MVC

Tenho ensinado Java Servlet e JSP há anos e me deparado com uma grande dificuldade dos alunos em entender primeiramente conceitos relacionados à orientação a objetos e também aspectos da arquitetura de softwares. Entender que em uma aplicação web existem conteúdos que são interpretados pelo browser no cliente e componentes que executam no servidor é uma coisa transparente, fácil de ensinar. Essa separação facilita o ensino de uma arquitetura em duas camadas. A dificuldade está em entender porque os componentes que executam no servidor precisam compor uma, duas ou n camadas, principalmente quando a aplicação é pequena, envolvendo geralmente a manipulação de dados em apenas uma tabela da base de dados. As principais dúvidas são:

Por que é recomendável encapsular os dados, por exemplo, de um formulário, em um objeto Value Object (VO) para trafegar pela rede ou entre as camadas da aplicação?

Por que não inserir os dados dos campos do formulário HTML diretamente na tabela do banco de dados?

Por que criar componentes Application Services[5] (AS) ou Business Object[6] (BO) para implementar as regras de negócio se é possível implementar essas regras na servlet?

Porque trafegar os dados por uma servlet controladora de fluxo (**Controller**) se é possível passá-los diretamente da página JSP para uma classe de persistência e vice-versa?

Na maioria das vezes quem está aprendendo não vê sentido em definir uma Arquitetura em Três Camadas que requer, em um primeiro momento, maior esforço de programação. Isso acontece porque aprendem construindo aplicações pequenas e não percebem que as vantagens dessa arquitetura serão mais claras quando a aplicação crescer. É importante esclarecer que um dos objetivos principais de tal arquitetura é facilitar a manutenção do código, possibilitar o reaproveitamento de componentes. Além disso, uma Arquitetura em Três Camadas deve ser

[5] Application Service é um *design pattern* utilizado para centralizar a lógica de negócios em vários níveis de componentes de negócios e serviços. É utilizado principalmente quando você tem regras de negócio envolvendo objetos (*bean*s) de várias classes.

[6] Business Object é um *design pattern* utilizado para separar os dados da lógica de negócios utilizando um modelo de objeto. É utilizado principalmente quando você tem regras de negócio envolvendo objetos (*bean*s) de apenas uma classe.

implementada com o máximo de desacoplamento entre as camadas de tal forma que determinadas modificações impliquem no mínimo de alteração possíveis nos componentes da arquitetura.

O objetivo deste capítulo é esclarecer as dúvidas dos desenvolvedores apresentando uma aplicação em três camadas que implementa o padrão MVC. Apesar de hoje existirem diversos *frameworks* como o Struts e o JavaServer Faces (JSF) que facilitam o desenvolvimento de aplicações web em três camadas, essa será implementada a moda antiga, integralmente, em cada componente da arquitetura. Como o objetivo é focar aspectos arquiteturais, não será feita uma explicação detalhada dos comandos Java apresentados. Se você procura tal explicação, aconselho um livro básico que aborde passo a passo as tecnologias JSP e servlet.

Existem inúmeras maneiras de criar uma aplicação que implemente o padrão MVC. Neste capítulo será apresentada apenas uma dessas maneiras. O arquiteto do sistema é livre para escolher as mudanças que achar necessário, baseado na estrutura apresentada. Você vai notar que essa aplicação poderia ser simplificada se fossem utilizadas classes abstratas, interfaces, classes e parâmetros genéricos e outros recursos. Esses conceitos são aplicados no exemplo apresentado no capítulo 4, que utiliza o *framework* de persistência Hibernate.

2.1 Arquitetura da aplicação

Para dar suporte ao entendimento da arquitetura que será apresentada, serão utilizados os diagramas de caso de uso, de classes e de pacotes Unified Modeling Language (UML).

2.1.1 Diagrama de casos de uso da aplicação

Segundo Fowler (2005) os casos de uso são uma técnica para capturar os requisitos funcionais de um sistema. Eles servem para descrever as interações típicas entre os usuários de um sistema e o próprio sistema, fornecendo uma narrativa sobre como o sistema é utilizado. A Figura 2.1 apresenta o diagrama de casos de uso da aplicação.

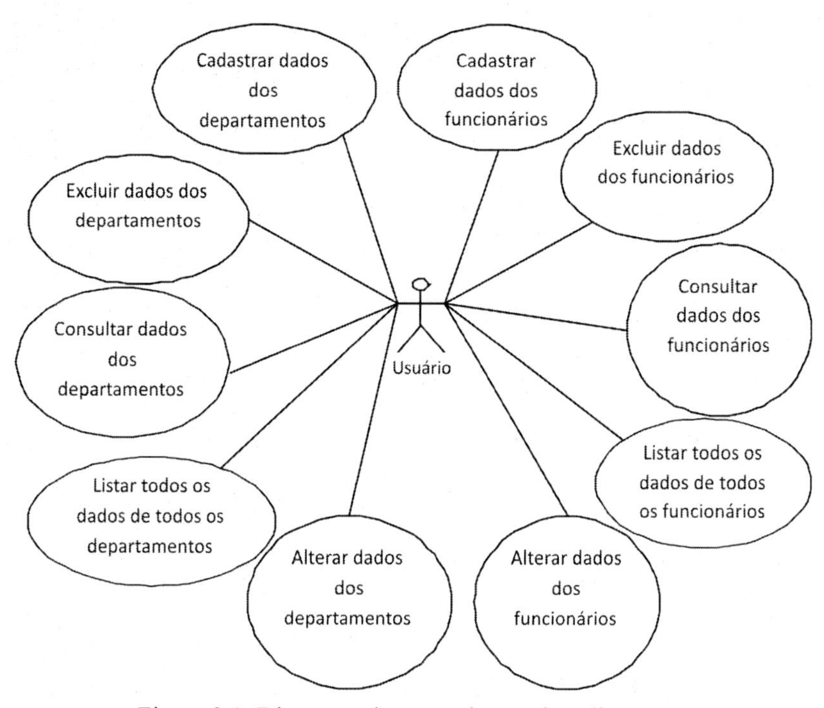

Figura 2.1: Diagrama de casos de uso da aplicação.

2.1.2 Diagrama de classe da arquitetura da aplicação

O diagrama de classe é importante para a modelagem do sistema por identificar um conjunto de partes reais ou abstratas que compartilham as mesmas características, operações e relações, e apresentam uma visão geral do sistema com base no conjunto de partes e suas conexões.

Segundo Booch et al. (2005) o diagrama de classe exibe um conjunto de classes, interfaces, colaborações e seus relacionamentos. São usados principalmente em sistemas orientados a objetos e apresentam uma visão estática da estrutura do sistema. Essa visão oferece principalmente suporte para os requisitos funcionais do sistema. A Figura 2.2 apresenta o diagrama de classes da arquitetura da aplicação.

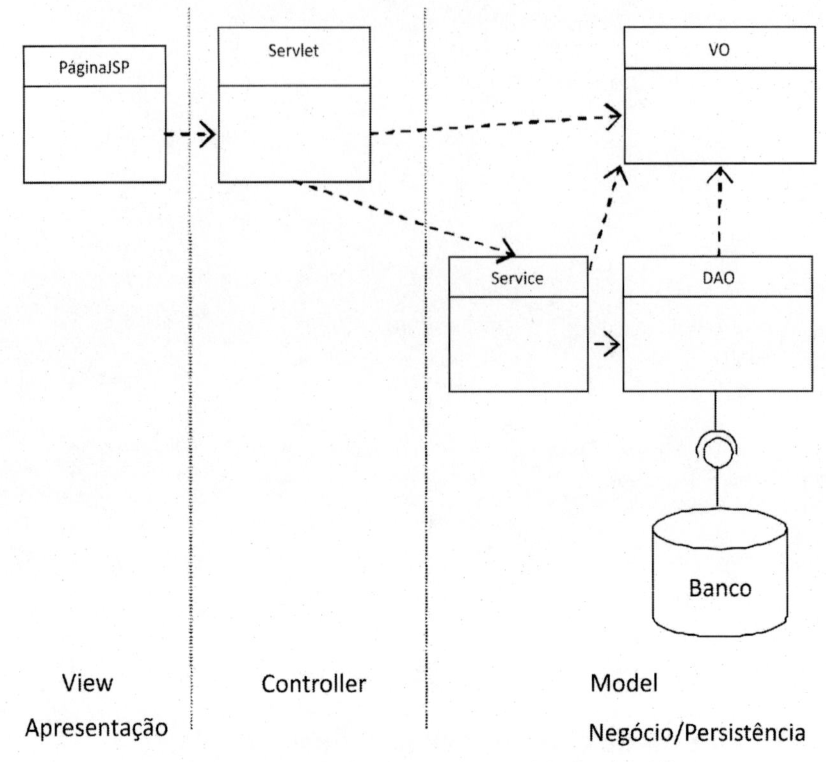

Figura 2.2: Diagrama de classes da arquitetura da aplicação.

2.1.2.1 Breve descrição das classes da arquitetura

PáginaJSP – representa os componentes (páginas) com os quais o usuário tem contato, por exemplo, formulários, menus, telas de exibição de mensagens de retorno etc.

Componente do padrão MVC: **View**.

Servlet Controlador – representa os componentes (classes servlet) que fazem a comunicação entre os componentes de apresentação (páginas JSP) e os que acessam o banco de dados (Data Access Object - DAO).

Componente do padrão MVC: **Controller**.

Service – representa as classes (Application Services) que encapsulam as regras de negócio que atuam sobre um ou mais objetos

VO (Value Object) e farão com que as regras de negócio do sistema sejam corretamente aplicadas. Posteriormente, essas classes enviarão o objeto VO (Value Object) em questão para o componente DAO (Data Access Object).

Componente do padrão MVC: **Model**.

VO – representa as classes com os métodos *getters* e *setters* para todos seus atributos. Os Value Objects (VOs) são utilizados para trafegar objetos pela rede. Eles encapsulam todas as informações sobre um determinado registro, evitando que seja feito um grande número de chamadas remotas e com isso diminuindo o tráfego pela rede. O propósito principal desse componente é facilitar a manipulação de um valor por uma tipagem forte fazendo o tipo pertencer a um classe de objetos.

Componente do padrão MVC: **Model**.

DAO – representa as classes que são responsáveis por realizar a interface entre o banco de dados e o restante da aplicação. Essas classes geralmente contêm métodos básicos para persistir e recuperar dados do banco, como salvar, remover, editar e localizar dados.

Componente do padrão MVC: **Model**.

2.1.3 Diagrama de classes da aplicação

Segundo Fowler (2005), um diagrama de classes descreve os tipos de objetos presentes no sistema e os vários tipos de relacionamentos estáticos existentes entre eles. Os diagramas de classe também mostram os atributos e as operações de uma classe e as restrições que se aplicam à maneira como os objetos estão conectados. A Figura 2.3 mostra os atributos, as operações (métodos) e as inter-relações entre as classes da aplicação.

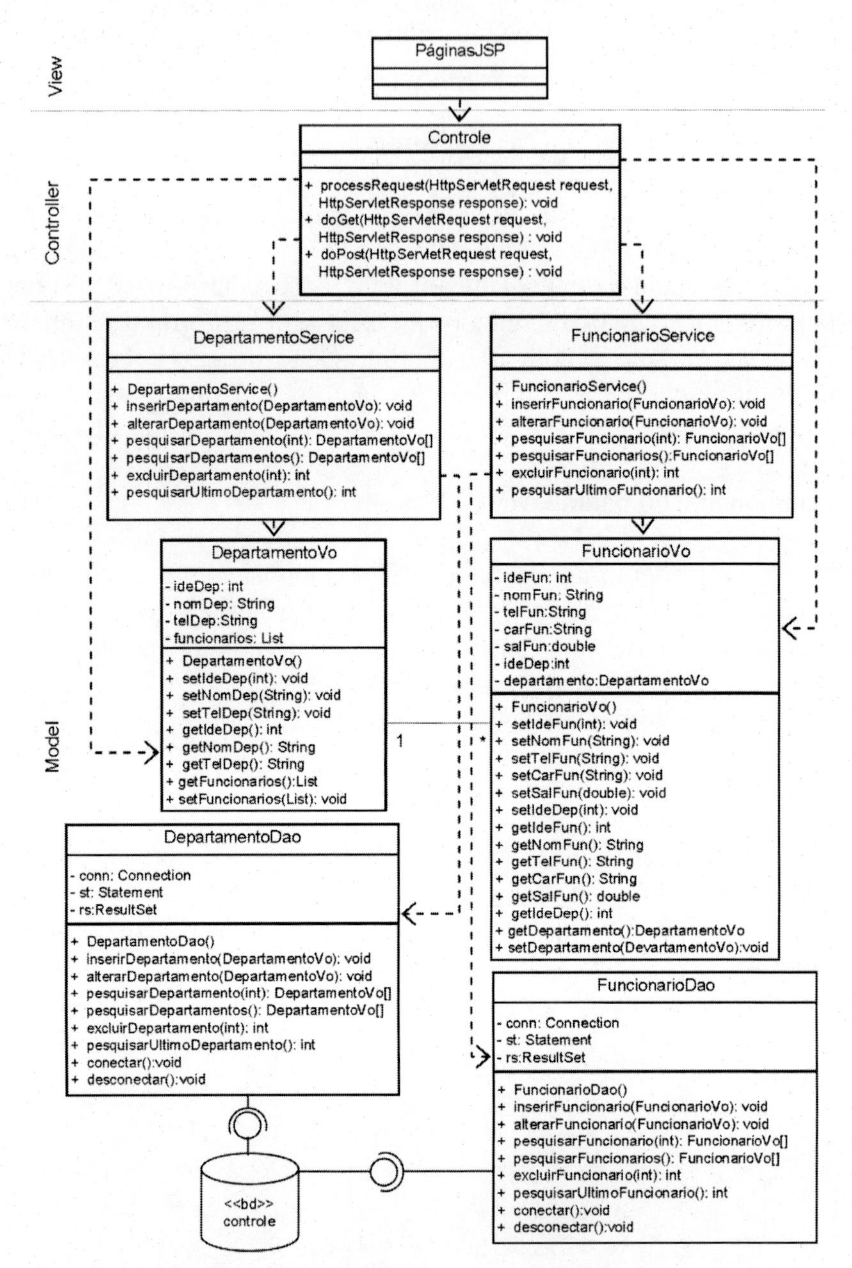

Figura 2.3:Diagrama de classes da aplicação.

2.1.4 Diagrama de pacotes da arquitetura da aplicação

Segundo Fowler (2005), diagramas de pacote devem ser usados na modelagem de sistemas grandes para mostrar os pacotes de classes e suas dependências.

Um pacote é uma construção de agrupamento que permite a você pegar qualquer construção na UML e agrupar seus elementos em unidades de nível mais alto. Seu uso mais comum é o agrupamento de classes, mas pode ser usado para todos os outros elementos da UML (FOWLER, 2005, p. 96). A Figura 2.4 mostra os pacotes da aplicação com suas respectivas classes.

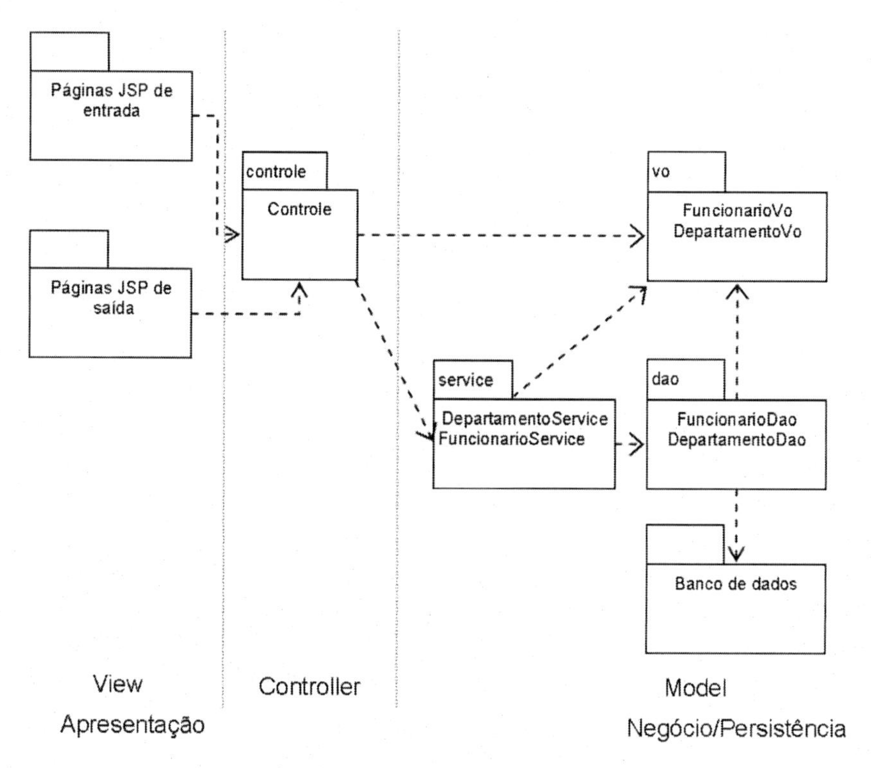

Figura 2.4: Diagrama de pacotes da aplicação.

2.2 Banco de dados da aplicação

Ao banco de dados da aplicação foi dado o nome de **controle** e possui duas tabelas, **tabDepartamento** e **tabFuncionario**. O modelo de dados da aplicação foi criado utilizando o software DBDesigner. Esse modelo é mostrado na Figura 2.5.

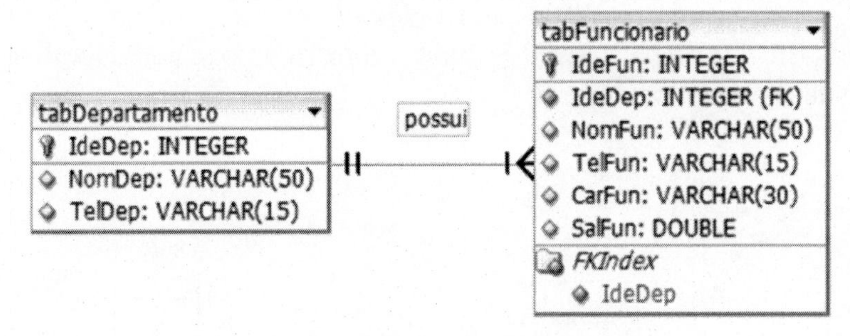

Figura 2.5: Modelo de dados da aplicação.

Essas tabelas podem ser criadas no Sistema Gerenciador de Banco de Dados (SGBD) de sua preferência.

As instruções da Structured Query Language (SQL) para criar as tabelas são apresentadas a seguir:

```
CREATE TABLE tabDepartamento (
  IdeDep INTEGER NOT NULL,
  NomDep VARCHAR(50),
  TelDep VARCHAR(15),
  PRIMARY KEY(IdeDep)
);

CREATE TABLE tabFuncionario (
  IdeFun INTEGER NOT NULL,
  IdeDep INTEGER NOT NULL,
  NomFun VARCHAR(50),
  TelFun VARCHAR(15),
  CarFun VARCHAR(30),
  SalFun DOUBLE,
  PRIMARY KEY(IdeFun),
  INDEX FKIndex(IdeDep),
  FOREIGN KEY(IdeDep)
  REFERENCES tabDepartamento(IdeDep)
  ON UPDATE CASCADE
);
```

Integridade Referencial

Uma das dúvidas mais frequentes em relação ao desenvolvimento de aplicações web que envolve tabelas relacionadas é a de como garantir a integridade referencial entre os dados das tabelas. Como garantir, por exemplo, que um funcionário não seja incluído em um departamento que ainda não foi cadastrado.

Na aplicação apresentada neste capítulo, os departamentos cadastrados são buscados na tabela **tabDepartamento** e disponibilizados em uma caixa de combinação do formulário de cadastro de funcionários. Dessa forma, não há como cadastrar um funcionário em um departamento que não exista. Essa técnica foi utilizada porque o número de departamentos de uma empresa é suficientemente pequeno para caber em uma caixa de combinação. Se o número fosse grande, isso seria inviável. De qualquer forma, uma busca prévia deve ser feita para saber se o valor inserido no campo que é Foreign Key (chave estrangeira) da tabela filha corresponde a um valor existente no campo que é Primary Key (chave primária) da tabela pai.

2.3 Criação dos componentes da aplicação

Para facilitar o entendimento da aplicação, primeiro é apresentado o projeto dos componentes da aplicação (páginas JSP, pacotes Java, classes etc.) e em seguida a do banco de dados e das tabelas. Na sequência, são apresentados os componentes presentes no **View**, **Controller** e **Model** do MVC da seguinte forma:

Primeiramente, são apresentadas as telas e as páginas JSP de interface com o usuário presentes no componente **View**. Na sequência a servlet de controle de fluxo da aplicação presente no componente **Controller**. Por último, as classes VO (Value Objects), as classes de negócio (Application Services), e as classes de persistência (Data Access Objects - DAO) presentes no componente **Model**.

2.3.1 Criação do Projeto no NetBeans

- Clique no menu **Arquivo** e na opção **Novo Projeto**;
- Na divisão **Categorias** selecione a opção **Java Web**, na divisão **Projetos**, selecione **Aplicação Web** e clique no botão Próximo;
- No campo **Nome** do projeto, escreva um nome para seu projeto web. Evite espaços e caracteres especiais. Clique no botão **Próximo**.
- Selecione o servidor web disponível (**Tomcat** ou **GlassFish**) e clique no botão **Finalizar**.
  Observe que já é criado automaticamente o arquivo **index.jsp**.

2.3.2 Criação dos componentes do projeto

Para agrupar as classes do projeto, vamos criar os pacotes necessários mostrados na Figura 2.4.

- Clique com o botão direito do mouse sobre o nome do projeto na aba **Projetos**, selecione a opção **Novo** e **Pacote Java**. Dê nome ao pacote de controle e clique no botão **Finalizar**. Repita esse procedimento criando os pacotes **dao**, **service** e **vo**.

Para criar as classes nos pacotes, faça da seguinte forma:

- Clique com o botão direito do mouse sobre o pacote **controle** na aba **Projetos**, selecione a opção **Novo** e **Servlet**. No campo **Nome da classe**, digite **Controle** e clique no botão **Finalizar**.
- Clique com o botão direito do mouse sobre o pacote **service** na aba **Projetos**, selecione a opção **Novo** e **Classe Java**. No campo **Nome da classe**, digite **DepartamentoService** e clique no botão **Finalizar**. Repita esse procedimento e crie a classe **FuncionarioService**.
- Clique com o botão direito do mouse sobre o pacote **vo** na aba **Projetos**, selecione a opção **Novo** e **Classe Java**. No campo **Nome da classe**, digite **DepartamentoVo** e clique no botão **Finalizar**. Repita esse procedimento e crie a classe **FuncionarioVo**.
- Clique com o botão direito do mouse sobre o pacote **dao** na aba **Projetos**, selecione a opção **Novo** e **Classe Java**. No campo **Nome da classe**, digite **DepartamentoDao** e clique no botão **Finalizar**. Repita esse procedimento e crie a classe **FuncionarioDao.java**.

Para criar as páginas JSP, faça da seguinte forma:

- Clique com o botão direito do mouse sobre o nome do projeto na aba **Projetos** e selecione a opção **Novo** e **JSP**. No campo **Nome do arquivo JSP**, digite **menu_departamento**. Repita esse procedimento e crie os arquivos:
  - **menu_funcionario.jsp;**
  - **incluir_departamento.jsp;**
  - **incluir_funcionario.jsp;**
  - **alterar_departamento.jsp;**
  - **alterar_funcionario.jsp;**
  - **excluir_departamento.jsp;**
  - **excluir_funcionario.jsp;**
  - **lista_funcionarios.jsp;**
  - **lista_departamentos.jsp;**
  - **pesquisa_alterar_departamento.jsp;**
  - **pesquisa_alterar_funcionario.jsp;**
  - **pesquisar_departamento.jsp;**
  - **pesquisar_funcionario;**
  - **mensagem.jsp.**

Para criar o arquivo de estilos (CSS), faça da seguinte forma:
- Clique com o botão direito do mouse sobre o nome do projeto na aba **Projetos** e selecione a opção **Novo** e **Outro**. Na divisão **Categorias**, escolha **Web** e na divisão **Tipos de Arquivos**, escolha **Folha de Estilo em Cascata**. No campo **Nome do arquivo**, digite formatos.

Após criar o projeto e os componentes você terá a estrutura mostrada pela Figura 2.6.

Figura 2.6: Estrutura dos componentes do projeto.

2.3.2.1 Breve descrição dos componentes do projeto

index.jsp – menu principal da aplicação que exibe as opções **Departamentos**, **Funcionários** e **Sair**.

menu_departamento.jsp – Menu para executar operações relacionadas aos departamentos. Exibe as opções **Incluir, Alterar, Excluir, Pesquisar, Consultar Todos** e **Voltar ao Menu Principal.**
menu_funcionario.jsp - Menu para executar operações relacionadas aos funcionários. Exibe as opções **Incluir, Alterar, Excluir, Pesquisar, Consultar Todos** e **Voltar ao Menu Principal**.
incluir_departamento.jsp – Formulário para cadastro de departamentos.
incluir_funcionario.jsp - Formulário para cadastro de funcionários.
pesquisa_alterar_departamento.jsp – formulário para que o usuário indique o ID do departamento a ser alterado.
pesquisa_alterar_funcionario.jsp - formulário para que o usuário indique o ID do funcionário a ser alterado.
alterar_departamento.jsp – formulário que exibe os dados do departamento a ser alterado e permite que o usuário faça modificações e as salve.
alterar_funcionario.jsp - formulário que exibe os dados do funcionário a ser alterado e permite que o usuário faça modificações e as salve.
excluir_departamento.jsp - formulário para que o usuário indique o ID do departamento a ser excluído.
excluir_funcionario.jsp - formulário para que o usuário indique o ID do funcionário a ser excluído.
lista_funcionarios.jsp – tabela que exibirá os dados de todos os funcionários cadastrados.
lista_departamentos.jsp - tabela que exibirá os dados de todos os departamentos cadastrados.
pesquisar_departamento.jsp - formulário para que o usuário indique o ID do departamento a ser consultado.
pesquisar_funcionario.jsp - formulário para que o usuário indique o ID do funcionário a ser consultado.
mensagem.jsp – gerenciador de mensagens de retorno ao usuário. Essa página é responsável por exibir mensagens relacionadas ao status da operação, ou seja, se a operação ocorreu com sucesso, se algum erro foi gerado etc.
formatos.css – arquivo responsável pelos formatos de apresentação dos elementos HTML das páginas JSP. Esse arquivo centraliza o padrão de estilo de apresentação das páginas JSP.
Controle.java – Classe servlet de controle do fluxo de comunicação

entre os componentes **View** e **Model** do MVC.
DepartamentoService.java – Classe responsável por centralizar e implementar regras de negócio relacionadas aos departamentos.
FuncionarioService.java - Classe responsável por centralizar e implementar regras de negócio relacionadas aos funcionários.
DepartamentoVo.java - Classe que representa a tabela **tabDepartamento** no banco de dados. Essa classe possui métodos *getters* e *setters* para manipular os atributos de departamentos.
FuncionarioVo.java - Classe que representa a tabela **tabFuncionario** no banco de dados. Essa classe possui métodos *getters* e *setters* para manipular os atributos de funcionários.
DepartamentoDao.java – Classe responsável por incluir, alterar, excluir e buscar dados dos departamentos na tabela **tabDepartamento** do banco de dados.
FuncionarioDao.java - Classe responsável por incluir, alterar, excluir e buscar dados dos funcionários na tabela **tabFuncionario** do banco de dados.

2.3.3 Criação do Banco de Dados e das tabelas

Você pode utilizar qualquer SGBD para criar seu banco de dados e suas tabelas. Neste exemplo será utilizado o MySQL.

O MySQL pode ser baixado no *link* <http://dev.mysql.com/downloads/>. Baixe e instale primeiro o server clicando na opção de menu **MySQL Community Server** e em seguida baixe e instale o GUI Tools (ferramentas gráficas) clicando na opção do menu **MySQL Workbench**.

Após instalar os recursos necessários, siga os passos seguintes para criar uma conexão, um banco de dados e as tabelas:

- Abra o MySQL Workbench clicando em **Iniciar**, **Todos os Programas**, **MySQL** e **MySQL Workbench**;
- Clique no *link* **New Connection** e preencha os campos como mostra a Figura 2.7;

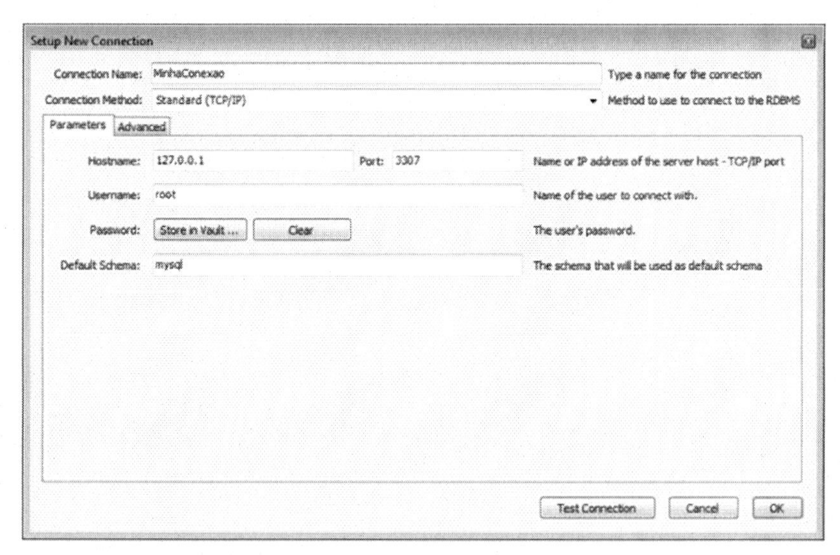

Figura 2.7: Tela de conexão com o banco de dados no MySQL Workbench.

Observe que a porta de instalação do MySQL foi a **3307**. Na instalação padrão, a porta usada é a **3306**. Se você fez a instalação padrão, mantenha a porta padrão **3306**. **Default Schema** define o nome do banco de dados no qual você deseja se conectar. Como ainda não temos um banco de dados, digite **mysql** que é um banco de dados existente no MySQL.

- Clique no botão **Teste Connection** para testar a conexão e no botão **Ok** para criar a conexão;
- Clique no nome de sua Conexão e no *link* **Open Connection to Start Querying**;
- Na caixa de combinação Stored Connection, selecione o nome de sua conexão e clique no botão **Ok**;

A área de trabalho do MySQL Workbench será exibida na tela como mostra a Figura 2.8.

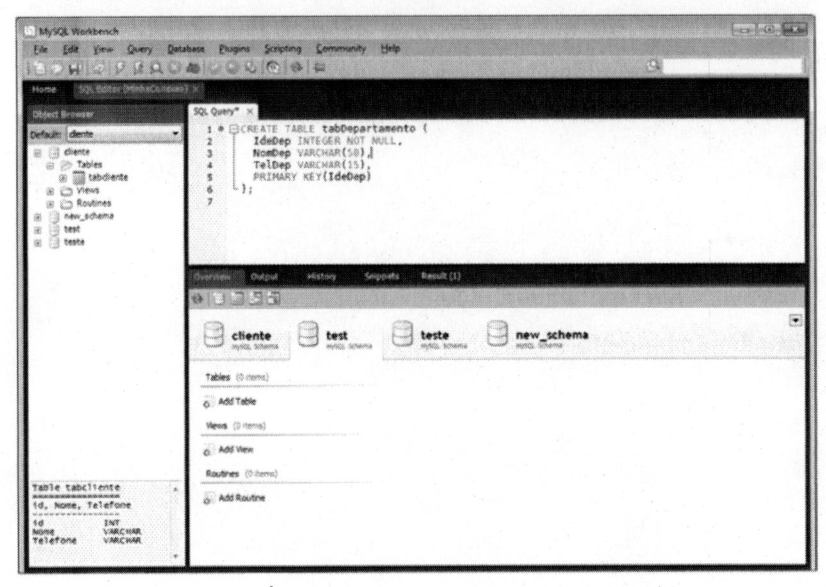

Figura 2.8: Área de trabalho do MySQL Workbench.

- Para criar um novo banco de dados, clique com o botão direito do mouse abaixo do nome dos bancos de dados existentes na divisão **Object Browser** e selecione a opção **Create Schema**;
- No campo **name** digite o nome do seu banco de dados (nesse caso, **controle**) e clique nos botões **Aply, Aply SQL,Finish** e **Close**.

A criação das tabelas pode ser feita de duas maneiras:

- Digitando-se a instrução **CREATE TABLE** na aba **SQL Query** na parte superior da janela e clicando-se na ferramenta **Execute SQL Script in Connected Server** (raio);
- Clicando-se com o botão direto do mouse na pasta **Tables** do banco de dados **controle** e selecionando a opção **Create Table** ou clicando-se na ferramenta **Create a New Table** na aba **OverView**.

Crie as tabelas apresentadas anteriormente no tópico "Banco de dados da aplicação" e saia do MySQL Workbench.

2.3.4 Adicionando o JDBC MySQL Driver ao projeto

Para fazer a conexão com o banco de dados MySQL é necessário o driver de conexão. O driver representa um conjunto de classes localizadas em pacotes de uma biblioteca disponibilizada pelo fabricante do Sistema Gerenciador de Banco de Dados.

Para adicionar o driver de conexão com o MySQL, clique com o botão direito do mouse sobre a pasta **Bibliotecas** do projeto, selecione a opção **Adicionar biblioteca**, selecione na divisão **Bibliotecas Disponíveis** a biblioteca **MySQL JDBC Driver** e clique no botão **Adicionar biblioteca**.

Observe na pasta **Bibliotecas** do projeto que aparecerá a opção MySQL JDBC Driver - **mysql-connector-java-5.1.6-bin.jar**.

Nessa biblioteca há um pacote denominado **com.mysql.jdbc**. Nesse pacote há uma classe denominada **Driver.class**. Essa classe representa o driver de conexão para bancos de dados MySQL. Na classe que você criar para fazer a conexão com o banco de dados você deverá incluir a linha **Class.forName("com.mysql.jdbc.Driver")**; referenciando a classe **Driver.class**.

> **JDBC**
>
> Java Database Connectivity (JDBC) é um conjunto de classes e interfaces (API) escritas em Java que fazem o envio de instruções SQL para qualquer banco de dados relacional. Para cada SGBD há um driver JDBC adequado.

2.3.5 Arquivos representados no componente View do MVC

O componente **View** do MVC representa todos os arquivos HTML, JSP e CSS. Nesse exemplo, foi utilizado apenas um arquivo Cascading Style Sheets (CSS), o arquivo **formatos.css**. Esse arquivo é ligado às páginas por meio da *tag* <link> inserida no cabeçalho de todas as páginas JSP.

As páginas JSP dessa aplicação são destinadas a gerar menus, formulários de entrada de dados e telas de exibição de dados de consultas e mensagens de retorno ao usuário. Na sequência serão apresentados os arquivos que fazem parte do componente **View** do MVC.

Em todos os menus da aplicação, os dados são submetidos ao servidor por meio de comandos JavaScript. Isso foi feito apenas por uma questão estética, já que ao invés de criar *link*s por meio da *tag* **<a>**, foram criados botões de formulários por meio da *tag* **<input>**. É importante citar que esse procedimento pode não ser ideal se considerarmos a possibilidade do usuário do site desabilitar a execução de códigos JavaScript no browser, algo possível, mas difícil de acontecer na prática.

Em toda a aplicação, ao submeter dados ao servidor, são enviados dois campos ocultos, os campos *flag* e **menu**. Esses campos carregam informações para indicar à classe servlet de controle de fluxo de informações de onde veio a requisição e, no caso dos menus, qual foi a opção selecionada. De posse dessas informações a servlet pode identificar o que fazer com os dados da requisição.

2.3.5.1 Arquivo Cascading Style Sheets (CSS)

O arquivo CSS criado define os estilos de apresentação do conteúdo da aplicação por meio dos nomes definidos nas *tag*s HTML utilizando o atributo id. Assim, foi possível aplicar a mesma configuração para *tag*s de páginas diferentes que continham o mesmo id. Isso permitiu padronizar o layout do site.

formatos.css

1	`* {`	
2	`margin:0px;`	Retira as margens internas e externas de todos os componentes da página.
3	`padding:0px;`	
4	`}`	
5		
6	`body {`	
7	`text-align:center;`	Define todos os componentes da página centralizados.
8	`}`	
9		
10	`#principal{`	
11	`width:900px;`	
12	`height:456px;`	Define as configurações do contêiner principal dentro do qual é colocado todo o conteúdo da página, inclusive outros contêineres.
13	`background-color:#ffffff;`	
14	`border:solid #c0c0c0 1px;`	
15	`margin:0 auto;`	
16	`}`	

```
17
18 #titulo{
19 width:100%;
20 padding-top:7px;
21 padding-bottom:10px;
22 background-color:#ffffff;
23 }
24
```

Define as configurações do contêiner onde serão colocados os títulos das páginas por meio da *tag* <h3>.

```
25 #titulo h3{
26 text-align:center;
27 color:navy;
28 font-size:20px;
29 font-family:tahoma;
30 }
31
```

Define as configurações dos títulos inseridos dentro do contêiner titulo por meio da *tag* <h3>.

```
32 #menuSuperior{
33 width:100%;
34 padding-top:7px;
35 padding-bottom:6px;
36 background-color:#ededed;
37 text-align:center;
38 }
39
```

Define as configurações do container nomeado como menuSuperior pelo atributo id. Esse contêiner é utilizado para exibir os menus em linha na parte superior da janela, logo após o título da página.

```
40 form {
41 text-align:left;
42 padding-left:15px;
43 }
44
```

Define as configurações dos formulários.

```
45 #campo{
46 background-color:#ededed;
47 color:navy;
48 font-family:tahoma;
49 }
50
```

Define as configurações dos campos inseridos nos formulários por meio da *tag* <input>.

```
51 #explica {
52 font-family:arial;
53 font-size:9px;
54 }
55
```

Define as configurações das mensagens indicando como certos campos devem ser preenchidos. Essas mensagens são inseridas por meio ta *tag* <label>.

56	#botao{	
57	width:130px;	Define as configurações dos botões dos formulários, incluindo os botões dos menus.
58	height:30px;	
59	color:navy;	
60	}	
61		
62	#tabcampos tr td{	Define as configurações das células das tabelas utilizadas para organizar a exibição dos campos de formulário, legendas e a exibição das consultas.
63	border:solid #000000 1px;	
64	padding:4px;	
65	}	
66		
71		
72	#tabcampos #botoes {	Define as configurações da célula das tabelas que contém os botões.
73	text-align:center;	
74	}	
75		
76	#tabmensagens{	
77	width:900px;	Define as configurações da tabela que exibirá as mensagens de retorno ao usuário.
78	margin:0 auto;	
79	}	
80		
81	#tabmensagens tr td{	
82	padding-top:20px;	Define as configurações das células da tabela que contém as mensagens de retorno ao usuário.
83	text-align:center	
84	}	
85		
86	#pgmensagens{	Define as configurações do corpo da página que exibirá as mensagens ao usuário.
87	margin-top:20px;	
88	}	
89		
90	#tabmenu{	
91	margin:0 auto;	Define as configurações das tabelas que contém os menus da aplicação.
92	text-align:center;	
93	}	

2.3.5.2 Menu principal

O menu principal (**index.jsp**) exibe por meio de botões de um formulário as opções **Departamentos, Funcionários** e **Sair** como mostra a Figura 2.9.

Menu Principal

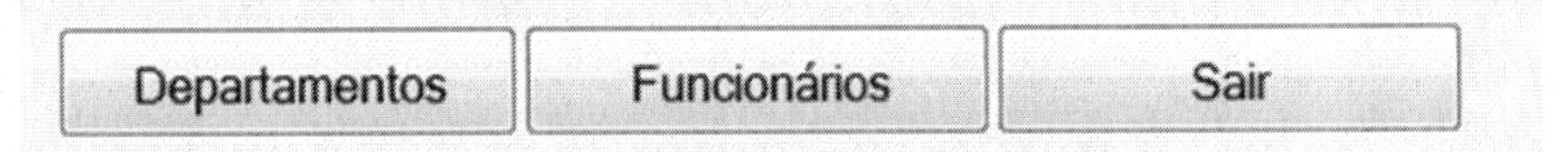

Figura 2.9: Menu principal da aplicação.

index.jsp

```
1   <%@page contentType=”text/html” pageEncoding=”ISO-8859-1”%>
2   <!DOCTYPE HTML PUBLIC “-//W3C//DTD HTML 4.01 Transitional//EN”
3   “http://www.w3.org/TR/html4/loose.dtd”>
4   <html>
5       <head>
6       <meta http-equiv=”Content-Type”
        content=”text/html; charset=ISO-8859-1”>
7       <title>Menu principal</title>
8       <link rel=”stylesheet” type=”text/css” href=”formatos.css”>
9       <script type=”text/javascript” language=”javascript”>
10        function departamento() {
11          document.frmMenu.flag.value = “departamento”;
12          document.frmMenu.submit();
13        }
14        function funcionario() {
14          document.frmMenu.flag.value = “funcionario”;
16          document.frmMenu.submit();
17        }
18        function sair() {
19        window.close();
20        }
21      </script>
22  </head>
23  <body>
24      <div id=”principal”>
25        <div id=”titulo”>
26          <h3>Menu Principal</h3>
27        </div>
28        <div id=”menuSuperior”>
29          <form name=”frmMenu”
            action=”/MVCLivro001/Controle” method=”post”>
30            <table id=”tabmenu”>
31              <tr>
32                <td>
33                  <input id=”botao” type=”button”
                    name=”btnDepartamento”
                    onclick=”departamento()” value=”Departamentos”>
34                </td>
35                <td>
```

```
36                  <inputid="botao"type="button"name="btnFuncionario"
                    onclick="funcionario()" value="Funcionários">
37                </td>
38                <td>
39                  <input id="botao" type="button" name="btnExcluir"
                    onclick="sair()" value="Sair">
40                </td>
41              <tr>
42            </table>
43            <input type="hidden" name="flag" value="">
44            <input type="hidden" name="menu" value="principal">
45          </form>
46        </div>
47      </div>
48    </body>
49  </html>
```

Observe que ao clicar em um dos botões do menu (linhas 33, 36 e 39) os dados são submetidos à servlet **Controle.java** (linha 29) por meio de uma função JavaScript específica (linhas de 10 a 20). Note também os campos ocultos menu e *flag* (linhas 43 e 44). O campo menu contém o valor "principal" e o campo *flag* contém um valor variável, dependente da opção clicada (linhas 11 e 14).

O layout da página é definido pelos contêineres principal (linha 24), titulo (linha 25) e menuSuperior (linha 28).

2.3.5.3 Menu Departamentos

O menu Departamentos permite acessar opções para incluir, alterar, excluir, consultar e listar os departamentos cadastrados, conforme mostra a Figura 2.10.

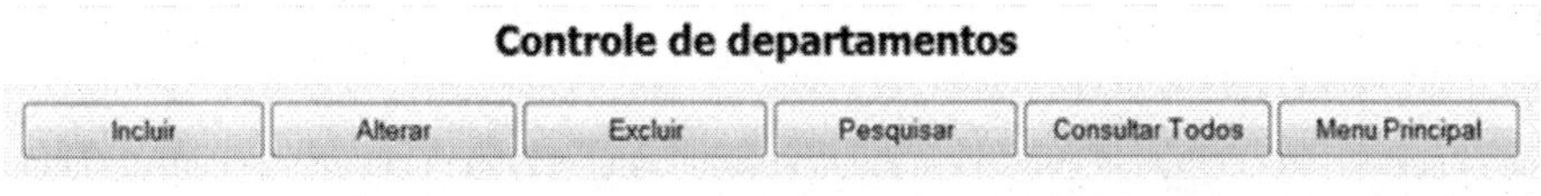

Controle de departamentos

Incluir | Alterar | Excluir | Pesquisar | Consultar Todos | Menu Principal

Figura 2.10: Menu de controle de departamentos.

menu_departamento.jsp

```
1   <%@page contentType="text/html" pageEncoding="ISO-8859-1"%>
2   <!DOCTYPE HTML PUBLIC "-//W3C//DTD HTML 4.01
    Transitional//EN""http://www.w3.org/TR/html4/loose.dtd">
3
4   <html>
```

```
5       <head>
6         <title>Controle de departamentos</title>
7         <link rel="stylesheet" type="text/css" href="formatos.css">
8         <script type="text/javascript" language="javascript">
9          function incluir() {
10            document.frmMenu.flag.value = "incluir";
11            document.frmMenu.submit();
12         }
13         function alterar() {
14            document.frmMenu.flag.value = "pesquisaalterar";
15            document.frmMenu.submit();
16         }
17         function excluir() {
18            document.frmMenu.flag.value = "excluir";
19            document.frmMenu.submit();
20         }
21         function pesquisar() {
22            document.frmMenu.flag.value = "pesquisar";
23            document.frmMenu.submit();
24         }
25         function pesquisarTodos() {
26            document.frmMenu.flag.value = "pesquisartodos";
27            document.frmMenu.submit();
28         }
29         function retornar() {
30            location.href="index.jsp";
31         }
32        </script>
33    </head>
34    <body>
35        <div id="principal">
36          <div id="titulo">
37            <h3>Controle de departamentos</h3>
38          </div>
39          <div id="menuSuperior">
40            <form name="frmMenu" action="/MVCLivro001/Controle"
              method="post">
41              <table id="tabmenu">
42                <tr>
43                  <td>
44                    <input id="botao" type="button"
                      name="btnIncluir" onclick="incluir()"
                      value="Incluir">
45                  </td>
46                  <td>
47                    <input id="botao" type="button"
                      name="btnAlterar" onclick="alterar()"
                      value="Alterar">
48                  </td>
49                  <td>
50                    <input id="botao" type="button"
                      name="btnExcluir" onclick="excluir()"
                      value="Excluir">
```

```
51                  </td>
52                  <td>
53                    <input id="botao" type="button"
                      name="btnPesquisar" onclick="pesquisar()"
                      value="Pesquisar">
54                  </td>
55                  <td>
56                    <input id="botao" type="button"
                      name="btnPesquisarTodos"
                      onclick="pesquisarTodos()" value="Consultar
                      Todos">
57                  </td>
58                  <td>
59                    <input id="botao" type="button" name="btnVoltar"
                      onclick="retornar()" value="Menu Principal">
60                  </td>
61                <tr>
62              </table>
63              <input type="hidden" name="flag" value="">
64              <input type="hidden" name="menu" value="departamento">
65            </form>
66            </div>
67          </div>
68        </body>
69  </html>
```

Ao clicar em um dos botões do menu (linhas 44, 47, 50, 53, 56 e 59), o conteúdo dos campos ocultos **menu** e *flag* (linhas 63 e 64) são submetidos à servlet **Controle.java**. O campo **menu** contém o valor "**departamento**" e o campo *flag* contém um valor variável, atribuído dependendo da opção clicada (linhas 10, 14, 18, 22 e 26).

2.3.5.4 Incluir departamento

A opção Incluir departamento apresenta um formulário para o usuário cadastrar os dados do departamento como mostra a Figura 2.11.

Controle de departamentos - Inclusão de dados

Id:	11
Nome:	
Telefone:	Formato:(xx)xxxx-xxxx

Incluir | Limpar | Voltar

Figura 2.11:Cadastro de departamentos.

incluir_departamento.jsp

```
1   <%@page contentType="text/html" pageEncoding="ISO-8859-1"%>
2   <!DOCTYPE HTML PUBLIC "-//w3c//dtd html 4.0 transitional//en">
3   <html>
4     <head>
5       <titrele>Controle de Departamentos</title>
6       <link rel="stylesheet" type="text/css" href="formatos.css">
7       <script type="text/javascript" language="javascript">
8         var t = /^\(\d{2}\)\d{4}-\d{4}$/;
9         function verificar() {
10          if (t.test
            (document.frmIncluirDepartamento.txtTelDep.value)) {
11          document.frmIncluirDepartamento.flag.value =
            "form_incluir_departamento";
12          document.frmIncluirDepartamento.submit();
13        } else {
14          alert("Telefone inválido");
15          document.frmIncluirDepartamento.txtTelDep.focus();
16        }
17      }
18      function Voltar() {
19        history.go(-1);
20      }
21    </script>
22  </head>
23  <body>
24    <%
25      int ultDep = Integer.parseInt (request.getAttribute
        ("ultimoDepartamento").toString());
26  ultDep++;
27      %>
28      <div id="principal">
29        <div id="titulo">
30          <h3>Controle de departamentos - Inclusão de dados</h3>
31        </div>
32        <div id="formulario">
33          <hr>
34          <table id="tabcampos">
35            <form name="frmIncluirDepartamento" action="/MVCLivro001/
              Controle" method="post">
36              <tr>
37                <td>
38                  <label>Id:</label>
39                </td>
40                <td>
41                  <input id="campo" size="10" type="text"
                    name="txtIdeDep" value="<%=ultDep%>"
                    readonly="readonly">
42                </td>
43              </tr>
44              <tr>
```

```
45               <td>
46                 <label>Nome:</label>
47               </td>
48               <td>
49                 <input id="campo"  size="40" type="text"
                   name="txtNomDep">
50               </td>
51             </tr>
52             <tr>
53               <td>
54                 <label>Telefone:</label>
55               </td>
56               <td>
57                 <input id="campo" size="15" type="text"
                   name="txtTelDep"> <label
                   id="explica">Formato:(xx)xxxx-xxxx</label>
58               </td>
59             </tr>
60             <tr>
61               <td colspan="2" id="botoes">
62                 <input id="botao" type="button" name="btnIncluir"
                   onclick="verificar()" value="Incluir">
63                 <input id="botao" type="reset" name="btnReset"
                   value="Limpar">
64                 <input id="botao" type="button" name="btnVoltar"
                   onclick="Voltar()" value="Voltar">
65                 <input type="hidden" name="flag" value="">
66                 <input type="hidden" name="menu" value="">
67               </td>
68               </tr>
69             </form>
70           </table>
71         </div>
72       </div>
73     </body>
74   </html>
```

Observe que ao clicar no botão **Incluir** (linha 62) a função JavaScript **verificar()** da linha 9 é chamada. Essa função verifica (linha 10) se o conteúdo do campo telefone **(txtTelDep)** atende à expressão regular armazenada na variável **t** (linha 8). Essa expressão regular define que o telefone deverá ter o formato (xx)xxxx-xxxx. Se o valor inserido no campo telefone atender à expressão regular, os dados do formulário são submetidos à servlet **Controle.java** definida na propriedade **action** do formulário (linha 35). Ao submeter o formulário, o conteúdo do campo oculto *flag* recebe o valor "**form_incluir_departamento**" (linha 11) e o campo **menu** é submetido vazio (linha 66).

Se o conteúdo do campo do telefone não atender ao formato definido na expressão regular, aparecerá a mensagem "**Telefone inválido**" (linha 14) e o cursor será posicionado no campo telefone do formulário (linha 15).

Para não haver problema de digitação de um ID de departamento que já foi cadastrado, a linha 25 recebe da servlet **Controle.java** um atributo contendo o valor do maior ID cadastrado na tabela **tabDepartamento** do banco de dados. A esse valor é adicionado 1 (linha 26) e o resultado é inserido automaticamente no campo ID (**txtIdeDep**) do formulário (linha 41). Observe que esse campo é somente para leitura (readonly), sendo assim, não poderá ter seu valor alterado pelo usuário.

2.3.5.5 Pesquisar departamento para modificar os dados

Ao clicar na opção **Alterar** do menu **Departamentos** será exibida a tela apresentada na Figura 2.12. Nessa tela é possível digitar o ID do departamento que será localizado para atualização.

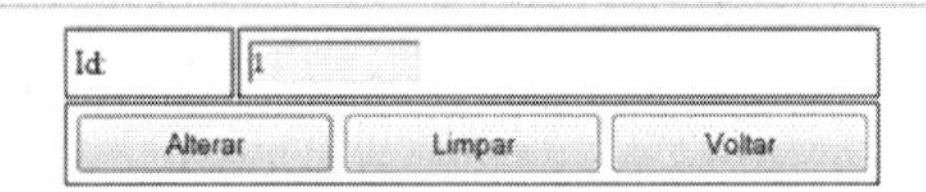

Figura 2.12: Pesquisar departamento para alterar os dados.

pesquisa_alterar_departamento.jsp

```
1   <%@page contentType="text/html" pageEncoding="ISO-8859-1"%>
2   <!DOCTYPE HTML PUBLIC "-//w3c//dtd html 4.0 transitional//en">
3   <html>
4     <head>
5       <title>Controle de departamentos</title>
6       <link rel="stylesheet" type="text/css" href="formatos.css">
7       <script type="text/javascript" language="javascript">
8         function Alterar() {
9           document.frmPesquisaAlterar.flag.value =
            "form_pesquisa_alterar_departamento";
10          document.frmPesquisaAlterar.submit();
11        }
12        function Voltar() {
13          history.go(-1);
14        }
15      </script>
16    </head>
```

```
17    <body>
18      <div id="principal">
19        <div id="titulo">
20          <h3>Pesquisa de departamentos - Pesquisa
          departamentos para alterar dados</h3>
21        </div>
22        <div id="formulario">
23          <hr>
24          <table id="tabcampos">
25            <form name="frmPesquisaAlterar"
            action="/MVCLivro001/Controle" method="post">
26            <tr>
27              <td>
28                <label>Id:</label>
29              </td>
30              <td>
31                <input id="campo" size="10" type="text"
                name="txtIdeDep" value="">
32              </td>
33            </tr>
34            <tr>
35              <td colspan="2" id="botoes">
36                <input id="botao" type="button"
                name="btnAlterar" onclick="Alterar()"
                value="Alterar">
37                <input id="botao" type="reset" name="btnReset"
                value="Limpar">
38                <input id="botao" type="button" name="btnVoltar"
                onclick="Voltar()" value="Voltar">
39                <input type="hidden" name="flag" value="">
40                <input type="hidden" name="menu" value="">
41              </td>
42            </tr>
43          </form>
44        </table>
45      </div>
46    </div>
47    </body>
48  </html>
```

Ao clicar no botão **Alterar** (linha 36) os dados do formulário são submetidos à servlet **Controle.java**. O campo **menu** é submetido vazio (linha 40) e o campo *flag* é submetido contendo o valor "**form_pesquisa_alterar_departamento**" (linha 9).

2.3.5.6 Alteração dos dados do departamento

Após os dados do departamento terem sido localizados na tabela do banco de dados, eles são inseridos em um formulário para que possam ser alterados, como mostra a Figura 2.13.

Controle de departamentos - Alteração de dados

Id:	1
Nome:	Recursos Humanos
Telefone:	(11)7865-9000 Formato:(xx)xxxx-xxxx

Alterar | Limpar | Voltar

Figura 2.13: Formulário de alteração dos dados de um departamento.

alterar_departamento.jsp

```
1   <%@page contentType="text/html" pageEncoding="ISO-8859-1"%>
2   <!DOCTYPE HTML PUBLIC "-//w3c//dtd html 4.0 transitional//en">
3   <html>
4     <head>
5       <title>Controle de departamentos</title>
6       <link rel="stylesheet" type="text/css" href="formatos.css">
7       <script type="text/javascript" language="javascript">
8         var t = /^\(\d{2}\)\d{4}-\d{4}$/;
9         function alterar() {
10          if (t.test
            (document.frmAlterarDepartamento.txtTelDep.value)) {
11          document.frmAlterarDepartamento.flag.value =
            "form_alterar_departamento";
12          document.frmAlterarDepartamento.submit();
13          } else {
14            alert("Telefone inválido");
15            document.frmAlterarDepartamento.txtTelDep.focus();
16          }
17        }
18        function Voltar() {
19          history.go(-1);
20          }
21        </script>
22      </head>
23      <body>
24        <%
25          vo.DepartamentoVo departamentoVo[] = null;
26          departamentoVo = (vo.DepartamentoVo[])
            request.getAttribute("departamentoVo");
27        %>
28        <div id="principal">
29          <div id="titulo">
30            <h3>Controle de departamentos - Alteração de dados</h3>
31          </div>
```

```
32          <div id="formulario">
33            <hr>
34            <table id="tabcampos">
35              <form name="frmAlterarDepartamento"
                action="/MVCLivro001/Controle" method="post">
36                <%for (int i = 0; i < departamentoVo.length; i++) {%>
37                <tr>
38                  <td>
39                    <label>Id:</label>
40                  </td>
41                  <td>
42                    <input id="campo" size="10" type="text"
                      name="txtIdeDep"
                      value=<%=departamentoVo[i].getIdeDep()%>
                      readonly="readonly">
43                  </td>
44                </tr>
45                <tr>
46                  <td>
47                    <label>Nome:</label>
48                  </td>
49                  <td>
50                    <input id="campo" size="50" type="text"
                      name="txtNomDep"
                      value='<%=departamentoVo[i].getNomDep()%>'>
51                  </td>
52                </tr>
53                <tr>
54                  <td>
55                    <label>Telefone:</label>
56                  </td>
57                  <td>
58                    <input id="campo" size="15" type="text"
                      name="txtTelDep"
                      value=<%=departamentoVo[i].getTelDep()%>><label
                      id="explica">Formato:(xx)xxxx-xxxx</label>
59                  </td>
60                </tr>
61                <tr>
62                  <td colspan="2" id="botoes">
63                <%}%>
64                <input id="botao" type="button"
                name="btnAlterar" onclick="alterar()"
                value="Alterar">
65                <input id="botao" type="reset" name="btnReset"
                value="Limpar">
66                <input id="botao" type="button" name="btnVoltar"
                onclick="Voltar()" value="Voltar">
67                <input type="hidden" name="flag" value="">
68                <input type="hidden" name="menu" value="">
69              </td>
70            </tr>
71          </form>
```

```
72           </table>
73         </div>
74       </div>
75     </body>
76   </html>
```

Essa página recebe como atributo uma array de objetos da classe **DepartamentoVo.java** contendo os atributos do departamento localizado na tabela **tabDepartamento** do banco de dados (linha 26).

Para percorrer essa array (que nesse caso só tem uma linha com os dados do departamento) é usado um laço **for** (linhas 36 a 63). Cada atributo do departamento contido na array é então carregado em campos do formulário (linhas 42, 50 e 58) para serem modificados.

Após fazer as modificações necessárias e clicar no botão **Alterar** (linha 64), a função JavaScript **alterar()** é chamada. Essa função (linhas 9 a 17) verifica se o telefone do departamento atende ao formato definido na expressão regular armazenada na variável **t** (linha 8). Se sim, o valor "**form_altera_departamento**" é atribuído ao campo oculto *flag* (linha 11) e os dados do formulário são submetidos à servlet **Controle.java** (linha 12). Ao campo oculto **menu** foi atribuído um valor vazio (linha 68).

2.3.5.7 Exclusão de departamentos

Ao clicar na opção **Excluir** do menu **Departamentos** será exibida a tela mostrada na Figura 2.14.

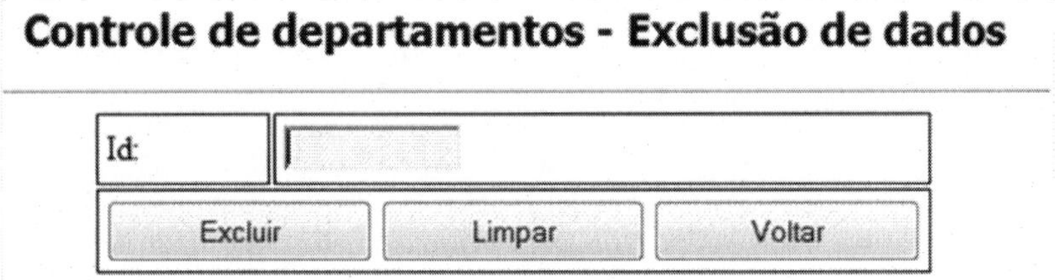

Figura 2.14: Exclusão de departamentos.

excluir_departamento.jsp

```
1   <%@page contentType="text/html" pageEncoding="ISO-8859-1"%>
2   <!DOCTYPE HTML PUBLIC "-//w3c//dtd html 4.0 transitional//en">
3   <html>
```

```
4      <head>
5        <title>Controle de departamentos</title>
6        <link rel="stylesheet" type="text/css" href="formatos.css">
7        <script type="text/javascript" language="javascript">
8          function Excluir() {
9            document.frmExcluir.flag.value =
             "form_excluir_departamento";
10           document.frmExcluir.submit();
11         }
12         function Voltar() {
13           history.go(-1);
14         }
15       </script>
16     </head>
17     <body>
18       <div id="principal">
19         <div id="titulo">
20           <h3>Controle de departamentos - Exclusão de dados</h3>
21         </div>
22         <div id="formulario">
23           <hr>
24           <table id="tabcampos">
25             <form name="frmExcluir"
               action="/MVCLivro001/Controle" method="post">
26               <tr>
27                 <td>
28                   <label>Id:</label>
29                 </td>
30                 <td>
31                   <input id="campo" size="10" type="text"
                     name="txtIdeDep" value="">
32                 </td>
33               </tr>
34               <tr>
35                 <td colspan="2" id="botoes">
36                   <input id="botao" type="button" name="btnExcluir"
                     onclick="Excluir()" value="Excluir">
37                   <input id="botao" type="reset" name="btnReset"
                     value="Limpar">
38                   <input id="botao" type="button" name="btnVoltar"
                     onclick="Voltar()" value="Voltar">
39                   <input type="hidden" name="flag" value="">
40                   <input type="hidden" name="menu" value="">
41                 </td>
42               </tr>
43             </form>
44           </table>
45         </div>
46       </div>
47     </body>
48   </html>
```

Ao clicar no botão Excluir (linha 36) os dados do formulário são submetidos à servlet **Controle.java**. O campo menu é submetido vazio (linha 40) e o campo *flag* é submetido contendo o valor "form_excluir_ departamento" (linha 9).

2.3.5.8 Consultar um departamento

Ao clicar na opção Pesquisar do menu Departamento será exibida a tela mostrada pela Figura 2.15.

Controle de departamentos - Pesquisar departamento

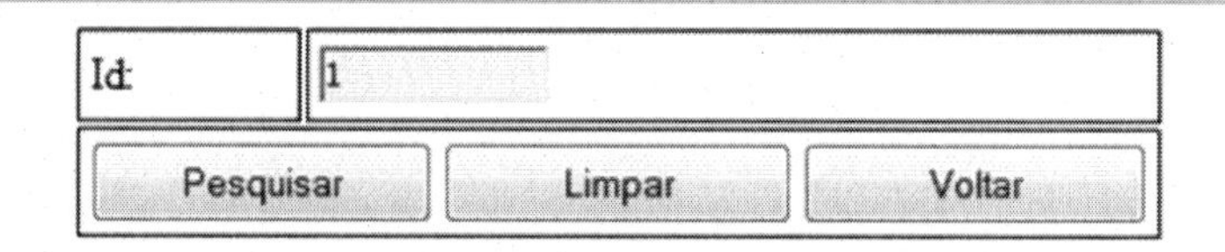

Figura 2.15: Pesquisar um departamento.

pesquisar_departamento.jsp

```
1    <%@page contentType="text/html" pageEncoding="ISO-8859-1"%>
2    <!DOCTYPE HTML PUBLIC "-//w3c//dtd html 4.0 transitional//en">
3    <html>
4      <head>
5        <title>Controle de departamentos</title>
6        <link rel="stylesheet" type="text/css" href="formatos.css">
7        <script type="text/javascript" language="javascript">
8          function Pesquisar() {
9            document.frmPesquisar.flag.value = "form_pesquisar_
             departamento";
10           document.frmPesquisar.submit();
11         }
12         function Voltar() {
13           history.go(-1);
14         }
15       </script>
16     </head>
17     <body>
18       <div id="principal">
19         <div id="titulo">
20           <h3>Controle de departamentos - Pesquisar departamento</
             h3>
21         </div>
22         <div id="formulario">
23           <hr>
24           <table id="tabcampos">
25             <form name="frmPesquisar" action="/MVCLivro001/
               Controle" method="post">
```

```
26              <tr>
27                <td>
28                  <label>Id:</label>
29                </td>
30                <td>
31                  <input id="campo" size="10" type="text"
                    name="txtIdeDep">
32                </td>
33              </tr>
34              <tr>
35                <td colspan="2" id="botoes">
36                  <input id="botao" type="button" name="btnPesquisar"
                    onclick="Pesquisar()" value="Pesquisar">
37                  <input id="botao" type="reset" name="btnReset"
                    value="Limpar">
38                  <input id="botao" type="button" name="btnVoltar"
                    onclick="Voltar()" value="Voltar">
39                  <input type="hidden" name="flag" value="">
40                  <input type="hidden" name="menu" value="">
41                </td>
42              </tr>
43            </form>
44          </table>
45        </div>
46      </div>
47    </body>
48  </html>
```

Ao clicar no botão **Pesquisar** (linha 36) os dados do formulário são submetidos à servlet **Controle.java**. O campo **menu** é submetido vazio (linha 40) e o campo *flag* é submetido contendo o valor "**form_pesquisar_departamento**" (linha 9).

2.3.5.9 Exibição dos dados dos departamentos pesquisados

Se o usuário clicar na opção **Pesquisar** ou **Consultar Todos** do menu **Departamentos**, os dados pesquisados serão exibidos em uma tabela como mostra as Figuras 2.16 e 2.17.

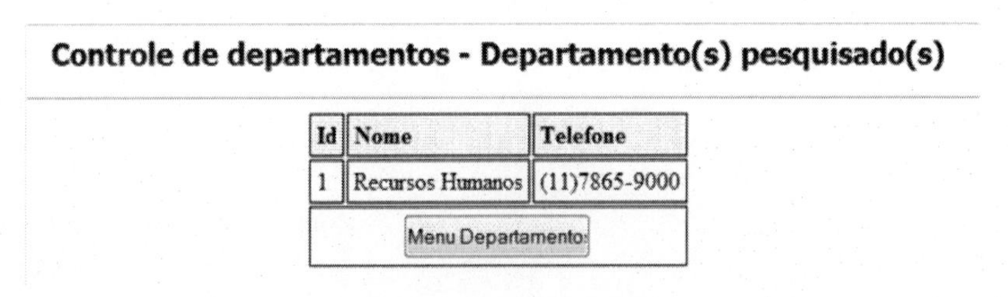

Figura 2.16: Pesquisa de apenas um departamento.

Controle de departamentos - Departamento(s) pesquisado(s)

Id	Nome	Telefone
1	Recursos Humanos	(11)7865-9000
3	Vendas Diretas	(11)6786-8990
4	Cobranca	(11)8768-8976
5	Pesquisa	(11)7865-8976
6	Testes e medidas	(11)7865-9080
7	Outro	(11)7689-6545
8	Educação e pesquisa	(11)7654-9879
9	Pesquisa Nuclear	(11)6754-7654
10	Ensino e pesquisa	(11)8976-9876
	Menu Departamento	

Figura 2.17: Listagem de todos os departamentos cadastrados.

lista_departamentos.jsp

```
1    <%@page contentType="text/html" pageEncoding="ISO-8859-1"%>
2    <%@ page import="vo.DepartamentoVo"%>
3    <!DOCTYPE HTML PUBLIC "-//w3c//dtd html 4.0 transitional//en">
4    <html>
5      <head>
6        <title>Lista de Departamentos</title>
7        <link rel="stylesheet" type="text/css" href="formatos.css">
8        <script type="text/javascript" language="javascript">
9          function MenuPrincipal() {
10           document.frmPesquisa.menu.value = "menu_departamento";
11           document.frmPesquisa.submit();
12         }
13       </script>
14     </head>
15     <body>
16       <div id="principal">
17         <div id="titulo">
18           <h3>Controle de departamentos - Departamento(s)
             pesquisado(s)</h3>
19         </div>
20         <div id="formulario">
21           <hr>
22           <table id="tabcampos">
```

```
23          <form name="frmPesquisa" action="/MVCLivro001/Controle"
            method="post">
24            <%
25              vo.DepartamentoVo departamentoVo[] = null;
26              departamentoVo = (vo.DepartamentoVo[]) request.
                getAttribute("departamentoVo");
27            %>
28            <tr id="cabecalho">
29              <td> Id </td>
30              <td> Nome </td>
31              <td> Telefone </td>
32            </tr>
33            <%for (int i = 0; i < departamentoVo.length; i++) {%>
34              <tr>
35                <td> <%out.print(departamentoVo[i].getIdeDep());%>
                  </td>
36                <td> <%out.println(departamentoVo[i].
                  getNomDep());%> </td>
37                <td> <%out.println(departamentoVo[i].
                  getTelDep());%> </td>
38              </tr>
39            <% }%>
40            <tr>
41              <td colspan="3" id="botoes">
42                <input id="botao" type="button"
                  name="btnMenuPrincipal" onclick="MenuPrincipal()"
                  value="Menu Departamento">
43                <input id="botao" type="hidden" name="menu"
                  value="">
44                <input id="botao" type="hidden" name="flag"
                  value="">
45              </td>
46            </tr>
47          </form>
48        </table>
49      </div>
50    </div>
51  </body>
52 </html>
```

Essa página recebe como atributo uma array de objetos da classe **DepartamentoVo.java** contendo os atributos do departamento localizado na tabela **tabDepartamento** do banco de dados (linha 26).

Para percorrer essa array, é usado um laço for (linhas 33 a 39). Cada registro de departamento contido nas linhas da array é então carregado em linhas de uma tabela (linhas 34 a 38).

Após a exibição dos dados, o botão Menu Departamento é exibido na tela. Ao clicar nesse botão, o conteúdo dos campos ocultos menu e *flag* são enviados para a servlet **Controle.java**. O campo *flag* é enviado vazio (linha 44) e o campo menu é enviado com o conteúdo "menu_departamento" (linha 10).

2.3.5.10 Menu Funcionários

O menu Funcionários permite acessar opções para incluir, alterar, excluir, consultar e listar os funcionários cadastrados, conforme mostra a Figura 2.18.

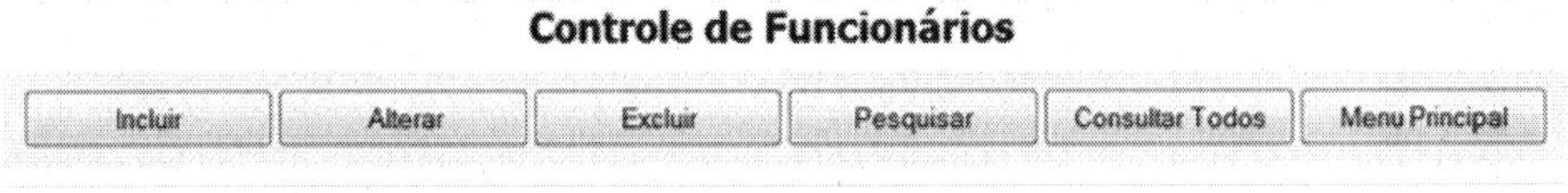

Controle de Funcionários

Incluir | Alterar | Excluir | Pesquisar | Consultar Todos | Menu Principal

Figura 2.18: Menu para controle de funcionários.

menu_funcionario.jsp

```
1    <%@page contentType="text/html" pageEncoding="ISO-8859-1"%>
2    <!DOCTYPE HTML PUBLIC "-//W3C//DTD HTML 4.01 Transitional//EN"
     "http://www.w3.org/TR/html4/loose.dtd">
3    <html>
4      <head>
5        <title>Controle de funcionários</title>
6        <link rel="stylesheet" type="text/css" href="formatos.css">
7        <script type="text/javascript" language="javascript">
8          function incluir() {
9            document.frmMenu.flag.value = "incluir";
10           document.frmMenu.submit();
11         }
12         function alterar() {
13           document.frmMenu.flag.value = "pesquisaalterar";
14           document.frmMenu.submit();
15         }
16         function excluir() {
17           document.frmMenu.flag.value = "excluir";
18           document.frmMenu.submit();
19         }
20         function pesquisar() {
21           document.frmMenu.flag.value = "pesquisar";
22           document.frmMenu.submit();
23         }
24         function pesquisarTodos() {
```

```
25          document.frmMenu.flag.value = "pesquisartodos";
26          document.frmMenu.submit();
27        }
28        function retornar() {
29          location.href="index.jsp";
30        }
31      </script>
32    </head>
33    <body>
34      <div id="principal">
35        <div id="titulo">
36          <h3>Controle de Funcionários</h3>
37        </div>
38        <div id="menuSuperior">
39          <form name="frmMenu" action="/MVCLivro001/Controle"
          method="post">
40            <table id="tabmenu">
41              <tr>
42                <td>
43                  <input id="botao" type="button" name="btnIncluir"
                  onclick="incluir()" value="Incluir">
44                </td>
45                <td>
46                  <input  id="botao" type="button" name="btnAlterar"
                  onclick="alterar()" value="Alterar">
47                </td>
48                <td>
49                  <input id="botao" type="button" name="btnExcluir"
                  onclick="excluir()" value="Excluir">
50                </td>
51                <td>
52                  <input id="botao" type="button" name="btnPesquisar"
                  onclick="pesquisar()" value="Pesquisar">
53                </td>
54                <td>
55                  <input id="botao" type="button"
                  name="btnPesquisarTodos" onclick="pesquisarTodos()"
                  value="Consultar Todos">
56                </td>
57                <td>
58                  <input id="botao" type="button" name="btnRetornar"
                  onclick="retornar()" value="Menu Principal">
59                  <input type="hidden" name="flag" value="">
60                  <input type="hidden" name="menu"
                  value="funcionario">
61                </td>
62              <tr>
63            </table>
```

```
64          </form>
65        </div>
66      </div>
67    </body>
68  </html>
```

Ao clicar em um dos botões do menu (linhas 43, 46, 49, 52, 55 e 58), o conteúdo dos campos ocultos **menu** e *flag* (linhas 59 e 60) são submetidos à servlet **Controle.java**. O campo **menu** contém o valor "**funcionario**" e o campo *flag* contém um valor variável, atribuído dependendo da opção clicada (linhas 9, 13, 17, 21 e 25).

2.3.5.11 Incluir funcionário

Ao clicar na opção **Incluir** do menu **Funcionários** aparecerá a tela apresentada na Figura 2.19.

Controle de funcionários - Inclusão de dados

Id:	5
Departamento:	Recursos Humanos ▾
Nome:	
Telefone:	Formato: (xx)xxxx-xxxx
Cargo:	
Salário:	Formato: 00000.00
Incluir	Limpar · Voltar

Figura 2.19: Formulário para cadastro de funcionários.

Note que os departamentos cadastrados aparecem em uma caixa de combinação (Combo Box), como mostra a Figura 2.20.

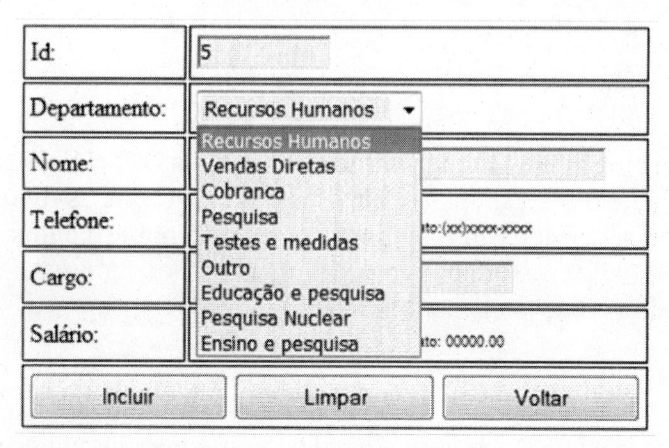

Figura 2.20: ComboBox com os departamentos cadastrados.

incluir_funcionario.jsp

```
1    <%@page contentType=”text/html” pageEncoding=”ISO-8859-1”%>
2    <!DOCTYPE HTML PUBLIC “-//w3c//dtd html 4.0 transitional//
     en”>
3    <html>
4      <head>
5        <title>Controle de Funcionários</title>
6        <link rel=”stylesheet” type=”text/css” href=”formatos.
         css”>
7        <script type=”text/javascript” language=”javascript”>
8          var t = /^\(\d{2}\)\d{4}-\d{4}$/;
9          var c = /^[+-]?((\d+)(\.\d*)?|\.\d+)$/;
10         function incluir() {
11           if (t.test (document.frmIncluirFuncionario.txtTelFun.
             value)) {
12             if (c.test (document.frmIncluirFuncionario.txtSalFun.
               value)) {
13               document.frmIncluirFuncionario.flag.value = “form_
                 incluir_funcionario”;
14               document.frmIncluirFuncionario.submit();
15             } else {
16               alert(“Salário inválido”);
17               document.frmIncluirFuncionario.txtSalFun.focus();
18             }
19           } else {
20             alert(“Telefone inválido”);
21             document.frmIncluirFuncionario.txtTelFun.focus();
22           }
```

```
23          }
24          function Voltar() {
25            history.go(-1);
26          }
27        </script>
28      </head>
29      <body>
30        <%
31          int ultFun = Integer.parseInt (request.getAttribute
            ("ultimoFuncionario").toString());
32          ultFun++;
33          vo.DepartamentoVo departamentoVo[] = null;
34          departamentoVo = (vo.DepartamentoVo[]) request.
            getAttribute("departamentoVo");
35        %>
36        <div id="principal">
37          <div id="titulo">
38            <h3>Controle de funcionários - Inclusão de dados</h3>
39          </div>
40          <div id="formulario">
41            <hr>
42            <table id="tabcampos">
43              <form name="frmIncluirFuncionario" action="/
              MVCLivro001/Controle" method="post">
44                <tr>
45                  <td>
46                  <label>Id:</label>
47                  </td>
48                  <td>
49                  <input id="campo" size="10" type="text"
                    name="txtIdeFun" value="<%=ultFun%>"
                    readonly="readonly">
50                  </td>
51                </tr>
52                <tr>
53                  <td>
54                    <label>Departamento:</label>
55                  </td>
56                  <td>
57                    <select id="campo" name="txtIdeDep">
58                      <%for (int i = 0; i < departamentoVo.length;
                        i++) {%>
59                        <option value="<%=departamentoVo[i].
                          getIdeDep()%>"> <%=departamentoVo[i].
                          getNomDep()%>
60                      <% } %>
61                    </select>
62                  </td>
```

```
63              </tr>
64              <tr>
65                <td>
66                  <label>Nome:</label>
67                </td>
68                <td>
69                  <input id="campo" size="40" type="text"
                    name="txtNomFun">
70                </td>
71              </tr>
72              <tr>
73                <td>
74                  <label>Telefone:</label>
75                </td>
76                <td>
77                  <input id="campo" size="15"
                    type="text" name="txtTelFun"> <label
                    id="explica">Formato:(xx)xxxx-xxxx</label>
78                </td>
79              </tr>
80              <tr>
81                <td>
82                  <label>Cargo:</label>
83                </td>
84                <td>
85                  <input id="campo" size="30" type="text"
                    name="txtCarFun">
86                </td>
87              </tr>
88              <tr>
89                <td>
90                  <label>Salário:</label>
91                </td>
92                <td>
93                  <input id="campo" size="15" type="text"
                    name="txtSalFun"> <label id="explica">Formato:
                    00000.00</label>
94                </td>
95              </tr>
96              <tr>
97                <td colspan="2" id="botoes">
98                  <input id="botao" type="button" name="btnIncluir"
                    onclick="incluir();" value="Incluir">
99                  <input id="botao"  type="reset" name="btnReset"
                    value="Limpar">
100                 <input id="botao"  type="button" name="btnVoltar"
                    onclick="Voltar()" value="Voltar">
101                 <input type="hidden" name="flag" value="">
```

```
102                <input type="hidden" name="menu" value="">
103              </td>
104            </tr>
105          </form>
106        </table>
107      </div>
108    </div>
109  </body>
110 </html>
```

Observe que ao clicar no botão **Incluir** (linha 98) a função JavaScript **incluir** é chamada. Essa função verifica (linha 10) se o conteúdo do campo telefone (**txtTelFun**) atende à expressão regular armazenada na variável t (linha 8). Essa expressão define que o telefone deverá ter o formato (xx)xxxx-xxxx. Se o valor inserido no campo telefone atender à expressão regular, é feita a verificação para saber se o conteúdo digitado para o campo salário (**txtSalFun**) atende a expressão regular armazenada na variável c (linha 9). Se, sim, o conteúdo do campo oculto *flag* recebe o valor "**form_incluir_funcionario**" e os dados do formulário são submetidos à servlet **Controle.java** definida na propriedade **action** do formulário (linha 43).

Se o conteúdo dos campos telefone ou salário não atenderem ao formato definido nas expressões regulares, será exibida a mensagem definida na linha 16 ou na linha 20.

Para não haver problema de digitação de um ID de funcionário que já foi cadastrado, a linha 31 recebe da servlet **Controle.java** um atributo contendo o valor do maior ID cadastrado na tabela **tabFuncionario** do banco de dados. A esse valor é adicionado 1 (linha 32) e o resultado é inserido automaticamente no campo ID (**txtIdeFun**) do formulário (linha 49). Observe que esse campo é somente para leitura (*readonly*), sendo assim, não poderá ter seu valor alterado pelo usuário.

Para evitar que o usuário associe o funcionário a um departamento que ainda não foi cadastrado, a linha 34 recebe da servlet **Controle.java** uma array contendo os dados dos departamentos cadastrados. Os nomes dos departamentos são então inseridos em uma caixa de combinação (linhas 57 a 61). Ao selecionar um nome de departamento, o ID do departamento correspondente é armazenado no campo **txtIdeDep** (linhas 57 e 59). Note que esse procedimento é viável porque não há em uma empresa um número muito grande de departamentos.

2.3.5.12 Pesquisar funcionário para modificar os dados

Ao clicar na opção **Alterar** do menu **Funcionários**, aparecerá a tela mostrada na Figura 2.21.

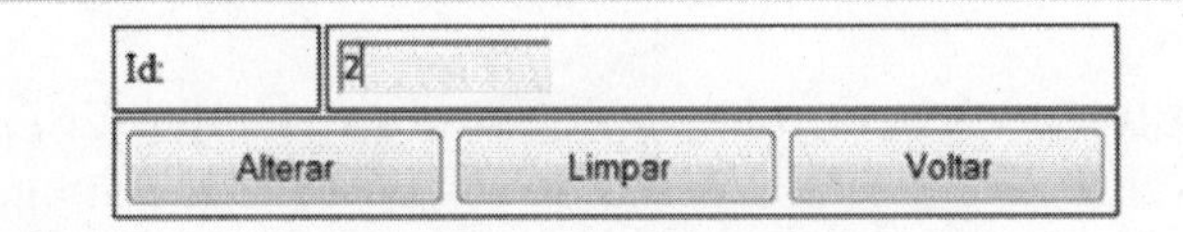

Figura 2.21: Pesquisa de funcionário para alterar dados.

pesquisa_alterar_funcionario.jsp

```
1     <%@page contentType="text/html" pageEncoding="ISO-8859-1"%>
2     <!DOCTYPE HTML PUBLIC "-//w3c//dtd html 4.0 transitional//en">
3     <html>
4       <head>
5         <title>Controle de funcionários</title>
6         <link rel="stylesheet" type="text/css" href="formatos.css">
7         <script type="text/javascript" language="javascript">
8           function Alterar() {
9             document.frmPesquisaAlterar.flag.value = "form_pesquisa_
              alterar_funcionario";
10            document.frmPesquisaAlterar.submit();
11          }
12          function Voltar() {
13            history.go(-1);
14          }
15        </script>
16      </head>
17      <body>
18        <div id="principal">
19          <div id="titulo">
20            <h3>Pesquisa de funcionários - Pesquisa funcionários
              para alterar dados</h3>
21          </div>
22          <div id="formulario">
23            <hr>
```

```
24          <table id="tabcampos">
25            <form name="frmPesquisaAlterar" action="/MVCLivro001/
              Controle" method="post">
26              <tr>
27                <td>
28                  <label>Id:</label>
29                </td>
30                <td>
31                  <input id="campo" size="10" type="text"
                    name="txtIdeFun" value="">
32                </td>
33              </tr>
34              <tr>
35                <td colspan="2" id="botoes">
36                  <input id="botao" type="button" name="btnAlterar"
                    onclick="Alterar()" value="Alterar">
37                  <input id="botao" type="reset" name="btnReset"
                    value="Limpar">
38                  <input id="botao" type="button" name="btnVoltar"
                    onclick="Voltar()" value="Voltar">
39                  <input type="hidden" name="flag" value="">
40                  <input type="hidden" name="menu" value="">
41                </td>
42              </tr>
43            </form>
44          </table>
45        </div>
46      </div>
47    </body>
48  </html>
```

Ao clicar no botão Alterar (linha 36) os dados do formulário são submetidos à servlet **Controle.java**. O campo menu é submetido vazio (linha 40) e o campo *flag* é submetido contendo o valor "form_pesquisa_alterar_funcionario" (linha 9).

2.3.5.13 Alteração dos dados do funcionário

Os dados do funcionário pesquisado para alteração são exibidos em um formulário, como mostra a Figura 2.22.

Controle de departamentos - Alterar dados

Id:	2
Departamento:	Recursos Humanos
Nome:	Francisco da Silva
Telefone:	(11)7654-9087 Formato:(xx)xxxx-xxxx
Cargo:	Analista
Salário:	1567.89 Formato:00000.00
Alterar	Limpar Voltar

Figura 2.22: Formulário para alteração de funcionário.

alterar_funcionario.jsp

```
1     <%@page contentType=”text/html” pageEncoding=”ISO-8859-1”%>
2     <!DOCTYPE HTML PUBLIC “-//w3c//dtd html 4.0 transitional//en”>
3     <html>
4       <head>
5         <title>Controle de funcionários</title>
6         <link rel=”stylesheet” type=”text/css” href=”formatos.css”>
7         <script type=”text/javascript” language=”javascript”>
8           var t = /^\(\d{2}\)\d{4}-\d{4}$/;
9           var c = /^[+-]?((\d+)(\.\d*)?|\.\d+)$/;
10          function alterar() {
11            if (t.test (document.frmAlterarFuncionario.txtTelFun.
              value)) {
12              if (c.test (document.frmAlterarFuncionario.txtSalFun.
                value)) {
13                document.frmAlterarFuncionario.flag.value = “form_
                  alterar_funcionario”;
14                document.frmAlterarFuncionario.submit();
15              } else {
16                alert(“Salário inválido”);
17                document.frmAlterarFuncionario.txtSalFun.focus();
18              }
19            } else {
20              alert(“Telefone inválido”);
21              document.frmAlterarFuncionario.txtTelFun.focus();
22            }
```

```
23          }
24          function Voltar() {
25            history.go(-1);
26          }
27        </script>
28      </head>
29      <body>
30        <%
31          vo.FuncionarioVo funcionarioVo[] = null;
32          funcionarioVo = (vo.FuncionarioVo[]) request.
            getAttribute("funcionarioVo");
33          vo.DepartamentoVo departamentoVo[] = null;
34          departamentoVo = (vo.DepartamentoVo[]) request.
            getAttribute("departamentoVo");
35        %>
36        <div id="principal">
37          <div id="titulo">
38            <h3>Controle de departamentos - Alterar dados</h3>
39          </div>
40          <div id="formulario">
41            <hr>
42            <table id="tabcampos">
43              <form name="frmAlterarFuncionario" action="/
                MVCLivro001/Controle" method="post">
44                <%for (int i = 0; i < funcionarioVo.length; i++) {
45                %>
46                  <tr>
47                    <td>
48                    <label>Id:</label>
49                    </td>
50                    <td>
51                    <input id="campo" size="10" type="text"
                      name="txtIdeFun" value=<%=funcionarioVo[i].
                      getIdeFun()%> readonly="readonly"><br>
52                    </td>
53                  </tr>
54                  <tr>
55                    <td>
56                      <label>Departamento:</label>
57                    </td>
58                    <td>
59                      <select name="txtIdeDep" id="campo">
60                      <%for (int x = 0; x < departamentoVo.length;
                        x++) {
61                        if (departamentoVo[x].getIdeDep() ==
                          funcionarioVo[i].getIdeDep()) {%>
62                          <option selected="selected"
                            value="<%=departamentoVo[x].getIdeDep()%>">
                            <%=departamentoVo[x].getNomDep()%>
```

```
63                <%} else {%>
64                  <option value="<%=departamentoVo[x].
                    getIdeDep()%>"> <%=departamentoVo[x].
                    getNomDep()%>
65                <%
66                }
67              }
68              %>
69              </select>
70            </td>
71          </tr>
72          <tr>
73            <td>
74              <label>Nome:</label>
75            </td>
76            <td>
77              <input id="campo" size="40" type="text"
                name="txtNomFun" value='<%=funcionarioVo[i].
                getNomFun()%>'><br>
78            </td>
79          </tr>
80          <tr>
81            <td>
82              <label>Telefone:</label>
83            </td>
84            <td>
85              <input id="campo" size="15" type="text"
                name="txtTelFun" value=<%=funcionarioVo[i].
                getTelFun()%>><label id="explica">Formato:(xx)
                xxxx-xxxx</label>
86            </td>
87          </tr>
88          <tr>
89            <td>
90              <label>Cargo:</label>
91            </td>
92            <td>
93              <input id="campo" size="30" type="text"
                name="txtCarFun" value='<%=funcionarioVo[i].
                getCarFun()%>'>
94            </td>
95          </tr>
96          <tr>
97            <td>
98              <label>Salário:</label>
99            </td>
100           <td>
```

```
101                 <input id="campo" size="15"
                    type="text" name="txtSalFun"
                    value=<%=funcionarioVo[i].getSalFun()%>><label
                    id="explica">Formato:00000.00</label>
102             <%}%>
103               </td>
104             </tr>
105             <tr>
106               <td colspan="2" id="botoes">
107                 <input id="botao" type="button" name="btnAlterar"
                    onclick="alterar()" value="Alterar">
108                 <input id="botao" type="reset" name="btnReset"
                    value="Limpar">
109                 <input id="botao" type="button" name="btnVoltar"
                    onclick="Voltar()" value="Voltar">
110                 <input type="hidden" name="flag" value="">
111                 <input type="hidden" name="menu" value="">
112               </td>
113             </tr>
114           </form>
115         </table>
116       </div>
117     </div>
118   </body>
119 </html>
```

Observe que ao clicar no botão **Incluir** (linha 107) a função JavaScript **alterar()** é chamada. Essa função verifica (linha 10) se o conteúdo do campo telefone (**txtTelFun**) atende à expressão regular armazenada na variável **t** (linha 8). Se, sim, é feita a verificação para saber se o conteúdo digitado para o campo salário (**txtSalFun**) atende a expressão regular armazenada na variável **c** (linha 9). Se, sim, o conteúdo do campo oculto *flag* recebe o valor "**form_alterar_funcionario**" (linha 13) e os dados do formulário são submetidos à servlet **Controle.java**.

Se o conteúdo dos campos telefone ou salário não atenderem ao formato definido nas expressões regulares, será exibida a mensagem definida na linha 16 ou na linha 20.

Os dados do funcionário pesquisado para alteração são recebidos da servlet **Controle.java** em uma array na linha 32. Os valores contidos na array são então carregados nos campos do formulário (linhas 51, 77, 85, 93 e 101).

Para evitar que o usuário associe o funcionário a um departamento que ainda não foi cadastrado, a linha 34 recebe da servlet **Controle.java** uma array contendo os dados dos departamentos cadastrados. Os nomes dos departamentos são então inseridos em uma caixa de combinação (linhas 59 a 67). Ao selecionar um nome de departamento, o ID do departamento correspondente é armazenado no campo **txtIdeDep** (linhas 59, 62 e 64).

Observe que a comparação das linhas 61 a 66 é necessária para exibir como opção selecionada na caixa de combinação **txtIdeDep** o nome do departamento cadastrado originalmente para o funcionário.

2.3.5.14 Exclusão de funcionários

Ao clicar na opção **Excluir** do menu **Funcionários**, será exibida a tela mostrada na Figura 2.23.

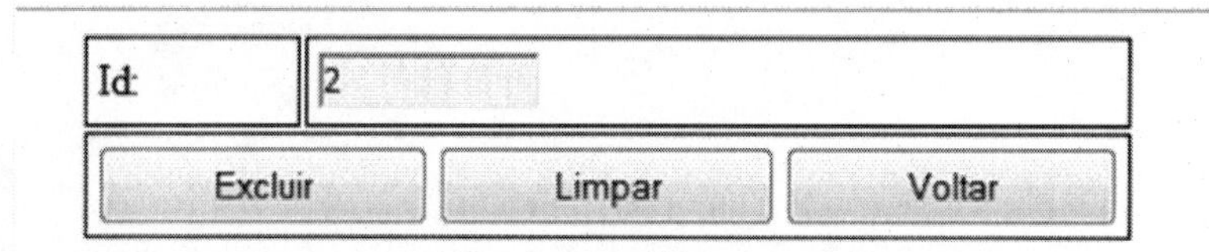

Figura 2.23: Exclusão de funcionário.

excluir_funcionario.jsp

```
1   <%@page contentType="text/html" pageEncoding="ISO-8859-1"%>
2   <!DOCTYPE HTML PUBLIC "-//w3c//dtd html 4.0 transitional//
    en">
3   <html>
4     <head>
5       <title>Controle de funcionários</title>
6       <link rel="stylesheet" type="text/css" href="formatos.
        css">
7       <script type="text/javascript" language="javascript">
8         function Excluir() {
9           document.frmExcluir.flag.value = "form_excluir_
            funcionario";
10          document.frmExcluir.submit();
11        }
12        function Voltar() {
13          history.go(-1);
14        }
```

```
15        </script>
16      </head>
17      <body>
18        <div id="principal">
19          <div id="titulo">
20            <h3>Controle de funcionários - Exclusão de dados</h3>
21          </div>
22          <div id="formulario">
23            <hr>
24            <table id="tabcampos">
25              <form name="frmExcluir" action="/MVCLivro001/
                Controle" method="post">
26                <tr>
27                  <td>
28                    <label>Id:</label>
29                  </td>
30                  <td>
31                    <input id="campo" size="10" type="text"
                      name="txtIdeFun" value="">
32                  </td>
33                </tr>
34                <tr>
35                    <td colspan="2" id="botoes">
36                    <input id="botao" type="button" name="btnExcluir"
                      onclick="Excluir()" value="Excluir">
37                    <input id="botao" type="reset" name="btnReset"
                      value="Limpar">
38                    <input id="botao" type="button" name="btnVoltar"
                      onclick="Voltar()" value="Voltar">
39                    <input type="hidden" name="flag" value="">
40                    <input type="hidden" name="menu" value="">
41                  </td>
42                </tr>
43              </form>
44            </table>
45          </div>
46        </div>
47      </body>
48    </html>
```

Ao clicar no botão **Excluir** (linha 36) os dados do formulário são submetidos à servlet **Controle.java**. O campo **menu** é submetido vazio (linha 40) e o campo *flag* é submetido contendo o valor "**form_excluir_funcionario**" (linha 9).

2.3.5.15 Consultar um funcionário

Ao clicar na opção **Pesquisar** no menu **Funcionários** aparecerá a tela apresentada na Figura 2.24.

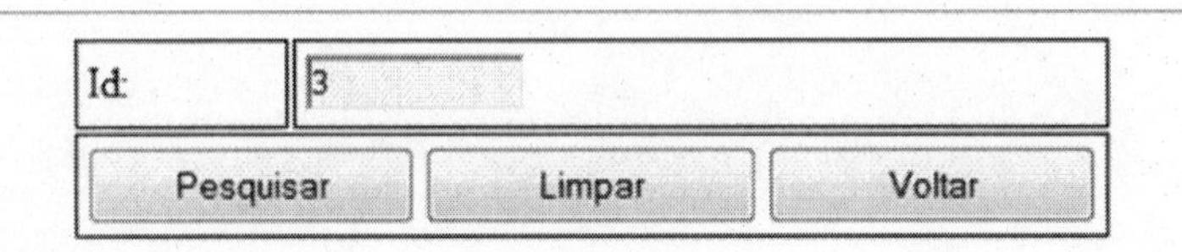

Figura 2.24: Pesquisar funcionário.

pesquisar_funcionario.jsp

```
1    <%@page contentType="text/html" pageEncoding="ISO-8859-1"%>
2    <!DOCTYPE HTML PUBLIC "-//w3c//dtd html 4.0 transitional//en">
3    <html>
4      <head>
5        <title>Controle de funcionários</title>
6        <link rel="stylesheet" type="text/css" href="formatos.css">
7        <script type="text/javascript" language="javascript">
8          function Pesquisar() {
9            document.frmPesquisar.flag.value = "form_pesquisar_
             funcionario";
10           document.frmPesquisar.submit();
11         }
12         function Voltar() {
13           history.go(-1);
14         }
15       </script>
16     </head>
17     <body>
18       <div id="principal">
19         <div id="titulo">
20           <h3>Controle de funcionários - Pesquisar funcionário</
             h3>
21         </div>
22         <div id="formulario">
23           <hr>
24           <table id="tabcampos">
25             <form name="frmPesquisar" action="/MVCLivro001/
               Controle" method="post">
26               <tr>
```

```
27            <td>
28              <label>Id:</label>
29            </td>
30            <td>
31              <input id="campo" size="10" type="text"
                name="txtIdeFun">
32            </td>
33          </tr>
34          <tr>
35            <td colspan="2" id="botoes">
36              <input id="botao" type="button" name="btnPesquisar"
                onclick="Pesquisar()" value="Pesquisar">
37              <input id="botao" type="reset" name="btnReset"
                value="Limpar">
38              <input id="botao" type="button" name="btnVoltar"
                onclick="Voltar()" value="Voltar">
39              <input type="hidden" name="flag" value="">
40              <input type="hidden" name="menu" value="">
41            </td>
42          </tr>
43        </form>
44      </table>
45    </div>
46  </div>
47  </body>
48  </html>
```

Ao clicar no botão **Pesquisar** (linha 36) os dados do formulário são submetidos à servlet **Controle.java**. O campo **menu** é submetido vazio (linha 40) e o campo *flag* é submetido contendo o valor "**form_pesquisar_funcionario**" (linha 9).

2.3.5.16 Exibição dos dados dos funcionários pesquisados

Os dados resultantes da pesquisa de um único funcionário são apresentados na tela como mostra a Figura 2.25.

Controle de funcionários - Funcionário(s) pesquisado(s)

Id	Departamento	Nome	Telefone	Cargo	Salário
3	Cobranca	Ana Maria	(11)7654-3456	Analista	4567.45
Menu Funcionários					

Figura 2.25: Exibição dos dados de apenas um funcionário.

Os dados resultantes da pesquisa de todos os funcionários são apresentados na tela como mostra a Figura 2.26.

Controle de funcionários - Funcionário(s) pesquisado(s)

Id	Departamento	Nome	Telefone	Cargo	Salário
2	Recursos Humanos	Francisco da Silva	(11)7654-9087	Analista	1567.89
3	Cobranca	Ana Maria	(11)7654-3456	Analista	4567.45
4	Vendas Diretas	Angela	(11)6754-9876	Coordenadora	2765.78
Menu Funcionários					

Figura 2.26: Exibição dos dados de todos os funcionários.

lista_funcionarios.jsp

```
1    <%@page contentType=”text/html” pageEncoding=”ISO-8859-1”%>
2    <%@ page import=”vo.FuncionarioVo”%>
3    <%@ page import=”vo.DepartamentoVo”%>
4    <!DOCTYPE HTML PUBLIC “-//w3c//dtd html 4.0 transitional//
     en”>
5    <html>
6      <head>
7        <title>Lista de Funcionários</title>
8        <link rel=”stylesheet” type=”text/css” href=”formatos.
         css”>
9        <script type=”text/javascript” language=”javascript”>
10         function MenuPrincipal() {
11           document.frmPesquisa.menu.value = “menu_funcionario”;
12           document.frmPesquisa.submit();
13         }
14       </script>
15     </head>
16     <body>
17       <div id=”principal”>
18         <div id=”titulo”>
19           <h3>Controle de funcionários - Funcionário(s)
             pesquisado(s)</h3>
20         </div>
21         <div id=”formulario”>
22           <hr>
23           <table id=”tabcampos”>
24             <form name=”frmPesquisa” action=”/MVCLivro001/
               Controle” method=”post”>
```

```
25          <%
26            vo.FuncionarioVo funcionarioVo[] = null;
27            funcionarioVo = (vo.FuncionarioVo[]) request.
              getAttribute("funcionarioVo");
28            vo.DepartamentoVo departamentoVo[] = null;
29            departamentoVo = (vo.DepartamentoVo[]) request.
              getAttribute("departamentoVo");
30          %>
31          <tr id="cabecalho">
32            <td> Id </td>
33            <td> Departamento </td>
34            <td> Nome </td>
35            <td> Telefone </td>
36            <td> Cargo </td>
37            <td> Salário </td>
38          </tr>
39          <%for (int i = 0; i < funcionarioVo.length; i++) {%>
40            <tr>
41              <td>
42                <%out.print(funcionarioVo[i].getIdeFun());%>
43              </td>
44              <td>
45                <%for (int x = 0; x < departamentoVo.length;
                  x++) {
46                  if (departamentoVo[x].getIdeDep() ==
                    funcionarioVo[i].getIdeDep()) {%>
47                    <%=departamentoVo[x].getNomDep()%>
48                  <% }
49                } %>
50              </td>
51              <td>
52                <%out.println(funcionarioVo[i].getNomFun());%>
53              </td>
54              <td>
55                <%out.println(funcionarioVo[i].getTelFun());%>
56              </td>
57              <td>
58                <%out.println(funcionarioVo[i].getCarFun());%>
59              </td>
60              <td>
61                <%out.println(funcionarioVo[i].getSalFun());%>
62              </td>
63            </tr>
64          <% } %>
65          <tr>
66            <td colspan="6" id="botoes">
```

```
67                  <input id="botao" type="button"
                    name="btnMenuPrincipal" onclick="MenuPrincipal()"
                    value="Menu Funcionários">
68                  <input type="hidden" name="menu" value="">
69                  <input type="hidden" name="flag" value="">
70                </td>
71              </tr>
72            </form>
73          </table>
74        </div>
75      </div>
76    </body>
77  </html>
```

Essa página recebe como atributo uma array de objetos da classe **FuncionarioVo.java (funcionarioVo)** contendo os atributos do(s) funcionário(s) localizado(s) na tabela **tabFuncionario** do banco de dados (linha 27). Recebe também uma array contendo os departamentos cadastrados. Dessa array serão extraídos os nomes dos departamentos para serem exibidos ao invés do ID.

Para percorrer a array que contém os dados do(s) funcionário(s) pesquisado(s), é usado um laço **for** (linhas 39 a 64). Cada registro de funcionário contido nas linhas da array é então carregado em linhas de uma tabela (linhas 42, 52, 55, 58 e 61).

No lugar do ID do departamento é exibido o nome do departamento contido na array de departamentos **departamentoVo** (linha 47).

Após a exibição dos dados, o botão **Menu Funcionários** é exibido na tela. Ao clicar nesse botão, o conteúdo dos campos ocultos **menu** e *flag* são enviados para a servlet **Controle.java**. O campo *flag* é enviado vazio (linha 68) e o campo **menu** é enviado com o conteúdo "**menu_funcionario**" (linha 11).

2.3.5.17 Exibição das mensagens de retorno ao usuário

A servlet **Controle.java** além de gerenciar a comunicação entre as páginas JSP e as classes de persistência de dados, ainda gerencia a exibição de mensagens de retorno ao usuário que são centralizadas em uma página de exibição de mensagens. Quando uma ação exige o envio de uma mensagem de retorno, a servlet **Controle.java** gera uma array contendo dados da operação realizada. Essa array é enviada como atributo de requisição para a página de exibição de mensagens para que ela saiba que mensagem deve ser exibida ao usuário. As Figuras 2.27 e 2.28 mostram algumas das mensagens exibidas por essa página.

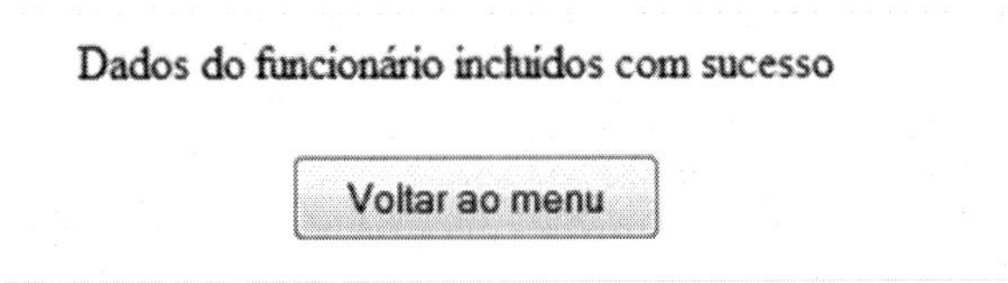

Dados do funcionário incluídos com sucesso

Voltar ao menu

Figura 2.27: Mensagem indicando que o cadastro de funcionário foi realizado com sucesso.

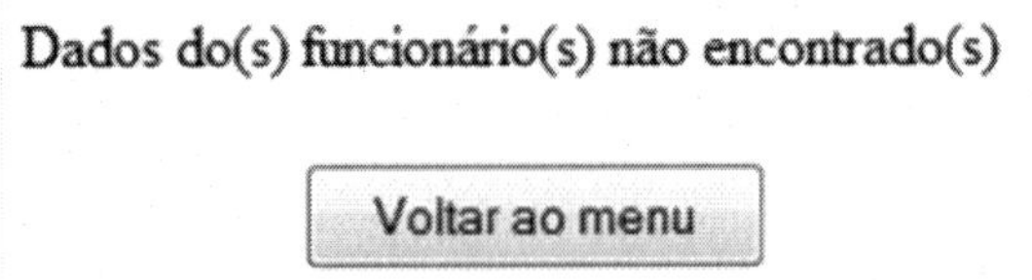

Dados do(s) funcionário(s) não encontrado(s)

Voltar ao menu

Figura 2.28: Mensagem indicando que um funcionário procurado não foi encontrado.

mensagem.jsp

```
1    <%@page contentType="text/html" pageEncoding="ISO-8859-1"%>
2    <!DOCTYPE HTML PUBLIC "-//W3C//DTD HTML 4.01 Transitional//
     EN"
3    "http://www.w3.org/TR/html4/loose.dtd">
4    <html>
5      <head>
6         <meta http-equiv="Content-Type" content="text/html;
          charset= ISO-8859-1">
7         <link rel="stylesheet" type="text/css" href="formatos.
          css">
8         <title>Mensagens de retorno</title>
9      </head>
10     <body id="pgmensagens">
11       <p>
12        <%
13          String arquivo = null;
14          String[] dados = (String[]) request.
            getAttribute("dadosRetorno");
15          if (dados[0].equals("incluir") && dados[1].
            equals("departamento")) {
16            arquivo = "menu_departamento";
17        %>
18            Dados do departamento incluídos com sucesso
19        <%} else if (dados[0].equals("incluir") && dados[1].
          equals("funcionario")) {
```

```
20              arquivo = "menu_funcionario";
21          %>
22              Dados do funcionário incluídos com sucesso
23          <%  } else if (dados[0].equals("excluir") && dados[1].
            equals("departamento")) {
24              arquivo = "menu_departamento";
25          %>
26              Dados do departamento excluídos com sucesso
27          <%} else if (dados[0].equals("excluir") && dados[1].
            equals("departamento_inexistente")) {
28              arquivo = "menu_departamento";
29          %>
30              Dados do departamento não encontrado
31          <% } else if (dados[0].equals("excluir") && dados[1].
            equals("funcionario")) {
32              arquivo = "menu_funcionario";
33          %>
34            Dados do funcionário excluídos com sucesso
35          <%} else if (dados[0].equals("excluir") && dados[1].
            equals("funcionario_inexistente")) {
36              arquivo = "menu_funcionario";
37          %>
38              Dados do funcionário não encontrados
39          <%} else if (dados[0].equals("alterar") && dados[1].
            equals("departamento")) {
40              arquivo = "menu_departamento";
41          %>
42              Dados do departamento alterados com sucesso
43          <%  } else if (dados[0].equals("alterar") && dados[1].
            equals("funcionario")) {
44              arquivo = "menu_funcionario";
45          %>
46              Dados do funcionário alterados com sucesso
47          <%} else if (dados[0].equals("consultar") && dados[1].
            equals("funcionario_inexistente")) {
48              arquivo = "menu_funcionario";
49          %>
50              Dados do(s) funcionário(s) não encontrado(s)
51          <%} else if (dados[0].equals("consultar") && dados[1].
            equals("departamento_inexistente")) {
52              arquivo = "menu_departamento";
53          %>
54              Dados do(s) departamento(s) não encontrado(s)
55          <%  }
56          %>
57        </p>
58        <form name="frmMensagens" action="/MVCLivro001/Controle"
          method="post">
59          <table id="tabmensagens">
```

```
60            <tr>
61              <td>
62                <input type="hidden" name="menu"
                  value="<%=arquivo%>">
63                <input id="botao" type="submit" name="btnVoltar"
                  value="Voltar ao menu">
64              </td>
65            </tr>
66          </table>
67        </form>
68      </body>
69    </html>
```

Observe que essa página recebe uma array contendo informações sobre a operação que foi realizada (linha 14). Na sequência são realizadas diversas comparações para, de acordo com o conteúdo da array, enviar a mensagem adequada ao usuário.

A linha 63 exibe um botão com a opção "**Voltar ao menu**". Ao ser clicado, esse botão submete à servlet **Controle.java** o campo oculto **menu** contendo um dos valores armazenados na variável **arquivo** das linhas anteriores. Essa variável contém ou o valor "**menu_departamento**" ou o valor "**menu_funcionario**" atribuído na servlet. Na servlet **Controle.java**, o valor contido em **menu** será utilizado para voltar ao menu adequado (ou ao menu **Departamentos**, ou ao menu **Funcionários**).

2.3.6 Servlet representada no componente Controller do MVC

Como na maioria dos *frameworks* que implementam o padrão MVC, essa aplicação contém no componente **Controller** apenas uma classe servlet de controle de fluxo de comunicação que liga os componentes **View** aos componentes **Model** do MVC.

2.3.6.1 Servlet de controle de fluxo da aplicação

A classe servlet de controle do fluxo de comunicação da aplicação gerencia a comunicação entre os componentes da camada de **View** e **Model** da aplicação. Toda a comunicação entre esses componentes passam por essa servlet.

Para que essa classe saiba de onde veio a requisição e qual ação deve ser tomada, em toda requisição são submetidos dois campos ocultos contendo determinados valores únicos e específicos. Esses campos foram nomeados de "**menu**" e "**flag**".

De acordo com a verificação dos valores contidos nesses campos, a servlet sabe que deve ou abrir uma página JSP ou invocar uma classe de negócio (service) por meio da qual será acessada uma classe que realizará alguma operação no banco de dados, seja cadastro, alteração, consulta ou exclusão de dados.

Para invocar uma classe de negócio (service) os dados recebidos dos formulários na requisição são encapsulados em objetos das classes VO (**DepartamentoVo.java** ou **FuncionarioVo.java**) e enviados como parâmetros a métodos das classes de negócio.

A servlet **Controle.java** também gerencia o que retorna das classes de acesso a dados do componente **Model** do MVC. Os dados provenientes, por exemplo, de uma consulta, são encapsulados em uma array de objetos de uma classe View Object[7] (VO) que é enviada como atributo de requisição a uma página JSP para serem exibidos.

Para a exibição de mensagens de retorno de operações como inclusão, alteração e exclusão de dados, é criada uma array denominada "**dados**" com informações da operação realizada que é enviada como atributo de requisição à página "**mensagem.jsp**". Essa página centraliza a exibição de mensagens ao usuário.

Controle.java

```
1     package controle;
2
3     import java.io.*;
4     import javax.servlet.*;
5     import javax.servlet.http.*;
6     import service.DepartamentoService;
7     import vo.DepartamentoVo;
8     import service.FuncionarioService;
9     import vo.FuncionarioVo;
10
11    public class Controle extends HttpServlet {
12
```

[7] View Object (VO) também referenciado como Data Transfer Object (DTO) é um *design pattern* usado para definir como transferir dados entre subsistemas ou camadas em um software. Classes nesse padrão são *bean*s que representam um modelo de entidade do banco de dados e manipulam dados em atributos por meio de métodos *getter*s e *setter*s.

```
13      protected void processRequest(HttpServletRequest request,
        HttpServletResponse response) throws ServletException,
        IOException {
14        response.setContentType("text/html;charset=ISO-8859-1");
15        String jsp = null;
16        String menu = request.getParameter("menu");
17        String flag = request.getParameter("flag");
18        String[] dados = new String[2];
19        DepartamentoService departamentoService = new
          DepartamentoService();
20        DepartamentoVo departamentoVo[] = null;
21        DepartamentoVo departamentoVoAux = new DepartamentoVo();
22        FuncionarioService funcionarioService = new
          FuncionarioService();
23        FuncionarioVo funcionarioVo[] = null;
24        FuncionarioVo funcionarioVoAux = new FuncionarioVo();
25        if (menu.equals("menu_departamento")) {
26          jsp = "menu_departamento.jsp";
27        } else if (menu.equals("menu_funcionario")) {
28          jsp = "menu_funcionario.jsp";
29        }
30        if (menu.equals("")) {
31          if (flag.equals("form_incluir_departamento") || flag.
          equals("form_alterar_departamento")) {
32            departamentoVoAux.setIdeDep(Integer.parseInt (request.
              getParameter("txtIdeDep")));
33            departamentoVoAux.setNomDep(request.getParameter
              ("txtNomDep"));
34            departamentoVoAux.setTelDep(request.getParameter
              ("txtTelDep"));
35          } else if (flag.equals("form_pesquisa_alterar_
          departamento") || flag.equals("form_excluir_departamento")
          || flag.equals("form_pesquisar_departamento")) {
36            departamentoVoAux.setIdeDep(Integer.parseInt (request.
              getParameter("txtIdeDep")));
37          } else if (flag.equals("form_incluir_funcionario") || flag.
          equals("form_alterar_funcionario")) {
38            funcionarioVoAux.setIdeFun(Integer.parseInt (request.
              getParameter("txtIdeFun")));
39            funcionarioVoAux.setIdeDep(Integer.parseInt (request.
              getParameter("txtIdeDep")));
40            funcionarioVoAux.setNomFun(request.getParameter
              ("txtNomFun"));
41            funcionarioVoAux.setTelFun(request.getParameter
              ("txtTelFun"));
42            funcionarioVoAux.setCarFun(request.getParameter
              ("txtCarFun"));
43            funcionarioVoAux.setSalFun(Double.parseDouble (request.
              getParameter("txtSalFun")));
44          } else if (flag.equals("form_pesquisa_alterar_
          funcionario") || flag.equals("form_excluir_funcionario")
          || flag.equals("form_pesquisar_funcionario")) {
```

```
45          funcionarioVoAux.setIdeFun(Integer.parseInt (request.
            getParameter("txtIdeFun")));
46        }
47        if (flag.equals("form_incluir_departamento")) {
48          departamentoService.inserirDepartamento
            (departamentoVoAux);
49          dados[0] = "incluir";
50          dados[1] = "departamento";
51          request.setAttribute("dadosRetorno", dados);
52          jsp = "mensagem.jsp";
53        } else if(flag.equals("form_alterar_departamento")){
54          departamentoService.alterarDepartamento
            (departamentoVoAux);
55          dados[0] = "alterar";
56          dados[1] = "departamento";
57          request.setAttribute("dadosRetorno", dados);
58          jsp = "mensagem.jsp";
59        } else if (flag.equals("form_pesquisa_alterar_
          departamento")) {
60          departamentoVo = departamentoService.
            pesquisarDepartamento (departamentoVoAux.getIdeDep());
61          if (departamentoVo.length > 0) {
62            jsp = "alterar_departamento.jsp";
63            request.setAttribute("departamentoVo",
              departamentoVo);
64          } else {
65            dados[0] = "consultar";
66            dados[1] = "departamento_inexistente";
67            request.setAttribute("dadosRetorno", dados);
68            jsp = "mensagem.jsp";
69          }
70        } else if(flag.equals("form_excluir_departamento")){
71          int r = departamentoService.excluirDepartamento
            (departamentoVoAux.getIdeDep());
72          dados[0] = "excluir";
73          if (r == 1) {
74            dados[1] = "departamento";
75          } else {
76            dados[1] = "departamento_inexistente";
77          }
78          request.setAttribute("dadosRetorno", dados);
79          jsp = "mensagem.jsp";
80        } else if (flag.equals("form_pesquisar_departamento")) {
81          departamentoVo = departamentoService.
            pesquisarDepartamento (departamentoVoAux.getIdeDep());
82          if (departamentoVo.length > 0) {
83            jsp = "lista_departamentos.jsp";
84            request.setAttribute("departamentoVo",
              departamentoVo);
```

```
85          } else {
86            dados[0] = "consultar";
87            dados[1] = "departamento_inexistente";
88            request.setAttribute("dadosRetorno", dados);
89            jsp = "mensagem.jsp";
90          }
91        } else if (flag.equals("form_incluir_funcionario")) {
92          funcionarioService.inserirFuncionario
            (funcionarioVoAux);
93          dados[0] = "incluir";
94          dados[1] = "funcionario";
95          request.setAttribute("dadosRetorno", dados);
96          jsp = "mensagem.jsp";
97        } else if (flag.equals("form_alterar_funcionario")) {
98          funcionarioService.alterarFuncionario
            (funcionarioVoAux);
99          dados[0] = "alterar";
100         dados[1] = "funcionario";
101         request.setAttribute("dadosRetorno", dados);
102         jsp = "mensagem.jsp";
103       } else if (flag.equals("form_pesquisa_alterar_
          funcionario")) {
104         funcionarioVo = funcionarioService.pesquisarFuncionario
            (funcionarioVoAux.getIdeFun());
105         if (funcionarioVo.length > 0) {
106           jsp = "alterar_funcionario.jsp";
107           request.setAttribute("funcionarioVo", funcionarioVo);
108           departamentoVo = departamentoService.
              pesquisarDepartamentos();
109           request.setAttribute("departamentoVo",
              departamentoVo);
110         } else {
111           dados[0] = "consultar";
112           dados[1] = "funcionario_inexistente";
113           request.setAttribute("dadosRetorno", dados);
114           jsp = "mensagem.jsp";
115         }
116       } else if (flag.equals("form_excluir_funcionario")) {
117         int r = funcionarioService.excluirFuncionario
            (funcionarioVoAux.getIdeFun());
118         dados[0] = "excluir";
119         if (r == 1) {
120           dados[1] = "funcionario";
121         } else {
122           dados[1] = "funcionario_inexistente";
123         }
124         request.setAttribute("dadosRetorno", dados);
125         jsp = "mensagem.jsp";
```

```
126          } else if(flag.equals("form_pesquisar_funcionario")){
127            funcionarioVo = funcionarioService.pesquisarFuncionario
               (funcionarioVoAux.getIdeFun());
128            if (funcionarioVo.length > 0) {
129              jsp = "lista_funcionarios.jsp";
130              request.setAttribute("funcionarioVo", funcionarioVo);
131              departamentoVo = departamentoService.
                 pesquisarDepartamento (funcionarioVo[0].getIdeDep());
132              request.setAttribute("departamentoVo",
                 departamentoVo);
133            } else {
134              dados[0] = "consultar";
135              dados[1] = "funcionario_inexistente";
136              request.setAttribute("dadosRetorno", dados);
137              jsp = "mensagem.jsp";
138            }
139          }
140        } else if (menu.equals("principal")) {
141          if (flag.equals("departamento")) {
142            jsp = "menu_departamento.jsp";
143          } else if (flag.equals("funcionario")) {
144            jsp = "menu_funcionario.jsp";
145          }
146        } else if (menu.equals("departamento")) {
147          if (flag.equals("incluir")) {
148            int ultimoIdeDep = departamentoService.
               pesquisarUltimoDepartamento();
149            request.setAttribute("ultimoDepartamento",
               ultimoIdeDep);
150            jsp = "incluir_departamento.jsp";
151          } else if (flag.equals("pesquisaalterar")) {
152            jsp = "pesquisa_alterar_departamento.jsp";
153          } else if (flag.equals("excluir")) {
154            jsp = "excluir_departamento.jsp";
155          } else if (flag.equals("pesquisar")) {
156            jsp = "pesquisar_departamento.jsp";
157          } else if (flag.equals("pesquisartodos")) {
158            departamentoVo = departamentoService.
               pesquisarDepartamentos();
159            if (departamentoVo.length > 0) {
160              jsp = "lista_departamentos.jsp";
161              request.setAttribute("departamentoVo",
                 departamentoVo);
162            } else {
163              dados[0] = "consultar";
164              dados[1] = "departamento_inexistente";
165              request.setAttribute("dadosRetorno", dados);
```

```
166            jsp = "mensagem.jsp";
167          }
168        }
169      } else if (menu.equals("funcionario")) {
170        if (flag.equals("incluir")) {
171          int ultimoIdeFun = funcionarioService.
           pesquisarUltimoFuncionario();
172          request.setAttribute("ultimoFuncionario", ultimoIdeFun);
173          departamentoVo = departamentoService.
           pesquisarDepartamentos();
174          request.setAttribute("departamentoVo", departamentoVo);
175          jsp = "incluir_funcionario.jsp";
176        } else if (flag.equals("pesquisaalterar")) {
177          jsp = "pesquisa_alterar_funcionario.jsp";
178        } else if (flag.equals("excluir")) {
179          jsp = "excluir_funcionario.jsp";
180        } else if (flag.equals("pesquisar")) {
181          jsp = "pesquisar_funcionario.jsp";
182        } else if (flag.equals("pesquisartodos")) {
183          funcionarioVo = funcionarioService.
           pesquisarFuncionarios();
184          if (funcionarioVo.length > 0) {
185            jsp = "lista_funcionarios.jsp";
186            request.setAttribute("funcionarioVo", funcionarioVo);
187            departamentoVo = departamentoService.
             pesquisarDepartamentos();
188            request.setAttribute("departamentoVo",
             departamentoVo);
189          } else {
190            dados[0] = "consultar";
191            dados[1] = "funcionario_inexistente";
192            request.setAttribute("dadosRetorno", dados);
193            jsp = "mensagem.jsp";
194          }
195        }
196      }
197    RequestDispatcher dispatcher = null;
198    dispatcher = request.getRequestDispatcher(jsp);
199    dispatcher.forward(request, response);
200    }
201
202    protected void doGet(HttpServletRequest request,
       HttpServletResponse response) throws ServletException,
       IOException {
203      processRequest(request, response);
204    }
205
```

```
206     protected void doPost(HttpServletRequest request,
        HttpServletResponse response) throws ServletException,
        IOException {
207       processRequest(request, response);
208     }
209   }
```

A servlet de controle do fluxo de comunicação da aplicação é um teste de lógica de programação e desafia muitos estudantes e desenvolvedores web. *Frameworks* como Struts e JavaServer Faces criam automaticamente esse componente para facilitar o desenvolvimento e o entendimento da arquitetura.

Se você observar, essa servlet faz o controle do fluxo de comunicação baseado em parâmetros de entrada que identificam de onde veio a requisição. Nessa aplicação esses parâmetros são os campos "**menu**" e "*flag*" definidos nas páginas JSP de entrada e recebidos nas linhas 16 e 17 desse exemplo. Com base no conteúdo desses campos, um conjunto de estruturas de seleção (if, else if, else) definem o que deve ser feito em seguida.

Para armazenar o nome das páginas JSP de saída que serão abertas a partir das requisições enviadas pelas páginas JSP de entrada, é criada a variável "**jsp**" (linha 15).

A array "**dados**", declarada na linha 18, é utilizadas para guardar informações sobre as operações realizadas para que a página "**mensagem.jsp**" possa exibir as mensagens de retorno ao usuário.

As arrays "**departamentoVo**" (linha 20) e "**funcionarioVo**" (linha 23), são utilizadas para receber objetos VO (**DepartamentoVo.java** ou **FuncionarioVo.java**) provenientes de consultas às tabelas do banco de dados.

Os objetos "**departamentoVoAux**" (linha 21) e "**funcionarioVoAux**" (linha 24) são utilizados para encapsular os dados de entrada que chegam nas requisições dos formulários. Esses são enviados as classes de negócio (services).

A classe servlet apresentada não é construída de uma só vez. Ela é construída aos poucos, na medida em que os componentes de apresentação (páginas JSP) são desenvolvidos. Para cada página JSP de entrada, uma ou várias ações são desencadeadas a partir das estruturas de seleção e páginas JSP de saída devem ser criadas.

Para entender melhor o funcionamento da servlet de controle apresentada é recomendável fazer a depuração (debug) do código.

2.3.7 Classes representadas no componente Model do MVC

No componente **Model** do padrão MVC estão as classes Value Objects (VO) que implementam métodos *getters* e *setters* para manipular dados em atributos referentes aos campos das tabelas do banco de dados. Cada uma dessas classes representa um modelo de tabela.

As classes que implementam as regras de negócio também são representadas no **Model**. Nesse exemplo, foram utilizadas classes no padrão Application Services para centralizar a execução das regras de negócio.

No componente **Model** também são representadas as classes que executam instruções SQL no banco de dados. Essas classes permitem a conexão com o banco de dados, a execução das instruções **insert, update, delete** e **select** e a desconexão com o banco de dados.

2.3.7.1 Classes de entidade – Value Object (VO)

As classes VO são utilizadas para encapsular dados de entrada obtidos a partir formulários e passá-los para as classes que manipulam dados no banco, por meio das classes service. Dados resultantes de consultas ao banco de dados também são encapsulados em objetos das classes VO e retornados ao cliente (usuário).

As classes VO geralmente possuem seus atributos com os mesmos nomes e tipos de dados definidos nos campos da tabela do banco de dados. Por exemplo, se há uma tabela com os campos "**id**" do tipo **integer** e "**nome**" do tipo **varchar**, haverá uma classe VO com os atributos "**id**" do tipo **int** e "**nome**" do tipo **String**. Por esse motivo as classes VO são conhecidas como classes *bean* de entidade ou classes *bean* de modelo.

Beans

*Bean*s são classes que manipulam dados em atributos por meio de métodos *setter* e *getter* e que mantém um construtor que não recebe parâmetros. As classes VO geralmente possuem essa característica, por isso, podem ser chamadas de classes *bean*.

DepartamentoVo.java

```
1   package vo;
2   import java.util.List;
3
4   public class DepartamentoVo {
5
6       private int ideDep;
7       private String nomDep;
8       private String telDep;
9       private List funcionarios;
10
11      public DepartamentoVo() {
12      }
13
14      public int getIdeDep() {
15        return ideDep;
16      }
17
18      public void setIdeDep(int ideDep) {
19        this.ideDep = ideDep;
20      }
21
22      public String getNomDep() {
23        return nomDep;
24      }
25
26      public void setNomDep(String nomDep) {
27        this.nomDep = nomDep;
28      }
29
30      public String getTelDep() {
31        return telDep;
32      }
33
34      public void setTelDep(String telDep) {
35        this.telDep = telDep;
36      }
37
38      public List getFuncionarios() {
39        return this.funcionarios;
40      }
41
42      public void setFuncionarios(List funcionarios) {
43        this.funcionarios = funcionarios;
44      }
45
46  }
```

Note que na linha 9 foi declarado um atributo **funcionarios** da interface List. Nas linhas 38 e 42 foram declarados respectivamente os métodos *getter* e *setter* para esse atributo.

O atributo **funcionarios** pode ser utilizado para manipular uma lista de funcionários a partir de um departamento. É esse atributo que representa o lado **muitos** do relacionamento **um** departamento para **muitos** funcionários.

Observe que o método **getFuncionarios** retorna uma lista de funcionários (n funcionários). Já o método **setFuncionarios** permite incluir uma lista de funcionários em um departamento. Mesmo que você não utilize esses métodos na parte da aplicação que você desenvolveu, é interessante mantê-los, pois eles representam o relacionamento entre as classes e poderão ser utilizados em novos módulos da aplicação.

No capítulo 4 - que trata do *framework* de persistência Hibernate - esses métodos serão utilizados e explicados com mais detalhes.

FuncionarioVo.java

```
1   package vo;
2
3   public class FuncionarioVo {
4
5       private int ideFun;
6       private String nomFun;
7       private String telFun;
8       private String carFun;
9       private double salFun;
10      private int ideDep;
11      private DepartamentoVo departamento;
12
13      public FuncionarioVo() {
14      }
15
16      public String getCarFun() {
17        return carFun;
18      }
19
20      public void setCarFun(String carFun) {
21        this.carFun = carFun;
22      }
23
24      public int getIdeDep() {
25        return ideDep;
26      }
27
28      public void setIdeDep(int ideDep) {
29        this.ideDep = ideDep;
30      }
31
32      public int getIdeFun() {
```

```
33          return ideFun;
34        }
35
36        public void setIdeFun(int ideFun) {
37          this.ideFun = ideFun;
38        }
39
40        public String getNomFun() {
41          return nomFun;
42        }
43
44        public void setNomFun(String nomFun) {
45          this.nomFun = nomFun;
46        }
47
48        public double getSalFun() {
49          return salFun;
50        }
51
52        public void setSalFun(double salFun) {
53          this.salFun = salFun;
54        }
55
56        public String getTelFun() {
57          return telFun;
58        }
59
60        public void setTelFun(String telFun) {
61          this.telFun = telFun;
62        }
63
64        public DepartamentoVo getDepartamento() {
65          return this.departamento;
66        }
67
68        public void setDepartamento(DepartamentoVo departamento) {
69          this.departamento = departamento;
70        }
71
72  }
```

Observe na linha 11 o atributo **departamento** da classe **DepartamentoVo.java**.

Nas linhas 64 e 68 estão, respectivamente, os métodos *getter* e *setter* para esse atributo. Esse atributo representa o lado **um** do relacionamento **um** departamento para **muitos** funcionários. A partir de um funcionário é possível obter o departamento correspondente por meio do método **getDepartamento**. A partir de um funcionário também é possível incluir um departamento por meio do método **setDepartamento**.

Mesmo que você não utilize esses métodos na parte da aplicação que você desenvolveu, é interessante mantê-los para utilização futura e também porque eles representam o relacionamento entre as classes.

No capítulo 4 - que trata do *framework* de persistência Hibernate - esses métodos serão utilizados e explicados com mais detalhes.

2.3.7.2 Classes de negócio – Application Services

As classes de negócio são criadas para cuidar das particularidades do negócio que a aplicação deve considerar e tratar. Por exemplo, reajustar os salários dos funcionários, verificar se um departamento excedeu o número máximo de funcionários permitido etc.

Nesse exemplo, as classes de negócio "**DepartamentoService**" e "**FuncionarioService**" apenas fazem a comunicação entre a servlet de controle e as classe de persistência que realizam operações no banco de dados. Nesse exemplo, não implementam de fato nenhuma regra de negócio porque a aplicação é pequena e não houve a necessidade de implementá-las.

DepartamentoService.java

Essa classe implementa métodos que são chamados a partir da servlet de controle do fluxo de informações (Controle) e acessam métodos da classe de persistência **DepartamentoDao.java**.

Nessa classe há métodos que recebem um objeto da classe **DepartamentoVo.java** cujos dados são inseridos ou alterados na base de dados por meio da classe de persistência **DepartamentoDao.java**. Há também um método que recebe um valor de ID a ser consultado, um método que recebe um valor de ID a ser excluído, um método para selecionar todos os departamentos cadastrados e um método para buscar o maior valor de ID de departamento cadastrado.

```
1       package service;
2
3       import dao.DepartamentoDao;
4       import vo.DepartamentoVo;
5
6       public class DepartamentoService {
7
```

```
8        public DepartamentoService() {
9        }
10
11       public void inserirDepartamento (DepartamentoVo
         departamentoVo) {
12         try {
13           DepartamentoDao departamentoDao = new DepartamentoDao();
14           departamentoDao.inserirDepartamento(departamentoVo);
15         } catch (Exception ex) {
16           ex.printStackTrace();
17         }
18       }
19
20       public void alterarDepartamento(DepartamentoVo
         departamentoVo) {
21         try {
22           DepartamentoDao departamentoDao = new DepartamentoDao();
23           departamentoDao.alterarDepartamento(departamentoVo);
24         } catch (Exception ex) {
25           ex.printStackTrace();
26         }
27       }
28
29       public DepartamentoVo[] pesquisarDepartamento(int id) {
30         DepartamentoVo[] departamentoVo = null;
31         DepartamentoDao departamentoDao = null;
32         try {
33           departamentoDao = new DepartamentoDao();
34           departamentoVo = departamentoDao.
             pesquisarDepartamento(id);
35         } catch (Exception ex) {
36           ex.printStackTrace();
37         }
38         return (departamentoVo);
39       }
40
41       public DepartamentoVo[] pesquisarDepartamentos() {
42         DepartamentoVo departamentoVo[] = null;
43         try {
44           DepartamentoDao departamentoDao = new DepartamentoDao();
45           departamentoVo = departamentoDao.
             pesquisarDepartamentos();
46         } catch (Exception ex) {
47           ex.printStackTrace();
48         }
49         return (departamentoVo);
```

```
50      }
51
52      public int excluirDepartamento(int id) {
53        int r = 0;
54        try {
55          DepartamentoDao departamentoDao = new DepartamentoDao();
56          r = departamentoDao.excluirDepartamento(id);
57        } catch (Exception ex) {
58          ex.printStackTrace();
59        }
60        return r;
61      }
62
63      public int pesquisarUltimoDepartamento() {
64        DepartamentoDao departamentoDao = null;
65        int ultDep = 0;
66        try {
67          departamentoDao = new DepartamentoDao();
68          ultDep = departamentoDao.pesquisarUltimoDepartamento();
69        } catch (Exception ex) {
70          ex.printStackTrace();
71        }
72        return ultDep;
73      }
74    }
```

FuncionarioService.java

Assim como a classe "**DepartamentoService**", a classe "**FuncionarioService**" implementa métodos que são chamados a partir da servlet de controle do fluxo de informações (**Controle**) e acessam métodos da classe de persistência "**FuncionarioDao**".

```
1    package service;
2
3    import dao.FuncionarioDao;
4    import vo.FuncionarioVo;
5
6    public class FuncionarioService {
7
8      public FuncionarioService() {
9      }
10
```

```
11      public void inserirFuncionario(FuncionarioVo funcionarioVo) {
12        try {
13          FuncionarioDao funcionarioDao = new FuncionarioDao();
14          funcionarioDao.inserirFuncionario(funcionarioVo);
15        } catch (Exception ex) {
16          ex.printStackTrace();
17        }
18      }
19
20      public void alterarFuncionario(FuncionarioVo funcionarioVo) {
21        try {
22          FuncionarioDao funcionarioDao = new FuncionarioDao();
23          funcionarioDao.alterarFuncionario(funcionarioVo);
24        } catch (Exception ex) {
25          ex.printStackTrace();
26        }
27      }
28
29      public FuncionarioVo[] pesquisarFuncionario(int id) {
30        FuncionarioVo[] funcionarioVo = null;
31        FuncionarioDao funcionarioDao = null;
32        try {
33          funcionarioDao = new FuncionarioDao();
34          funcionarioVo = funcionarioDao.pesquisarFuncionario(id);
35        } catch (Exception ex) {
36          ex.printStackTrace();
37        }
38        return (funcionarioVo);
39      }
40
41      public FuncionarioVo[] pesquisarFuncionarios() {
42        FuncionarioVo funcionarioVo[] = null;
43        try {
44          FuncionarioDao funcionarioDao = new FuncionarioDao();
45          funcionarioVo = funcionarioDao.pesquisarFuncionarios();
46        } catch (Exception ex) {
47          ex.printStackTrace();
48        }
49        return (funcionarioVo);
50      }
51
52      public int excluirFuncionario(int id) {
53        int r = 0;
54        try {
55          FuncionarioDao funcionarioDao = new FuncionarioDao();
```

```
56          r = funcionarioDao.excluirFuncionario(id);
57        } catch (Exception ex) {
58          ex.printStackTrace();
59        }
60        return r;
61      }
62
63      public int pesquisarUltimoFuncionario() {
64        FuncionarioDao funcionarioDao = null;
65        int ultFun = 0;
66        try {
67          funcionarioDao = new FuncionarioDao();
68          ultFun = funcionarioDao.pesquisarUltimoFuncionario();
69        } catch (Exception ex) {
70          ex.printStackTrace();
71        }
72        return ultFun;
73      }
74    }
```

2.3.7.3 Classes de persistência – Data Access Object (DAO)

As classes DAO são classes que acessam o banco de dados. Essas classes possuem métodos para executar as instruções SQL **insert, update, delete** e **select** na tabela do banco de dados.

As classes DAO podem ser construídas utilizando-se diversos conjuntos de recursos (classes) diferentes. Nesse exemplo foram utilizadas as interfaces Connection, PreparedStatement e ResultSet e as classes DriverManager e SQLException do pacote "**java.sql**".

Um obteto da interface Connection cria uma sessão com o banco de dados estabelecida por meio de uma conexão realizada por uma chamada ao método estático **getConnection** da classe DriverManager.

Por meio de um objeto da interface PreparedStatement é possível acessar métodos para executar as instruções **insert, update, delete** ou **select** na tabela do banco de dados.

Os registros retornados a partir da execução de uma instrução SQL select são armazenados em um objeto da interface ResultSet. Métodos dessa classe permitem extrair o conteúdo de cada campo e também navegar sobre os registros retornados.

Quando uma exceção ocorre devido, por exemplo, ao uso incorreto de alguma instrução SQL ou à digitação incorreta de informações sobre o banco de dados, um objeto da classe **SQLException** é instanciado permitindo tratar essa exceção por meio das instruções **try...catch**.

DepartamentoDao.java

```
1       package dao;
2
3       import java.sql.Connection;
4       import java.sql.DriverManager;
5       import java.sql.PreparedStatement;
6       import java.sql.ResultSet;
7       import java.sql.SQLException;
8       import java.util.ArrayList;
9
10      import vo.DepartamentoVo;
11
12      public class DepartamentoDao {
13
14        static final String url = "jdbc:mysql://localhost:3307/
          controle";
15        static final String driver = "com.mysql.jdbc.Driver";
16        static final String usuario = "root";
17        static final String senha = "teruel";
18        static final String sqlPesquisarDepartamentos = "select
          IdeDep, NomDep, TelDep from tabDepartamento";
19        static final String sqlInserirDepartamento = "insert into
          tabDepartamento (IdeDep, NomDep, TelDep) values (?, ?, ?)";
20        static final String sqlAlterarDepartamento = "update
          tabDepartamento set NomDep = ?, TelDep = ? where IdeDep =
          ?";
21        static final String sqlPesquisarDepartamento = "select *
          from tabDepartamento where IdeDep = ?";
22        static final String sqlExcluirDepartamento = "delete from
          tabDepartamento where IdeDep = ?";
23        static final String sqlPesquisarUltimoDepartamento = "select
          max(IdeDep) from tabDepartamento";
24        static final String sqlPesquisarUltimoFuncionario = "select
          max(IdeFun) from tabFuncionario";
25        private Connection conn = null;
26        private PreparedStatement ps = null;
27        private ResultSet rs = null;
28
29        public DepartamentoVo[] pesquisarDepartamentos() {
30          DepartamentoVo departamentoVo = null;
31          ArrayList al = null;
32          try {
33            conectar();
34            ps = conn.prepareStatement(sqlPesquisarDepartamentos);
```

```
35          rs = ps.executeQuery();
36          al = new ArrayList();
37          while (rs.next()) {
38            departamentoVo = new DepartamentoVo();
39            departamentoVo.setIdeDep(rs.getInt(1));
40            departamentoVo.setNomDep(rs.getString(2));
41            departamentoVo.setTelDep(rs.getString(3));
42            al.add(departamentoVo);
43          }
44        } catch (SQLException e) {
45          e.printStackTrace();
46        } finally {
47          desconectar();
48        }
49        DepartamentoVo dpVo[] = null;
50        dpVo = (DepartamentoVo[]) al.toArray(new
          DepartamentoVo[al.size()]);
51        return (dpVo);
52      }
53
54      public void inserirDepartamento(DepartamentoVo
        departamentoVo) {
55        try {
56          conectar();
57          ps = conn.prepareStatement(sqlInserirDepartamento);
58          ps.setInt(1, departamentoVo.getIdeDep());
59          ps.setString(2, departamentoVo.getNomDep());
60          ps.setString(3, departamentoVo.getTelDep());
61          ps.execute();
62        } catch (SQLException e) {
63          e.printStackTrace();
64        } finally {
65          desconectar();
66        }
67      }
68
69      public void alterarDepartamento(DepartamentoVo
        departamentoVo) {
70        try {
71          conectar();
72          ps = conn.prepareStatement(sqlAlterarDepartamento);
73          ps.setString(1, departamentoVo.getNomDep());
74          ps.setString(2, departamentoVo.getTelDep());
75          ps.setInt(3, departamentoVo.getIdeDep());
76          ps.execute();
77        } catch (SQLException e) {
```

```
78          e.printStackTrace();
79        } finally {
80          desconectar();
81        }
82      }
83
84      public int excluirDepartamento(int id) {
85        int r = 0;
86        try {
87          conectar();
88          ps = conn.prepareStatement(sqlExcluirDepartamento);
89          ps.setInt(1, id);
90          r = ps.executeUpdate();
91        } catch (SQLException e) {
92          e.printStackTrace();
93        } finally {
94          desconectar();
95        }
96        return r;
97      }
98
99      public DepartamentoVo[] pesquisarDepartamento(int id) {
100       DepartamentoVo departamentoVo = null;
101       ArrayList al = null;
102       try {
103         conectar();
104         ps = conn.prepareStatement(sqlPesquisarDepartamento);
105         ps.setInt(1, id);
106         rs = ps.executeQuery();
107         al = new ArrayList();
108         while (rs.next()) {
109           departamentoVo = new DepartamentoVo();
110           departamentoVo.setIdeDep(rs.getInt(1));
111           departamentoVo.setNomDep(rs.getString(2));
112           departamentoVo.setTelDep(rs.getString(3));
113           al.add(departamentoVo);
114         }
115       } catch (SQLException e) {
116         e.printStackTrace();
117       } finally {
118         desconectar();
119       }
120       DepartamentoVo dpVo[] = (DepartamentoVo[]) al.toArray(new
          DepartamentoVo[al.size()]);
121       return (dpVo);
```

```
122     }
123
134     public void conectar() {
125       try {
126         Class.forName(driver);
127         conn = DriverManager.getConnection(url, usuario, senha);
128       } catch (SQLException ex) {
129         ex.printStackTrace();
130       } catch (ClassNotFoundException ex) {
131         ex.printStackTrace();
132       }
133     }
134
135     public void desconectar() {
136       try {
137         conn.close();
138         ps.close();
139       } catch (SQLException e1) {
140         e1.printStackTrace();
141       }
142     }
143
144     public int pesquisarUltimoDepartamento() {
145       int ultDep = 0;
146       try {
147         conectar();
148         ps = conn.prepareStatement(sqlPesquisarUltimoDepartamen
        to);
149         rs = ps.executeQuery();
150         rs.first();
151         ultDep = rs.getInt(1);
152         desconectar();
153       } catch (SQLException ex) {
154         ex.printStackTrace();
155       }
156       return ultDep;
157     }
158   }
```

Observe que no início da classe **DepartamentoDao** são definidas diversas variáveis estáticas contendo informações da conexão (linhas 14 a 17), instruções SQL pré-definidas (linhas 18 a 24) para serem completadas por parâmetros que serão recebidos nos métodos dessa classe e objetos das interfaces Connection, PreparedStatement e ResultSet (linhas 25 a 27).

O objeto "**conn**" da interface Connection (linha 25) será utilizado para receber a conexão estabelecida com o banco de dados. O objeto "**ps**" da interface PreparedStatement (linha 26) será utilizado para acessar métodos que executam as instruções SQL definidas nas variáveis estáticas das linhas anteriores. Já o objeto "rs" da interface ResultSet (linha 27) será utilizado para receber dados resultantes das consultas ao banco de dados.

O método **pesquisarDepartamentos** (linha 29) executa uma instrução **select** contida na variável "**sqlPesquisarDepartamentos**" (linhas 34 e 35). Os valores resultantes da pesquisa são armazenados no objeto "**rs**" da interface ResultSet (linha 35). Esses valores são então encapsulados em objetos da classe **DepartamentoVo.java** e adicionados em um objeto "**al**" da classe ArrayList (linhas 36 a 43). Em seguida, o conteúdo do objeto da classe ArrayList é carregado em uma array de objetos da classe **DepartamentoVo.java** que é retornado (linhas 49 a 51).

O método **inserirDepartamento** (linha 54) recebe um objeto da classe **DepartamentoVo.java** contendo os dados que serão inseridos na tabela do banco de dados. Esse método executa a instrução **insert** contida na variável "**sqlInserirDepartamento**".

Os valores que serão inseridos na tabela do banco de dados são definidos por meio de chamadas aos métodos *getter* da classe **DepartamentoVo.java** (linhas 58 a 60).

O método **alterarDepartamento** (linha 69) é semelhante ao método **inserirDepartamento**. Esse método recebe um objeto da classe **DepartamentoVo.java** contendo os dados que serão modificados na tabela e executa a instrução update contida na variável "**sqlAlterarDepartamento**" (linha 72 e 76).

O método **excluirDepartamento** (linha 84) recebe como parâmetro o ID do departamento que deverá ser excluído e retorna um valor inteiro 1 ou 0 que indica se a operação foi realizada ou não. Esse método executa a instrução **delete** contida na variável "**sqlExcluirDepartamento**" (linhas 88 a 90). Observe que foi utilizado o método **executeUpdate** (linha 90) para executar a instrução **delete**. Isso foi necessário porque esse método retorna 1 se a operação foi realizada com sucesso ou 0 se a operação não afetou nenhuma linha da tabela. Dessa forma, é possível saber se o registro do departamento foi excluído ou não.

O método **pesquisarDepartamento** (linha 99) recebe o ID a ser buscado na tabela e retorna uma array de objetos da classe **DepartamentoVo.java**. Esse método executa uma instrução **select** contida na variável "**sqlPesquisarDepartamento**" (linhas 104 e 106). Os valores resultantes da pesquisa são armazenados no objeto "rs" da interface ResultSet (linha 106). Esses valores são então encapsulados em objetos da classe **DepartamentoVo.java** e adicionados em um objeto "**al**" da classe ArrayList (linhas 107 a 113). Em seguida, o conteúdo do objeto da classe ArrayList é carregado em uma array de objetos da classe **DepartamentoVo.java** que é retornado (linhas 120 e 121).

O método **conectar** (linha 134) é chamado a partir dos métodos descritos anteriormente para estabelecer a conexão com o banco de dados.

Esse método indica qual será o driver de conexão (linha 126) e faz a conexão com o banco de dados a partir de uma chamada ao método estático getConnection da classe DriverManager (linha 127). A conexão é estabelecida em um objeto "**conn**" da interface Connection.

O método **desconectar** é chamado após a execução das operações de inclusão, alteração, exclusão ou consulta realizadas na tabela do banco de dados. Esse método finaliza a conexão com o banco de dados.

O método **pesquisarUltimoDepartamento** busca o maior valor contido no campo **IdeDep** da tabela e retorna a quem o chamou. Esse método executa a instrução **select** contida na variável "**sqlPesquisarUltimoDepartamento**" (linhas 148 e 149).

O método **pesquisarUltimoDepartamento** é utilizado para fazer uma espécie de autoincremento de ID no formulário de cadastro de departamentos. O valor do maior ID cadastrado obtido por meio desse método é acrescido de 1 e apresentado no campo ID do formulário.

FuncionarioDao.java

```
1    package dao;
2
3    import java.sql.Connection;
4    import java.sql.DriverManager;
5    import java.sql.PreparedStatement;
6    import java.sql.ResultSet;
7    import java.sql.SQLException;
8    import java.util.ArrayList;
```

```
9
10    import vo.FuncionarioVo;
11
12    public class FuncionarioDao {
13
14      static final String url = "jdbc:mysql://localhost:3307/
        controle";
15      static final String driver = "com.mysql.jdbc.Driver";
16      static final String usuario = "root";
17      static final String senha = "teruel";
18      static final String sqlPesquisarFuncionarios = "select
        IdeFun, IdeDep, NomFun, TelFun, CarFun, SalFun from
        tabFuncionario";
19      static final String sqlInserirFuncionario = "insert into
        tabFuncionario(IdeFun, IdeDep, NomFun, TelFun, CarFun,
        SalFun) values (?, ?, ?, ?, ?, ?)";
20      static final String sqlAlterarFuncionario = "update
        tabFuncionario set IdeDep = ?, NomFun = ?, TelFun = ?,
        CarFun = ?, SalFun=? where IdeFun = ?";
21      static final String sqlPesquisarFuncionario = "select * from
        tabFuncionario where IdeFun = ?";
22      static final String sqlExcluirFuncionario = "delete from
        tabFuncionario where IdeFun = ?";
23      static final String sqlPesquisarUltimoFuncionario = "select
        max(IdeFun) from tabFuncionario";
24      private Connection conn = null;
25      private PreparedStatement ps = null;
26      private ResultSet rs = null;
27
28      public FuncionarioVo[] pesquisarFuncionarios() {
29        FuncionarioVo funcionarioVo = null;
30        ArrayList al = null;
31        try {
32          conectar();
33          ps = conn.prepareStatement(sqlPesquisarFuncionarios);
34          rs = ps.executeQuery();
35          al = new ArrayList();
36          while (rs.next()) {
37          funcionarioVo = new FuncionarioVo();
38          funcionarioVo.setIdeFun(rs.getInt(1));
39          funcionarioVo.setIdeDep(rs.getInt(2));
40          funcionarioVo.setNomFun(rs.getString(3));
41          funcionarioVo.setTelFun(rs.getString(4));
42          funcionarioVo.setCarFun(rs.getString(5));
43          funcionarioVo.setSalFun(rs.getDouble(6));
44          al.add(funcionarioVo);
45          }
46        } catch (SQLException e) {
```

```
47          e.printStackTrace();
48        } finally {
49          desconectar();
50        }
51        FuncionarioVo funVo[] = null;
52        funVo = (FuncionarioVo[]) al.toArray(new FuncionarioVo[al.
          size()]);
53        return (funVo);
54      }
55
56      public void inserirFuncionario(FuncionarioVo funcionarioVo)
        {
57        try {
58          conectar();
59          ps = conn.prepareStatement(sqlInserirFuncionario);
60          ps.setInt(1, funcionarioVo.getIdeFun());
61          ps.setInt(2, funcionarioVo.getIdeDep());
62          ps.setString(3, funcionarioVo.getNomFun());
63          ps.setString(4, funcionarioVo.getTelFun());
64          ps.setString(5, funcionarioVo.getCarFun());
65          ps.setDouble(6, funcionarioVo.getSalFun());
66          ps.execute();
67        } catch (SQLException e) {
68          e.printStackTrace();
69        } finally {
70          desconectar();
71        }
72      }
73
74      public void alterarFuncionario(FuncionarioVo funcionarioVo)
        {
75        try {
76          conectar();
77          ps = conn.prepareStatement(sqlAlterarFuncionario);
78          ps.setInt(1, funcionarioVo.getIdeDep());
79          ps.setString(2, funcionarioVo.getNomFun());
80          ps.setString(3, funcionarioVo.getTelFun());
81          ps.setString(4, funcionarioVo.getCarFun());
82          ps.setDouble(5, funcionarioVo.getSalFun());
83          ps.setInt(6, funcionarioVo.getIdeFun());
84          ps.execute();
85        } catch (SQLException e) {
86          e.printStackTrace();
87        } finally {
88          desconectar();
89        }
```

```
90      }
91
92      public int excluirFuncionario(int id) {
93        int r = 0;
94        try {
95          conectar();
96          ps = conn.prepareStatement(sqlExcluirFuncionario);
97          ps.setInt(1, id);
98          r = ps.executeUpdate();
99        } catch (SQLException e) {
100         e.printStackTrace();
101       } finally {
102         desconectar();
103       }
104       return r;
105     }
106
107     public FuncionarioVo[] pesquisarFuncionario(int id) {
108       FuncionarioVo funcionarioVo = null;
109       ArrayList al = null;
110       try {
111         conectar();
112         ps = conn.prepareStatement(sqlPesquisarFuncionario);
113         ps.setInt(1, id);
114         rs = ps.executeQuery();
115         al = new ArrayList();
116         while (rs.next()) {
117           funcionarioVo = new FuncionarioVo();
118           funcionarioVo.setIdeFun(rs.getInt(1));
119           funcionarioVo.setIdeDep(rs.getInt(2));
120           funcionarioVo.setNomFun(rs.getString(3));
121           funcionarioVo.setTelFun(rs.getString(4));
122           funcionarioVo.setCarFun(rs.getString(5));
123           funcionarioVo.setSalFun(rs.getDouble(6));
124           al.add(funcionarioVo);
125         }
126       } catch (SQLException e) {
127         e.printStackTrace();
128       } finally {
129         desconectar();
130       }
131       FuncionarioVo funVo[] = null;
132       funVo = (FuncionarioVo[]) al.toArray(new FuncionarioVo[al.
          size()]);
133       return (funVo);
```

```
134     }
135
136     public void conectar() {
137       try {
138         Class.forName(driver);
139         conn = DriverManager.getConnection(url, usuario, senha);
140       } catch (SQLException ex) {
141         ex.printStackTrace();
142       } catch (ClassNotFoundException ex) {
143         ex.printStackTrace();
144       }
145     }
146
147     public void desconectar() {
148       try {
149         conn.close();
150         ps.close();
151       } catch (SQLException e1) {
152         e1.printStackTrace();
153       }
154     }
155
156     public int pesquisarUltimoFuncionario() {
157       int ultFun = 0;
158       try {
159         conectar();
160         ps = conn.prepareStatement(sqlPesquisarUltimoFuncionar
        io);
161         rs = ps.executeQuery();
162         rs.first();
163         ultFun = rs.getInt(1);
164         desconectar();
165       } catch (SQLException ex) {
166         ex.printStackTrace();
167       }
168       return ultFun;
169     }
170   }
```

A classe **FuncionarioDao.java** possui basicamente os mesmos métodos da classe DepartamentoDao.java. Essa classe executa as operações de inclusão, alteração, consulta e exclusão na tabela tabFuncionario no banco de dados.

Número de classes DAO

Você deve ter observado que foram criadas duas classes DAO para realizar operações no banco de dados, as classes DepartamentoDao.java e **FuncionarioDao.java** uma para cada tabela do mesmo banco de dados. Se tivéssemos 50 tabelas, teríamos 50 classes DAO. Apesar de possível, isso é impraticável, já que os métodos presentes nessas classes são muito semelhantes. Uma solução para esse problema é apresentado no capítulo 4 que trata do *framework* de persistência Hibernate. A solução apresentada lá é perfeitamente aplicável também a esse exemplo. No exemplo do capítulo 4 foi utilizada uma classe DAO apenas, uma classe genérica que implementa uma interface DAO, capaz de atender por meio dos mesmos métodos solicitações de operações para tabelas diferentes.

2.4 Considerações finais sobre o exemplo apresentado

Após a conclusão desse projeto creio ser possível entender porque são cada vez mais raros os casos de empresas e profissionais que desenvolvem aplicações web com Java sem utilizar *frameworks* ou ferramentas geradoras de código. Os *frameworks* geralmente implementam o padrão MVC e facilitam a criação de aplicações em três ou n camadas. Quando você cria um projeto utilizando *frameworks* como Struts ou JavaServer Faces já é criada automaticamente a servlet de controle de fluxo de comunicação entre os componentes **View** e **Model** do MVC e arquivos XML que mapeiam e auxiliam nessa comunicação. Como você deve ter notado nesse capítulo, essa servlet é um dos componentes mais difíceis de criar. Além da servlet de controle, outros componentes dos *frameworks* também são criados para configurar a comunicação entre os componentes da aplicação.

Criar uma aplicação web em camadas sem utilizar *framework* é mais do que uma aventura, é um trabalho que exige muito tempo e esforço, mas que permite um entendimento e controle maior da arquitetura aplicação. Quando se utilizam *frameworks* você fica preso a sua arquitetura, perdendo um pouco da flexibilidade.

Além dos *frameworks*, existem ferramentas que geram desde o banco de dados até os códigos de programa automaticamente, a partir de um modelo de dados que abstrai os requisitos do sistema. Essas e outras ferramentas de apoio ao desenvolvimento de softwares são apresentadas no capítulo 7.

2.5 Resumo

Este capítulo apresentou uma aplicação web que realiza o controle de departamentos e dos funcionários relacionados a esses departamentos. Essa aplicação foi projetada e desenvolvida implementando o padrão MVC. No componente View foram apresentadas as páginas JSP e um arquivo CSS; no componente Controller, a servlet de controle de comunicação entre a View e a Model; e no componente Model as classes que implementam regras de negócio e executam operações no banco de dados.

Para projetar a aplicação, foram utilizados os diagramas de caso de uso, de classe e de pacotes da UML. Para desenvolver, foram utilizadas a IDE NetBeans e o MySQL.

Foram utilizados ainda alguns *design patterns* como Model-View-Controller, Data Transfer Object, Application Service e Data Access Object. Esses padrões serão apresentados e comentados no próximo capítulo.

2.6 Exercícios

1. Por que os diagramas de casos de uso ajudam a entender o sistema que será desenvolvido?
2. Por que o diagrama de classe é importante para o desenvolvimento de softwares?
3. Quando é aconselhável utilizar o diagrama de pacotes de UML?
4. O que é JDBC?
5. O que é um driver de conexão com o banco de dados?
6. Que procedimento deve ser adotado para adicionar um driver de conexão com um banco de dados MySQL em um projeto desenvolvido no NetBeans?
7. Que tipo de classe pode ser considerada como classe DAO?
8. Quais classes do pacote java.sql são usadas para estabelecer uma conexão com um banco de dados e executar as operações insert, update, delete e select? Qual a finalidade de cada uma dessas classes?

CAPÍTULO 3 - REUSO DE COMPONENTES: DESIGN PATTERNS E FRAMEWORKS

Componentes reutilizáveis são uma realidade no desenvolvimento de projetos nas mais diversas áreas da engenharia, principalmente na engenharia de software. O reuso se baseia em componentes que já foram amplamente experimentados e testados. Segundo Sommerville (2003), componentes reutilizáveis são mais confiáveis que componentes novos, seu uso é mais barato que o desenvolvimento de novos componentes, o conhecimento de especialistas pode ser sintetizado nesses componentes, eles facilitam a padronização e permitem mais rapidez no desenvolvimento do projeto. Entretanto, componentes reutilizáveis apresentam bastante complexidade e leva tempo para aprender a utilizá-los. Em alguns casos pode haver a necessidade da especialização de alguns profissionais no uso desses componentes.

Para modelar sistemas que utilizam componentes reutilizáveis podem ser utilizados dois tipos de padrões de interesse – os *design patterns* e os *frameworks*.

Padrão

O 'padrão' é uma descrição do problema e a essência de sua solução, de modo que a solução possa ser reutilizada em diversos casos. O padrão não é uma especificação detalhada. Em vez disso, você pode pensar nele como uma descrição de conhecimento e experiência acumulados (SOMMERVILLE, 2003, p.273).

Este capítulo apresenta o conceito de *framework*, de *design pattern*, as diferenças entre eles e alguns dos principais *design patterns* e *frameworks* utilizados no desenvolvimento de software com Java.

3.1 Framework

Framework é um conceito que pode ser utilizado em diversas áreas de aplicação. De modo geral é uma abstração que une partes comuns entre vários projetos de um domínio de aplicação provendo uma funcionalidade genérica. Por exemplo, imagine um determinado tipo de residência. Provavelmente, todas elas possuem uma arquitetura básica comum. Se você conseguir construir uma estrutura básica comum pré-moldada que possa permitir a construção desse tipo de residência você tem um *framework*. A partir desse *framework*, você pode construir outras estruturas que são específicas de sua residência em particular, como uma área para churrasco, um salão de festas etc. Se analisarmos esse exemplo, temos um domínio de aplicação que é a construção de um determinado tipo de residência.

Se pensarmos no desenvolvimento de software, *framework* pode ser definido como um conjunto de classes implementadas em uma linguagem específica que colaboram entre si para realizar uma tarefa de responsabilidade para um domínio de aplicação comum, por exemplo, para o domínio web, para dispositivos móveis, para contabilidade etc. Os *frameworks* são utilizados para apresentar um ou vários níveis de abstração usando um vocabulário comum no desenvolvimento de sistemas de software ou de hardware. Podem apresentar soluções para diversos problemas que acontecem com frequência e aumentar a produtividade no desenvolvimento por meio do reuso de componentes e até mesmo da arquitetura do sistema. Sommerville (2003) define *framework* como um projeto de subsistema constituído de um conjunto de partes abstratas e concretas e da interface entre elas.

Booch et al. (2005) define *framework* como um padrão de arquitetura que fornece um template extensível para aplicações dentro de um domínio.

Você pode pensar em um *framework* como um tipo de microarquitetura abrangendo um conjunto de mecanismos que trabalham juntos para resolver um problema básico de um domínio comum. Ao especificar um *framework* você especifica o esqueleto da arquitetura, juntamente com os conectores, guias, botões e indicadores que você expõe aos usuários que desejam adaptar esse *framework* a seu próprio contexto (BOOCH et al., 2005, p. 390).

Se *framework* é projeto de arquitetura para um domínio especifico de aplicação, para desenvolver um *framework* é necessário conhecer as funcionalidades que são comuns em aplicações daquele domínio. Por exemplo, se analisarmos as aplicações web em três camadas, na camada do meio haverá sempre componentes que controlam o fluxo de comunicação entre as duas camadas das extremidades. Nesse caso, esses componentes de controle são um padrão comum em aplicações desenvolvidas com três camadas, logo, é possível criar um *framework* que traga esses componentes centrais total ou parcialmente desenvolvidos. Esse é o caso de alguns *frameworks* que implementam o padrão MVC, como o Struts e o JavaServer Faces.

Uso comum dos frameworks

Os *frameworks* raramente são aplicações propriamente ditas. As aplicações, normalmente são construídas pela integração de diversos *frameworks*.

Sommerville (2003) afirma que o uso de *frameworks* é mais compatível em um processo de desenvolvimento de soluções orientado a objetos, já que os objetos são a mais adequada abstração para o reuso.

Diferenças principais entre uma biblioteca de classes e um framework

Uma biblioteca consiste em um conjunto de classes que um usuário instancia e utiliza seus métodos. Após a chamada ao método, o controle do fluxo da aplicação retorna para o usuário. Entretanto, em um *framework* esse fluxo é diferente. Para utilizar um *framework*, o código próprio da aplicação deve ser criado e mantido acessível ao *framework*, podendo ser por meio de classes que estendem classes do próprio *framework*. O *framework*, então, realiza a chamada desse código da aplicação. Após a utilização do código da aplicação, o fluxo retorna para ele (CARVALHO, 2006).

3.2 Design Pattern

Frameworks e *design patterns* são conceitos semelhantes, entretanto, possuem algumas diferenças. Enquanto os *frameworks* devem definir um domínio específico e podem conter classes (programas), os *design patterns* não.

Imagine o exemplo das residências, citado no tópico anterior. Enquanto o *framework* tem a preocupação de construir uma estrutura física pré-moldada para um dado tipo de residência, o *design pattern* tem a preocupação de apresentar apenas o projeto de estrutura, sem apresentar algo concreto. Esse projeto de estrutura poderá ser criado para atender apenas o modelo de residência proposto ou diversos modelos de residência diferentes.

Sob um ponto de vista mais genérico, *design pattern* pode ser definido como uma solução muito abstrata já testada para problemas de modelagem que ocorrem com frequências em situações específicas. Na área de desenvolvimento de software *design pattern* pode ser definido como um padrão de projeto altamente abstrato que não envolve código de programação e não especifica uma área de aplicação específica. Por exemplo, o *design pattern* MVC, já apresentado nos capítulos anteriores, pode ser utilizado no desenvolvimento de aplicações para web, para desktop, para dispositivos móveis, para sistemas embarcados etc.

Design patterns são muito abstratos, já os *frameworks* são bastantes específicos. Para projetar um *framework* podem ser utilizados diversos *design patterns*, já o contrário não é verdadeiro, pois os *design patterns* são modelos abstratos em si.

Uso da UML na criação de design patterns e frameworks

Se você deseja criar um *design pattern* ou um *framework*, você pode utilizar a linguagem UML para modelá-los.

Booch et al. (2005) ainda afirma que a UML fornece um meio eficiente de modelar padrões de projeto representando-os como colaborações e *frameworks*, representando-os como pacotes estereotipados.

3.3 Principais Frameworks utilizados

Os *frameworks* podem ser utilizados em diversas áreas além da de desenvolvimento de software. Neste capítulo serão apresentados alguns dos principais *frameworks* utilizados no desenvolvimento de softwares com Java.

3.3.1 Frameworks para desenvolvimento de software com Java

Os principais *frameworks* utilizados no desenvolvimento de aplicações web com Java são: Struts, JavaServer Faces, Spring, Hibernate e Bean Validation.

3.3.1.1 Hibernate

Hibernate é um *framework* que implementa Java Persistense API[8] (JPA). Esse *framework* é utilizado para realizar persistência de dados em banco de dados relacionais. Pode ser utilizado em aplicações Java para web ou não e possui uma versão para a plataforma .NET.

O Hibernate facilita o mapeamento dos atributos entre uma base de dados relacional e o modelo de objeto de uma aplicação, mediante o uso de arquivos XML para estabelecer essa relação.

Utilizando o Hibernate, você se livra de escrever muito do código de acesso a banco de dados e de SQL que escreveria normalmente. Ao invés de enviar ou receber os dados diretamente do banco de dados por meio das instruções **insert, update, delete** e **select**, o Hibernate gera as chamadas SQL e libera você do trabalho manual da conversão dos dados resultantes de entrada de usuário, mantendo o programa portável para quaisquer bancos de dados relacionais, porém causando um pequeno aumento no tempo de execução.

Apesar das vantagens, segundo Linhares (2006), o Hibernate não é uma boa opção para todos os tipos de aplicação. Sistemas que fazem muito uso de stored procedures[9], triggers[10] ou que implementam a maior parte da lógica da aplicação no banco de dados não vai se beneficiar com o uso desse *framework*. Ele é mais indicado para sistemas em que a maior parte da lógica de negócios fica na própria aplicação, dependendo pouco de funções específicas do banco de dados.

---

[8] JPA é uma implementação que trata especificamente da persistência de dados; entidades, mapeamento objeto/relacional, interfaces para gerenciar persistência e fornece uma linguagem de consulta.

[9] **Trigger (gatilho)** é um recurso de programação executado sempre que o evento associado ocorrer. É utilizado para ajudar a manter a consistência dos dados ou para propagar alterações em um determinado dado de uma tabela para outras tabelas relacionadas. Por exemplo, quando a alteração for efetuada em uma tabela, a trigger é disparada e grava em uma tabela de histórico de alteração, o usuário, a data e a hora da alteração.

[10] **Stored procedures** são programas SQL escritos por um programador e que são armazenados no servidor de banco de dados e podem ser invocados por aplicações clientes.

A Figura 3.1 apresenta a estrutura do Hibernate.

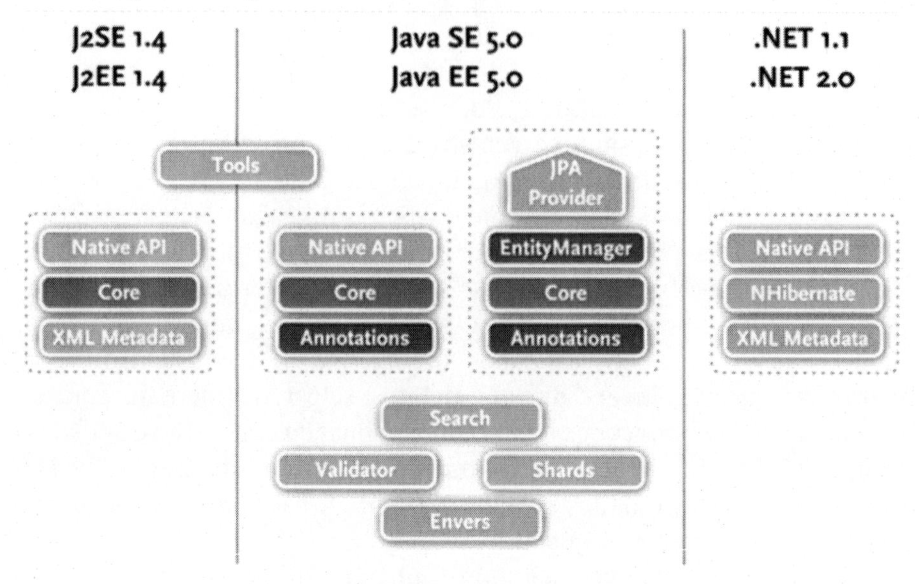

Figura 3.1: Estrutura do Hibernate *framework*.

O Hibernate já vem integrado a IDE NetBeans. Caso você queira baixar esse *framework* separadamente, entre em um dos endereços seguintes:

- <http://sourceforge.net/projects/hibernate/files/hibernate3>
- <http://www.hibernate.org/downloads.html>.

O capítulo 4 apresenta o Hibernate com mais detalhes, incluindo exemplos de aplicações utilizando esse *framework* e diversos *design patterns*.

3.3.1.2 Spring

Segundo Gomes (2008), o Spring é um *framework* de desenvolvimento Java centrado nos conceitos de desenvolvimento leve e ágil. Foi criado para fornecer soluções para problemas enfrentados quando da utilização do EJB 1.1, 2.0 e 2.1. O Spring facilita a integração com diversas soluções do mundo Java como Hibernate etc.

O Spring é baseado nos *design patterns* Inversion of Control (IoC) e Dependency Injection.

A Figura 3.2 apresenta a estrutura do Spring.

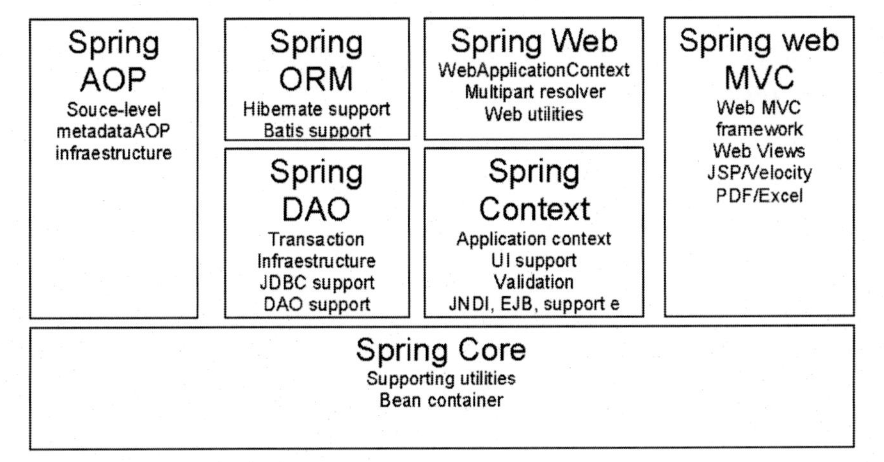

Figura 3.2: Estrutura do Spring *framework*.

Carvalho (2006) descreve os módulos do Spring da seguinte maneira:

O módulo **Core** do Spring representa as principais funcionalidades do Spring, no qual o principal elemento é o BeanFactory. Trata-se de uma implementação do padrão Factory[11], responsável em remover a programação de Singletons[12] e permitindo o baixo acoplamento entre a configuração e a especificação de dependências de sua lógica de programação.

O módulo **Data Access Object (DAO)** fornece uma camada de abstração para Java Database Connectivity (JDBC), eliminando grande parte da codificação necessária para interagir com um banco de dados.

O módulo **Object-Relational Mapping (ORM)** provê integração do Spring com outros *frameworks* para persistência de objetos, como Hibernate.

O módulo Aspect Oriented Programming (AOP) fornece uma implementação de Orientação a Aspectos.

---

[11] **Factory** é um design pattern que tem por objetivo encapsular a criação do objeto para que o padrão não seja tão dependente de classes concretas.

[12] **Singleton** é um design pattern que garante a existência de apenas uma instância de uma classe, mantendo um ponto global de acesso a seu objeto.

O módulo **Web** fornece funcionalidades específicas para projetos de aplicações web. São funcionalidades como componentes para upload de arquivos.

O módulo Model-View-Controller (MVC) fornece uma implementação de *framework* similar ao Struts.

3.3.1.3 JavaServer Faces

JavaServer Faces (JSF) é um *framework* utilizado no desenvolvimento de aplicações web com Java que implementa o *design pattern* MVC. Por utilizar o MVC, uma aplicação feita com JSF apresenta uma separação clara entre os componentes **View** (apresentação), **Controller** (comunicação) e **Model** (negócio e persistência).

Segundo Pitanga (2008), no JSF, o componente **Controller** do MVC é composto por uma classe servlet denominada **FacesServlet**, por arquivos de configuração e por um conjunto de manipuladores de ações e observadores de eventos.

Para configurar o fluxo de comunicação presente na **FacesServlet** é utilizado um arquivo XML de configuração denominado **faces-config.xml**.

A **FacesServlet** é responsável por receber requisições da web, redirecioná-las para as classes do componente **Model** do MVC e então remeter uma resposta ao cliente. Os arquivos de configuração são responsáveis por realizar associações e mapeamentos de ações e pela definição de regras de navegação. Os manipuladores de eventos são responsáveis por receber os dados vindos do componente **View** do MVC, acessar classes do componente **Model**, e então devolver o resultado para a classe **FacesServlet** no componente **Controller**.

O componente **View** do MVC é composto por component trees (hierarquia de componentes de interface com o usuário), tornando possível unir um componente ao outro para formar interfaces mais complexas.

Pitanga (2008) afirma que JSF possui dois principais componentes:

- **Java APIs** para a representação de componentes de interface com o usuário e o gerenciamento de seus estados, manipulação/observação de eventos, validação de entrada, conversão de dados, internacionalização e acessibilidade.

- *Tag***libs JSP** que expressam a interface JSF em uma página JSP e que realizam a conexão dos objetos no lado servidor.

A Figura 3.3 mostra a arquitetura do JavaServer Faces baseada no modelo MVC.

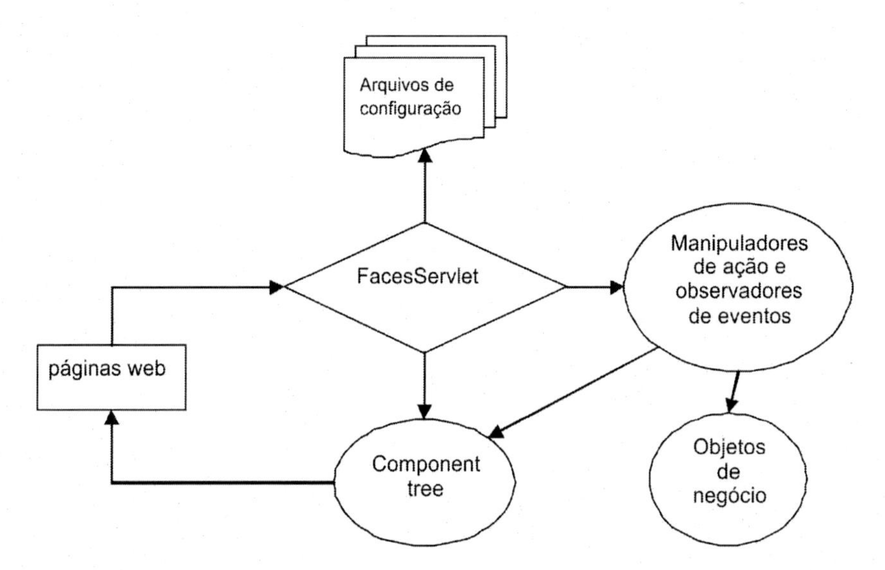

Figura 3.3: Arquitetura do JavaServer Faces baseada no MVC. Fonte: Pitanga (2008).

Utilizar um *framework* como JSF hoje pode oferecer as seguintes vantagens e desvantagens.

Vantagens:

- Permite a separação clara de funções que envolvem a construção de aplicações web em camadas;
- Permite a criação da interface com o usuário por meio de um conjunto de componentes predefinidos;
- Permite a utilização de um conjunto de bibliotecas de *tag*s JSP pré-definidas para acessar os componentes;
- Permite o reuso de componentes da página;
- Permite a associação dos eventos do lado cliente com os manipuladores dos eventos do lado servidor.

Desvantagens:

- Existência de uma arquitetura central pré-definida que não permite personalização de arquitetura;
- Necessidade de o desenvolvedor entender a estrutura do *framework*, suas bibliotecas de *tag*s e arquivos de configuração;

O JavaServer Faces já vem integrado à IDE NetBeans. Caso você queira baixar esse *framework* separadamente, entre no endereço: <http://java.sun.com/javaee/javaserverfaces/download.html>.

3.3.1.4 Struts

Struts é um *framework* para desenvolver aplicações web com Java no padrão MVC. Segundo Kurniawan (2008), o Struts torna o desenvolvimento mais rápido, porque soluciona muitos problemas comuns em desenvolvimento de aplicações web ao fornecer as seguintes propriedades:

- Gerenciamento de navegação de página;
- Validação de entrada de usuário;
- Modelo consistente;
- Capacidade de extensão;
- Internacionalização e localização.

Como o Struts utiliza o *design pattern* MVC, ao usar o Struts você deve evitar o uso de código Java nas páginas JSP, pois essas fazem parte da camada de Apresentação (componente **View** do MVC) e geralmente são de responsabilidade dos designers que normalmente não são programadores Java. Além disso, toda a lógica de negócio deve residir em classes denominadas **Action**.

A Figura 3.4 apresenta a estrutura de uma aplicação com Struts.

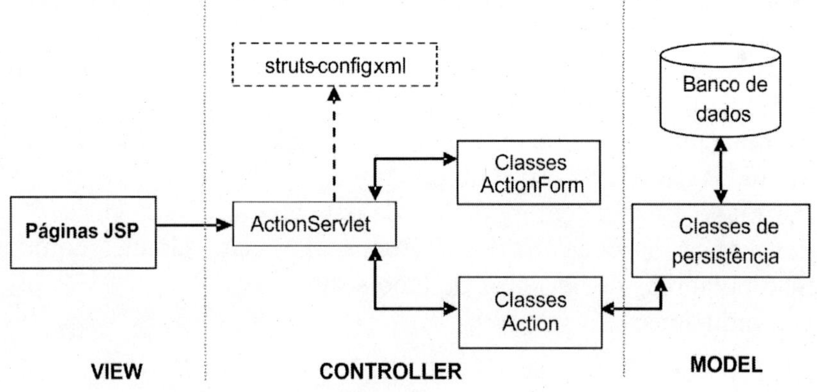

Figura 3.4: Estrutura de uma aplicação com Struts.

Para apresentar o fluxo de comunicação em uma aplicação web construída com Struts, Teruel (2009) apresenta uma sequência de passos que acontece a partir de uma requisição:

1. O servidor recebe uma requisição cuja URL corresponde a uma classe **ActionServlet**;
2. A **ActionServlet** é carregada;
3. A **ActionServlet** encontra o elemento <action /> correspondente à URL requisitada no bloco **<action-mappings> </action-mappings>** do arquivo **struts-config.xml**. Esse elemento é conhecido como **ActionMapping**;
4. O **ActionMapping** especifica qual classe action deve ser utilizada e se tem uma classe **ActionForm** associada a ela;
5. Um objeto da classe **ActionForm** é populado com os dados vindos do formulário que enviou a requisição e o método **validate** da classe **ActionForm** faz a validação dos dados;
6. A classe action correspondente é carregada por meio de uma chamada do método **execute**;
7. A classe action utiliza os dados do objeto da classe **ActionForm** e acessa o componente **Model** do MVC para gerar uma resposta à requisição;
8. Uma vez gerada a resposta, a classe action a armazena em um objeto **request** da classe **HttpServletRequest** ou session da classe **HttpSession** para permitir o acesso por meio da página JSP;
9. A classe action retorna um objeto da classe **ActionForward** para a classe **ActionServlet** indicando a página JSP que exibirá a resposta no navegador do cliente;
10. A página JSP gera o conteúdo HTML e o servidor encaminha a resposta para o cliente que iniciou a requisição.

Uma das maiores vantagens do Struts é que ao criar um projeto, um componente único de controle de fluxo de comunicação (controlador) é criado. Esse componente é uma classe chamada **ActionServlet**. Para configurar o fluxo de comunicação presente na **ActionServlet** é utilizado um arquivo XML de configuração denominado **struts-config.xml**. A **ActionServlet** encaminha as requisições que chegam dos componentes **View** do MVC para classes de negócio conhecidas como classes Action criadas pelo desenvolvedor para realizar o processamento do conteúdo da requisição. As classes **Action** fazem a comunicação com as classes do componente **Model** do MVC.

Além desses componentes, o Struts permite a utilização de componentes **ActionForm** para validar os dados de entrada do usuário por meio de formulários.

Todo trabalho de validação e geração de mensagens de erros no Struts podem ser implementados nas classes **ActionForm**.

Segundo Teruel (2009), a classe ActionForm é um espelho dos campos (inputs) que chegam do formulário JSP, ou seja, devem conter todos os campos (variáveis privadas com os métodos *getter*s e *setters* adequados), coincidindo com o nome dos campos do formulário.

O Struts ainda possui um conjunto de bibliotecas de elementos (taglibs) que podem ser utilizados nas páginas JSP evitando o uso de código Java e facilitando o desenvolvimento.

3.3.1.5 Bean Validation

Segundo Oracle (2010), a validação de entrada de dados fornecidos pelo usuário para manter a integridade dos dados é uma parte importante da lógica da aplicação. A validação de dados pode ocorrer em diferentes camadas da aplicação.

JavaBeans Validation (Bean Validation) é um novo modelo de validação que faz parte da plataforma Java EE 6. O modelo Bean Validation é suportado por restrições na forma de anotações colocadas em um campo, método, ou classe de um componente JavaBean, como um *managed bean* (*bean* gerenciado do JSF).

As restrições podem ser construídas ou definidas pelo usuário. Restrições definidas pelo usuário são chamadas de restrições personalizadas. Várias restrições estão disponíveis no pacote **javax.validation.constraints**.

O *framework* Beans Validation permite atribuir validação aos beans e com isso diminuir o esforço no desenvolvimento e na implantação de dispositivos de validação de classes. Com o Bean Validation é possível atribuir diretamente às entidades e informar ao Java EE 6 como validá-las automaticamente em toda parte da aplicação de forma única.

O Bean Validation permite que as tarefas de validação de dados fiquem nas classes do componente Model do MVC (entidades do JPA) e eventualmente nas classes do componente **Controller** (alguns casos de uso possuem regras de validação específicas como o campo de confirmação de senha em um cadastro de usuário. Isso pode ser validado no **Controller**).

3.3.2 Principais design patterns utilizados no desenvolvimento de software

Como exemplo de aplicações em camadas com uso de componentes, existem diversos *design patterns*, com características de melhora de performance de um sistema e facilidade de manutenção. São eles:

- Model-View-Controller (MVC);
- Data Access Object (DAO);
- Front Controller;
- View Helper;
- Command;
- Intercepting Filter;
- Session Façade;
- Data Transfer Object (DTO);
- Business Objects;
- Application Service.

3.3.2.1 MVC

O MVC, já apresentado no capítulo 1, foi originalmente criado como padrão de projeto arquitetural para o ambiente Smalltalk[13], mas pode ser utilizado para qualquer tipo de aplicação.

Model-View-Controller (MVC) é um *design pattern* utilizado no desenvolvimento de software para web ou não. Esse padrão sugere a separação dos componentes da aplicação em apresentação (**View**), controle (**Controller**) e modelo (**Model**).

No componente **View** são representadas as páginas JSP, HTML e outros componentes destinados a apresentar conteúdo ao cliente.

No componente **Controller** são representadas as classes servlet que fazem o controle do fluxo de comunicação entre os componentes de apresentação e modelo.

No componente **Model** são representadas as classes *bean* de entidade[14], as classes que implementam as regras de negócios e as

[13] Smalltalk é uma linguagem de programação totalmente orientada a objeto fortemente tipada. Não há tipos primitivos em SmallTalk.

[14] Classes *bean* de entidade são aquelas que manipulam atributos por meio dos métodos *getter* e *setter*. Esses atributos são o modelo dos atributos das entidades do modelo de dados.

classes que fazem a comunicação com o banco de dados e a persistência de dados nas tabelas por meio da execução de instruções SQL.

A Figura 3.5 mostra o esquema representativo da interação entre os componentes do MVC.

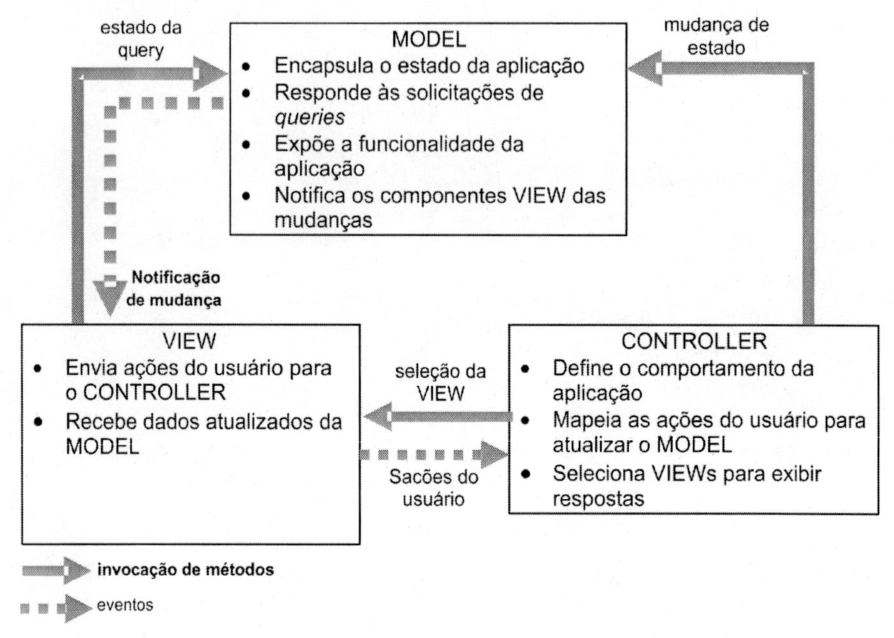

Figura 3.5: Representação do MVC.

Para saber mais sobre esse *design pattern*, releia o capítulo 1.

Esse *design pattern* foi utilizado na aplicação exemplo dos capítulos 2, 4 e 6.

3.3.2.2 Data Access Object (DAO)

O DAO (Data Access Object - Objeto de Aceso a Dados) é um *design pattern* que permite que uma aplicação seja desenvolvida de forma que a camada de acesso aos dados (componente **Model** do MVC) seja isolada das camadas superiores (componentes **Controller** e **View** do MVC).

Quando você utiliza o *design pattern* DAO você cria componentes que podem realizar operações no banco de dados para satisfazer suas necessidades sem que as camadas superiores da aplicação se preocupem como isso é feito.

Numa aplicação que utiliza a arquitetura MVC, todas as funcionalidades de bancos de dados, tais como estabelecimento de conexões, mapeamento de objetos Java para tipos de dados SQL ou execução de comandos SQL, devem ser feitas por classes do tipo DAO.

Segundo Gomes (2008), o DAO é um ponto de chamada para utilizar os recursos do banco de dados relacional, tanto para consultas (selects) quanto para inserção, alteração e exclusão (intert, update e delete). Quando se utiliza o *design pattern* DAO você torna o banco de dados independente, de forma que uma mudança no banco não gera manutenção nas classes de negócio.

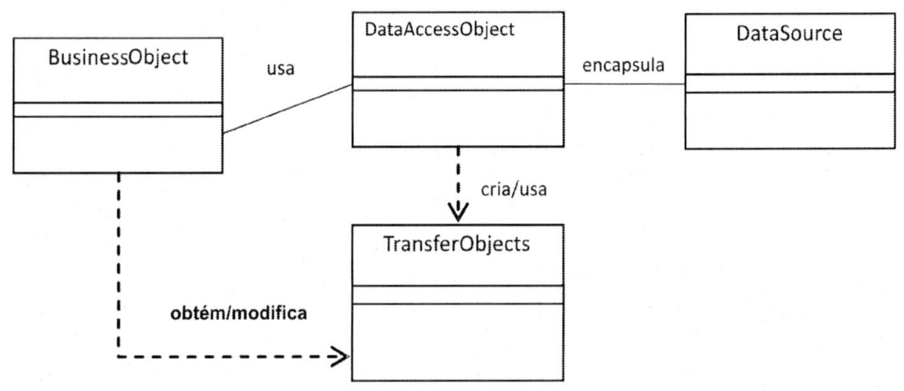

Figura 3.6: Diagrama de classes representando o *design pattern* DAO.

Segundo a SUN Microsystems o DAO separa um recurso de dados da interface do cliente dos mecanismos de acesso a dados e adapta uma API específica de acesso a recursos de dados para uma interface cliente genérica.

O padrão DAO permite que os mecanismos de acesso a dados mudem, independentemente do código que utiliza os dados.

Note na Figura 3.6 que **TransferObjects** representam os *bean*s, **DataSource** representa o banco de dados, **DataAccessObject** representa os objetos de acesso a dados e **BusinessObject** os objetos de negócio que podem ser encarregados de iniciar a execução das operações (classes command).

Se você observar bem, perceberá que o DAO é de certa forma uma maneira clara de separar as regras de negócio (BusinessObject) do acesso a dados (DataAccessObject).

Esse *design pattern* foi utilizado na aplicação exemplo dos capítulos 2 e 4.

3.3.2.3 Front Controller

O *design pattern* Front Controller, que faz parte do J2EE *Design Patterns*, descreve como o componente **Controller** deve ser implementado.

Uma vez que todas as requisições do cliente e as respostas passam pelo **Controller**, esse componente representa um ponto centralizado de controle para a aplicação. Isso auxilia na manutenção e na adição de novas funcionalidades. Os códigos que normalmente precisariam ser colocados em todas as páginas JSP podem ser colocados no componente **Controller**, pois esse componente processa todas as requisições. O **Controller** também ajuda a separar os componentes de apresentação dos componentes que implementa as regras de negócio, o que também ajuda no desenvolvimento.

A Figura 3.7 ilustra o *design pattern* Front Controller.

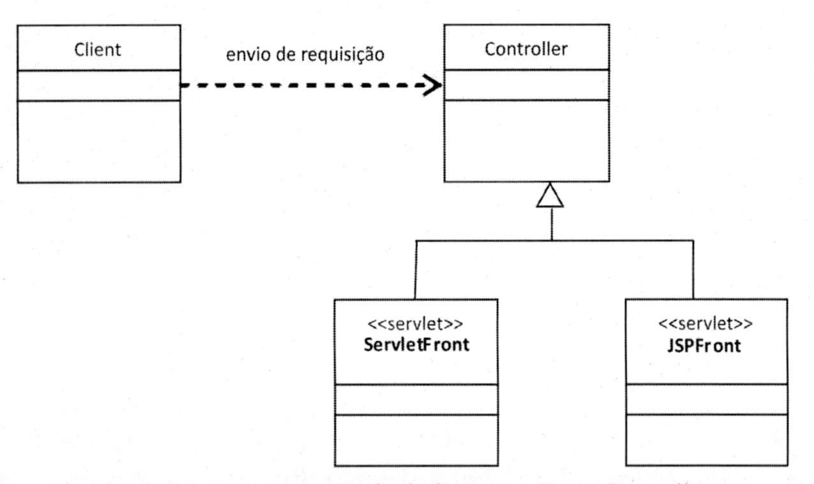

Figura 3.7: Representação do design patter Front Controller.

Além de centralizar as requisições o componente **Controller** também direciona as requisições para o componente apropriado.

Esse *design pattern* foi utilizado na aplicação exemplo dos capítulos 2 e 4.

3.3.2.4 View Helper

O *design pattern* View Helper faz parte do J2EE *Design Patterns* e ensina como construir um componente **Helper** para dar apoio às páginas JSP do componente **View** do MVC. Esse componente assume a responsabilidade pelo processamento e encapsula as regras de negócio necessárias nas páginas.

Segundo SUN, encapsular a lógica de negócios em uma classe **Helper**, em vez de uma página JSP, torna a aplicação mais modular e facilita a reutilização de código. Vários clientes tais como páginas JSP, podem aproveitar a mesma classe **Helper** para recuperar e adaptar estados do modelo similares para apresentação de várias maneiras.

A única maneira de reutilizar a lógica embutida em páginas JSP é copiando e colando o código em várias páginas que implementam as mesmas regras de negócio. Além disso, copiar e colar torna um sistema difícil de manter, uma vez que o mesmo erro potencial precisa ser corrigido em vários lugares.

Um sinal de que talvez seja necessário aplicar o *design pattern* **View** Helper é quando você estiver utilizando muito código *scriptlet* nas páginas JSP.

O objetivo primordial quando se aplica esse *design pattern*, então, é a separação da lógica de negócios das páginas JSP.

A Figura 3.8 apresenta o diagrama de classes do *design pattern* View Helper.

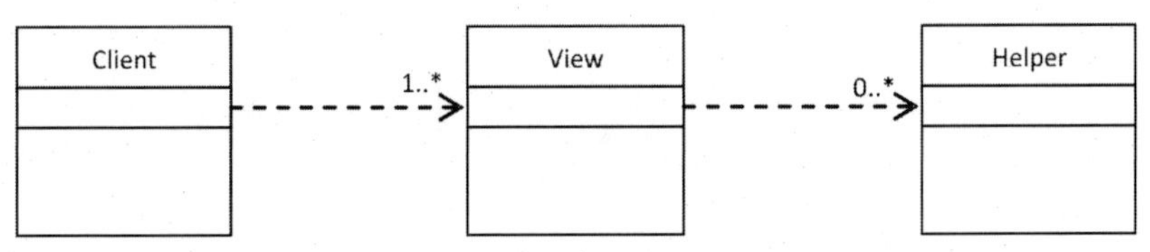

Figura 3.8: Diagrama de classes representando o *design pattern* View Helper.

A ideia de utilizar esse *design pattern* é interessante quando não se utiliza servlets de controle na aplicação. Nessas condições, centralizar as regras de negócio em uma classe **Helper** é uma ideia bastante interessante. Quando se utiliza uma servlet de controle de requisições, talvez a melhor alternativa seja utilizar uma classe **Helper** para apoiar essa servlet em vez de apoiar as páginas JSP. Nessa situação, as requisições podem ser recebidas e repassadas para a classe **Helper** implementar as regras de negócio.

Uma adaptação desse *design pattern* foi utilizada no exemplo do capítulo 4.

3.3.2.5 Command

O *design pattern* Command separa a invocação das operações da execução e possibilita a adição de novos componentes que executam operações (comandos) sem modificar as classes existentes. Se você observar a Figura 3.9 notará que um componente invoca um comando (Invoker), por exemplo, uma operação para salvar dados no banco de dados. Esse comando é executado por uma classe Command concreta (Concret Command) que implementa o método **execute** de uma interface Command (<<interface>> Command). Essa classe Command, por sua vez, acessa componentes que realizam a operação desejada (Receiver). Por exemplo, o Invoker pode ser uma servlet de controle que recebe uma requisição, identifica a operação que deve ser realizada, por exemplo, salvar cliente e instancia um objeto da classe Command, que pode ser, por exemplo, uma classe **SalvarCliente**. O método **execute** dessa classe é chamado para executar a operação por meio de uma chamada a um método **action** da classe **Invoker** que pode ser, por exemplo, uma classe **ClienteDAO**.

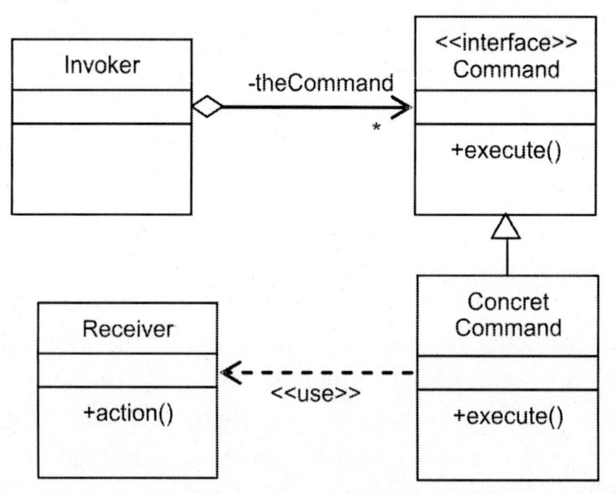

Figura 3.9: Diagrama de classes representando o *design pattern* Command.

Note na Figura 3.9 que o *design pattern* Command tem a função específica de separar o componente que invoca o comando dos componentes que o executa. Para adicionar uma nova funcionalidade na aplicação basta adicionar uma nova classe Command (Concret Command).

Esse *design pattern* foi utilizado na aplicação exemplo do capítulo 4.

3.3.2.6 Intercepting Filter

O *design pattern* Intercepting Filter intercepta as requisições e realiza algum processamento, além de viabilizar a adição de vários filtros diferentes.

A maioria das aplicações tem algumas funcionalidades (por exemplo, segurança), que são aplicáveis a todas as requisições da aplicação. Para adicionar essa funcionalidade separadamente para cada requisição da aplicação seria demorado, propenso a erros e difícil de manter.

Mesmo a execução desses serviços dentro de uma servlet de controle (Front Controller) ainda exigiria alterações no código para acrescentar e remover as funcionalidades desejadas.

O padrão Intercepting Filter envolve a aplicação dos recursos existentes com um filtro que intercepta a recepção da requisição e a transmissão de uma resposta. Um filtro de requisição pode pré-processar as requisições da aplicação ou redirecioná-las e pode pós-processar ou substituir o conteúdo das respostas ao usuário.

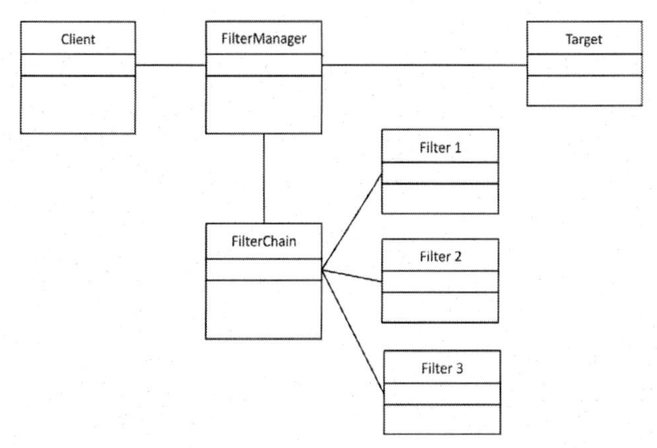

Figura 3.10: Diagrama de classe representando o *design pattern* Intercepting Filter.

Esse *design pattern* foi utilizado na aplicação exemplo do capítulo 4.

3.3.2.7 Session Facade

O Session Facade é um *design pattern* J2EE, que surgiu da necessidade de unir os conceitos do Facade com a implementação de Sessions Beans no EJB.

Quando você quer expor componentes de negócios e serviços para clientes remotos você pode usar o *design pattern* Session Facade.

O Session Facade gerencia os objetos de negócios e fornece uma camada de acesso uniforme de serviço aos clientes. É possível utilizar um *session bean* (*bean* de sessão EJB) como um facade para encapsular a complexidade das interações entre os objetos de negócios que participam de um fluxo de trabalho. Clientes acessam o Session Facade em vez de acessar diretamente os componentes do negócio.

Facade é considerado uma "fachada de métodos" (muitos consideram como programação procedural) nas quais são disponibilizados serviços da camada de negócio. Realiza alguns tratamentos de erros, controle de transações etc. e chama alguns outros métodos dos componentes de negócio para alguns serviços serem efetuados corretamente.

Segundo Gomes (2008), um Facade é o ponto de chamada para utilizar as funcionalidades de negócio da aplicação. Por exemplo, se houver uma funcionalidade para calcular o valor total de um pedido, haverá um método em um componente facade apropriado para implementar e executar esse cálculo.

Gomes (2008) afirma que os facades são utilizados para encapsular e isolar o código de negócio das classes que cuidam da interação com o usuário ou com outros sistemas, facilitando a reutilização de uma mesma regra de negócio por duas ou mais aplicações ou métodos de uma mesma aplicação.

A Figura 3.11 mostra o diagrama de classes do *design pattern* Session Facade.

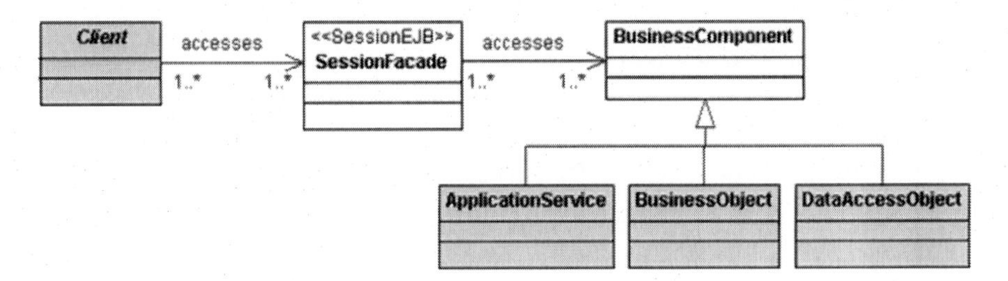

Figura 3.11: Diagrama de classes representando o Session Facade.Fonte: Core J2EE Patterns.

3.3.2.8 Data Transfer Object (DTO)

Data Transfer Object (DTO), também referenciado como Value Object (VO) é um *design pattern* usado para definir como transferir dados entre subsistemas ou camadas em um software. Geralmente o pattern DTO é utilizado com o DAO para manipular dados nas tabelas do banco de dados.

Quando você quiser transferir múltiplos elementos de dados em uma camada você pode utilizar esse *design pattern.*

Use um Transfer Object para transportar vários elementos de dados em uma camada. Esse procedimento é recomendável quando você quiser:

- Que clientes acessem componentes em outras camadas para recuperar e atualizar dados;
- Reduzir os pedidos remotos através da rede;
- Evitar a degradação da performance da rede causada por aplicações que têm grande tráfego de rede.

O DTO deve ser utilizado em aplicações cliente que necessitam trafegar grandes quantidades de informações pela rede. Nesse caso, o tráfego de informações tem um custo de rede e performance extremamente alto.

Para resolver esse problema, é importante trafegar todos os dados de uma só vez, em uma única requisição de rede, em um objeto chamado Value Object (VO). Isso reduz o número de invocações remotas e simplifica a interface remota e sua implementação.

Para trabalhar com objetos VO você deve implementar um *bean* com todos os atributos que devem ser transportados pela rede. Veja como isso é feito no exemplo apresentado no capítulo 2.

A Figura 3.12 mostra o diagrama de classes representando o *design pattern* Data Transfer Object.

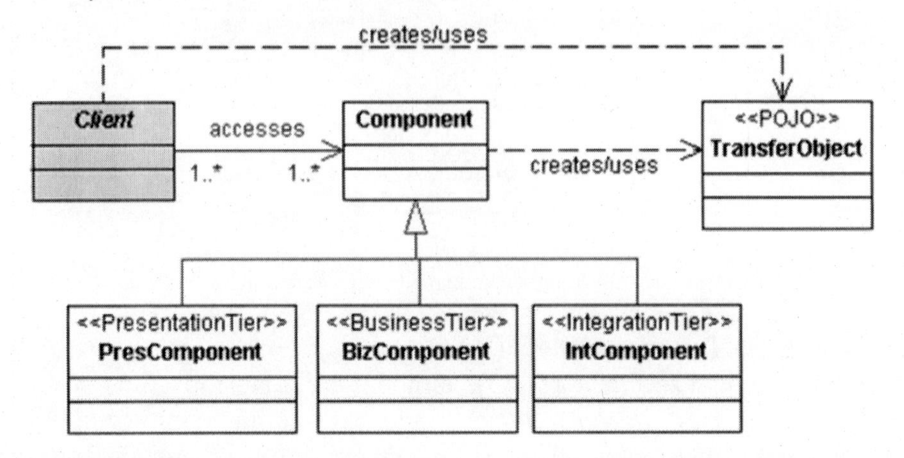

Figura 3.12: Diagrama de classe representando o *design pattern* Data Transfer Object.

Esse *design pattern* foi utilizado na aplicação exemplo dos capítulos 2 e 4.

3.3.2.9 Business Objects

Business Object é um *design pattern* utilizado para separar os dados da lógica de negócios utilizando um modelo de objeto.

Use esse padrão quando você quiser centralizar a lógica do negócio e separar o estado do negócio e comportamentos relacionados do resto da aplicação, melhorando a coesão e a reutilização e aumentando a reutilização da lógica de negócios para evitar a duplicação de código.

A Figura 3.13 mostra o diagrama de classes representando o padrão Business Object.

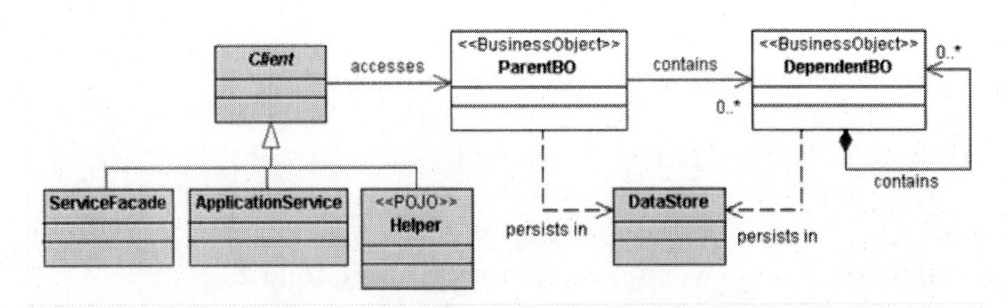

Figura 3.13: Diagrama de classes representando o *design pattern* Business Object.

3.3.2.10 Application Service

O *design pattern* Application Service é utilizado para centralizar a lógica de negócios em vários níveis de componentes de negócios e serviços. Esse padrão é utilizado quando você tem a lógica de negócios atuando em vários objetos de negócio (Business Objects) ou serviços.

Use o padrão Application Service para centralizar e agregar comportamento para fornecer uma camada uniforme de serviço.

A Figura 3.14 mostra o diagrama de classes representando o padrão Application Service.

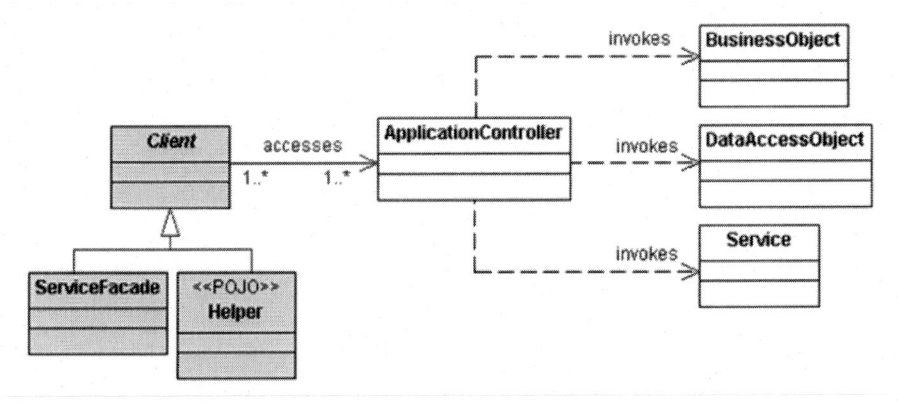

Figura 3.14: Diagrama de classe do *design pattern* Application Service.

Tanto o Business Object como o Application Service são *design patterns* que separam a lógica de negócio dos dados. Você pode usar qualquer um deles, entretanto, o Application Service é utilizado principalmente quando você tem regras de negócio envolvendo objetos de várias classes.

Esse *design pattern* foi utilizado na aplicação exemplo do capítulo 2.

3.4 Resumo

Para modelar sistemas de software que utilizam componentes reutilizáveis podem ser utilizados dois tipos de padrões de interesse – os *design patterns* e os *frameworks*.

Na área de desenvolvimento de software *design pattern* pode ser definido como um padrão de projeto altamente abstrato que não envolve código de programação e não especificam uma área de aplicação específica. Já o *framework* pode ser definido como um conjunto de classes implementadas em uma linguagem específica que colaboram entre si para realizar uma tarefa de responsabilidade para um domínio de aplicação comum.

Enquanto os *frameworks* devem definir um domínio específico e podem conter classes (programas), os *design patterns* não. Um *framework* pode ser implementado a partir do uso diversos *design patterns*, pois esses são mais abstratos que os *frameworks*.

Os *frameworks* e os *design patterns* podem ser utilizados em diversas áreas. Neste capítulo foram apresentados apenas aqueles de interesse para a área de desenvolvimento de software com Java.

Foram apresentados os *frameworks* Hibernate, Spring, JavaServer Faces e Struts.

Os *design patterns* apresentados foram Model-Viel-Controller, Data Access Object, Data Transfer Object, Session Facade, Intercepting Filter, Front Controller, Application Service, Business Object, Command e View Helper.

Nas aplicações modernas, geralmente, são utilizados um ou mais *frameworks* e *design patterns* na mesma aplicação. Enquanto os *design patterns* geralmente tratam de apresentar as melhores formas de fazer, os *frameworks* trazem componentes pré-definidos para facilitar a construção do software.

Existem inúmeros outros *design patterns* e *frameworks* utilizados no desenvolvimento de software com Java. Neste capítulo foram apresentados apenas alguns dos mais utilizados.

3.5 Exercícios

1. Qual a importância dos componentes reutilizáveis no desenvolvimento de software?
2. Cite uma desvantagem dos componentes reutilizáveis?
3. Quais tipos de padrões podem ser utilizados em sistemas que utilizam componentes reutilizáveis?
4. O que é um padrão?
5. O que são *frameworks*?
6. Quais as diferenças principais entre uma biblioteca de classes e um *framework*?

7. Qual a principal diferença entre *design pattern* e *framework*?
8. O que a linguagem UML tem a ver com *design patterns* e *frameworks*?
9. O que é Hibernate?
10. Quais as vantagens em se utilizar Hibernate?
11. Em que situações o uso do Hibernate não é aconselhável?
12. O que é Spring?
13. O que é JSF?
14. Cite algumas vantagens do JSF?
15. O que é Struts?
16. Defina Bean Validation.
17. Defina DAO.
18. Cite uma vantagem da utilização do DAO.
19. O que é Front Controller?
20. Defina View Helper.
21. Defina o *design pattern* Command?
22. O que é Intercepting Filter?
23. O que é Session Facade?
24. Defina DTO.
25. Por que é recomendável utilizar DTO?
26. Defina Application Service.

CAPÍTULO 4 - HIBERNATE

No capítulo 2 foi apresentada uma aplicação para controlar os departamentos de uma empresa e seus funcionários. Para desenvolver tal aplicação os componentes de persistência foram criados a mão, por meio de classes utilizando o padrão Data Access Object (DAO) e o Java Database Connectivity (JDBC).

Você deve ter percebido a dificuldade em se criar uma aplicação dessa forma. Transitar dados de formulários para tabelas de banco de dados e vice-versa utilizando objetos por meio de instruções SQL como **insert, update, delete** e **select** é uma tarefa bastante complicada, que toma muito tempo do desenvolvedor, tempo esse que poderia ser usado, por exemplo, para cuidar da implementação das regras de negócio da aplicação. E tem mais um problema, quando se trata de manipular dados em uma única tabela do banco de dados, utilizar instruções SQL não é um trabalho muito complicado, entretanto, quando cresce o número de tabelas e você tem de garantir a integridade referencial dos dados em tabelas relacionadas, ai fica complicado.

O Hibernate é utilizado justamente para resolver o problema da passagem dos dados da aplicação para as tabelas do banco de dados ou vice-versa. O Hibernate é um framework que faz esse trabalho de forma automática, agilizando o desenvolvimento e liberando o desenvolvedor para outras partes importantes do projeto.

Segundo King et al. (2009, p. IX), o Hibernate é uma ferramenta que faz o mapeamento objeto/relacional no ambiente Java. O termo **M**apeamento **O**bjeto/**R**elacional (ORM - Object/Relational Mapping) se refere à técnica de mapear uma representação de dados de um modelo de objeto para dados de modelo relacional com um esquema baseado em SQL.

Bauer e King (2007, p. 25), afirmam que mapeamento objeto/relacional é a persistência automatizada dos objetos em uma aplicação Java para as tabelas de um banco de dados relacional, utilizando metadados (descrição dos dados) que descrevem o mapeamento entre os objetos e o banco de dados.

O Hibernate não somente cuida do mapeamento de classes Java para tabelas de banco de dados (e de tipos de dados em Java para tipos de dados em SQL), como também fornece facilidade de consultas e recuperação de dados, podendo também reduzir significantemente o tempo de desenvolvimento gasto com a manipulação manual de dados no SQL e no JDBC (KING et al., 2009, p. IX).

O mapeamento objeto/relacional alivia o desenvolvedor da maior parte das tarefas comuns de programação relacionadas à persistência de dados, deixando-o livre para se concentrar no problema de negócio.

Persistência de dados

É o termo utilizado em Java para designar o armazenamento de dados em um banco de dados relacional utilizando SQL. Esses dados, após serem armazenados, ficam disponíveis para serem manipulados, seja por meio de consultas, alterações ou exclusões.

Antes de apresentar como o Hibernate faz o **M**apeamento **O**bjeto/**R**elacional, é importante lembrar como é feita a comunicação padrão (manual) entre uma aplicação Java e um banco de dados relacional via Java Database Connectivity (JDBC).

4.1 A comunicação Java/Banco de dados

Um dos maiores problemas encontrados no desenvolvimento orientado a objetos é fazer a comunicação com o banco de dados de forma eficiente garantindo integridade referencial de dados em tabelas relacionadas, similaridade no tipo de dado usado no Java e na tabela do banco de dados etc.

Geralmente se pega o conteúdo dos atributos de um objeto, encapsula-se em uma instrução **insert, update, delete** ou **select** e executa-se a instrução por meio de chamadas aos métodos contidos nas interfaces Statement ou PreparedStatement. Praticamente é necessário "desmontar" manualmente o objeto para inserir seus dados no banco. Além de ser um trabalho demorado há uma grande chance de ocorrerem erros.

O Hibernate faz automaticamente o mapeamento do objeto para o banco de dados, ou seja, em uma operação de cadastro, por exemplo, pega um objeto contendo os dados de um departamento e joga o conteúdo dos atributos nos campos de uma tabela do banco de dados, sem que o desenvolvedor se preocupe em saber como isso é feito, o que reduz drasticamente o esforço com a criação e digitação de instruções SQL. As instruções SQL são criadas e executadas pelo Hibernate e não é necessário se preocupar com os detalhes por trás desse procedimento. A Figura 4.1 representa o uso do mapeamento objeto/relacional utilizando o Hibernate em uma operação de cadastro.

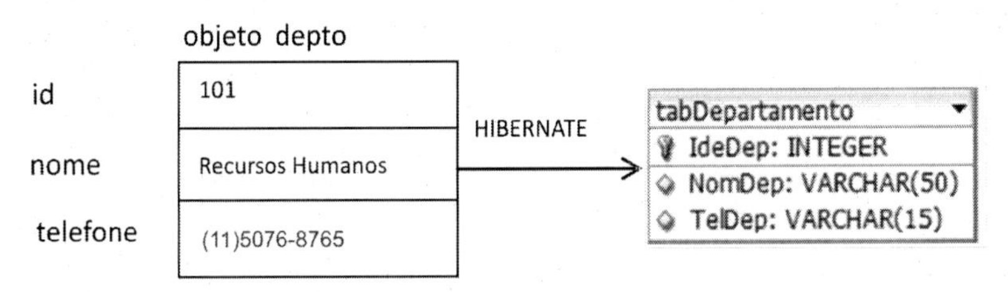

Figura 4.1: Representação de uma operação de cadastro com Hibernate.

Outra vantagem do Hibernate é que você não precisará mais criar uma classe de conexão com o banco de dados utilizando aquelas instruções complexas. A conexão pode ser mapeada em um arquivo de configuração XML que tornará a aplicação independente do fornecedor de banco de dados, ou seja, se você quiser mudar o banco de dados de Oracle para MySQL é só modificar o arquivo XML de mapeamento de configuração.

Este capítulo apresenta os fundamentos do Hibernate padrão conhecido como **Hibernate Core**, o **Hibernate Annotations**, um exemplo simples de aplicação com Hibernate e um exemplo um pouco mais completo (o mesmo exemplo apresentado no capítulo 2) para persistir dados em tabelas relacionadas com grau (cardinalidade) 1 para muitos (1:n) no banco de dados.

Para entender melhor este capítulo é necessário conhecimento prévio do modelo relacional e da linguagem SQL.

4.2 Hibernate e JPA

O Hibernate implementa o Java Persistence API (JPA) que é parte do Enterprise JavaBeans 3.0 (EJB 3.0). O EJB 3.0 é uma especificação da Sun que possui duas partes: a primeira parte define um modelo de programação para componentes de sessão (*session beans*) e componentes orientados para mensagem (message-driven beans). A segunda parte, segundo Bauer e King (2007, p. 32) trata especificamente da persistência de dados; entidades, mapeamento objeto/relacional, interfaces para gerenciar persistência e uma linguagem de consulta. Essa segunda parte do EJB é chamada de Java Persistence API (JPA).

O JPA é uma especificação que deve ser implementada por um *frameworks* de persistência como o Hibernate, o TopLink ou o EclipseLink. Esses *frameworks* são conhecidos como provedores de persistência (*persistence provider*).

Se você quiser, pode estudar a especificação JPA e implementar seu próprio *framework* ou uma camada em seu projeto para fazer a persistência com base nessa especificação, entretanto, você estaria "reinventando a roda". O ideal é utilizar um *framework* já existente e amplamente utilizado como é o caso do Hibernate.

A implementação de referência do JPA é o Eclipselink da Eclipse Fondation, entretanto, o Hibernate é a implementação mais utilizada.

É possível utilizar o Hibernate sem a especificação JPA, mas o contrário não é verdadeiro, pois o JPA necessita de uma implementação.

Isso significa que, além do Hibernate ser uma especificação da JPA, ele é um *framework* de persistência independente.

O Hibernate (core) é apenas um *framework*. Portanto, se você quer utilizá-lo como uma implementação do JPA, você deve utilizar os pacotes EntityManager e Annotations.

No exemplo apresentado no final deste capítulo será utilizado apenas o Hibernate sem implementar a JPA.

4.3 Vantagens do uso do Hibernate

Dentre as vantagens de se utilizar mapeamento objeto/relacional com Hibernate podem ser citadas:

- **Aumento da produtividade**: Eliminação de tarefas rotineiras de trabalho, como criação de classes Data Access Object (DAO), o que deixa o desenvolvedor livre para se concentrar no problema de negócio;
- **Facilidade de manutenção**: Geração de um menor número de linhas de código, tornando o sistema mais legível, pois enfatiza na lógica do negócio;
- **Aumento de performance**: a persistência automatizada utilizando-se

o mapeamento objeto/relacional é mais fácil de conseguir do que a persistência feita à mão;

- **Independência de fornecedor de Sistema Gerenciador de Banco de Dados (SGBD)**: o mapeamento objeto/relacional abstrai a aplicação da interação direta com o banco de dados SQL, o que significa que você poderá utilizar qualquer gerenciador de banco de dados que quiser e que seja suportado pelo Hibernate.

4.4 Arquitetura do Hibernate

A Figura 4.2 mostra a arquitetura do *framework* Hibernate.

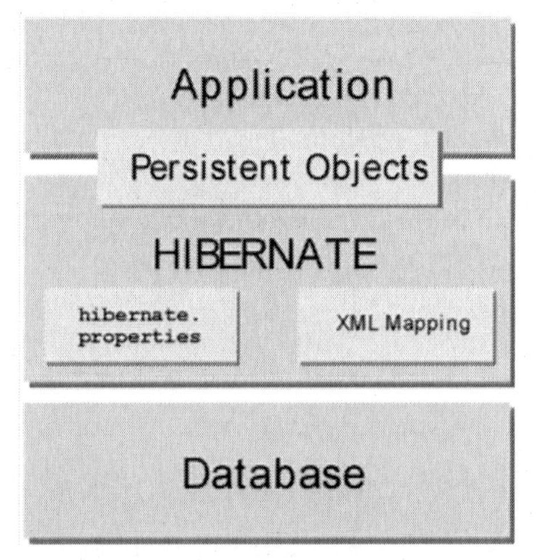

Figura 4.2: Arquitetura do Hibernate. Fonte: HIBERNATE

É possível observar na Figura 4.2 que em uma aplicação (Application) é possível instanciar objetos de classes de persistência (Persistent Objects), passar esses objetos para o Hibernate (que possui arquivos XML de mapeamento e propriedades) que cuida da comunicação com o banco de dados. Observe que o Hibernate é a camada intermediária entre a aplicação e o banco de dados.

Persistent Objects

São objetos de classes JavaBean conhecidas como classes de persistência. Essas classes são baseadas na análise do domínio de negócio, por isso são consideradas parte do modelo do domínio.

As classes de persistência mapeiam dados para uma tabela do banco de dados, por isso possuem os atributos relacionados aos campos da tabela. Por exemplo, se você criar uma tabela com os campos **id** e **nome**, deverá ser criada uma classe de persistência com os atributos **id** e **nome** e os respectivos métodos *getters* e *setters*.

4.5 Exemplo simples de configuração e uso do Hibernate

Esse tópico apresenta um exemplo simples de aplicação para salvar os dados de um cliente no banco de dados utilizando o Hibernate e exibir os dados armazenados. Serão criados os seguintes componentes:

- Banco de dados MySQL e tabela;
- Projeto utilizando o NetBeans;
- Classe de persistência;
- Arquivo XML de mapeamento para a classe de persistência;
- Arquivo XML de configuração do Hibernate;
- Classe para iniciar o Hibernate e executar as operações na tabela.

A Figura 4.3 mostra a arquitetura em duas camadas utilizada nesse exemplo.

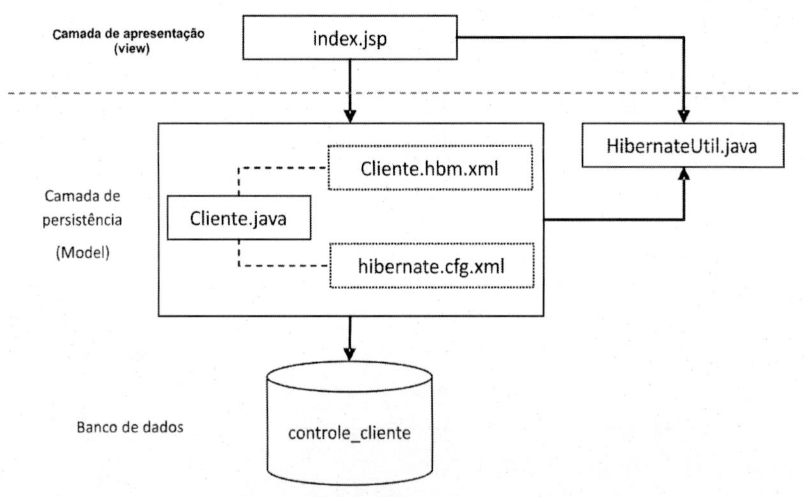

Figura 4.3: Arquitetura do exemplo.

4.5.1 Criação do banco de dados e da tabela

Para criar o banco de dados, abra o MySQL Workbench e crie um banco de dados chamado **controle_cliente**. Caso você não se lembre como fazer isso, reveja o passo a passo no capítulo 2.

Na aba SQL Query, digite o script mostrado na Figura 4.4 para criar uma tabela chamada **CLIENTE**.

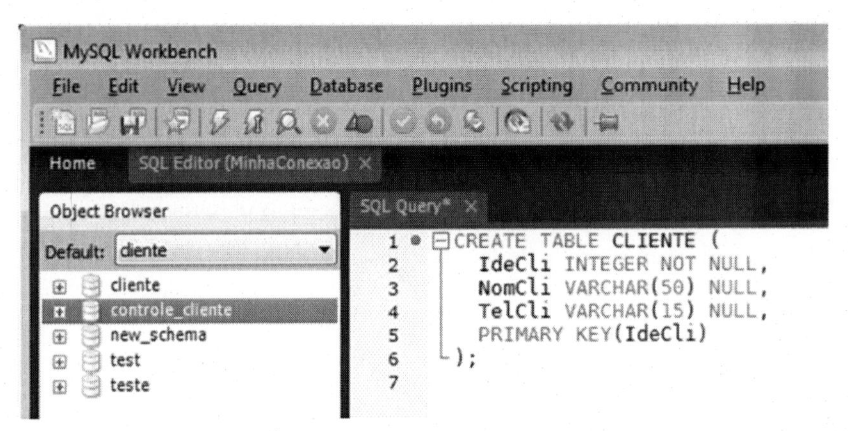

Figura 4.4: Área de trabalho do MySQL Workbench.

O modelo da dados é mostrado na Figura 4.5.

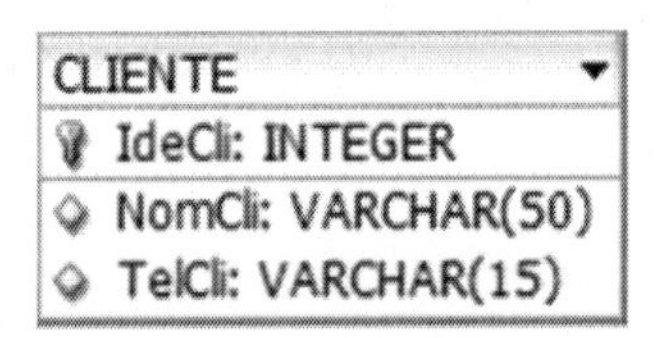

Figura 4.5: Modelo físico da tabela cliente.

4.5.2 Criação do projeto utilizando o NetBeans

Para criar um novo projeto no NetBeans, execute as seguintes etapas:

- Clique no menu **Arquivo** e na opção **Novo Projeto**;
- Selecione **Java Web**, **Aplicação Web** e clique no botão **Próximo**;
- Dê um nome ao projeto e clique no botão **Próximo**;

- Selecione o **Servidor web** disponível de sua preferência e clique no botão **Próximo**;
- Selecione a caixa de combinação **Hibernate**, abra o combo **Conexão de banco de dados** e clique na opção **Nova Conexão com banco de dados**;
- Preencha a janela que aparece como mostra a Figura 4.6:

Figura 4.6: Tela de conexão com o banco de dados.

- Clique no botão **Finalizar**.

Observe que na pasta **Pacotes de códigos-fonte** do projeto é criado automaticamente o arquivo de configuração do Hibernate (**hibernate.cfg.xml**). Esse arquivo contém, entre outras coisas, as definições de conexão com o banco de dados. Serão apresentados mais detalhes sobre esse arquivo ainda neste capítulo.

4.5.3 Adição do driver JDBC MySQL na biblioteca do projeto

Para estabelecer a conexão com o banco de dados MySQL é necessário adicionar às bibliotecas do projeto a biblioteca MySQL JDBC Driver. Para isso, siga os seguintes passos:

- Clique com o botão direito sobre a pasta **Bibliotecas** do projeto e selecione a opção **Adicionar Biblioteca**;
- Selecione a opção **MySQL JDBC Driver** e clique no botão **Adicionar Biblioteca**.

4.5.4 Criação da classe de persistência

As classes de persistência são classes JavaBean com alguns atributos. Caso você não se recorde, essas classes possuem atributos privados com um método *getter* e *setter* para cada atributo e um construtor sem argumento que é obrigatório para todas as classes de persistência. Segundo King et al. (2009, p. 2) e Bauer e King (2007, p. 44), esse é um padrão de projeto recomendado, mas não obrigatório.

Classes de persistência

São também chamadas de classes de entidade, de modelo, *bean* ou POJO.

POJO

É o acrônimo para Plain Old Java Objects, uma classe criada com Java puro. Segundo Bauer e King (2007, p. 113), a maioria dos desenvolvedores utiliza agora o termo POJO e JavaBeans como sinônimos. Afirmam ainda que você não deve ficar preocupado com pequenas diferenças entre essas definições, pois o objetivo final é aplicar o aspecto de persistência o mais transparente possível.

O atributo identificador, nesse caso, **idCli**, mantém um valor único de identificação para um evento em particular. Todas as classes de persistência precisam de um atributo de identificação para que se possa utilizar adequadamente o Hibernate. Segundo King et al. (2009, p. 2), a maioria das aplicações (em especial aplicações web) precisa distinguir os objetos pelo identificador. Porém, normalmente não se manipula a identidade de um objeto, por esse motivo, o método *setter* do atributo identificador poderá ser privado. O Hibernate somente atribuirá valores ao atributo identificador quando um objeto for salvo.

Bauer e King (2007) afirmam que as aplicações Hibernate definem as classes persistentes que são mapeadas para tabelas do banco de dados. Essas classes são baseadas na análise do domínio de negócio, por isso, são o modelo do domínio.

Nesse exemplo, será criada uma classe de persistência chamada **Cliente** para persistir dados na tabela **cliente** do banco de dados. Os nomes da tabela e da classe de persistência podem ser diferentes, mas isso não é recomendado.

Como as classes de persistência representam um modelo de domínio, será criado um pacote chamado **dominio** (não acentuado para evitar problemas na criação de outros componentes do projeto) para agrupar essas classes. Você pode utilizar outro nome se achar conveniente.

Para criar o pacote **dominio** siga os seguintes passos:

- Clique com o botão direito sobre o nome do projeto;
- Selecione a opção **Novo** e a opção **Pacote Java**;
- Dê o nome ao pacote de **dominio**;
- Clique no botão **Finalizar**.

Para criar a classe de persistência **Cliente**, siga os seguintes passos:

- Clique com o botão direito sobre o nome do projeto;
- Selecione a opção **Novo** e a opção **Classe Java**;
- Dê o nome à classe de **Cliente**, selecione o pacote **dominio** e clique no botão **Finalizar**.

Digite o código da classe de persistência apresentado a seguir:

Cliente.java

```
1   package dominio;
2
3   public class Cliente {
4
5       private int ideCli;
6       private String nomCli;
7       private String telCli;
8
```

```
9       public Cliente() {
10      }
11
12      public Cliente(int ideCli) {
13        this.ideCli = ideCli;
14      }
15      public int getIdeCli() {
16        return this.ideCli;
17      }
18      public void setIdeCli(int ideCli) {
19        this.ideCli = ideCli;
20      }
21      public String getNomCli() {
22        return this.nomCli;
23      }
24      public void setNomCli(String nomCli) {
25        this.nomCli = nomCli;
26      }
27      public String getTelCli() {
28        return this.telCli;
29      }
30      public void setTelCli(String telCli) {
31        this.telCli = telCli;
32      }
33
34    }
```

Observe que a classe **Cliente.java** possui três atributos: um identificador (**ideCli**), o nome (**nomCli**) e o telefone (**telCli**).

O atributo identificador permite que a aplicação acesse o valor do campo chave primária da tabela.

Classes de persistência e arquivos de mapeamento XML para essas classes podem ser criadas automaticamente pelo NetBeans a partir das tabelas existentes no banco de dados. Isso poupa muito o tempo do desenvolvedor. Para gerar esses arquivos, antes você deve criar um arquivo XML para engenharia reversa da aplicação. Esse arquivo será utilizado apenas para auxiliar a geração das classes de persistência e dos arquivos de mapeamento de forma reversa, ou seja, a partir das tabelas do banco de dados. Se quiser tentar, siga os seguintes passos:

Criação do arquivo de engenharia reversa:

- Clique com o botão direito sobre o pacote onde você deseja criar o arquivo de engenharia reversa selecione a opção **Novo** e a opção **Outro**;

- Na divisão **Categorias** selecione **Hibernate** e na divisão **Tipos de arquivos** selecione **Assistente para Engenharia reversa do Hibernate**;
- Clique no botão Próximo;
- Mantenha o nome **hibernate.reveng** para o arquivo de engenharia reversa;
- Selecione o pacote onde deseja criar esse arquivo e clique no botão **Próximo**;
- Na divisão **Tabelas**, selecione as tabelas para as quais você deseja criar a classe de persistência e arquivo de mapeamento. Nesse exemplo, selecione a tabela **cliente**;
- Clique no botão **Adicionar** e no botão **Finalizar**.

Criação das classes de persistência e arquivos de mapeamento:

- Clique com o botão direito sobre o nome do pacote onde você deseja criar os arquivos selecione a opção **Novo** e a opção **Outro**;
- Na divisão **Categorias** selecione **Hibernate** e na divisão **Tipos de arquivos** selecione **Arquivos de mapeamento do Hibernate e POJOs de banco de dados**;
- Clique no botão **Próximo**;
- No combo **Arquivo de Configuração do Hibernate** selecione **hibernate.cfg.xml**;
- No combo **Arquivo de engenharia reversa do Hibernate** selecione **hibernate.reveng.xml**;
- Clique no botão **Finalizar**.

Observe na Figura 4.7 que foram gerados uma classe de persistência chamada **Cliente** e um arquivo de mapeamento chamado **Cliente.hbm.xml**, além de um arquivo de engenharia reversa chamado **hibernate.reveng.xml**.

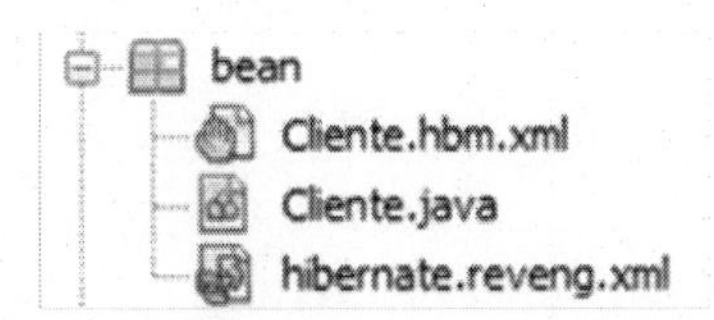

Figura 4.7: Geração automática de classes de persistência e arquivos de mapeamento.

4.5.5 Criação do arquivo de mapeamento

Para cada classe de persistência criada você deverá criar um arquivo de mapeamento XML. Esse arquivo será utilizado pelo Hibernate para carregar e armazenar objetos da classe de persistência no banco de dados. O arquivo de mapeamento informa qual tabela do banco de dados deverá ser acessada e quais colunas serão utilizadas. O arquivo de mapeamento é um arquivo XML que contém um conjunto de metadados que definem, entre outras coisas, como os atributos da classe de persistência serão mapeados com os campos da tabela do banco de dados. É aconselhável salvar o arquivo de mapeamento com o nome da classe de persistência, seguido pelo sufixo **.hbm.xml** (**Cliente.hbm.xml**), no mesmo pacote da classe de persistência. O arquivo de mapeamento pode ter qualquer nome, entretanto, segundo King et al. (2009, p. 4) e Bauer e King (2007. p. 46), o sufixo **hbm.xml** é uma convenção da comunidade dos desenvolvedores do Hibernate.

Metadados

Segundo Bauer e King (2010, p. 123), as ferramentas de mapeamento objeto relacional como o Hibernate necessitam de metadados para especificar o mapeamento entre classes e tabelas, atributos e campos, associações e chaves estrangeiras, tipos do Java e tipos do SQL etc. Essas informações são chamadas de metadados de mapeamento objeto/relacional. Metadado é uma informação sobre um dado e os metadados de mapeamento definem e governam as transformações entre os sistemas de diferentes tipos e representações do relacionamento na orientação para objetos e nos sistemas SQL. Atualmente, o formato mais popular de metadado objeto/relacional é o XML por serem leves, de fácil leitura, de fácil manipulação e podem ser customizados em tempo de implantação.

Para criar o arquivo de mapeamento XML no NetBeans, siga os seguintes passos:

- Clique com o botão direito sobre o pacote **dominio**;
- Selecione a opção **Novo** e a opção **Outro**;
- Na divisão **Categorias**, selecione **Hibernate** e na divisão **Tipos de arquivos**, selecione **Assistente para Mapeamento de Hibernate**;
- Clique no botão **Próximo**;

- No campo **Nome do arquivo**, digite **Cliente.hbm** e clique no botão **Próximo**;
- No campo **Classe a mapear**, digite o nome da classe de persistência; nesse exemplo, **Cliente**;
- No combo Tabela do banco de dados, selecione o nome da tabela; nesse exemplo, **cliente**;
- Clique no botão **Finalizar**.

Observe que o arquivo **Cliente.hbm.xml** é criado com um elemento **<hibernate-mapping>** contendo um elemento **<class>** que define o nome da classe de persistência e da tabela relacionada.

Complete o código do arquivo **Cliente.hbm.xml** gerado automaticamente:

Cliente.hbm.xml

```
1   <?xml version="1.0"?>
2   <!DOCTYPE hibernate-mapping PUBLIC "-//Hibernate/Hibernate Mapping
 DTD      3.0//EN""http://hibernate.sourceforge.net/hibernate-mapping-
 3.0.dtd">
3
4   <hibernate-mapping>
5     <class name="dominio.Cliente" table="cliente"
      catalog="controle_cliente">
6       <id name="ideCli" type="int">
7         <column name="IdeCli" />
8         <generator class="assigned" />
9       </id>
10      <property name="nomCli" type="string">
11        <column name="NomCli" length="50" />
12      </property>
13      <property name="telCli" type="string">
14        <column name="TelCli" length="15" />
15      </property>
16    </class>
17  </hibernate-mapping>
```

Entre as *tag*s **<hibernate-mapping>** e **</hibernate-mapping>** deve existir um elemento **<class>**. Nesse elemento é informado ao Hibernate o nome da classe de persistência (**Cliente.java**, contida no pacote **dominio**) e da tabela **cliente** do banco de dados **controle_cliente**, onde os dados serão persistidos. O elemento **<id>** define o mapeamento de um único atributo identificador para a chave primária da tabela. A propriedade **name="ideCli"** declara o nome do atributo Java para que o Hibernate utilize os métodos *getter* e *setter* para acessar esse atributo. O elemento **<column>** informa ao Hibernate qual coluna da tabela **cliente** será utilizada como chave primária.

> **Chave primária**
> É um atributo da tabela que deve ser única, constante e nunca nula ou desconhecida.

O elemento **<generator>** nomeia por meio da propriedade **class** uma forma usada para gerar identificadores únicos para instancias de uma classe persistente. Esses identificadores referem-se à chave primária da tabela e são gerados automaticamente por meio de uma estratégia de geração de chaves. Normalmente um atributo identificado na aplicação como referente à chave primária da tabela nunca deverá mudar durante o tempo de vida do banco de dados. Mudar o valor de uma chave primária e de todas as chaves estrangeiras que se referem a ela seria uma tarefa difícil, árdua e frustrante, por isso, os valores gerados para esses identificadores geralmente não são modificados. Os usuários das aplicações geralmente não veem e não se referem aos valores desses identificadores chave que ficam ocultos no sistema.

Para definir a forma como os identificadores são gerados utiliza-se a propriedade **class**. Os principais nomes de geradores permitidos para essa propriedade são descritos na tabela 4.1.

Nome do gerador	Descrição
assigned	Deixa a aplicação definir um identificador para o objeto antes que ele seja salvo na tabela. Essa é a estratégia padrão se nenhum elemento **<generator>** for especificado explicitamente.
native	Escolhe a melhor estratégia dependendo do banco de dados utilizado. Quando você utiliza o valor **native** o MySQL, por exemplo, utiliza na realidade o valor **identity** que autoincrementa o campo chave primária da tabela, desde que esse campo esteja definido como autoincrement.

identity	Suporta colunas de identidade em DB2, MySQL, MS SQL Server, Sybase e HypersonicSQL. O identificador retornado é do tipo long, short ou int.
sequence	Utiliza uma sequência em DB2, PostgreSQL, Oracle, SAP DB, McKoi ou um generator no Interbase. O identificador de retorno é do tipo long, short ou int.
increment	Na inicialização do Hibernate, esse gerador lê o maior valor do campo chave primária da tabela e incrementa o valor em um a cada vez que um novo registro é inserido. O identificador gerado é do tipo short, long ou int.
hilo	Utiliza um algoritmo high/low para gerar de forma eficiente identificadores do tipo long, short ou int, a partir de uma tabela e coluna fornecida (por default **hibernate_unique_key e next_hi**) como fonte para os valores high. O algoritmo high/low gera identificadores que são únicos apenas para um banco de dados particular.
guid	Fornece uma sequência de caracteres do identificador único de forma global gerado pelo banco de dados no MySQL e SQL Server.

Tabela 4.1: Nomes de geradores de identificadores únicos para o mapeamento objeto/relacional.

A propriedade **name** do elemento **<property>** informa ao Hibernate que método *getter* e *setter* deverá ser utilizado na classe de persistência. Nesse caso, o Hibernate irá procurar pelos métodos **getNomCli/setNomCli** e **getTelCli/setTelCli**.

A propriedade **type** do elemento **<property>**, segundo King et al. (2009, p. 4), define o tipo de mapeamento Hibernate que traduz tipos de dados do Java para os tipos de dados SQL e vice-versa. O Hibernate tentará determinar a conversão correta e fará o mapeamento apropriado caso a propriedade **type** não esteja presente no mapeamento.

Sempre foi um desafio para o desenvolvedor traduzir um tipo de dado Java para um tipo equivalente do banco de dados e vice-versa. Normalmente era necessário construir códigos de conversão na aplicação para equiparar os tipos. O Hibernate faz essa conversão automaticamente, desde que você defina a propriedade **type** do elemento **<property>**. A tabela 4.2 mostra os principais valores que podem ser utilizados na propriedade **type** e os tipos equivalentes no Java e no SQL.

Mapeamento (propriedade type)	**Tipo Java**	**Tipo SQL**
character	java.lang.String	CHAR(1)
byte	byte ou Java.lang.Byte	TINYINT
short	short ou Java.lang.Short	SMALLINT
int	int ou java.lang.Integer	INTEGER
long	long ou java.lang.Long	BIGINT
float	float ou java.lang.Float	FLOAT
double	double ou java.lang.Double	DOUBLE
boolean	boolean ou java.lang.Boolean	BIT
yes_no	boolean ou java.lang.Boolean	CHAR(1) ('Y' OU 'N')
true_false	boolean ou java.lang.Boolean	CHAR(1) ('T' OU 'F')
big_decimal	java.math.BigDecimal	NUMERIC
string	java.lang.String	VARCHAR
date	java.util.Date ou java.sql.Date	DATE
time	java.util.Date ou java.sql.Time	TIME
timestamp	java.util.Date ou java.sql.Timestamp	TIMESTAMP
calendar	java.util.Calendar	TIMESTAMP
calendar_date	java.util.Calendar	DATE
binary	Byte[]	VARBINARY
text	java.lang.String	CLOB
clob	java.sql.Clob	CLOB
blob	java.sql.Blob	BLOB
serializable	qualquer classe java que implemente java.io.Serializable	VARBINARY
currency	java.util.Currency	VARCHAR

Tabela 4.2:Equivalência de tipos de mapeamento, tipos Java e tipos SQL.

O elemento **<column>** permite definir o nome da coluna da tabela que será utilizado e o tamanho do campo. Sem esse elemento o Hibernate, por padrão, usa o nome da coluna da tabela como valor para a propriedade **name** e o tamanho do campo como valor para a propriedade **length**.

4.5.6 Criação do arquivo de configuração do Hibernate

O arquivo de configuração do Hibernate (**hibernate.cfg.xml**) foi criado juntamente com o projeto do NetBeans, quando se definiu a conexão com o banco de dados. Caso você queira criar esse arquivo em outro momento, basta clicar com o botão direito sobre o nome do projeto, selecionar a opção **Novo, Outro, Hibernate** e **Assistente para configuração de Hibernate**.

Segundo King et al. (2009, p. 5), o Hibernate é a camada de sua aplicação que se conecta com o banco de dados. Para isso, necessita de informações da conexão. As conexões são feitas por um pool de conexões JDBC que deverá ser configurada no arquivo **hibernate.cfg.xml**, criado na raiz da pasta **Pacote de códigos-fonte** do projeto, fora de qualquer pacote.

Pool de conexões

Quando uma aplicação web acessa um banco de dados, esse acesso geralmente é feito por uma conexão JDBC física que é estabelecida entre a aplicação cliente e o servidor de banco de dados por uma conexão TCP/IP no início do sistema.

Quando uma aplicação requerer uma conexão ela é fornecida. Em uma aplicação sem pool de conexões, quando a aplicação termina de usar a conexão ela é desconectada. Porém, com o pool de conexões, a conexão é devolvida somente para o pool de conexões, onde espera o próximo pedido da aplicação para um novo acesso ao banco de dados.

Segundo Bauer e King (2007, p. 53), a criação de pool de conexões é uma forma de evitar a criação de uma conexão de cada vez quando se acessa o banco de dados. Cada thread da aplicação que precisar trabalhar com o banco de dados requisitará uma conexão desse pool e depois a devolverá para o pool quando todas as operações SQL tiverem sido executadas sem destruir a conexão. Assim, o pool mantém as conexões e minimiza o custo de abrir e fechar novas conexões.

O código que foi gerado para o arquivo **hibernate.cfg.xml** é mostrado a seguir. Caso seja necessário, complete o código, pois as linhas relacionadas à configuração do pool de conexões não são geradas automaticamente.

hibernate.cfg.xml

```
1    <?xml version="1.0" encoding="UTF-8"?>
2    <!DOCTYPE hibernate-configuration PUBLIC "-
     //Hibernate/Hibernate   Configuration DTD 3.0//EN"
     "http://hibernate.sourceforge.net/hibernate-configuration-3.0.dtd">
3    <hibernate-configuration>
4      <session-factory>
5        <!-- Configura a conexão com o banco de dados-->
6        <property name="hibernate.dialect">
         org.hibernate.dialect.MySQLDialect</property>
7        <property name="hibernate.connection.driver_class">
         com.mysql.jdbc.Driver</property>
8        <property
         name="hibernate.connection.url">jdbc:mysql://localhost:3307/
         controle_cliente</property>
9        <property name="hibernate.connection.username">
         root</property>
10       <property name="hibernate.connection.password">
         teruel</property>
11       <!-- Configura o provedor de pool de Conexões C3P0-->
12       <property name="hibernate.c3p0.min_size">10</property>
13       <property name="hibernate.c3p0.max_size">20</property>
14       <property name="hibernate.c3p0.timeout">300</property>
15       <property name="hibernate.c3p0.max_statements"> 50</property>
16       <property name="hibernate.c3p0.idle_test_period">
         2000</property>
17       <!-- Configura a exibição em log das instruções SQL
         executadas pelo Hibernate -->
18       <property name="hibernate.show_sql">true</property>
         <property name="hibernate.format_sql">false</property>
19       <!-- Informa o nome das classes de mapeamento objeto/relacional-->
20       <mapping resource="dominio/Cliente.hbm.xml"/>
21     </session-factory>
22   </hibernate-configuration>
```

O elemento **<session-factory>** é responsável por uma base de dados particular. Se existirem diversas bases de dados devem ser utilizadas diversas configurações **<session-factory>**.

As primeiras ocorrências do elemento **<property>** definem a configuração necessária para a conexão ao banco de dados via JDBC. O valor **hibernate.dialect** da propriedade **name** especifica a variante particular do SQL que o Hibernate utilizará, já que cada Sistema Gerenciador de Banco de Dados (SGBD) utilizam uma variante da linguagem SQL original.

Após a definição das configurações de conexão com o banco de dados são apresentadas as configurações do pool de conexões com o banco de dados. Nesse exemplo, foi utilizada a biblioteca **C3P0** que é um software de código aberto que normalmente vem integrado ao Hibernate. Segundo Bauer e King (2007, p. 54), o Hibernate define uma arquitetura de plug-in que permite integração com qualquer software de pool de conexões.

Os valores 10, 20, 300, 50 e 2000 definem respectivamente:

- O número mínimo de conexões JDBC que o C3P0 mantém preparadas a todo tempo;
- O número máximo de conexões no pool;
- O período de tempo limite em segundos após o qual uma conexão inativa será removida do pool;
- O número máximo de declarações preparadas que irão para o cachê;
- O tempo de inatividade em segundos antes que uma conexão seja automaticamente validada.

> **Nota**: Apenas o elemento **<property>** contendo o valor **hibernate.c3p0.max_size** na propriedade name é necessário para selecionar o **C3P0** como o *pool* de conexões.

O valor **hibernate.show_sql** na propriedade name do elemento **<property>** quando configurado com o valor **true** faz com que o Hibernate escreva todas as instruções SQL executadas no console.

O valor **hibernate.format_sql** na propriedade name do elemento **<property>** quando configurado com o valor **true** imprime as instruções SQL formatadas no console. Esse valor na realidade define como essas instruções serão mostradas. A Figura 4.8 mostra como as instruções são mostradas no console com o **hibernate.format_sql** configurado com o valor **false** e a Figura 4.9 mostra a exibição com o valor configurado para **true**.

```
Saída                                                    Tarefas
Apache Tomcat 6.0.26   Ex_Hibernate_002 (run)   Log Apache Tomcat 6.0.26
INFO: Not binding factory to JNDI, no JNDI name configured
Hibernate: insert into controle001.departamento (NomDep, TelDep) values (?, ?)
Hibernate: select this_.IdeFun as IdeFun1_1_, this_.IdeDep as IdeDep1_1_, this_.Nom
Hibernate: select this_.IdeDep as IdeDep0_0_, this_.NomDep as NomDep0_0_, this_.Tel
Hibernate: select funcionari0_.IdeDep as IdeDep1_, funcionari0_.IdeFun as IdeFun1_,
Hibernate: select funcionari0_.IdeDep as IdeDep1_, funcionari0_.IdeFun as IdeFun1_,
Hibernate: select funcionari0_.IdeDep as IdeDep1_, funcionari0_.IdeFun as IdeFun1_,
Hibernate: select funcionari0_.IdeDep as IdeDep1_, funcionari0_.IdeFun as IdeFun1_,
```

Figura 4.8: Exibição das instruções SQL no console com hibernate.format_sql igual a false.

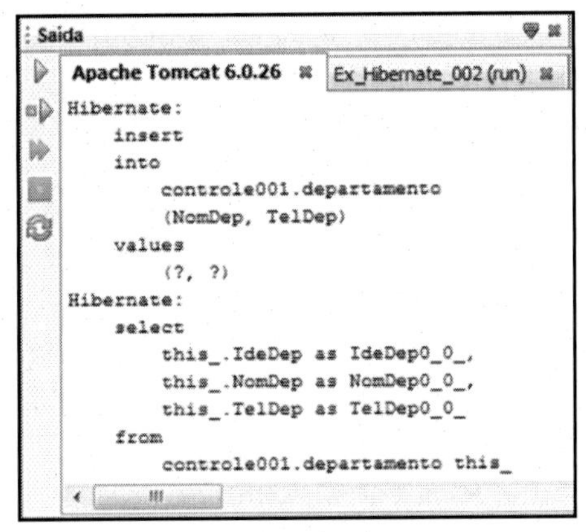

Figura 4.9:Exibição das instruções SQL no console com hibernate.format_sql igual a true.

Nota: O Hibernate executa um conjunto de instruções SQL geradas automaticamente de acordo com o mapeamento objeto/relacional definido na aplicação. Essas instruções não são geradas de modo transparente e em muitos casos, para saber se certas operações estão sendo executadas da maneira desejada é importante visualizar essas informações no console.

O elementos **<mapping>** definem os arquivos das classes de persistência mapeadas na configuração.

4.5.7 Classe de ajuda para a inicialização do Hibernate

Agora que temos uma classe de persistência (**Cliente.java**), um arquivo de mapeamento dessa classe para a tabela do banco de dados (**Cliente.hbm.xml**) e um arquivo de configuração do hibernate

(**hibernate.cfg.xml**), necessitamos de uma classe para inicializar o Hibernate a partir de uma aplicação Java. Nesse exemplo, daremos o nome a essa classe de HibernateUtil.java e a colocaremos em um pacote chamado **útil** (se achar conveniente, utilize outros nomes).

Para inicializar o Hibernate e executar operações SQL precisamos basicamente de dois objetos: um da interface SessionFactory e um da classe Session, disponíveis no pacote **org.hibernate.**

A classe **HibernateUtil.java** inclui a construção de um objeto global da interface SessionFactory que deve ser instanciado uma vez durante a inicialização da aplicação. A instância única deve então ser utilizada por todo o código em um determinado processo, e qualquer sessão (Session) deve ser criada utilizando essa SessionFactory única.

Segundo King at al. (2009, p. 7) e Bauer e King (2007, p. 56), uma Session (sessão) representa uma unidade de trabalho de *thead*[15] simples. Uma SessionFactory é um objeto global *threadsafe*[16], instanciado uma vez.

Na sequência será apresentada a classe **HibernateUtil.java** criada no pacote **util** (os nomes podem ser outros). Essa classe tomará conta da inicialização do Hibernate e permitirá acesso a uma SessionFactory (fábrica de sessões) de maneira adequada.

Crie um pacote chamado **util** e a classe **HibernateUtil.java** nesse pacote.

HibernateUtil.java

```
1   package util;
2
3   import org.hibernate.SessionFactory;
4   import org.hibernate.cfg.Configuration;
5
6   public class HibernateUtil {
7
8     private static SessionFactory sf;
9
10    static {
11      try {
12        sf = new Configuration().configure().buildSessionFactory();
```

[15] Segundo a Wikipédia, thread (em português: linha de execução) é uma forma de um processo dividir a si mesmo em duas ou mais tarefas que podem ser executadas concorrentemente.

[16] Threadsafe é um trecho de código que mantém seu estado válido, mesmo sendo percorrido por múltiplas linhas de execução. Um trecho de código é considerado threadsafe se ele funcionar corretamente durante a execução simultânea por várias threads.

```
13          } catch (Throwable ex) {
14            throw new ExceptionInInitializerError(ex);
15          }
16        }
17
18        public static SessionFactory getSessionFactory() {
19          return sf;
20        }
21
22        public static void fechar() {
23          getSessionFactory().close();
24      }
25    }
```

Observe que foi criado um bloco estático para inicializar o Hibernate. Esse é executado apenas uma vez, quando a classe é carregada. Quando for feita a primeira chamada da aplicação para essa classe, a classe é carregada e uma SessionFactory é criada.

Sempre que precisar criar uma Session do Hibernate na aplicação, basta obtê-la por meio da instrução:

```
Session sessao=HibernateUtil.getSessionFactory().openSession();
```

O método **getSessionFactory()** da classe **HibernateUtil.java** retorna um objeto da interface SessionFactory e o método **openSession()** da interface SessionFactory retorna um objeto da classe Session. Por meio desse objeto, é possível executar as operações SQL na tabela do banco de dados sem se preocupar com a construção e digitação dessas instruções.

Segundo King et al. (2009), um objeto da interface Session é um objeto barato, não threadsafe que deve ser usado uma vez por uma única requisição, uma conversação ou uma única unidade de trabalho e depois descartado. Um objeto Session não obterá um JDBC Connection (ou um Datasource) a menos que necessite, consequentemente não consome nenhum recurso até ser usado.

4.5.8 Incluindo e consultando informações da tabela

Para incluir um registro na tabela e depois consultá-lo utilizando o Hibernate, vamos modificar o código do arquivo **index.jsp** criado automaticamente no projeto criado com o NetBeans.

index.jsp

```
1   <%@page import="dominio.Cliente"%>
2   <%@page import="util.HibernateUtil"%>
3   <%@page import="org.hibernate.*"%>
4   <%@page import="java.util.*"%>
5
6   <!DOCTYPE HTML PUBLIC "-//W3C//DTD HTML 4.01
    Transitional//EN" "http://www.w3.org/TR/html4/loose.dtd">
7   <html>
8     <head>
9       <meta http-equiv="Content-Type" content="text/html;
        charset=UTF-8">
10      <title>Exemplo</title>
11      </head>
12      <body>
13        <%
14        Session sessao=HibernateUtil.getSessionFactory()
          .openSession();
15        Transaction transacao = sessao.beginTransaction();
16
17        //Salva um registro na tabela
18        Cliente cli = new Cliente();
19        cli.setIdeCli(1);
20        cli.setNomCli("Ana Luiza");
21        cli.setTelCli("1234-6754");
22        sessao.save(cli);
23        out.print("Registro salvo com sucesso");
24        out.print("<br /> <br />");
25
26        transacao.commit();
27        sessao.close();
28
29        Session novaSessao=HibernateUtil.getSessionFactory()
          .openSession();
30        Transaction novaTransacao=novaSessao.
          beginTransaction();
31
32        //Consulta um registro na tabela
33        Query select = novaSessao.createQuery("from Cliente
          as cli where cli.ideCli = :id");
34        select.setInteger("id", 1);
35        List objetos = select.list();
36        Cliente cliente = (Cliente) objetos.get(0);
37        out.println("ID: "+cliente.getIdeCli()+"<br />");
38        out.println("Nome: "+cliente.getNomCli()+"<br />");
39        out.println("Telefone: " + cliente.getTelCli());
40
41        novaTransacao.commit();
42        novaSessao.close();
43      %>
44    </body>
45  </html>
```

Para utilizar o Hibernate inicia-se uma unidade de trabalho em um objeto da interface Session (linha 14).

Por meio do método **beginTransaction** da interface Session é obtido um objeto da interface Transaction (linha 15) para executar uma transação. Uma transação refere-se a uma operação na base de dados e deve ser curta e rápida para reduzir a disputa pelo acesso ao banco de dados. Assim que a operação no banco de dados for efetuada pela unidade de trabalho (Session), a transação deve ser fechada.

Observe que, após a sessão e a transação terem sido iniciadas, um objeto cli da classe de persistência **Cliente.java** é passado para o Hibernate por meio do método **save** da interface Session (linha 22). O Hibernate pega esse objeto, faz o mapeamento para a tabela **Cliente** do banco de dados utilizando informações contidas no arquivo de mapeamento **Cliente.hbm.xml** e no arquivo de configuração **hibernate.cfg.xml**. O Hibernate sabe como gerar e executar o **insert** com os dados do objeto para a tabela do banco de dados.

Após a gravação dos dados a transação e a sessão são fechadas (linhas 26 e 27).

Para realizar a consulta aos dados armazenados na tabela, uma nova sessão e transação são criadas nas linhas 29 e 30.

Para realizar consultas ao banco de dados pode ser utilizada a interface Query. Por meio do método **createQuery** da interface Session você executa instruções **select** e os valores resultantes são retornados em um objeto da interface Query (linha 33). A instrução passada para o método **createQuery** necessita de um parâmetro (nesse caso o "**id**") que é passado por meio do método **setInteger** da interface Query (linha 34). Esse procedimento é semelhante àquele utilizado no método prepareStatement da classe PreparedStatement contida no pacote **java.sql**.

Você pode observar que a instrução "**from Cliente as cli where cli.ideCli = :id**" passada ao método **createQuery** executará uma instrução SQL equivalente à "**select * from cliente where IdeCli = 1**".

Cliente é o nome da classe de persistência, **ideCli** é o nome do atributo identificador dessa classe e **id** o parâmetro aguardado.

Para extrair os dados retornados na consulta é necessário gerar uma lista de objetos, já que muitas consultas eventualmente retornam mais que um registro. O método **list** da interface Query retorna uma lista de objetos **Cliente** que são armazenados no objeto de nome **objetos** (linha 35).

Na linha 36, o primeiro objeto dessa lista é convertido em um objeto da classe **Cliente.java** para que os dados possam ser exibidos nas linhas de 37 a 39.

Por fim, a transação e a sessão utilizadas na consulta são fechadas nas linhas 41 e 42.

A Figura 4.10 mostra o resultado na tela após a execução da aplicação.

```
Registro salvo com sucesso

ID: 1
Nome: Ana Luiza
Telefone: 1234-6754
```

Figura 4.10: Resultado na tela da execução do exemplo.

Nota: Observe que para cada operação na base de dados foi utilizada uma sessão e uma transação que foram finalizadas imediatamente após a execução da operação. Esse procedimento é comum, entretanto, você pode executar mais que uma operação SQL por meio da mesma sessão e isso será demonstrado ainda neste capítulo.

Interface List

Permite criar uma lista que nada mais é do que uma coleção ordenada (também conhecida como sequência). O usuário dessa interface tem um controle preciso sobre onde cada elemento é inserido na lista e pode acessar elementos pelo seu índice inteiro (posição na lista), iniciado pelo número zero (0). Ao contrário da interface Set, listas geralmente permitem elementos duplicados.

A interface List possui quatro métodos para acessar elementos da lista. Oferece também um iterator especial, chamado ListIterator, que permite a inserção de elementos e substituição e acesso bidirecional além das operações normais que a interface Iterator fornece. Possui ainda dois métodos para procurar um objeto especificado e dois métodos para inserir e remover de forma eficiente vários elementos em um ponto arbitrário na lista. A interface List é parte do Java Collections *Framework*.

Agora que terminamos esse exemplo, é recomendável que você reveja a Figura 4.3 para entender melhor a inter-relação entre os componentes do projeto que criamos. Nesse momento, a estrutura de pastas do projeto deve estar como mostra a Figura 4.11.

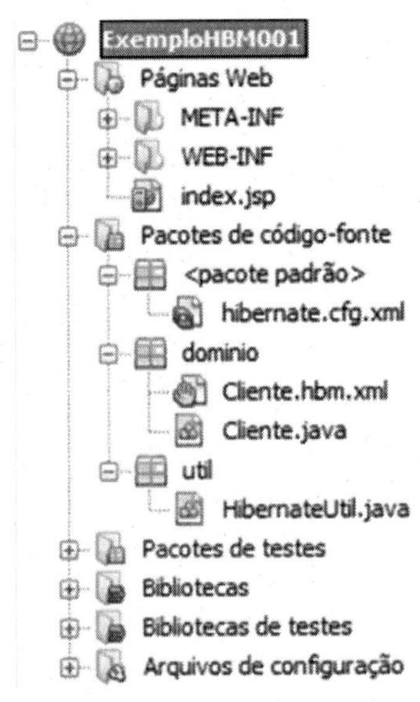

Figura 4.11: Estrutura do projeto no NetBeans.

4.5.9 Outras operações no banco de dados utilizando o Hibernate

No exemplo anterior foram demonstradas as operações de cadastro de um registro na tabela do banco de dados e uma consulta com retorno de um único registro. Nesse tópico, serão mostradas outras operações como localização e alteração de dados na tabela, exclusão de registros e consultas que retornam diversas linhas. Os exemplos apresentados a seguir utilizam a infraestrutura do projeto que criamos. Para testar os exemplos seguintes basta modificar o arquivo **index.jsp**.

4.5.9.1 Alteração de registros na tabela

Para alterar um registro na tabela ele deve ser previamente localizado e seus dados devem ser carregados em um objeto da classe **Cliente.java**. Em seguida, os dados devem ser modificados nos atributos desse objeto por meio dos métodos *setter* e então enviados de volta para a tabela por meio do método **update** da interface Session. Veja a seguir o código utilizado para executar essas operações:

```
1    <body>
2      <%
3        Session sessao = HibernateUtil.getSessionFactory()
         .openSession();
4        Transaction transacao = sessao.beginTransaction();
5        Query select = sessao.createQuery("from Cliente as
         cli where cli.ideCli = :id");
6        select.setInteger("id", 2);
7        List objeto = select.list();
8        Cliente cli = (Cliente) objeto.get(0);
9        cli.setNomCli("Evandro Teruel");
10       cli.setTelCli("6789-6543");
11       sessao.update(cli);
12       out.print("Registro modificado com sucesso");
13       out.print("<br /> <br />");
14       transacao.commit();
15       sessao.close();
16     %>
17   </body>
```

Observe nas linhas 5 e 6 que o cliente com **id** 2 é selecionado. Os dados desse cliente são colocados em um objeto de uma lista na linha 7. Em seguida, na linha 8, o primeiro objeto dessa lista é convertido em um objeto da classe **Cliente.java**. As linhas 9 e 10 modificam o conteúdo dos atributos **nomCli** e **telCli** desse objeto. Na linha 11 os dados modificados são então devolvidos à tabela do banco de dados por meio do método **update** da interface Session. Por fim, uma mensagem de confirmação de alteração é mostrada na tela (linha 12), a transação é finalizada e as alterações tornam-se permanentes no banco de dados (linha 14) e a sessão é finalizada (linha 15).

4.5.9.2 Exclusão de registros na tabela

Para excluir um registro da tabela você deve localizá-lo e carregá-lo em um objeto da classe **Cliente.java**. Em seguida, os dados devem ser excluídos por meio do método **delete** da interface Session. Veja a seguir o código utilizado para executar essas operações:

```
1       <body>
2         <%
3         Session sessao = HibernateUtil.getSessionFactory()
          .openSession();
4         Transaction transacao = sessao.beginTransaction();
5         Query select = sessao.createQuery("from Cliente as
          cli where cli.ideCli = :id");
6         select.setInteger("id", 2);
7         List objeto = select.list();
8         Cliente cli = (Cliente) objeto.get(0);
11        sessao.delete(cli);
12        out.print("Registro excluído com sucesso");
13        out.print("<br /> <br />");
14        transacao.commit();
15        sessao.close();
16      %>
17    </body>
```

4.5.10 Consultas

Há três maneiras de executar operações de consulta no banco de dados: por critérios, utilizando a Hibernate Query Language (HQL) e utilizando a Structured Query Language (SQL). Esse tópico apresenta essas três formas e um conjunto de exemplos de utilização.

O objetivo não é iniciar uma discussão sobre a arquitetura de aplicações com consultas construídas utilizando-se o Hibernate, mas sim apresentar uma sequência de passos para realizar consultas Hibernate nas aplicações. Provavelmente você vai notar que o conteúdo explicado aqui poderá ser utilizado de diversas maneiras, por exemplo, em métodos de uma classe Data Access Object (DAO). Essa forma de uso será mostrada mais a frente neste capítulo em um exemplo prático de utilização.

Os exemplos apresentados consideram a existência dos seguintes componentes:

1. Uma classe **HibernateUtil.java** para iniciar e finalizar sessões do hibernate e transações;
2. Um arquivo de configuração do hibernate (**hibernate.cfg.xml**) para mapear e permitir a conexão com um banco de dados;
3. Um banco de dados **controle_cliente** com uma tabela chamada cliente contendo os campos **IdeCli**, **NomCli** e **TelCli**;

4. Uma classe de persistência chamada Cliente.java;
5. Um arquivo de mapeamento da classe de persistência chamado **Cliente.hbm.xml**.

Todos esses componentes foram criados e explicados nos tópicos anteriores desse capítulo. Caso seja necessário, releia esses tópicos.

4.5.10.1 Consultas com SQL nativo

Apesar de você poder executar consultas ao banco de dados sem digitar nenhuma instrução SQL, o Hibernate permite a você executar instruções SQL escritas manualmente (incluindo *stored procedures*) para todas as operações, incluindo criação, atualização, exclusão e recuperação de dados das tabelas.

Esse recurso é útil quando se deseja utilizar características específicas do banco de dados e para fazer a migração de uma aplicação baseada em SQL/JDBC para Hibernate.

A execução de consultas SQL nativas é controlada pela interface SQLQuery, por meio de uma chamada ao método **createSQLQuery** da interface Session.

4.5.10.1.1 Consulta com retorno de apenas uma linha

Para demonstrar o uso do SQL nativo em operações de seleção, a seguir é apresentado um exemplo que busca um cliente no banco de dados por meio do id informado.

```
1   try {
2     Session sessao = HibernateUtil.getSessionFactory() .openSession();
3     Transaction transacao = sessao.beginTransaction();
4     Integer id = Integer.valueOf(1);
5     String sql = "select * from Cliente where IdeCli = " + id + "";
6     Query query =
      sessao.createSQLQuery(sql).addEntity(Cliente.class);
7     List clientes = query.list();
8     Cliente cli = (Cliente) clientes.get(0);
9     out.print("Nome : " + cli.getNomCli());
10    out.print("<br /> Telefone : " + cli.getTelCli());
11    transacao.commit();
12    sessao.close();
13  } catch (Exception e) {
14    out.print("Erro na consulta " + e.getMessage());
15  }
```

Note que na linha 4 o **id** do cliente que é buscado e armazenado na variável **id** do tipo Integer.

Na linha 5, uma instrução **select** é criada a partir do SQL nativo e armazenada na variável String **sql**.

Na linha 6 a instrução SQL contida na variável **sql** é executada a partir do método **createSQLQuery** da interface Session. Esse método retorna um objeto da interface Query que é recebido no objeto **query**. Esse objeto contém os registros retornados na consulta em uma lista de objetos da classe **Cliente.java**.

Observe que o método **addEntity** especifica que serão retornados objetos da classe de entidade (persistência) **Cliente.java**.

Na sequência o conteúdo do objeto **query** é convertido em uma lista de objetos (linha 7). Dessa lista, o primeiro e único elemento é convertido em um *bean* da classe **Cliente** (linha 8) e os dados são exibidos na tela (linhas 11 e 12).

4.5.10.1.2 Consulta com retorno de múltiplas linhas

O exemplo seguinte retorna todos os clientes da tabela do banco de dados.

```
1    try {
2        Session sessao = HibernateUtil.getSessionFactory()
         .openSession();
3        Transaction transacao = sessao.beginTransaction();
4        String sql = "select * from Cliente";
5        Query query = sessao.createSQLQuery(sql)
         .addEntity(Cliente.class);
6        List clientes = query.list();
7        for (Object objeto_cliente : clientes) {
8          Cliente cli = (Cliente) objeto_cliente;
9          out.print("Nome : " + cli.getNomCli());
10         out.print("<br /> Telefone : " + cli.getTelCli());
11         out.print("<br /> <br /> ");
12       }
13       transacao.commit();
14       sessao.close();
15    } catch (Exception e) {
16      out.print("Erro na consulta " + e.getMessage());
17    }
```

Observe que a diferença desse exemplo em relação ao anterior é que o retorno da pesquisa agora é uma lista de objetos e não apenas um objeto.

Sendo assim, é necessário criar um laço de repetição para passar em cada elemento da lista e exibir seus atributos **nome** e **telefone** (linhas 7 a 12).

Observe que na linha 7 cada elemento da lista **clientes** (que é um *bean* **Cliente**) é carregado em um objeto denominado **objeto_cliente** da classe Object. Na linha 8 esse objeto é covertido (*casting*) em um objeto da classe **Cliente.java** e o conteúdo dos atributos desse objeto são exibidos na tela. Esse procedimento continua até toda a lista ser percorrida.

O Hibernate ainda introduz o suporte a consultas por *stored procedures* e funções, além de permitir a execução de outras instruções SQL. Para saber como fazer isso consulte a documentação do Hibernate no seguinte site:

< http://docs.jboss.org/hibernate/stable/core/reference/en/html/>

Você também pode consultar uma obra que trata especificamente do Hibernate.

4.5.10.2 Consultas com HQL

O Hibernate possui uma linguagem muito parecida com SQL conhecida como Hibernate Query Language (HQL) ou Java Persistence Query Language (JPQL). Essa linguagem é totalmente orientada a objetos e para usá-la é importante possuir conhecimentos relacionados à orientação a objetos como polimorfismo, herança e associações.

As consultas não são case-sensitive, exceto pelos nomes de classes e atributos. Por exemplo, SELECT e o mesmo que select, entretanto, **CLIENTE** é diferente de **Cliente** e **IdeCli** é diferente de **ideCli**.

4.5.10.2.1 Consulta HQL com retorno de uma linha

O exemplo seguinte utiliza HQL para retornar os dados de um único cliente da tabela do banco de dados.

```
1   try {
2     Session sessao = HibernateUtil.getSessionFactory()
      .openSession();
3     Transaction transacao = sessao.beginTransaction();
4     Integer id_cliente = Integer.valueOf(1);
5     String hql= "from Cliente c where c.ideCli = :id";
6     Query query = sessao.createQuery(hql);
```

```
7       query.setInteger("id", id_cliente);
8       List clientes = query.list();
9       Cliente cli = (Cliente) clientes.get(0);
10      out.print("Nome : " + cli.getNomCli());
11      out.print("<br /> Telefone : " + cli.getTelCli());
12      transacao.commit();
13      sessao.close();
14   } catch (Exception e) {
15      out.print("Erro na consulta " + e.getMessage());
16   }
```

Na linha 4 o valor 1 é armazenado na variável **id_cliente**.

Note na linha 5 é armazenado na variável **hql** uma instrução HQL para retornar os dados do cliente com o conteúdo do atributo **ideCli** do *bean* **Cliente** igual ao conteúdo do parâmetro **id**. Observe que a instrução HQL é executada pelo método **createQuery** (linha 6) e o retorno é um objeto da interface Query. A letra c refere-se a um álias (apelido) para **Cliente**.

> **Nota**: **ideCli** é o nome do atributo Integer da classe *bean* **Cliente.java**. Mesmo que na tabela o campo equivalente seja **IdeCli**, a escrita deve ser exatamente igual ao nome do atributo. O mesmo acontece com o nome **Cliente** que se refere ao nome da classe de persistência e não ao nome da tabela, sendo assim, dará erro se você digitar, por exemplo, **cliente**.

Na linha 16 o parâmetro **id** da instrução HQL definida na linha 5 é preenchido (setado) com o valor contido na variável **id_cliente** (linha 4).

Nas demais linhas o registro retornado na tabela é colocado em um objeto da classe List (linha 8), convertido em um objeto da classe **Cliente.java** (linha 9) e exibido na tela.

4.5.10.2.2 Consulta HQL com retorno de múltiplas linhas

O exemplo seguinte utiliza HQL para retornar todos os clientes cadastrados em ordem alfabética crescente pelo nome do cliente.

```
1    try {
2        Session sessao = HibernateUtil.getSessionFactory()
         .openSession();
3        Transaction transacao = sessao.beginTransaction();
```

```
4       String hql= "from Cliente c order by c.nomCli";
5       Query query = sessao.createQuery(hql);
6       List clientes = query.list();
7       for (Object objeto_cliente : clientes) {
8         Cliente cli = (Cliente) objeto_cliente;
9         out.print("Nome : " + cli.getNomCli());
10        out.print("<br /> Telefone : " + cli.getTelCli());
11        out.print("<br /> <br /> ");
12      }
13      transacao.commit();
14      sessao.close();
15    } catch (Exception e) {
16      out.print("Erro na consulta " + e.getMessage());
17    }
```

Note na linha 4 que a instrução HQL é armazenada em uma variável que é executada na linha 5. Os dados retornados na Query são convertidos em uma lista de objetos **Cliente** (linha 6) e exibidos no laço de repetição (linhas 7 a 12).

4.5.10.3 Diferenças entre utilizar HQL e SQL

As instruções HQL são portáveis para qualquer banco de dados, ou seja, instruções HQL independem de um banco de dados em particular. Isso significa que para modificar o banco de dados do sistema basta modificar o arquivo **hibernate.cfg.xml** e nenhuma modificação é necessária nas classes da aplicação.

Já SQL nativo permite instruções com particularidades de um determinado banco de dados. Sendo assim, em uma aplicação que utiliza SQL nativo podem existir **selects** com detalhes que só executam em um determinado Sistema Gerenciados de Banco de Dados (SGBD). Nesse caso, a mudança do SGBD pode implicar na modificação de diversas instruções SQL nativas.

Apesar da sintaxe entre SQL e HQL ser parecida, note que HQL possui diversas diferenças. As mesmas operações realizadas com SQL como uso da cláusula **group by, order by, join** etc., podem ser também realizadas por meio da linguagem HQL. Para saber mais, consulte a documentação do Hibernate.

4.5.10.4 Consultas por critérios

A forma mais utilizada para se fazer buscas no banco de dados é utilizando a API Criteria Query. Por meio da interface **org.hibernate.**

Criteria é possível executar operações de busca no banco de dados sem digitar uma única instrução SQL ou HQL.

4.5.10.4.1 Consulta por critérios com retorno de uma linha

O exemplo seguinte utiliza a interface Criteria para retornar os dados de um único cliente da tabela do banco de dados.

```
1    try {
2        Session sessao = HibernateUtil.getSessionFactory()
         .openSession();
3        Transaction transacao = sessao.beginTransaction();
4        Criteria query = sessao.createCriteria(Cliente.class);
5        query.add(Restrictions .eq("ideCli", new Integer(1)));
6        List clientes = query.list();
7        Cliente cliente = (Cliente) clientes.get(0);
8        out.print("Nome : " + cliente.getNomCli());
9        out.print("<br /> Telefone : " + cliente.getTelCli());
10       transacao.commit();
11       sessao.close();
12   } catch (Exception e) {
13       out.print("Erro na consulta");
14   }
```

Note na linha 4 que o método **createCriteria** da interface Session executa uma instrução **select** implícita cuja restrição **where** é definida na linha 5 por meio do método **add** da interface Criteria. A restrição **eq** (equals) equivale à cláusula **where** do SQL.

A linha 4 executa implicitamente uma instrução SQL semelhante à:

```
select IdeCli,NomCli,TelCli  from cliente where IdeCli=1
```

As próximas linhas (de 6 a 9) convertem o conteúdo retornado em uma lista (linha 6), pega o primeiro e único objeto dessa lista e converte em um objeto (*bean*) **cliente** (linha 7) e exibe os dados na tela (linhas 8 e 9).

Outra forma de realizar a mesma operação de consulta é mostrada no exemplo seguinte. Nele, ao invés de obter o registro retornado em uma lista, optou-se por utilizar o método **get** da interface Session que retorna um objeto (*bean*) da classe **Cliente.java**.

```
1    try {
2        Session sessao = HibernateUtil.getSessionFactory()
```

```
        .openSession();
3       Transaction transacao = sessao.beginTransaction();
4       Integer id = Integer.valueOf(1);
5       Cliente cli = (Cliente) sessao.get(Cliente.class, id);
6       out.print("Nome : " + cli.getNomCli());
7       out.print("<br /> Telefone : " + cli.getTelCli());
8       transacao.commit();
9       sessao.close();
10  } catch (Exception e) {
11      out.print("Erro na consulta");
12  }
```

Há ainda uma terceira maneira de realizar o mesmo procedimento de consulta, utilizando o método **load** da interface Session.

Para utilizar esse método basta trocar a linha 5 do exemplo anterior por:

```
Cliente cli = (Cliente) sessao.load(Cliente.class, id);
```

Segundo Bauer e King (2007, p. 405) a maior diferença entre os métodos **get** e **load** é a forma como eles indicam que a instância não pode ser encontrada. Se nenhuma linha com o valor do identificador dado existir no banco de dados, o **get** retornará **null**. Já o **load** gera um **ObjectNotFoundException**.

Outra diferença é que o **load** pode retornar um **proxy** (um espaço reservado), sem ir ao banco de dados. Já método **get** sempre vai ao banco de dados e nunca retorna um **proxy**.

4.5.10.4.2 Consulta por critério com retorno de múltiplas linhas

O exemplo seguinte utiliza a interface Criteria para retornar todos os registros da tabela do banco de dados.

```
1   try {
2     Session sessao =
      HibernateUtil.getSessionFactory().openSession();
3     Transaction transacao = sessao.beginTransaction();
4     Criteria query = sessao.createCriteria(Cliente.class);
5     List clientes = query.list();
6     for (Object objeto_cliente : clientes) {
7       Cliente cli = (Cliente) objeto_cliente;
8       out.print("Nome : " + cli.getNomCli());
9       out.print("<br /> Telefone : " + cli.getTelCli());
10      out.print("<br /> <br /> ");
```

```
11    }
12    transacao.commit();
13    sessao.close();
14   } catch (Exception e) {
15    out.print("Erro na consulta");
16   }
```

Note que na linha 4 é executado implicitamente uma instrução SQL **select * from cliente**. O retorno da operação é um objeto da interface Criteria que retorna um conjunto de registros da tabela. Esses registros são convertidos em um objeto da interface List contendo uma lista de clientes. Para percorrer essa lista e mostrar os dados dos clientes é utilizado um laço **for** (linhas 6 a 11).

4.5.10.4.3 Consultas por critérios com restrições

Muitas restrições podem ser adicionadas à consulta para filtrar os dados com mais precisão.

A cláusula Like

Tomando como exemplo o código anterior, poderíamos adicionar uma restrição para selecionar apenas os clientes com nome iniciado por "An". Seria necessário apenas a seguinte modificação no código:

```
Criteria query = sessao.createCriteria(Cliente.class);
query.add(Restrictions.like("nomCli", "An%"));
```

Múltiplas restrições

É possível adicionar diversas restrições à consulta. Veja o exemplo:

```
Criteria query = sessao.createCriteria(Cliente.class);
query.add(Restrictions.like("nomCli", "An%"));
query.add(Restrictions.eq("telCli", "5432-9087"));
```

Observe que será realizada uma pesquisa pelos clientes cujo nome sejam iniciados por "An" e que tenham o telefone igual ao valor "**5432-9087**".

Já no exemplo seguinte serão retornados os clientes cujo nome tenham a substring "**an**" em qualquer posição do nome. Note que o resultado retornado será ordenado de forma crescente por nome e em seguida decrescente por telefone. Dos resultados retornados serão considerados apenas os três primeiros.

```
Criteria query = sessao.createCriteria(Cliente.class);
query.add(Restrictions.like("nomCli", "%An%"));
query.addOrder(Order.asc("nomCli"));
query.addOrder(Order.desc("telCli"));
query.setMaxResults(3);
```

4.5.10.5 Consultas por exemplos

Outra maneira de realizar consultas por critérios é utilizando a classe **org.hibernate.criterion.Example**. Essa classe permite a criação de uma consulta de critérios a partir de um instancia passada com os parâmetros de restrição que serão utilizados. O exemplo seguinte ilustra uma consulta por exemplos.

```
1   try {
2     Session sessao = HibernateUtil.getSessionFactory()
      .openSession();
3     Transaction transacao = sessao.beginTransaction();
4     Cliente bean_parametros = new Cliente();
5     bean_parametros.setNomCli("An");
6     bean_parametros.setTelCli("(11)");
7     Example exemplo = Example.create(bean_parametros);
8     exemplo.enableLike(MatchMode.START);
9     exemplo.ignoreCase();
10    Criteria query = sessao.createCriteria(Cliente.class);
11    query.add(exemplo);
12    List clientes = query.list();
13    for (Object objeto_cliente : clientes) {
14      Cliente cli = (Cliente) objeto_cliente;
15      out.print("Nome : " + cli.getNomCli());
16      out.print("<br /> Telefone : " + cli.getTelCli());
17      out.print("<br /> <br /> ");
18    }
19    transacao.commit();
20    sessao.close();
21  } catch (Exception e) {
22    out.print("Erro na consulta");
23  }
```

Note que um objeto **bean_parametros** da classe **Cliente.java** é instanciado (linha 4) e nos atributos **nomCli** e **telCli** desse *bean* são inseridos (setados) com os valores "**An**" e "**(11)**" respectivamente (linha 5 e 6).

Esses valores serão utilizados na cláusula **like** para localizar os nomes iniciados por "**An**" e telefones iniciados por "**(11)**".

O *bean* com os parâmetros é então passado para o método **create** da classe Example e um objeto é retornado (linha 7).

Na linha 8, para habilitar o uso da cláusula **like** é chamado o método **enableLike** da classe Example. Para esse método é passado um parâmetro indicando como o conteúdo do *bean* definido nas linhas 5 e 6 serão buscados utilizando-se da cláusula **like**.

Os valores aceitos pelo método **enableLike** são:

- **MatchMode.START** - define que os valores utilizados na cláusula **like** serão buscados no início do conteúdo dos campos;
- **MatchMode.END** - define que os valores utilizados na cláusula **like** serão buscados no final do conteúdo dos campos;
- **MatchMode.EXACT** - define que os valores utilizados na cláusula **like** deverão ser exatamente iguais ao conteúdo dos campos;
- **MatchMode.ANYWHERE** - define que os valores utilizados na cláusula **like** serão buscados em qualquer parte do conteúdo dos campos.

O método **ignoreCase** da linha 9 indica que os valores serão buscados estando em letra maiúscula ou minúscula.

Na linha 10 a consulta é realizada e os registros resultantes são armazenados em um objeto **query** da interface Criteria. Note que na linha 11 as restrições definidas nas linhas 8 e 9 são adicionadas ao objeto **query**.

Em seguida o resultado da pesquisa é colocado em uma lista de objetos que é percorrida em um laço de repetição para exibir os dados.

4.5.10.6 Formas de percorrer uma lista de objetos retornados na consulta

Dependendo da operação SQL utilizada para a seleção de dados, uma consulta pode retornar diversos registros. Nesse caso, teremos uma lista de objetos da classe Cliente.java que deverão ser exibidos um a um na tela por meio de algum tipo de laço de repetição. Há diversas maneiras de executar esse trabalho. Nesse tópico são apresentados alguns exemplos que irão gerar na tela o mesmo resultado.

O bloco de código seguinte apresenta uma das formas de percorrer a lista.

```
1   <body>
2     <%
3       Session sessao =
        HibernateUtil.getSessionFactory().openSession();
4       Transaction transacao = sessao.beginTransaction();
5       Query select = sessao.createQuery("from Cliente as cli");
6       List clientes = select.list();
7       out.print("<table border='1' cellpadding='5'>");
8       out.print("<tr bgcolor='#ededed'>");
9       out.print("<td>Id</td>");
10      out.print("<td>Nome</td>");
11      out.print("<td>Telefone</td>");
12      out.print("</tr>");
13      for (int indice = 0; indice < clientes.size();
        indice++) {
14        out.print("<tr>");
15        Cliente cli = (Cliente) clientes.get(indice);
16        out.print("<td>");
17        out.println(cli.getIdeCli());
18        out.print("</td>");
19        out.print("<td>");
20        out.println(cli.getNomCli());
21        out.print("</td>");
22        out.print("<td>");
23        out.println(cli.getTelCli());
24        out.print("</td>");
25        out.print("</tr>");
26      }
27      out.print("</table");
28      transacao.commit();
29      sessao.close();
30    %>
31  </body>
```

Observe que a consulta realizada na linha 5 é convertida em uma lista de objetos **cliente** na linha 6.

Das linhas 7 a 12 são construídas as legendas das colunas da tabela que será exibida na tela.

Da linha 13 a 36 um laço de repetição percorre os elementos da lista de objetos retornados na consulta. Esse laço inicia no índice 0 e será executado até o último elemento da lista (< **clientes.size()**).

Na linha 15, cada objeto **cliente** da lista de objetos retornados é convertido em um objeto da classe **Cliente.java** a cada vez que o laço é executado. Na sequência, nas linhas 17, 20 e 23, os dados de cada cliente são extraídos do objeto por meio dos métodos *getter* e exibidos em células da tabela.

Em seguida, a transação e a sessão são finalizadas (linhas 28 e 29).

A Figura 4.12 mostra o resultado exibido na tela.

Id	Nome	Telefone
1	Pedro Henrique	7654-6753
2	Evandro Teruel	7865-5432
3	Angela Hossaka	5432-9087
4	Ana Luiza	8765-4398

Figura 4.12: Resultado da consulta na tela.

Outra maneira de executar essa consulta é utilizando um objeto da interface Iterator para percorrer a lista de objetos. Observe que é utilizada a mesma estrutura do exemplo anterior.

```
12  ...
13  Iterator it = clientes.iterator();
14  while (it.hasNext()) {
15    out.print("<tr>");
16    Cliente cli = (Cliente) it.next();
17    out.print("<td>");
18    out.println(cli.getIdeCli());
19    out.print("</td>");
20    out.print("<td>");
21    out.println(cli.getNomCli());
22    out.print("</td>");
23    out.print("<td>");
24    out.println(cli.getTelCli());
25    out.print("</td>");
26    out.print("</tr>");
27  }
28  ...
```

Nota: Um iterator age sobre uma coleção (collection). Serve para percorrer uma collection sequencialmente. Um iterator sabe se tem mais elementos após o objeto atual e também qual é esse objeto. Iterator toma o lugar do Enumeration no Java Collections *Framework*. Iterators também permitem chamadas para remover elementos da coleção durante a iteração.

Outra maneira de percorrer a lista de objetos é mostrada a seguir:

```
12  ...
13  for (Object objeto_cliente : clientes) {
14    out.print("<tr>");
15    Cliente cli = (Cliente) objeto_cliente;
16    out.print("<td>");
17    out.println(cli.getIdeCli());
18    out.print("</td>");
19    out.print("<td>");
20    out.println(cli.getNomCli());
21    out.print("</td>");
22    out.print("<td>");
23    out.println(cli.getTelCli());
24    out.print("</td>");
25    out.print("</tr>");
26  }
27  ...
```

Considere **clientes** um objeto da interface List contendo um conjunto de clientes retornados na consulta. O laço da linha 13 a partir de cada elemento da lista gera um objeto da classe Object nomeado nesse exemplo de **objeto_cliente**. Esse objeto é convertido (casting) em um objeto da classe **Cliente.java** (linha 15) e os dados contidos em seus atributos são exibidos na tela (linhas 17,20 e 23).

4.6 Hibernate Annotations

Você acabou de utilizar o Hibernate em uma aplicação simples que poderá ser utilizada como base para a construção de aplicações maiores. Como você pode observar, para cada classe de persistência (*bean*) foi necessário criar um arquivo de mapeamento **.hbm.xml**. A grande vantagem de utilizar o mapeamento com XML é a separação clara entre o mapeamento objeto/relacional e a classe de persistência, entretanto, isso exige a digitação de muito código XML. O Hibernate utilizado no exemplo anterior é conhecido como Hibernate Core.

O Hibernate Annotations resolve o problema da criação separada dos arquivos XML de mapeamento já que permite o mapeamento diretamente na própria classe de persistência. Segundo Baur e King (2007, p. 125) a ideia é colocar os metadados próximos da informação que eles descrevem, ao invés de separá-los fisicamente em um arquivo diferente.

Nos próximos tópicos você verá como isso será feito sobre o mesmo exemplo apresentado anteriormente.

> **Nota**: Os recursos do Hibernate Annotations estão disponíveis a partir da Java Devlopment Kit 5.0 (JDK 5.0). Se você utilizar o Hibernate Annotations você estará implementando a JPA e não estará utilizando o *framework* Hibernate de forma independente.

O Hibernate Annotations é um conjunto de anotações básicas que implementam o padrão Java Persistence API (JPA), parte do EJB 3.0. Annotations são um conjunto de anotações de extensão que você precisa para fazer mapeamentos e ajustes avançados do Hibernate.

Segundo Bauer e King (2007, p. 34), o Hibernate Annotations deve ser levado em consideração para ser usado junto com o EntityManager, um recursos que fornece compatibilidade com o JPA.

Bernard et al. (2009. p. vii), Bauer e King (2007. P33) afirmam que o EntityManager define interfaces de programação JPA padronizadas, regras de ciclo de vida para objetos persistentes e permite escrever consultas com a linguagem padronizada de consulta do Java Persistence API.

4.7 Exemplo com Hibernate Annotations

Neste tópico será reapresentado o exemplo discutido anteriormente neste capítulo incluindo os recursos do Hibernate Annotations. Basicamente serão feitas as seguintes mudanças em relação ao projeto do exemplo anterior:

- Eliminação do arquivo **Cliente.hbm.xml**;
- Inclusão do mapeamento diretamente na classe de persistência **Cliente.java**;
- Mudança na referência ao mapeamento no arquivo de configuração do Hibernate (**hibernate.cfg.xml**).

A Figura 4.13 mostra os componentes da aplicação.

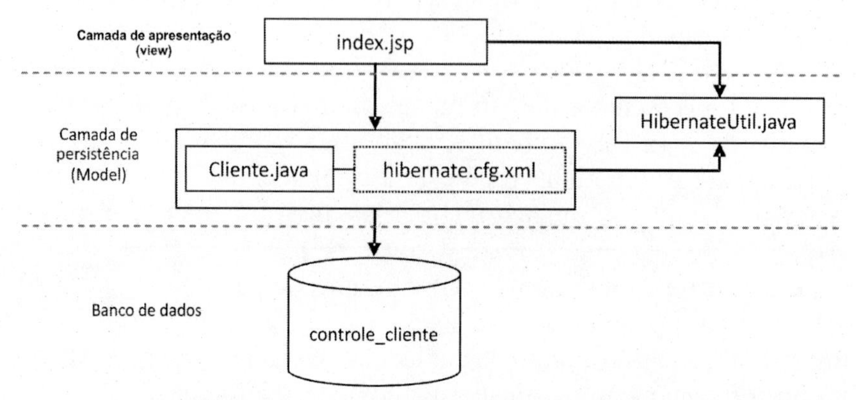

Figura 4.13: Estrutura da aplicação exemplo.

Observe que com Hibernate Annotations não será criado o arquivo de mapeamento **Cliente.hbm.xml**.

Você poderá modificar o exemplo apresentado anteriormente ou criar um novo projeto.

Se optar por criar um novo projeto, siga as instruções apresentadas no tópico "**Criação do projeto utilizando o** NetBeans" no início deste capítulo.

Na sequência, serão apresentadas as modificações necessárias nos componentes do projeto anterior.

Modificação da classe de persistência Cliente.java:

Para utilizar o Hibernate Annotations é necessário incluir o mapeamento de forma simples, diretamente na classe de persistência **Cliente.java**.

Cliente.java

```
1       package dominio;
2
3       import javax.persistence.*;
4
5       @Entity
6       @Table(name = "cliente")
7       public class Cliente {
8         @Id @GeneratedValue
```

```
9       @Column(name = "IdeCli")
10      private Integer ideCli;
11      @Column(name = "NomCli")
12      private String nomCli;
13      @Column(name = "TelCli")
14      private String telCli;
15
16      public Cliente() {
17      }
18
19      public Cliente(Integer ideCli) {
20         this.ideCli = ideCli;
21      }
22
23      public Integer getIdeCli() {
24         return ideCli;
25      }
26
27      public void setIdeCli(Integer ideCli) {
28         this.ideCli = ideCli;
29      }
30
31      public String getNomCli() {
32         return nomCli;
33      }
34
35      public void setNomCli(String nomCli) {
36         this.nomCli = nomCli;
37      }
38
39      public String getTelCli() {
40         return telCli;
41      }
42
43      public void setTelCli(String telCli) {
44         this.telCli = telCli;
45      }
46
47   }
```

Observe na linha 3 que foi feita a importação das interfaces do pacote **javax.persistence**. Nesse exemplo as interfaces importadas foram Column, Entity, GeneratedValue, Id e Table.

No pacote **javax.persistence** estão as annotations JPA necessárias para mapear a classe de entidade ou persistência (**@Entity**) para uma tabela (**@Table**) do banco de dados. Devem ser colocadas também (opcionalmente) anotações nos campos private da classe.

Na linha 8 uma anotação **@Id @GeneratedValue** indica o identificador (chave primária) na tabela do banco de dados.

As anotações **@Column** identificam os campos da tabela onde os dados serão persistidos.

Nota: As anotações **@Table** e **@Column NÃO** são necessárias. Elas foram adicionadas apenas para mostrar a semelhança com o mapeamento por meio de um arquivo XML.

A classe de persistência **Cliente.java** pode ser criada automaticamente pelo NetBeans a partir da tabela do banco de dados. Apesar de ser necessário fazer algumas modificações, isso agiliza bastante o desenvolvimento. Para criar a classe de persistência automaticamente, siga os seguintes passos:

- Clique com o botão direito sobre o nome do projeto, selecione a opção **Novo** e **Outro**;
- Selecione a opção **Persistence** na divisão **Categorias, Classes de entidade do Banco de dados** na divisão **Tipos de arquivos** e clique no botão **Próximo**;
- Selecione a conexão estabelecida com o banco de dados no combo **Conexão de banco de dados**. Essa conexão foi estabelecida na criação do projeto. Caso não haja nenhuma conexão disponível, abra o combo e selecione a opção **Nova conexão com banco de dados**;
- Selecione o nome da tabela na divisão **Tabelas disponíveis**, clique no botão **Adicionar** e no botão **Próximo**;
- Selecione o pacote onde você quer criar a classe no combo **Pacote**, desmarque a opção **Gerar anotações de consulta nomeada para campos persistentes** e clique no botão **Finalizar**.

Se você resolver adotar esse procedimento, terá de excluir ou adequar o conteúdo da classe gerada automaticamente com o mesmo nome da tabela do banco de dados, nesse exemplo, **Cliente**.

Modificações no arquivo hibernate.cfg.xml:

Como o mapeamento objeto/relacional foi inserido no interior da classe de persistência **Cliente.java**, é necessário referenciar isso no arquivo **hibernate.cfg.xml**. Para fazer essa referência, modifique a instrução:

```
<mapping resource = "dominio/Cliente.hbm.xml"/>
```

para:

```
<mapping class="dominio.Cliente"/>.
```

Modificações na classe HibernateUtil.java.

Para criar a SessionFactory por meio da qual serão criadas as sessões (Session) do Hibernate responsáveis pela execução das operações SQL, será necessário a utilização da classe AnnotationConfiguration do pacote **org.hibernate.cfg**. Portanto, importe essa classe utilizando a instrução:

```
import org.hibernate.cfg.AnnotationConfiguration;
```

Em seguida modifique a linha:

```
sf = new Configuration().configure().buildSessionFactory();
```

para:

```
sf=new AnnotationConfiguration().configure().buildSessionFactory();
```

A classe **HibernateUtil.java** também pode ser criada automaticamente pelo NetBeans. Caso queira criar essa classe automaticamente, siga os seguintes passos:

- Clique com o botão direito sobre o nome do projeto, selecione a opção **Novo** e **Outro**;
- Selecione a opção **Hibernate** na divisão **Categorias, HibernateUtil** na divisão **Tipos de arquivos** e clique no botão **Próximo**;
- Digite **HibernateUtil** no campo **Nome da classe**, selecione o pacote no combo **Pacote** e clique no botão **Finalizar**.

Nota: Lembre-se de adicionar a biblioteca MySQL JDBC Driver às bibliotecas do projeto. Para isso, clique com o botão direito sobre a pasta **Bibliotecas** do projeto, selecione a opção **Adicionar Biblioteca**, selecione a opção **MySQL JDBC Driver** e clique no botão **Adicionar Biblioteca**.

Para testar a aplicação, digite o arquivo **index.jsp** apresentado no exemplo do início deste capítulo e execute o projeto.

Observe que o resultado será o mesmo, entretanto, você reduziu a quantia de componentes e linhas de comando digitadas.

4.8 Sessões do Hibernate

Em aplicações que utilizam o Hibernate é possível manipular as sessões que permitem executar as transações no banco de dados de diversas formas. As mais comuns são sessão por operação (session per operation) e sessão por requisição (session-per-request).

4.8.1 Sessão por operação (session-per-operation)

Essa é a forma mais simples e fácil de manipular sessões com Hibernate, entretanto não é a mais indicada por deixar a aplicação lenta devido às constantes aberturas e encerramentos de sessão.

Utilizando sessão por operação é necessária uma sessão para salvar, outra para alterar, outra para consultar e outra para excluir. Para cada uma dessas operações é necessário:

- Obter uma sessão;
- Iniciar uma transação;
- Executar a operação;
- Executar um **commit** para que a operação seja persistida de forma definitiva no banco de dados;
- Encerrar a sessão.

Todos os exemplos mostrados até aqui neste capítulo utilizavam uma sessão por operação.

Quando se utiliza sessão por operação em uma aplicação é comum o desenvolvimento de uma classe Data Access Object (DAO) contendo um conjunto de métodos para as operações disponíveis. A seguir é apresentado um exemplo desse tipo de classe.

DepartamentoDao.java

```
1     package dao;
2
3     import bean.Departamento;
4     import bean.HibernateUtil;
5     import java.util.List;
```

```
6     import org.hibernate.Query;
7     import org.hibernate.Session;
8     import org.hibernate.Transaction;
9     import org.hibernate.criterion.Example;
10    import org.hibernate.criterion.MatchMode;
11
12    public class DepartamentoDAO {
13
14      Session session;
15      Transaction transacao;
16
17      public DepartamentoDAO() {
18      }
19
20      public void atualizar(Departamento bean) {
21        session = HibernateUtil.getSessionFactory().openSession();
22        transacao = session.beginTransaction();
23        session.update(bean);
24        session.flush();
25        session.refresh(bean);
26        transacao.commit();
27        session.close();
28      }
29
30      public void excluir(Departamento bean) {
31        session = HibernateUtil.getSessionFactory().openSession();
32        transacao = session.beginTransaction();
33        session.delete(bean);
34        transacao.commit();
35        session.close();
36      }
37
38      public Departamento consultarDepartamento(Integer id) {
39        session = HibernateUtil.getSessionFactory().openSession();
40        transacao = session.beginTransaction();
41        Departamento bean = (Departamento) session.
          get(Departamento.class, id);
42        transacao.commit();
43        session.close();
44        return bean;
45      }
46
47      public List consultarDepartamentos() {
48        session = HibernateUtil.getSessionFactory().openSession();
49        transacao = session.beginTransaction();
50        List beans = (List) session.createCriteria(Departamento.
          class).list();
51        transacao.commit();
52        session.close();
53        return beans;
54      }
55
56      public void salvar(Departamento bean) {
57        session = HibernateUtil.getSessionFactory().openSession();
58        transacao = session.beginTransaction();
59        session.save(bean);
60        transacao.commit();
61        session.close();
62      }
```

```
63
64    public List consultarComLike(Departamento bean) {
65      session = HibernateUtil.getSessionFactory().openSession();
66      transacao = session.beginTransaction();
67      Example example = Example.create(bean);
68      example.enableLike(MatchMode.START);
69      example.ignoreCase();
70      List beans = session.createCriteria(Departamento.class).
        add(example).list();
71      transacao.commit();
72      session.close();
73      return beans;
74    }
75
76    public Departamento consultarDepartamentoComHQL(int id) {
77      session = HibernateUtil.getSessionFactory().openSession();
78      transacao = session.beginTransaction();
79      String hql= "from Departamento d where d.ideDep = :id";
80      Query select = session.createQuery(hql);
81      select.setInteger("id", id);
82      List departamentos = select.list();
83      Departamento dep = (Departamento) departamentos.get(0);
84      transacao.commit();
85      session.close();
86      return dep;
87    }
88
89    public List consultarDepartamentosComHQL() {
90      session = HibernateUtil.getSessionFactory().openSession();
91      transacao = session.beginTransaction();
92      String hql= "from Departamento d order by d.ideDep";
93      Query select = session.createQuery(hql);
94      List departamentos = select.list();
95      transacao.commit();
96      session.close();
97      return departamentos;
98    }
99
100   public Departamento consultarDepartamentoComSQL(Integer id) {
101     session = HibernateUtil.getSessionFactory().openSession();
102     transacao = session.beginTransaction();
103     String sql= "select * from Departamento where IdeDep = "+
        id +"";
104     Query select = session.createSQLQuery(sql).
        addEntity(Departamento.class);
105     List departamentos = select.list();
106     Departamento dep = (Departamento) departamentos.get(0);
107     transacao.commit();
108     session.close();
109     return dep;
110   }
111
112   public List consultarDepartamentosComSQL() {
113     session = HibernateUtil.getSessionFactory().openSession();
114     transacao = session.beginTransaction();
115     String sql= "select * from Departamento";
116     Query select = session.createSQLQuery(sql).
        addEntity(Departamento.class);
117     List departamentos = select.list();
118     transacao.commit();
119     session.close();
```

```
120         return departamentos;
121     }
122   }
```

Observe que todo método inicia uma sessão e uma transação, executa a operação para o qual foi construído, atualiza de forma definitiva o banco de dados e finaliza a sessão.

Certas instruções presentes em todos os métodos poderiam ter sido separadas em novos métodos, entretanto, isso não foi feito nesse exemplo para facilitar a percepção da sequência dos passos presentes em aplicações que utilizam sessão por operação. Esse exemplo possui métodos para salvar, alterar, consultar, excluir e listar departamentos cadastrados em uma tabela do banco de dados.

A seguir é apresentada a explicação das principais linhas desse exemplo.

Na linha 20 o método **atualizar** recebe um objeto da classe **Departamento.java** contendo os dados a serem alterados pela instrução presente na linha 23.

Na linha 30 o método **excluir** recebe um objeto da classe **Departamento.java** que será excluído na linha 33.

Na linha 38 o método **consultarDepartamento** recebe um id Integer que será buscado no banco de dados na linha 41. O registro retornado na consulta é disponibilizado em um objeto da classe **Departamento.java**.

Na linha 47 o método **consultarDepartamentos** busca todos os departamentos cadastrados e devolve uma lista de objetos da classe **Departamento.java**.

Na linha 56 o método **salvar** recebe um objeto da classe **Departamento.java** e salva os dados desse objeto na linha 59.

Na linha 64 o método **consultarComLike** recebe um objeto da classe **Departamento.java** contendo valores em seus atributos que serão utilizados para buscar os departamentos que tenham no início do conteúdo dos campos da tabela os valores contidos nesses atributos.

Na linha 76 o método **consultarDepartamentoComHQL** recebe um id e busca no banco de dados um departamento com esse id utilizando a linguagem HQL.

Na linha 89 o método **consultarDepartamentosComHQL** busca todos os departamentos cadastrados utilizando HQL. Na linha 100 o método **consultarDepartamentoComSQL** busca um departamento na base de dados utilizando a linguagem SQL nativa.

Na linha 112 o método **consultarDepartamentosComSQL** busca todos os departamentos cadastrados utilizando a linguagem SQL nativa.

Note que foram criados diversos métodos para consulta que retornam o mesmo conteúdo e apresentam o mesmo resultado. Isso foi feito para você observar que o Hibernate possui um grande conjunto de classes e interfaces que executam consultas no banco de dados. Essas classes foram apresentadas anteriormente neste capítulo.

4.8.2 Sessão por requisição (session-per-request)

Para diminuir o esforço de processamento, é aconselhável utilizar uma sessão por requisição (*session-per-request*). Muitas vezes, na mesma requisição é necessário executar consultas, alterações e exclusão de dados em tabelas relacionadas. Utilizando sessão por requisição quando a requisição é recebida no servidor, uma sessão do Hibernate e uma transação é iniciada, todas as operações necessárias naquela requisição são executadas e quando a requisição termina a sessão é encerrada.

4.8.3 Como implementar sessão por requisição (session-per-request)

Há várias maneiras de implementar sessão por requisição. A mais comum é por meio de uma classe de filtro de requisições. Essa classe deve ser lida em dois momentos: no início e no final da requisição.

4.8.3.1 Filtro de requisições

Filtro de requisições é um conceito presente no *design pattern* Intercepting Filter explicado no capítulo 3. Uma classe de filtro de requisição deve implementar a interface Filter e os métodos abstratos **init, doFilter** e **destroy**.

Esses métodos definem o ciclo de vida de execução do filtro que é iniciado no método init, executa do no método **doFilter** e descarregado no método **destroy**.

Para que uma classe filtro seja entendida e identificada na aplicação, é necessário incluir uma referência a ela no arquivo descritor de contexto da aplicação. No caso de uma aplicação que utiliza o servidor Tomcat, o arquivo **web.xml**.

A seguir é apresentada uma classe filtro de requisições:

FiltroExemplo.java

```
1    import java.io.IOException;
2
3    import javax.servlet.Filter;
4    import javax.servlet.FilterChain;
5    import javax.servlet.FilterConfig;
6    import javax.servlet.ServletException;
7    import javax.servlet.ServletRequest;
8    import javax.servlet.ServletResponse;
9    import javax.servlet.http.HttpServletRequest;
10
11   import org.hibernate.HibernateException;
12   import org.hibernate.Session;
13   import util.HibernateUtil;
14
15   public class FiltroHibernate implements Filter {
16
17     public void init() {
18     }
19
20     public void doFilter(ServletRequest request, ServletResponse
       response, FilterChain chain) throws IOException,
       ServletException {
21       Session session = null;
22       try {
23         session = HibernateUtil.getSessionFactory().openSession();
24         session.beginTransaction();
25         request.setAttribute("hibernate_session", session);
26         chain.doFilter(request, response);
27         session = (Session) request.getAttribute("hibernate_
           session");
28         session.flush();
29         session.getTransaction().commit();
30       } catch (HibernateException e) {
31         session.getTransaction().rollback();
32         e.printStackTrace();
33       } catch (NullPointerException e) {
34         e.printStackTrace();
35       } finally{
36         session.close();
37       }
38     }
39
40     public void destroy(FilterConfig arg0) throws ServletException
       {
41     }
42   }
```

Quando uma requisição é feita ao servidor, o método **doFilter** recebe os objetos **request** e **response** da requisição. Nesse método, uma sessão é iniciada por meio do método **openSession** da interface SessionFactory contido na classe **HibernateUtil.java** (linha 23).

O método **currentSession** é diferente do método **openSession**. O primeiro retorna uma sessão que é gerenciada pelo Hibernate. Já o segundo abre uma nova sessão que você deve gerenciar tendo a responsabilidade de encerrar essa sessão. Na linha 24 uma transação é iniciada na sessão aberta.

A linha 25 inclui (seta) na requisição (request) a sessão no atributo "**hibernate_session**". Isso faz com que para todas as classes da aplicação onde o objeto **request** estiver disponível a partir da execução desse filtro, a sessão também estará e poderá ser recuperada por meio da instrução seguinte:

```
Session session = (Session)
request.getAttribute("hibernate_session");
```

Após a abertura da sessão e de sua inclusão como atributo na requisição, ela é enviada á servlet de controle de requisições, juntamente com a sessão (linha 26).

A servlet de controle utilizará a sessão aberta para executar operações com Hibernate na própria servlet ou em classes ligadas a ela. Após a execução dessas operações, o controle volta para a linha 27, onde a sessão é captura novamente do objeto **request**.

A linha 28 e 28 atualizam as operações executadas na base de dados e a sessão é finalizada na linha 36. Se for gerada uma exceção do tipo HibernateException (linha 30), o método **rollback** desfaz as modificações que foram feitas no banco de dados.

Para que esse filtro seja reconhecido na aplicação, inclua no arquivo **web.xml** as seguintes linhas no interior do elemento **<web-app>**:

```
<filter>
  <filter-name>FiltroExemplo</filter-name>
  <filter-class>pacote.FiltroExemplo</filter-class>
</filter>
<filter-mapping>
  <filter-name>FiltroExemplo</filter-name>
  <url-pattern>*</url-pattern>
</filter-mapping>
```

No lugar da palavra **pacote** contida no elemento **<filter-class>**, inclua o nome do pacote onde se encontra a classe **FiltroExemplo.java**. O asterisco (*) indica que o filtro interceptará todas as requisições.

4.9 Exemplo de aplicação com Hibernate mapeando entidades com grau de relacionamento 1:n

Agora que foram apresentados os principais aspectos do Hibernate, chegou o momento de criarmos uma aplicação mais complexa utilizando os fundamentos apresentados e acrescentando novos conhecimentos.

Utilizaremos o mesmo exemplo apresentado no capítulo 2, uma aplicação envolvendo um banco de dados que possui duas tabelas relacionadas com grau de relacionamento 1 para muitos (1:n), as tabelas "**departamento**" e "**funcionario**".

Você irá perceber que a utilização do Hibernate permitira o desenvolvimento da aplicação com uma redução significativa de código em relação ao exemplo apresentado no capítulo 2. Entretanto, não é somente o Hibernate que contribuiu para essa redução, será apresentado também um novo modelo de arquitetura acrescentando-se classes abstratas, classes genéricas e filtro de requisições.

Nos componentes de apresentação (**View** - interface com o usuário), serão eliminadas as tabelas para alinhar os componentes dos formulários, trabalho que será delegado ao CSS.

Para validar a entrada de dados nos campos será utilizada a linguagem JavaScript como no capítulo 2, entretanto, agora em arquivos externos para separar os componentes de apresentação dos componentes de validação.

Antes de apresentar os códigos dos componentes da aplicação, será demonstrada a arquitetura da aplicação e a forma como esses componentes se comunicarão.

4.9.1 Arquitetura da aplicação

No capítulo 2 foi apresentado um exemplo utilizando o padrão MVC. Para aquele escopo de aplicação no qual tudo foi resolvido no bom e velho código Java puro, a arquitetura apresentada atendia aos objetivos pretendidos de forma adequada, entretanto, quando se utiliza o Hibernate, é interessante e prático fazermos algumas modificações na arquitetura para adequá-la aos recursos que serão utilizados.

Na aplicação apresentada no capítulo 2, foram criados componentes service (do *design pattern* Application Service) com a finalidade exclusiva de implementar as regras de negócio, o que resultou no aumento de componentes da aplicação. Esses componentes foram definidos e representados no componente **Model** do MVC.

Boa parte dos desenvolvedores que utilizam Hibernate implementam as regras de negócio nos *bean*s do componente **Model** do MVC (também conhecidos como sinônimo de classes de persistência, POJOs, classes de modelo etc.).

Bauer e King (2007, p. 113) definem POJOs como acrônimo de Plain Old Java Objects ou Plain Ordinary Java Objects, termo utilizado como sinônimo de JavaBeans um modelo de componente para desenvolvimento de interface com o usuário, aplicado na camada de negócios (**Model** do MVC).

Um POJO declara métodos de negócio, que definem o comportamento, e propriedade, que representam o estado. Algumas propriedades representam associações para outros POJOs definidos pelo usuário (BAUER, KING, 2007, p.114).

Note que não é "pecado" implementar as regras de negócio nos *bean*s do componente **Model** do MVC e no caso na construção de aplicações com Hibernate, esse é um procedimento comum utilizado pelos desenvolvedores. O bom senso deve guiar a definição da melhor estratégia de construção das regras de negócio, dependendo de fatores como quantidade de regras de negócio, tipos de recursos utilizados no projeto etc.

A Figura 4.14 mostra a distribuição dos componentes na arquitetura utilizada nessa aplicação exemplo.

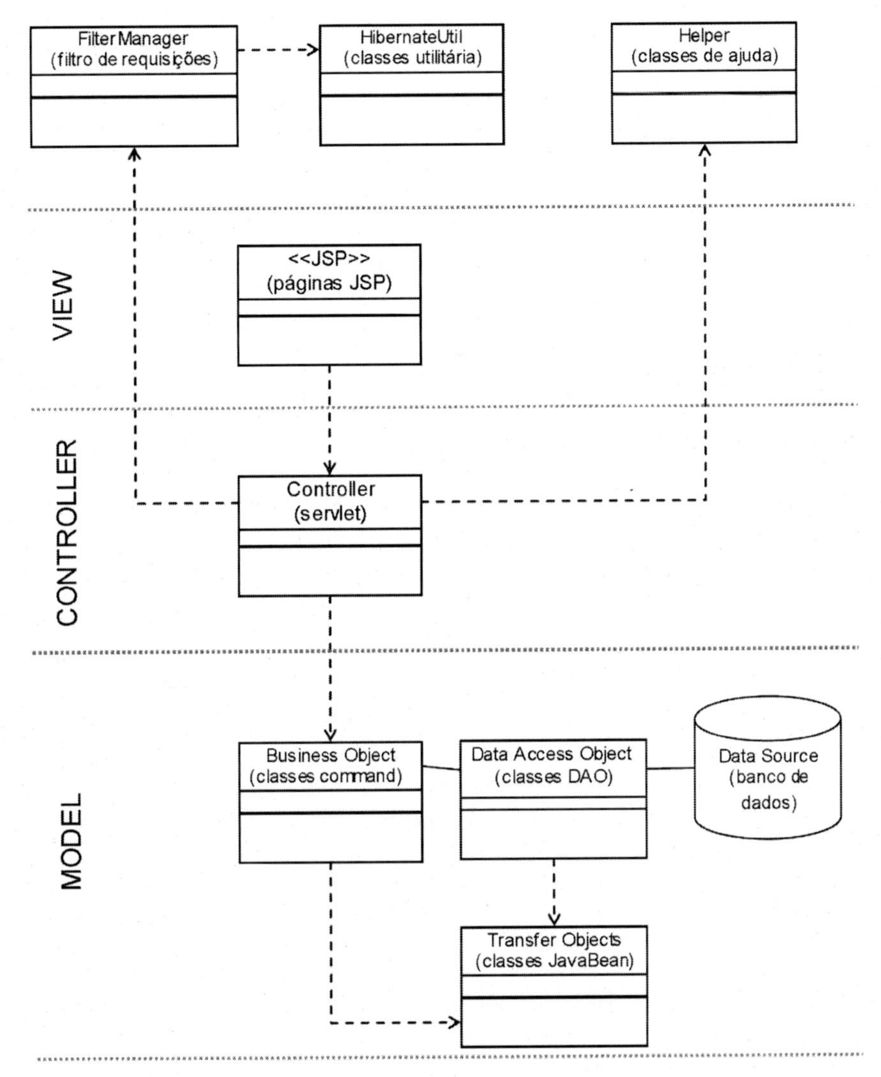

Figura 4.14: Arquitetura da aplicação exemplo.

No componente **Model** do MVC foram utilizados dois padrões de projeto (*design patterns*): Data Access Object (DAO) e o Command.

O DAO concentra a responsabilidade pelo acesso aos dados e o Command separa a invocação dos métodos da execução e possibilita a adição de novas classes Command sem modificar as classes existentes.

Basicamente o **Model** concentra:

- As classes JavaBean (Transfer Object -TO ou **View** Object - VO);
- Uma interface Command e diversas classes Command (Business Object - BO) que implementam os métodos abstratos dessa interface;
- Uma interface DAO e uma classe que implementa os métodos abstratos dessa interface;
- Um banco de dados MySQL.

No componente **Controller** do MVC foi utilizado o padrão de projeto Front Controller que permite centralizar o processamento das requisições e direcioná-las para o componente apropriado. No **Controller** foi utilizada apenas uma servlet.

No componente **View** do MVC foram utilizadas páginas JSP, arquivos CSS e JavaScript. Esse componente é responsável por apresentar conteúdo ao usuário, seja na forma de menus, formulários, resultados de processamento etc. O CSS foi utilizado para definir o estilo ou formatação dos dados e o JavaScript para validar entradas em formulários.

Fora das camadas da aplicação está um conjunto de classes de infraestrutura composta por classe de ajuda (*helper*), de utilidade (*utility*) e de interceptação ou filtro (*filter*).

Foi utilizado o *design pattern* Intercepting Filter para interceptar as requisições e realizar algum processamento e para viabilizar a adição de vários filtros. Basicamente o Intercepting Filter foi utilizado com a intenção de iniciar uma sessão do Hibernate no início da requisição e mantê-la aberta durante todo o ciclo da requisição.

4.9.2 Distribuição dos componentes nas camadas do MVC

Os componentes do projeto (*bean*s, servlets, filtros, interfaces, arquivos de configuração e mapeamento, páginas JSP, arquivos CSS e JavaScript) estão apresentados na tabela 4.3:

MVC	Componente	Descrição
	cadastro_departamento.jsp	Formulário para cadastro dos dcpartamentos.
	cadastro_funcionario.jsp	Formulário para cadastro dos funcionários.
	atualiza_departamento.jsp	Formulário para modificar os dados dos departamentos cadastrados.
		Formulário para modificar os dados dos funcionários cadastrados.
	consulta_departamento.jsp	Página para exibir os departamentos cadastrados e os funcionários de cada departamento ao posicionar o mouse sobre o departamento desejado.
View	consulta_funcionario.jsp	Página para exibir os dados dos funcionários cadastrados e permitir por meio de um formulário definir critérios para pesquisa.
	config.css	Arquivo de formatação CSS que define o estilo dos elementos das páginas.
	valida_departamento.js	Arquivo JavaScript para validar a entrada dos dados do departamento.
	valida_funcionario.js	Arquivo JavaScript para validar a entrada dos dados do funcionário.
	menu.jspf	Fragmento de código JSP para gerar um menu. Esse fragmento será inserido em todas as páginas JSP para que o menu fique sempre visível na tela.
Controller	Controle.java	Servlet que permite centralizar o processamento das requisições e direcioná-las para o componente apropriado.

	Departamento.java	*Bean* ou classe de persistência que permite a inserção, atualização ou consulta de departamentos na tabela do banco de dados.
	Funcionario.java	*Bean* ou classe de persistência que permite a inserção, atualização ou consulta de funcionários na tabela do banco de dados.
	Departamento.hbm.xml	Arquivo de mapeamento da classe **Departamento.java** que define os metadados utilizados para persistir objetos departamento no banco de dados.
	Funcionario.hbm.xml	Arquivo de mapeamento da classe **Funcionario.java** que define os metadados utilizados para persistir objetos funcionário no banco de dados.
Model	InterfaceCommand.java	Interface utilizada para obrigar as classes Command a implementar o método **execute** que por meio da classe **HibernateDAO.java** executam comandos no banco de dados.
	CadastrarDepartamento.java	Classe Command que por meio do método **execute** utiliza a classe **HibernateDAO.java** para salvar um objeto departamento no banco de dados.
	CadastrarFuncionario.java	Classe Command que por meio do método **execute** utiliza a classe **HibernateDAO.java** para salvar um objeto funcionário no banco de dados.
	AtualizarDepartamento.java	Classe Command que por meio do método **execute** utiliza a classe **HibernateDAO.java** para atualizar os dados do departamento no banco de dados.

Model	AtualizarFuncionario.java	Classe Command que por meio do método **execute** utiliza a classe **HibernateDAO.java** para atualizar os dados do funcionário no banco de dados.
	ConsultarDepartamento.java	Classe Command que por meio do método **execute** utiliza a classe **HibernateDAO.java** para buscar dados de departamentos no banco de dados.
	ConsultarFuncionario.java	Classe Command que por meio do método **execute** utiliza a classe **HibernateDAO.java** para buscar dados de funcionários no banco de dados.
	ExcluirDepartamento.java	Classe Command que por meio do método **execute** utiliza a classe **HibernateDAO.java** para excluir os dados de um departamento no banco de dados.
	ExcluirFuncionario.java	Classe Command que por meio do método **execute** utiliza a classe **HibernateDAO.java** para excluir os dados de um funcionário no banco de dados.
	PesquisarFuncionario.java	Classe Command que por meio do método **execute** utiliza a classe **HibernateDAO.java** para selecionar funcionários por exemplos utilizando a cláusula like do SQL.
	InterfaceDAO.java	Interface que força a classe **HibernateDAO.java** a implementar os métodos abstratos **salvar, atualizar, excluir, getBean, getBeans** e **getBeansByExample**.

Model	HibernateDAO.java	Classe Java que implementa a interface **InterfaceDAO.java** e implementa os métodos **salvar, atualizar, excluir, getBean, getBeans** e **getBeansByExample**. Esses métodos salvam, atualizam, excluem, consultam, listam tudo e listam dados do banco de dados por critérios respectivamente.
Interceptadores, utilitários e classes de ajuda etc.	HibernateUtil.java	Permite o gerenciamento de sessões (unidades de trabalho) do Hibernate para executar operações no banco de dados.
	Helper.java	Classe que permite, a partir da chegada de uma requisição, identificar qual será a classe Command responsável por executar o comando relativo à operação desejada no banco de dados.
	FiltroHibernate.java	Classe que filtra todas as requisições da aplicação. Quando a servlet **Controle.java** receber uma requisição ela é encaminhada a essa classe e uma sessão do Hibernate é iniciada. Quando os comandos desejados nessa requisição são executados essa classe finaliza a sessão do Hibernate.
	hibernate.cfg.xml	Arquivo de configuração do Hibernate. Esse arquivo configura a conexão da aplicação com o banco de dados, o pool de conexões, a exibição de instruções SQL no console e os arquivos XML utilizados para fazer o mapeamento objeto/relacional.

Tabela 4.3: Descrição dos componentes da aplicação.

4.9.3 Bando de dados da aplicação

O banco de dados da aplicação utiliza duas tabelas relacionadas com grau de relacionamento 1 para n como mostra a Figura 4.15.

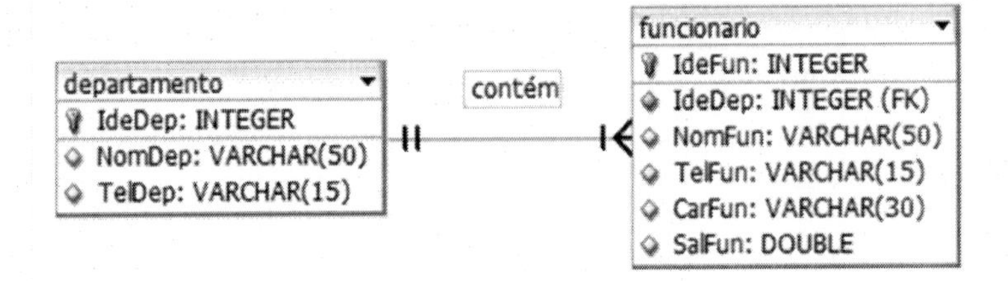

Figura 4.15: Banco de dados e tabelas da aplicação.

Entre no MySQL Workbench ou em linha de comando (MySQL Command Line Cliente), crie um banco de dados chamado **controle001** e digite as instruções seguintes para criar as tabelas "**departamento**" e "**funcionario**":

```
CREATE TABLE departamento (
  IdeDep INTEGER NOT NULL AUTO_INCREMENT,
  NomDep VARCHAR(50) NULL,
  TelDep VARCHAR(15) NULL,
  PRIMARY KEY(IdeDep)
);

CREATE TABLE funcionario (
  IdeFun INTEGER NOT NULL AUTO_INCREMENT,
  IdeDep INTEGER NOT NULL,
  NomFun VARCHAR(50) NULL,
  TelFun VARCHAR(15) NULL,
  CarFun VARCHAR(30) NULL,
  SalFun DOUBLE NULL,
  PRIMARY KEY(IdeFun),
  FOREIGN KEY(IdeDep)
    REFERENCES departamento(IdeDep)
      ON DELETE CASCADE
      ON UPDATE NO ACTION
);
```

4.9.4 Criação do projeto no NetBeans

Para criar um novo projeto no NetBeans, siga os passos apresentados a seguir:

- Clique no menu **Arquivo** e na opção **Novo Projeto**;
- Selecione **Java Web, Aplicação Web** e clique no botão **Próximo**;
- Dê um nome ao projeto e clique no botão Próximo;
- Selecione o **Servidor web** disponível de sua preferência e clique no botão **Próximo**;

- Selecione o CheckBox **Hibernate**, abra o combo **Conexão de banco de dados** e clique na opção **Nova Conexão com banco de dados**;
- Preencha a janela que aparece como mostra a Figura 4.16:

Figura 4.16: Tela de conexão com banco de dados com Hibernate.

- Clique no botão **Finalizar**.

4.9.5 Criação dos pacotes no projeto do NetBeans

Antes de iniciar a construção das classes, vamos criar os pacotes para recebê-las. Para isso siga os seguintes passos:

- Clique com o botão direito sobre o nome do projeto, selecione a opção **Novo** e **Pacote Java**.
- De o nome ao pacote de **controller.controle** e clique no botão **Finalizar**.

Repita esse procedimento criando os pacotes **model.bean, model. command, model.dao, filtro, helper** e **util**.

Nomeação de variáveis, constantes, métodos e classes

Siga as seguintes regras para nomeação no Java:

- Não utilize acentuação nos nomes de pacotes, classes e outros componentes do projeto.
- Utilize letras minúsculas para os nomes dos pacotes. Por exemplo, **model.bean**.
- Para os nomes das classes a primeira letra de cada palavra deve ser maiúscula. Exemplo: **HibernateUtil, InterfaceCommand**.
- Utilize a primeira letra da segunda palavra maiúscula para nomes de variáveis, atributos e métodos. Exemplo: **nomeCliente**, **getNomeCliente**.
- Para constantes utilize toda a palavra maiúscula. Exemplo: **HIBERNATE_SESSION**.

Ao final dessa etapa você deverá ter a estrutura do projeto como mostrado na Figura 4.17.

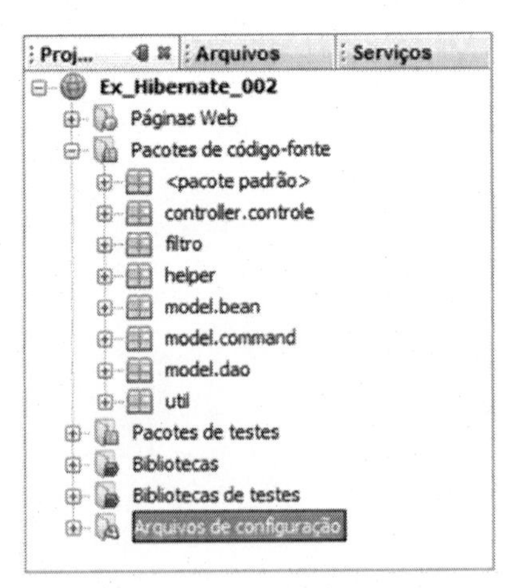

Figura 4.17: Estrutura de pacotes do projeto.

4.9.6 Adição do driver JDBC MySQL na biblioteca do projeto

Para estabelecer a conexão com o banco de dados MySQL adicione a biblioteca **MySQL JDBC Driver** às bibliotecas do projeto da seguinte forma:

- Clique com o botão direito sobre a pasta **Bibliotecas** do projeto e selecione a opção **Adicionar Biblioteca**;
- Selecione a opção **MySQL JDBC Driver** e clique no botão **Adicionar Biblioteca**.

4.9.7 Criação das classes do projeto

Crie as seguintes classes nos respectivos pacotes do projeto.

Pacote controller.controle:
Controle.java

- Clique com o botão direito sobre o pacote **controller.controle**, selecione a opção **Novo** e **Servlet**.
- Dê o nome à servlet e clique no botão **Finalizar**.

Pacote **model.bean**:
Departamento.java
Departamento.hbm.xml
Funcionario.java
Funcionario.hbm.xml

Para criar os componentes do pacote **model.bean** utilizaremos os recursos de geração automática dos assistentes do NetBeans a partir das tabelas do banco de dados utilizando um arquivo XML de engenharia reversa. O arquivo de engenharia reversa permite criar automaticamente as classes *bean* e arquivos de mapeamento XML a partir das tabelas do banco de dados. Para criar esses arquivos siga os seguintes passos:

- Clique com o botão direito sobre o pacote **model.bean**, selecione a opção **Novo** e a opção **Outro**;

- Na divisão **Categorias** selecione **Hibernate** e na divisão **Tipos de arquivos** selecione **Assistente para Engenharia reversa do Hibernate**;
- Clique no botão **Próximo**;
- Mantenha o nome hibernate.reveng para o arquivo de engenharia reversa;
- Clique no botão Próximo;
- Na divisão **Tabelas**, selecione as tabelas **departamento** e **funcionario**, clique no botão **Adicionar** e no botão **Finalizar**.
- Clique com o botão direito sobre o **model.bean**, selecione a opção **Novo** e a opção **Outro**;
- Na divisão **Categorias** selecione **Hibernate** e na divisão **Tipos de arquivos** selecione **Arquivos de mapeamento do Hibernate e POJOs de banco de dados**;
- Clique no botão **Próximo**;
- Na caixa de combinação **Arquivo de Configuração do Hibernate** selecione **hibernate.cfg.xml**;
- Na caixa de combinação **Arquivo de engenharia reversa do Hibernate** selecione **hibernate.reveng.xml;**
- Clique no botão **Finalizar**.

Observe que os componentes desse pacote são gerados automaticamente.

Pacote **model.command**:
CadastrarDepartamento.java
CadastraFuncionario.java
AtualizarDepartamento.java
AtualizarFuncionario.java
ConsultarDepartamento.java
ConsultarFuncionario.java
ExcluirDepartamento.java
ExcluirFuncionario.java
PesquisarFuncionario.java
InterfaceCommand.java

- Clique com o botão direito sobre o pacote **model.command**,

selecione a opção **Novo** e **Classe Java**.
- Dê o nome à classe e clique no botão **Finalizar**.

Execute esse procedimento para todas as classes desse pacote e para as classes dos pacotes seguintes.

Pacote **model.dao:**
InterfaceDAO.java
HibernateDAO.java

Pacote **helper:**
Helper.java

Pacote **filtro:**
HibernateFiltro.java

Pacote **util:**
HibernateUtil.java

A classe **HibernateUtil.java** segue um padrão utilizado pela maioria dos desenvolvedores. Sendo assim, o NetBeans consegue gerar automaticamente esse arquivo padrão. Para conseguir isso siga os seguintes passos:
- Clique com o botão direito sobre o nome do pacote util, selecione a opção **Novo** e **Outro**.
- Na divisão **Categorias**, selecione **Hibernate** e na divisão **Tipos de arquivos** selecione **HibernateUtil**.
- Clique no botão **Próximo**.
- Dê nome ao arquivo de **HibernateUtil** e clique no botão **Finalizar**.

Note que a classe **HibernateUtil.java** foi gerada com um código padrão.

Configurando a classe FiltroHibernate.java no arquivo web.xml

Abra a pasta **Páginas Web do projeto do** NetBeans, a subpasta **WEB-INF** e dê um duplo clique no arquivo **web.xml**. Clique na aba **XML** que aparece na área de edição de código e inclua no interior do elemento **<web-app></web-app>** as seguintes instruções:

```
<filter>
    <filter-name>FiltroHibernate</filter-name>
    <filter-class>filtro.FiltroHibernate</filter-class>
</filter>
<filter-mapping>
    <filter-name>FiltroHibernate</filter-name>
    <url-pattern>*</url-pattern>
</filter-mapping>
```

Esse bloco de código faz com que o Java reconheça que a classe **FiltroHibernate.java** deve interceptar todas (*) as requisições recebidas no servidor.

4.9.8 Criação das páginas do projeto

O componente **View** do MVC é composto por páginas JSP, um arquivo CSS, dois arquivos JavaScript e um arquivo JSP fragment.

O arquivo **config.css** é responsável pela definição dos estilos dos componentes das páginas. Para criar esse arquivo siga os seguintes passos:

- Clique com o botão direito sobre a pasta **Páginas web** do projeto selecione a opção **Novo** e **Outro**;
- Na divisão **Categorias**, selecione **Outro** e na divisão **Tipos de arquivos** selecione **Folha de estilo em cascata** e clique no botão **Próximo**;
- Dê o nome **config** ao arquivo e clique no botão **Finalizar**.

O arquivo **menu.jspf** é um fragmento de código JSP responsável por gerar um menu na tela. Esse arquivo é incluído em todas as páginas.

> **JSP Fragment (JSPF)**
>
> São porções de código JSP que podem ser incluídas em diversas páginas da aplicação por meio da diretiva **<%@include%>**. É recomendável que arquivos JSPF sejam salvos em uma pasta chamada **jspf** no interior da pasta **WEB-INF** para que esses arquivos não sejam acessados diretamente do computador cliente.

Para criar a pasta **jspf** e o arquivo **menu.jspf** siga os seguintes passos:

- Clique com o botão direito do mouse na pasta **WEB-INF**, selecione a opção **Novo** e **Outro**;
- Na divisão **Categorias**, selecione **Outro** e na divisão **Tipos de arquivos** selecione **Diretório**;
- Clique no botão **Próximo**;
- De o nome à pasta de **jspf** e clique no botão **Finalizar**;
- Clique com o botão direito do mouse na pasta **jspf**, selecione a opção **Novo** e **JSP**;
- Digite o nome de menu ao arquivo e marque caixa de checagem **Criar como um segmento JSP**;
- Clique no botão **Finalizar**.

Os arquivos **valida_departamento.js** e **valida_funcionario.js** são responsáveis pela validação dos dados de entrada de departamentos e funcionários, respectivamente. Para criar esses arquivos siga os seguintes passos:

- Clique com o botão direito do mouse na pasta **Páginas web**, selecione a opção **Novo** e **Outro**;
- Na divisão **Categorias**, selecione **Outro** e na divisão **Tipos de arquivos** selecione **Arquivo JavaScript**;
- Clique no botão **Próximo**;
- De o nome ao arquivo de **valida_departamento** e clique no botão **Finalizar**.

Repita esse procedimento para criar o arquivo **valida_funcionario.js.**

Ao final desses procedimentos você terá uma estrutura do projeto como mostrada na Figura 4.18.

---

[17] Log é o termo utilizado para descrever o processo de registro de eventos relevantes num sistema computacional. No contexto desse exemplo, os eventos de execução de instruções SQL.

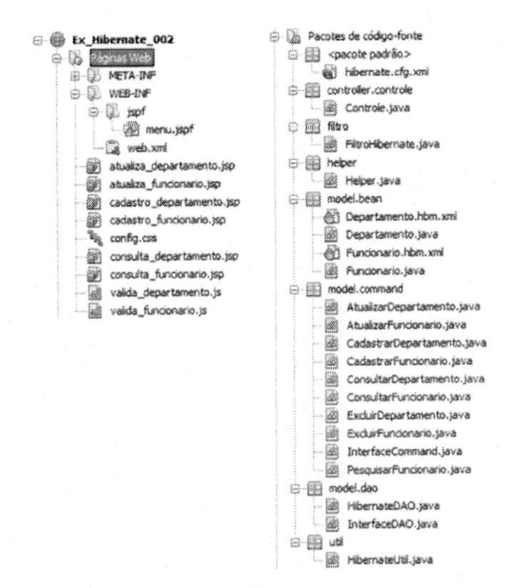

Figura 4.18: Estrutura de componentes do projeto.

4.9.9 Arquivo de configuração do Hibernate

O arquivo **hibernate.cfg.xml** é o arquivo que permite configurar a conexão da aplicação Hibernate com o banco de dados. Esse arquivo define ainda as configurações do *pool* de conexões e do *log*[17] de instruções SQL.

hibernate.cfg.xml

```
1    <?xml version="1.0" encoding="ISO-8859-1"?>
2    <!DOCTYPE hibernate-configuration PUBLIC "-
     //Hibernate/Hibernate Configuration DTD 3.0//EN"
     "http://hibernate.sourceforge.net/hibernate-configuration-3.0.dtd">
3    <hibernate-configuration>
4     <session-factory>
5      <property name="hibernate.dialect">
       org.hibernate.dialect.MySQLDialect</property>
6      <property name="hibernate.connection.driver_class">
       com.mysql.jdbc.Driver</property>
7      <property name="hibernate.connection.url">
       jdbc:mysql://localhost:3307/controle001</property>
8      <property name="hibernate.connection.username"> root</property>
9      <property name="hibernate.connection.password"> teruel</property>
10     <!-- Configura o provedor de pool de Conexões C3P0 -->
```

[18] Console é um ambiente concebido para ser utilizado por meio de uma interface de computador que trabalhe somente com texto simples. Pode ser entendido como interface de linha de comando ou interface baseada em texto, nesse caso, incluída no NetBeans.

```
11     <property name="hibernate.c3p0.min_size">1</property>
12     <property name="hibernate.c3p0.max_size">5</property>
13     <property name="hibernate.c3p0.timeout">300</property>
14     <property name="hibernate.c3p0.max_statements">50</property>
15     <property name="hibernate.c3p0.idle_test_period"> 300</property>
16     <property name="hibernate.current_session_context_class">
       thread</property>
17     <!-- Configura a exibição em log das instruções SQL
       executadas pelo Hibernate -->
18     <property name="hibernate.show_sql">true</property>
19     <property name="hibernate.format_sql">true</property>
20     <property name="org.hibernate">true</property>
21     <!-- Configura os beans de mapeamento das classes de
       persistência -->
22     <mapping resource="model/bean/Departamento.hbm.xml"/>
23     <mapping resource="model/bean/Funcionario.hbm.xml"/>
24    </session-factory>
25   </hibernate-configuration>
```

As linhas de 5 a 9 definem respectivamente o tipo de dialeto SQL, o driver de conexão, a URL, o nome do usuário e a senha. A definição do dialeto é importante porque define como o Hibernate irá personalizar as instruções SQL para um determinado gerenciador de banco de dados, nesse caso, o MySQL. As linhas de 11 a 16 definem informações do pool de conexões utilizando a biblioteca **C3P0**.

As linhas de 18 a 20 definem as configurações de exibição em log das instruções SQL geradas pelo Hibernate. Essas configurações são importantes para que você possa visualizar no *console*[18] as instruções SQL geradas automaticamente pelo Hibernate.

As linhas 22 e 23 definem os arquivos de mapeamento das classes de persistência utilizadas na aplicação.

Para saber mais sobre as configurações definidas aqui reveja as discussões sobre esse arquivo no início deste capítulo.

4.9.10 Controle de sessões do Hibernate

A classe HibernateUtil.java permite abrir e fechar as sessões (unidades de trabalho) necessárias para executar as instruções SQL no banco de dados. Esse arquivo utilitário é padrão e geralmente é gerado automaticamente pela IDE de desenvolvimento.

HibernateUtil.java

```
1   package util;
2
3   import org.hibernate.SessionFactory;
4   import org.hibernate.cfg.Configuration;
5
6   public class HibernateUtil {
7     private static final SessionFactory sessionFactory;
8     public static final String HIBERNATE_SESSION =
      "hibernate_session";
9
10    static {
11      try {
12        sessionFactory = new
          Configuration().configure().buildSessionFactory();
13      } catch (Throwable ex) {
14        System.err.println("Initial SessionFactory creation
          failed." + ex);
15        throw new ExceptionInInitializerError(ex);
16      }
17    }
18
19    public static SessionFactory getSessionFactory() {
20      return sessionFactory;
21    }
22  }
```

Note que foi definida uma constante **HIBERNATE_SESSION** na linha 8. O conteúdo dessa constante será utilizado como um atributo de requisição que guardará a sessão aberta no início da requisição até que os comandos executados na requisição sejam concluídos. Essa constante é utilizada na classe **FiltroHibernate.java** e nas classes do pacote **model.command**.

Para saber mais sobre a classe **HibernateUtil.java**, reveja as discussões sobre sessão no início do capítulo.

4.9.11 Filtro de requisições

Nesse exemplo o Hibernate será utilizado obtendo-se uma sessão por requisição (session-per-request). Isso significa que toda vez que uma requisição chegar ao servidor, uma sessão será aberta e deverá ser mantida assim até a conclusão do trabalho desejado na requisição. Isso significa que será necessário um filtro de requisições para interceptar todas as requisições que chegam ao servidor. Esse filtro é a classe FiltroHibernate.java discutida anteriormente neste capítulo e apresentada a seguir.

FiltroHibernate.java

```
1   package filtro;
2
3   import java.io.IOException;
4
5   import javax.servlet.Filter;
6   import javax.servlet.FilterChain;
7   import javax.servlet.FilterConfig;
8   import javax.servlet.ServletException;
9   import javax.servlet.ServletRequest;
10  import javax.servlet.ServletResponse;
11
12  import org.hibernate.HibernateException;
13  import org.hibernate.Session;
14  import util.HibernateUtil;
15
16  public class FiltroHibernate implements Filter {
17
18    @Override
19    public void destroy() {
20    }
21
22    @Override
23    public void doFilter(ServletRequest request,
      ServletResponse response, FilterChain chain) throws
      IOException, ServletException {
24      Session session = null;
25      try {
26        session = HibernateUtil.getSessionFactory() .openSession();
27        session.beginTransaction();
28        request.setAttribute(HibernateUtil.HIBERNATE_SESSION,
          session);
29        chain.doFilter(request, response);
30        session = (Session) request.getAttribute(
          HibernateUtil.HIBERNATE_SESSION);
31        session.flush();
32        session.getTransaction().commit();
33      } catch (HibernateException e) {
34        session.getTransaction().rollback();
35      } catch (NullPointerException e) {
36      } finally{
37        session.close();
38      }
39    }
40
41    @Override
```

```
42    public void init(FilterConfig arg0) throws ServletException {
43    }
44  }
```

Essa classe irá interceptar todas as requisições vindas da servlet **Controle.java**, abrir uma nova sessão que será passada para a classe **HibernateDAO.java**. Na classe **HibernateDAO.java** uma operação SQL será executada e a sessão retorna a essa classe para ser fechada.

Para que esse filtro funcione, lembre-se de incluir no arquivo **web.xml** as seguintes linhas no interior do elemento **<web-app>**:

```
<filter>
  <filter-name>FiltroExemplo</filter-name>
  <filter-class>filtro.FiltroExemplo</filter-class>
</filter>
<filter-mapping>
  <filter-name>FiltroExemplo</filter-name>
  <url-pattern>*</url-pattern>
</filter-mapping>
```

A linha 26 obtém a sessão por meio do método **getSessionFactory** da classe **HibernateUtil**.

A linha 27 inicia uma transação na sessão aberta.

> **Sessão**
>
> Entenda sessão como uma unidade de trabalho necessária para realizar uma transação no banco de dados. O ciclo de vida da sessão possui três etapas bem definidas: abertura da sessão, realização da operação e fechamento da sessão.

A linha 28 inclui (seta) na requisição (request) a sessão por meio do atributo "**hibernate_session**" definido na constante **HIBERNATE_SESSION** da classe **HibernateUtil.java** (public static final String HIBERNATE_SESSION = "hibernate_session";).

Em seguida, essa requisição contendo a sessão aberta é enviada à servlet **Controle.java**.

A linha 29 chama o método **doFilter** da interface **FilterChain** para continuar o processamento da requisição. Esse método envia a requisição para a servlet **Controle.java** que se encarrega de chamar os componentes necessários para executar as operações SQL por meio da classe **HibernateDAO.java**.

Após o processamento da requisição e da execução da operação desejada, a linha 30 captura novamente a sessão contida na requisição para fechá-la. A linha 31 faz a sincronização do estado da memória com o banco de dados, ou seja, descarrega as alterações da sessão no banco de dados. Note que isso deve acontecer geralmente apenas no final de uma sessão.

A linha 32 persiste a operação definitivamente no banco de dados. Se for gerada uma exceção do tipo **HibernateException**, o método **rollback** (linha 34) desfaz as modificações que estavam sendo realizadas no banco de dados.

A linha 37 encerra a sessão.

4.9.12 Identificador de operações

A classe **Helper.java** é comumente utilizada em aplicações que utilizam o padrão de projeto (*design pattern*) View Helper. Nesse exemplo, ela foi adaptada para funcionar como um Controller Helper, pois fornece apoio para o componente de controle, a servlet **Controle.java**.

Esse componente é responsável por identificar qual operação será executada e acionar a classe command necessária para executar a operação. Essa identificação se dá por meio de uma *flag* (campo oculto **comando**) enviada em todas as requisições. Por exemplo, se a requisição veio do formulário de cadastro de departamento, a *flag* trará o valor **cadastrarDepartamento** e a classe **Helper.java** identificará que a classe **CadastrarDepartamento.java** deverá ser utilizada para controlar a gravação dos dados do departamento no banco por meio do método **salvar** da classe **HibernateDAO.java**.

Todas as requisições passarão por essa classe para que a aplicação saiba o que deve ser feito em seguida.

Helper.java

```
1    package helper;
2
3    import javax.servlet.http.HttpServletRequest;
4    import model.command.AtualizarDepartamento;
5    import model.command.AtualizarFuncionario;
```

```
6     import model.command.CadastrarDepartamento;
7     import model.command.CadastrarFuncionario;
8     import model.command.ConsultarDepartamento;
9     import model.command.ConsultarFuncionario;
10    import model.command.ExcluirDepartamento;
11    import model.command.ExcluirFuncionario;
12    import model.command.InterfaceCommand;
13    import model.command.PesquisarFuncionario;
14
15    public class Helper {
16      private HttpServletRequest request;
17
18      public Helper(HttpServletRequest request) {
19         super();
20         this.request = request;
21      }
22
23      public InterfaceCommand getCommand() {
24         String comando = request.getParameter("comando");
25         if (comando == null || comando.equals("cadastrarDepartame
           nto")) {
26            return new CadastrarDepartamento();
27         }
28         if (comando.equals("consultarDepartamento")) {
29            return new ConsultarDepartamento();
30         }
31         if (comando.equals("excluirDepartamento")) {
32            return new ExcluirDepartamento();
33         }
34         if(comando.equals("atualizarDepartamento")){
35            return new AtualizarDepartamento();
36         }
37         if(comando.equals("cadastrarFuncionario")){
38            return new CadastrarFuncionario();
39         }
40         if (comando.equals("consultarFuncionario")) {
41            return new ConsultarFuncionario();
42         }
43         if (comando.equals("excluirFuncionario")) {
44            return new ExcluirFuncionario();
45         }
46         if(comando.equals("atualizarFuncionario")){
47            return new AtualizarFuncionario();
48         }
49         if (comando.equals("pesquisarFuncionario")) {
50            return new PesquisarFuncionario();
51         }
52         return null;
53      }
54    }
```

Note que o construtor dessa classe recebe o objeto **request** da requisição (linha 18). No método **getCommand** (linha 23) o conteúdo da *flag* **comando** é recebida (linha 24) e uma série de comparações identificam a operação (command) que deve ser executada. Como resultado, é devolvido para a servlet de controle (de onde os objetos dessa classe são instanciados) uma instância da classe command responsável por executar a operação desejada.

4.9.13 Classes do componente Model do MVC

No componente **Model** do MVC são representados os *bean*s ou classes de persistência, as classes *command* que separam a invocação da operação da execução e as classes de acesso a dados (Data Acces Object - DAO).

4.9.13.1 Classes de entidade

As classes de persistência são identificadas como sinônimo de *bean*s, POJO, classes de entidade ou classes de modelo. Essas classes representam as tabelas do banco de dados e devem ser mapeadas adequadamente para que o Hibernate consiga fazer o mapeamento objeto/relacional enviando dados de objetos para as tabelas e vice-versa.

As classes de persistência e seus respectivos arquivos de mapeamento XML foram agrupadas nesse exemplo no pacote **model.bean**.

4.9.13.1.1 Criação das classes de persistência

Enquanto a Figura 4.15 mostra o modelo de dados do banco, a Figura 4.19 mostra o diagrama de classes das classes de persistência, ou seja, das classes que são os "modelos" das tabelas.

Note um relacionamento de grau 1 departamento para n funcionários. Nosso objetivo será criar essas classes e mapeá-las em sequência de tal forma que você possa, a partir de um departamento, obter sua lista de funcionários e a partir de um funcionário obter o departamento correspondente.

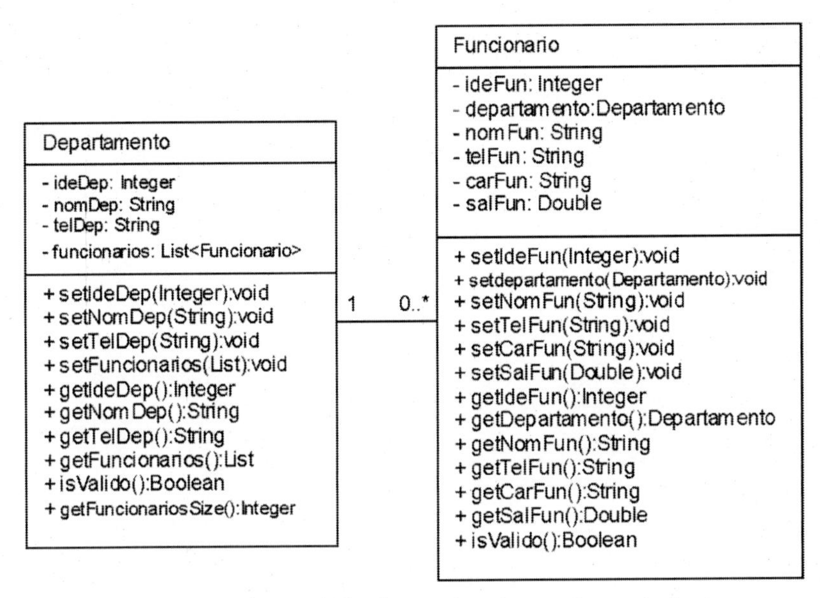

Figura 4.19: Diagrama de classes das classes de persistência.

Se você observar a Figura 4.19 notará a existência de métodos que implementam regras de negócio, como os métodos **isValido** e **getFuncionariosSize**. O método **isValido** permite verificar se os campos obrigatórios foram preenchidos. Já o método **getFuncionariosSize** verifica se existem funcionários cadastrados em um departamento.

Quando um funcionário é selecionado em uma consulta, é necessário mapear o departamento onde esse funcionário trabalha ou cadastrá-lo caso ele não exista. Observe que não há um atributo **ideDep** (que é chave estrangeira na tabela), na classe **Funcionario.java**. Ao invés disso existe um atributo do tipo **Departamento.java**.

O método **getDepartamento** é utilizado para, a partir de um funcionário, obter seu **departamento**. Já o método **setDepartamento** é utilizado para, a partir de um funcionário, cadastrar ou modificar seu departamento.

Na classe **Departamento.java** há um atributo **funcionarios** do tipo List de objetos da classe **Funcionario.java** e os métodos *setter* e *getter* correspondentes. O método **getFuncionarios** retorna uma lista dos funcionários existentes em um determinado departamento. Já o método **setFuncionarios** pode ser utilizado para, inserir ou modificar os dados de um conjunto de funcionários a partir de um departamento.

Esses atributos especiais existentes nas duas classes são necessários para garantir a cardinalidade 1:n definida na relação entre as classes. A partir de um departamento é possível obter uma lista de funcionários e a partir de um funcionário, apenas um departamento. Lembre-se, entretanto que, para que essa relação seja reconhecida pela aplicação é necessária a criação dos arquivos de mapeamento **Funcionario.hbm.xml** e **Departamento.hbm.xml**. Esses arquivos que serão apresentados mais a frente neste capítulo.

> **Nota**: Para obter a lista de funcionários de um departamento foi utilizada a interface List do Java Collections *Framework*, entre, tanto poderiam ser utilizadas outras interfaces como: **java.util.Set, java.util.SortedSet, java.util.Collection, java.util.Map** etc. Para obter mais informações consulte a documentação no endereço seguinte:
>
> <http://docs.jboss.org/hibernate/stable/core/reference/en/html/>.

A seguir são apresentadas as classes de persistência **Departamento.java** e **Funcionario.java**.

Departamento.java

```
1     package model.bean;
2
3     import java.util.List;
4
5     public class Departamento{
6
7       private Integer ideDep;
8       private String nomDep;
9       private String telDep;
10      private List<Funcionario> funcionarios;
11
12      public Departamento() {
13      }
14
15      public Integer getIdeDep() {
16         return this.ideDep;
17      }
```

```
18
19        public void setIdeDep(Integer ideDep) {
20           this.ideDep = ideDep;
21        }
22
23        public String getNomDep() {
24           return this.nomDep;
25        }
26
27        public void setNomDep(String nomDep) {
28           this.nomDep = nomDep;
29        }
30
31        public String getTelDep() {
32           return this.telDep;
33        }
34
35        public void setTelDep(String telDep) {
36           this.telDep = telDep;
37        }
38
39        public List getFuncionarios() {
40           return this.funcionarios;
41        }
42
43        public void setFuncionarios(List funcionarios) {
44           this.funcionarios = funcionarios;
45        }
46
47        public boolean isValido() {
48           if (nomDep == null || nomDep.equals("")) {
49              return false;
50           }
51           return true;
52        }
53
54        public Integer getFuncionariosSize() {
55           if (getFuncionarios() != null) {
56              Integer i = funcionarios.size();
57              return i;
58           }
59           return 0;
60        }
61     }
```

Funcionario.java

```
1      package model.bean;
2
3      public class Funcionario {
4
5        private Integer ideFun;
6        private Departamento departamento;
7        private String nomFun;
8        private String telFun;
9        private String carFun;
```

```
10      private Double salFun;
11
12      public Funcionario() {
13      }
14
15      public Integer getIdeFun() {
16        return this.ideFun;
17      }
18
19      public void setIdeFun(Integer ideFun) {
20        this.ideFun = ideFun;
21      }
22
23      public Departamento getDepartamento() {
24        return this.departamento;
25      }
26
27      public void setDepartamento(Departamento departamento) {
28        this.departamento = departamento;
29      }
30
31      public String getNomFun() {
32        return this.nomFun;
33      }
34
35      public void setNomFun(String nomFun) {
36        this.nomFun = nomFun;
37      }
38
39      public String getTelFun() {
40        return this.telFun;
41      }
42
43      public void setTelFun(String telFun) {
44        this.telFun = telFun;
45      }
46
47      public String getCarFun() {
48        return this.carFun;
49      }
50
51      public void setCarFun(String carFun) {
52        this.carFun = carFun;
53      }
54
55      public Double getSalFun() {
56        return this.salFun;
57      }
58
59      public void setSalFun(Double salFun) {
60        this.salFun = salFun;
61      }
62
63      public boolean isValido() {
64        if (nomFun == null || nomFun.equals("")) {
65           return false;
66        }
67        if (telFun == null || telFun.equals("")) {
68           return false;
```

```
69          }
70          return true;
71      }
72  }
```

Dica

Observe o uso do tipo de referência Double para designar valores decimais ao invés do tipo primitivo double. A principal diferença entre eles é que o tipo primitivo é inicializado automaticamente com um valor 0 enquanto o tipo de referência é iniciado com um valor nulo (null). Isso significa que se for enviado um objeto funcionário sem o valor do salário utilizando o atributo salFun do tipo Double, será armazenado no campo SalFun da tabela o valor null. Já se o tipo for double será armazenado o valor 0.

Apesar de você poder utilizar qualquer um deles, é aconselhável o uso dos tipos de referência para trabalhar de forma totalmente orientada a objetos já que a ideia básica é mapear objetos para as tabelas do banco de dados.

4.9.13.1.2 Mapeamento das classes de persistência

Mapear uma classe de persistência significa fornecer uma série de metadados (informações sobre dados) para que o Hibernate saiba como enviar ou receber objetos das tabelas do banco de dados. Por esse motivo o mapeamento deve conter a identificação da classe de persistência e da tabela, do identificador de chave primária, dos demais atributos, do qual o grau de relacionamento existente entre as classes de persistência etc.

Um mapeamento pode ser feito de forma **unidirecional** ou **bidirecional**.

Um mapeamento **unidirecional** é aquele que permite a obtenção de registros da extremidade "B" da relação a partir de registros da extremidade "A" ou da extremidade "A" a partir de registros da extremidade "B" e nunca nos dois sentidos.

Por exemplo, se a partir de um funcionário você conseguir obter seu departamento, mas a partir do departamento você não conseguir obter os funcionários ligados a ele o relacionamento é **unidirecional**. Já se você também conseguir obter os funcionários ligados ao departamento o mapeamento foi feito de forma **bidirecional**.

Nesse exemplo e na maioria dos casos faz-se o mapeamento bidirecional. Mesmo que você não utilize todos os recursos no estado atual da aplicação, você já mantém o mapeamento pronto para utilização futura.

A seguir são apresentados os arquivos de mapeamento **Departamento.hbm.xml** e **Funcionario.hbm.xml**.

Funcionario.hbm.xml

```
1    <?xml version="1.0" encoding="UTF-8"?>
2    <!DOCTYPE hibernate-mapping PUBLIC "-//Hibernate/Hibernate
     Mapping DTD 3.0//EN" "http://hibernate.sourceforge.net/
     hibernate-mapping-3.0.dtd">
3    <hibernate-mapping>
4      <class catalog="controle001" name="model.bean.Funcionario"
       table="funcionario">
5         <id name="ideFun" type="integer">
6            <column name="IdeFun"/>
7            <generator class="native"/>
8         </id>
9         <many-to-one cascade="all" fetch="join" lazy="proxy"
          name="departamento">
10           <column name="IdeDep"/>
11        </many-to-one>
12        <property name="nomFun" type="string">
13           <column length="50" name="NomFun"/>
14        </property>
15        <property name="telFun" type="string">
16           <column length="15" name="TelFun"/>
17        </property>
18        <property name="carFun" type="string">
19           <column length="30" name="CarFun"/>
20        </property>
21        <property name="salFun" type="java.lang.Double">
22           <column name="SalFun" precision="22" scale="0"/>
23        </property>
24     </class>
25   </hibernate-mapping>
```

O mapeamento com o atributo **<many-to-one>** (linha 9) é utilizado nesse exemplo para que se possa buscar e executar operações SQL na tabela **funcionario** e também no departamento a que pertence esse funcionário. **Many-to-one** significa que muitos funcionários são permitidos em um mesmo departamento.

Se você colocar a definição de grau (cardinalidade) de relacionamento apenas em uma das classes do relacionamento, você terá o que chamamos de **Mapeamento Hibernate Unidirecional de Associações**. Nesse exemplo, o mapeamento foi feito de funcionário para departamento (**<many-to-one>**).

Se for mapeada também a classe **Departamento.java** com o elemento **<one-to-many>** então você terá o que chamamos de **Mapeamento Hibernate Bidirecional de Associações**, que foi utilizado nesse exemplo.

O relacionamento apresentado é bidirecional porque a partir de um departamento é possível chegar aos funcionários cadastrados nesse departamento e a partir de um funcionário é possível chegar a seu departamento.

A propriedade **name** do elemento **<many-to-one>** identifica o nome do atributo da classe **Funcionario.java** que está ligado com esse relacionamento **many-to-one**. Lembre-se de que foi criado o atributo **departamento** na classe **Funcionario.java** (private Departamento departamento;), por esse motivo, o valor da propriedade **name** do elemento **<many-to-one>** deve ser **departamento**.

A propriedade **lazy** do elemento **<many-to-one>** define a forma como os dados serão recuperados nas consultas ao banco de dados. O valor padrão dessa propriedade é "**proxy**".

Quando se utiliza o valor "**proxy**" o Hibernate vai fazer um select no banco buscando o departamento apenas no momento em que o funcionário for buscado. Dois **selects** são executados, um para obter o funcionário e outro para obter o departamento desse funcionário. Entretanto, quando se utiliza sessão por operação (session-per-operation), a sessão é fechada após a busca pelo funcionário e quando você tentar obter os dados do departamento a sessão não estará mais aberta e uma mensagem de erro "could not initialize proxy - no Session" ou "no sesion or session was closed" será gerada.

Para resolver esse problema é possível utilizar o valor "**false**" para o atributo **lazy**. Dessa forma, o Hibernate não irá adiar a obtenção dos dados das tabelas relacionadas, mas sim trazer todos os dados na mesma operação. Por exemplo, quando for selecionado um funcionário, o Hibernate trará o departamento desse funcionário, independente de você utilizar os dados desse departamento ou não. Essa não é a configuração mais adequada, pois você estará carregando dados que pode não utilizar, entretanto, é uma solução viável para aplicações que utilizam sessão por operação.

Nesse exemplo foi utilizado o valor "**proxy**" para a propriedade **lazy** porque a aplicação utilizará sessão por requisição (session per request), onde a sessão permanecerá aberta durante todo o ciclo da requisição.

Proxies

Segundo Baur e King (2007. p. 564) são espaços reservados gerados em tempo de execução. Sempre que o Hibernate retorna uma instância de uma classe de persistência, ele checa se pode retornar um **proxy** no lugar evitando uma ida ao banco de dados. Um **proxy** é um espaço reservado que aciona o carregamento do objeto real quando ele é acessado pela primeira vez.

A propriedade **fetch** do elemento **<many-to-one>** quando recebe o valor "**join**", executa apenas um **select** contendo um ou mais joins ao invés de executar vários **selects** em uma operação. Nesse caso, em um único **select**, por exemplo, pode ser obtido o funcionário e seu departamento utilizando **join**.

Se for utilizado o valor "**select**", vários **selects** são executados sequencialmente para se obter o resultado desejado.

A propriedade **cascade** do elemento **<many-to-one>** quando recebe o valor "**none**" indica que quando um objeto **funcionario** tiver sendo manipulado não serão persistidas as modificações feitas no objeto **departamento** relacionado a esse funcionário, ou seja, se for selecionado um funcionário e o departamento a que ele pertence e se tentar uma modificação nos dados do departamento, essa modificação não terá sucesso. Se o valor dessa propriedade for "**all**", as modificações terão sucesso.

O elemento **<column>** indica por meio da propriedade **name** a coluna da tabela funcionario que é chave estrangeira, nesse caso, a coluna **IdeDep**. Se for colocada a propriedade **not-null= "true"** no elemento **<column>** significa que esse campo não poderá conter valores nulos.

Departamento.hbm.xml

```
1    <?xml version="1.0" encoding="UTF-8"?>
2    <!DOCTYPE hibernate-mapping PUBLIC "-//Hibernate/Hibernate
     Mapping DTD 3.0//EN" "http://hibernate.sourceforge.net/
     hibernate-mapping-3.0.dtd">
3    <hibernate-mapping>
```

```
4      <class catalog="controle001" name="model.bean.Departamento"
       table="departamento">
5        <id name="ideDep" type="integer">
6          <column name="IdeDep"/>
7          <generator class="native"/>
8        </id>
9        <property name="nomDep" type="string">
10         <column length="50" name="NomDep"/>
11       </property>
12       <property name="telDep" type="string">
13         <column length="15" name="TelDep"/>
14       </property>
15       <bag cascade="all" fetch="select" inverse="true"
         name="funcionarios" table="funcionario">
16           <key>
17               <column name="IdeDep"/>
18           </key>
19           <one-to-many class="model.bean.Funcionario"/>
20       </bag>
21     </class>
22   </hibernate-mapping>
```

O arquivo **Departamento.hbm.xml** faz o mapeamento do relacionamento na direção de departamento para funcionário. Sendo assim, tem grau definido pelo elemento **<one-to-many>** (um para muitos). Esse mapeamento permite obter, por exemplo, um departamento e a lista de seus funcionários.

O elemento **<class>** (linha 4) identifica a classe que está sendo mapeada, a tabela e o banco de dados.

O elemento **<id>** (linha 5) identifica o atributo da classe **Departamento.java** que será o identificador do objeto, ou seja, o atributo referente à chave primária da tabela.

O elemento **<column>** do interior do elemento **<id>** (linha 6) identifica o campo da tabela **departamento** que é chave primária.

A propriedade **class** do elemento **<generator>** (linha 7) quando recebe o valor "**native**", escolhe a melhor estratégia de geração do identificador na tabela do banco de dados, dependendo do banco de dados mapeado no arquivo **hibernate.cfg.xml**. O Hibernate suporta identificadores gerados automaticamente pelo banco de dados, identificadores únicos e identificadores atribuídos na aplicação. Quando você utiliza o valor **native** o MySQL, por exemplo, utiliza na realidade o valor **identity** que autoincrementa o campo **IdeDep** na tabela, desde que esse campo esteja definido como **autoincrement**.

Os elementos **<property>** identificam o nome dos atributos da classe **Departamento.java** e os elementos **<column>** em seu interior identificam o nome dos campos relacionados na tabela do banco de dados.

O elemento **<bag>** mapeia o atributo do tipo List, nesse exemplo, o atributo **funcionarios** da classe **Departamento.java**. Lembre-se de que esse atributo foi declarado na classe Departamento (private List<Funcionario> funcionarios;). Por meio desse atributo poderá ser obtida uma coleção de funcionários ligados a um determinado departamento.

> **Nota**: Se o atributo **funcionarios** da classe **Departamento.java** for do tipo Set, em lugar de **<bag>** você deve utilizar o elemento **<set>** sem a necessidade de outras modificações.

A propriedade **inverse** do elemento **<bag>** quando recebe o valor "**true**" indica que o Hibernate deve pegar o outro lado – a classe **Funcionario** – quando necessitar encontrar informação sobre a relação entre as duas entidades.

Observe que o nome das colunas no elemento **<key>** do arquivo **Departamento.hbm.xml** e **<many-to-one>** no arquivo **Funcionario.hbm.xml** estão trocados. A adição mais importante feita está no atributo **inverse= "true"** no elemento **<bag>** do mapeamento da lista da classe **Departamento.java**. Isso permite identificar que o campo **IdeDep** da tabela **departamento** é chave estrangeira na tabela **funcionario** e que o Hibernate deve propagar as mudanças feitas na extremidade **Funcionario** da associação para o banco de dados.

Segundo Bauer e King (2007. P266), o atributo **inverse** definido com o valor **true** torna um autêntico mapeamento de associação bidirecional. O atributo **inverse** informa ao Hibernate que a coleção é uma imagem espelhada da associação **<many-to-one>** do outro lado.

> **Nota**: Se o campo chave estrangeira (*foreign key*) de um relacionamento **<one-to-many>** não for declarado com o valor not null, você deve declarar o elemento **<key>** como **not-null="true"** ou usar uma associação bidirecional no mapeamento da coleção configurando **inverse="true"**.

A propriedade **fetch** quando recebe o valor "**select**", indica que quando for executada uma pesquisa para se obter os funcionários de um departamento, serão gerados e executados dois ou mais **selects** sequencialmente para se obter o resultado desejado.

A propriedade **cascade** definida com o valor "**all**" indica, por exemplo, que a partir de um departamento será possível modificar dados dos seus funcionários em cascata.

O elemento **<key>** define por meio do elemento **<column>**, o campo da tabela **departamento** que será chave estrangeira na tabela **funcionario**. Esse campo não poderá conter valores nulos.

No interior do elemento **<bag>** é definido o tipo de relacionamento entre departamento e funcionário, nesse caso, um para muitos, definido pelo elemento **<one-to-many>**. Nesse elemento a propriedade **name** indica o nome da classe com a qual a classe **Departamento.java** se relaciona, a classe **Funcionario.java**.

4.9.13.1.3 Visão geral das associações 1 para N e N para 1

O relacionamento entre as classe **Funcionario.java** e **Departamento.java** apresentado nesse exemplo é um dos tipos mais simples de associação bidirecional entre entidades. Você tem duas propriedades e duas classes. Uma é uma coleção de referência que permite a partir de um departamento obter uma lista de funcionários. A outra é uma única referência que permite a partir de um funcionário obter seu departamento.

Observe o fragmento de código da classe **Funcionario.java**:

```
public class Funcionario {
  ...
  private Departamento departamento;
  ...
  public Departamento getDepartamento() {
     return this.departamento;
  }

  public void setDepartamento(Departamento departamento) {
  this.departamento = departamento;
  }
  ...
}
```

Note o atributo **departamento** e os respectivos métodos *getter* e *setter*. Por meio desses métodos é possível inserir/atualizar ou obter o departamento ao qual pertence um funcionário.

A seguir, observe o bloco de mapeamento para essa associação no arquivo **Funcionario.hbm.xml**:

```
<class catalog="controle001" name="model.bean.Funcionario" table="funcionario">
 ...
 <many-to-one cascade="all" fetch="join" lazy="proxy"
 name="departamento">
    <column name="IdeDep"/>
 </many-to-one>
</class>
```

Observe o fragmento de implementação da classe **Departamento.java**:

```
public class Departamento{
 ...
 private List<Funcionario> funcionarios;
 ...
 public List getFuncionarios() {
    return this.funcionarios;
 }

 public void setFuncionarios(List funcionarios) {
    this.funcionarios = funcionarios;
 }
}
```

Observe o atributo **funcionarios** e o respectivo método *getter* e *setter*. Por meio desses métodos é possível inserir/atualizar ou obter uma lista de funcionários de um determinado departamento.

A seguir, observe o bloco de mapeamento para essa associação no arquivo **Departamento.hbm.xml**:

```
<class catalog="controle001" name="model.bean.Departamento"
table="departamento">
 ...
 <bag cascade="all" fetch="select" inverse="true" name="funcionarios"
 table="funcionario">
    <key>
        <column name="IdeDep"/>
    </key>
    <one-to-many class="model.bean.Funcionario"/>
 </bag>
</class>
```

Quando duas classes se relacionam com grau de relacionamento um para muitos (1:n) sempre haverá uma estrutura semelhante a mostrada nesse exemplo.

4.9.13.2 Componentes de acesso a dados

As classes de acesso a dados (DAO) permitem a execução de operações SQL no banco de dados. As classes DAO foram agrupadas nesse exemplo no pacote **model.dao**.

4.9.13.2.1 A Interface DAO

Segundo Ricarte (2003), Barth (2003) e Deitel (2005. p. 354), uma interface é uma classe abstrata para a qual todos os métodos são implicitamente **abstract** e **public**, e todos os atributos são implicitamente **static** e **final**. Em outras palavras, uma interface aproxima-se da especificação de uma "classe abstrata pura".

Deitel (2005, p. 354) afirma que as interfaces no Java oferecem a capacidade de exigir que classes não relacionadas implementem um conjunto de métodos comuns. Uma interface Java descreve um conjunto de métodos que podem ser chamados em um objeto, para instruir o objeto a realizar alguma tarefa ou, por exemplo, retornar alguma informação.

Uma declaração de interface inicia-se com a palavra-chave interface e contém somente constantes e métodos abstratos. Diferentemente das classes, todos os membros de interface devem ser **public** e as interfaces não podem especificar nenhum detalhe de implementação como declarações de métodos concretos e variáveis de instância. Portanto, todos os métodos declarados em uma interface são implicitamente métodos **public abstract** e todos os campos são implicitamente **public, static** e **final**.

A sintaxe para a declaração de uma interface é similar àquela utilizada para a definição de classes, porém seu corpo define apenas assinaturas de métodos sem corpo e constantes. O conjunto de todas as assinaturas de métodos de uma classe define a interface dessa classe. Em sua forma mais comum, uma interface é um conjunto de métodos relacionados com corpos vazios.

Mas para que declarar métodos com corpos vazios?

Vamos supor que você queira criar um conceito de objetos que podem salvar dados no banco, ou seja, objetos de persistência. Para isso você pode criar uma interface que, por exemplo, declara o método **salvar**. Toda classe que implementar essa interface (implements) terá que declarar e implementar esse método. Muitas classes podem implementar essa interface, mas todas terão o compromisso de oferecer a funcionalidade de salvar objetos no banco de dados, mesmo que cada uma faça isso de forma diferente. Como a implementação do método pode ser diferente, a interface em Java é um meio de viabilizar o polimorfismo. Isso traz flexibilidade para a aplicação, pois se você, ao final do desenvolvimento da aplicação quiser criar outra classe para salvar objetos no banco, basta implementar o método **salvar** da interface existente.

Uma interface estabelece uma espécie de contrato que é obedecido por uma classe. Quando uma classe implementa uma interface, garante-se que todas as funcionalidades especificadas pela interface serão oferecidas pela classe, ou seja, a classe que implementa a interface deverá implementar todos os métodos abstratos definidos na interface. Deitel (2005. p. 354), afirma que para utilizar uma interface, uma classe concreta deve especificar que implementa (implements) a interface e deve declarar nessa cada método com a assinatura especificada em sua declaração de interface.

A interface **InterfaceDAO.java** possui os métodos abstratos **salvar, atualizar, excluir, getBeans, getBean** e **getBeansByExample**. Esses métodos serão implementados na classe **HibernateDAO.java**.

InterfaceDAO.java

```
1   package model.dao;
2
3   import java.util.List;
4
5   public interface InterfaceDAO<T> {
6       void salvar(T bean);
7       void atualizar(T bean);
8       void excluir(T bean);
9       T getBean(Integer codigo);
10      List<T> getBeans();
11      List<T> getBeansByExample(T bean);
12  }
```

Note que os métodos abstratos **salvar** (linha 6), **atualizar** (linha 7) e **excluir** (linha 8) recebem como parâmetro um objeto do tipo **T**. T é um tipo genérico que representa um objeto de uma classe que será definida em tempo de execução, ou seja, quando o código estiver sendo executado.

Tipos genéricos

Tipos genéricos (generic types) são um recurso do Java que permite às classes especificarem parâmetros "abstratos" de um tipo, ou seja, permitem que se escreva códigos que dependam de classes referenciadas em outras classes. Em Java, o parâmetro genérico é declarado dentro dos angle brackets '<' e '>'.

O método **getBean** (linha 9) recebe como parâmetro um código do tipo Integer e retorna um objeto do tipo T.

O método **getBeans** (linha 12) retorna um objeto do tipo List contendo a coleção (lista) dos *bean*s existentes em uma tabela do banco de dados.

Para entender melhor essa interface e os tipos genéricos, vamos a um exemplo prático. Ao instanciar um objeto de uma classe que implementa a interface **InterfaceDAO.java** você passa como parâmetro um tipo genérico (nesse caso, o nome de uma classe) que é recebido em **T**. Veja um exemplo de instância envolvendo essa interface:

```
InterfaceDAO<Departamento> departamentoDAO=new
HibernateDAO<Departamento> ();
```

Observe que o nome <Departamento> é passado para <T> na interface. Sendo assim, o método salvar, por exemplo, recebe um objeto da classe **Departamento.java** (veja linha 6), já que T, nesse caso, recebe o tipo Departamento.

Utilizando a mesma analogia, o método getBeans (linha 10), nesse caso, devolve uma lista de objetos do tipo Departamento (List<Departamento> getBeans();).

A grande vantagem de utilizar tipos genéricos é que é possível utilizar a mesma interface para trabalhar com objetos de classes diferentes. Por exemplo, a instância seguinte utiliza a mesma interface, entretanto, passando a classe **Funcionario.java**. Veja:

```
InterfaceDAO<Funcionario> departamentoDAO=new
HibernateDAO<Funcionario>();
```

Nesse caso, o método **salvar** receberá um objeto da classe **Funcionario.java** e o **getBeans** retornará uma lista de objetos da classe **Funcionario.java**.

4.9.13.2.2 A classe DAO

A classe **HibernateDAO.java** implementa os métodos abstratos da interface **InterfaceDAO**. Essa classe executará operações no banco de dados para salvar, atualizar, excluir e consultar departamentos ou funcionários, já que recebe tipos de objetos genéricos, seja da classe **Departamento.java** ou da classe **Funcionario.java**.

Para instanciar um objeto dessa classe é necessário um código como:

```
InterfaceDAO<Departamento> departamentoDAO = new
HibernateDAO<Departamento>(Departamento.class, sessao);
```

Com essa forma de instância, todos os parâmetros **T** serão substituídos por Departamento e essa classe será utilizada para realizar operações na tabela departamento do banco de dados.

Já a instância seguinte utiliza essa classe para executar operações na tabela funcionario do banco de dados.

```
InterfaceDAO<Funcionario> funcionarioDAO = new HibernateDAO<
Funcionario> (Funcionario.class,  sessao);
```

Classe DAO genérica

Note que utilizando parâmetros abstratos na classe DAO evita-se criar duas classes DAO, uma para manipular dados dos departamentos (**DepartamentoDAO.java**) e outra para manipular dados de funcionários (**FuncionarioDAO.java**). No capítulo 2 utilizamos duas classes DAO, uma para cada tabela do banco de dados. Isso é extremamente trabalhoso quando se constrói sistemas grandes compostos por dezenas de tabelas. A classe **HibernateDAO.java**, nesse exemplo, ora trabalha como **DepartamentoDAO.java,** ora como **FuncionarioDAO.java**, dependendo dos parâmetros abstratos recebidos.

HibernateDAO.java

```
1    package model.dao;
2
3    import java.util.List;
4    import org.hibernate.Session;
5    import org.hibernate.criterion.Example;
6    import org.hibernate.criterion.MatchMode;
7
8    public class HibernateDAO<T> implements InterfaceDAO<T> {
9
10     private Class<T> classe;
11     private Session session;
12
13     public HibernateDAO(Class<T> classe, Session session) {
14        super();
15        this.classe = classe;
16        this.session=session;
17     }
18
19     @Override
20     public void atualizar(T bean) {
21        session.update(bean);
22        session.flush();
23        session.refresh(bean);
24     }
25
26     @Override
27     public void excluir(T bean) {
28        session.delete(bean);
29     }
30
31     @Override
32     public T getBean(Integer id) {
33        T bean = (T)session.get(classe, id);
34        return bean;
35     }
36
37     @Override
38     public List<T> getBeans() {
39        List<T> beans = (List<T>)session .createCriteria(classe).
          list();
40        session.getTransaction().commit();
41        session.beginTransaction().begin();
42        return beans;
43     }
44
45     @Override
46     public void salvar(T bean) {
47        session.save(bean);
48     }
49
50     @Override
51     public List<T> getBeansByExample(T bean) {
52        Example example = Example.create(bean);
53        example.enableLike(MatchMode.START);
54        example.ignoreCase();
```

```
55          return session.createCriteria(classe) .add(example).
            list();
56      }
57    }
```

Observe que nenhum comando SQL foi digitado, entretanto, os métodos **save, update, delete, get** e **createCriteria** executam as operações **insert, update, delete** e **select** respectivamente no banco de dados. Com Hibernate, na maioria dos casos, não é necessário a digitação de comandos SQL, pois o Hibernate gera esses comandos automaticamente.

O atributo **classe** (linha 10) será utilizado para determinar qual classe de persistência o **HibernateDAO** irá manipular (**Departamento.java** ou **Funcionario.java**). Nessa aplicação o nome da classe será recebido nesse atributo, no construtor da classe.

@Override

Indica que o método deve ser implementado de forma a atender a assinatura definida na interface correspondente, nesse caso a **InterfaceDAO.java**. Essa instrução é gerada automaticamente pela maioria das IDE de desenvolvimento. Essa instrução é opcional e caso você retire essa instrução, o método funcionará da mesma forma.

Note no método **atualizar** (linha 20) que após a operação de update foram chamados os métodos **flush** e **refresh**.

Em alguns bancos de dados como o MySQL é necessário recarregar o estado do objeto do banco de dados. O Hibernate muitas vezes não detecta que os campos foram modificados e os valores atualizados não são atualizados no objeto. Na primeira vez que esse exemplo foi testado com o MySQL, ao atualizar um departamento, a lista de funcionários desse departamento retornava null, mas a dos demais departamentos retornava todos os funcionários corretamente. Esse problema foi observado e resolvido depois de muitos debugs e testes. Existem problemas muito específicos no desenvolvimento com Hibernate que somente a paciência e a persistência são capazes de resolver. O Hibernate, por tirar o controle da criação e execução das instruções SQL do desenvolvedor dificulta a identificação e correção desse tipo de problema.

Nota: Lembre-se que para excluir um departamento relacionado a diversos funcionários é necessário que a tabela **funcionario** tenha a restrição de **ON DELETE CASCADE**.

O método **get** (linha 33) determina se uma instancia de um objeto com um determinado identificador (id) existe no banco de dados.

O método **createCriteria** retorna um objeto da interface Criteria que nesse exemplo, sofreu um cast (conversão) para um objeto da interface List. O createCriteria nesse exemplo retorna todo o conteúdo da tabela do banco de dados. Essa operação poderia ser executada em dois passos como mostra o exemplo seguinte:

```
Criteria cri = session.createCriteria(classe);
List<T> beans = cri.list();
```

Nota: Para maiores informações sobre a interface **org. hibernate.Criteria**, consulte o tópico "Criteria Queries" na documentação do Hibernate.

O método **create** da linha 52 cria um objeto da classe **Example** com o objeto recebido como parâmetro.

A linha 53 indica que será realizada uma consulta utilizando a cláusula **like**. Isso significa que qualquer trecho (**ANYWHERE**) da coluna da tabela que for encontrado igual aos valores contidos no *bean* recebido será capturado, pode ser no início, no meio ou no final. Se utilizado **START**, a busca será feita apenas nos valores contidos no início das colunas da tabela.

A linha 54 faz com que o Hibernate não se importe se a letra está maiúscula ou minúscula na realização da consulta.

A linha 55 executa a consulta, converte os registros retornados em uma lista de objetos e retorna a quem chamou esse método.

4.9.13.3 Componentes de execução de comandos

Os componentes de comando (command) separam a invocação da execução, ou seja, quando o usuário invocar a execução de um comando, será chamada uma classe command adequada para executá-lo. Essas classes instanciam objetos da classe **HibernateDAO.java** para executar as operações (comandos) no banco de dados. Para cada operação haverá uma classe command específica. Por exemplo, para salvar um departamento haverá uma classe **CadastrarDepartamento.java**, para consultar, uma classe **ConsultarDepartamento.java** e assim por diante. Todas as classes command implementarão o método **execute** da interface **InterfaceCommand.java**.

4.9.13.3.1 A Interface Command

A interface InterfaceCommand.java força as classes command a implementarem o método execute encarregado de executar os comandos pretendidos pelo usuário do sistema. Todas as classe command implementarão essa interface. Tanto a interface command como as classe command devem ser criadas no pacote model.command.

InterfaceCommand.java

```
1   package model.command;
2
3   import javax.servlet.http.HttpServletRequest;
4   import javax.servlet.http.HttpServletResponse;
5
6   public interface InterfaceCommand {
7       String execute(HttpServletRequest request,
        HttpServletResponse response);
8   }
```

Note que o método **execute** deverá receber os dados da requisição nos objetos **request** e **response**.

4.9.13.3.2 As Classes Command

As classes command implementam o método **execute** da interface **InterfaceCommand.java** que, por meio da classe **HibernateDAO.java** executa operações no banco de dados.

Quando o usuário interage nos formulários e menus da aplicação e clica nos botões e *links*, os dados da requisição são interceptados pela classe de filtro de requisição **HibernateFilter.java**. Nessa classe uma sessão e uma transação Hibernate são iniciadas e a sessão é incluída (setada) como atributo da requisição. A requisição passa então para a servlet **Controle.java**.

Na servlet, um objeto da classe **Helper.java** permite identificar por meio da *flag* **comando** qual classe command deve ser carregada para executar a operação desejada. Por exemplo, se for uma operação para salvar um departamento, a classe **CadastrarDepartamento.java** deverá ser utilizada.

Na sequência, um objeto da classe command é instanciado e o método **execute** é chamado para executar a operação. Esse método recebe os dados vindos na requisição, incluindo um atributo contendo a sessão criada na classe **HibernateFiltro.java**.

Na sequência, a operação desejada é realizada por meio de métodos da classe **HibernateDAO.java** e uma mensagem de retorno ao usuário é incluída (setada) como atributo da requisição.

Em seguida a servlet de controle recebe o retorno do método **execute** e devolve a requisição para a classe filtro **FiltroHibernate.java** para que a sessão seja fechada. Após a sessão ser encerrada, a requisição é devolvida ao usuário e a mensagem de retono da operação é recuperada e exibida.

Todas as classes command executam o procedimento descrito acima.

Na sequência são apresentadas as classes command utilizadas nesse exemplo.

CadastrarDepartamento.java

```
1    package model.command;
2
3    import javax.servlet.http.HttpServletRequest;
4    import javax.servlet.http.HttpServletResponse;
5    import model.bean.Departamento;
6    import model.dao.HibernateDAO;
7    import model.dao.InterfaceDAO;
8    import org.hibernate.Session;
9    import util.HibernateUtil;
10
11   public class CadastrarDepartamento implements InterfaceCommand
     {
12
13     @Override
14     public String execute(HttpServletRequest request,
       HttpServletResponse response) {
15        Departamento departamento = new Departamento();
16        departamento.setNomDep(request.getParameter("nome"));
17        departamento.setTelDep(request.getParameter("telefone"));
18        try {
19          if (departamento.isValido()){
```

```
20              InterfaceDAO<Departamento> departamentoDAO = new Hibe
                rnateDAO<Departamento>(Departamento.class, (Session)
                request.getAttribute (HibernateUtil.HIBERNATE_
                SESSION));
21              departamentoDAO.salvar(departamento);
22              request.setAttribute("mensagem", "Departamento " +
                departamento.getNomDep() + " gravado com sucesso");
23           } else if (request.getMethod().equalsIgnoreCase("post")){
24              request.setAttribute("mensagem", "Preencha os campos
                obrigatórios");
25           }
26        } catch (Exception e) {
27              request.setAttribute("mensagem", "Problemas com a
                gravação: " + e.getMessage());
28              e.printStackTrace();
29        }
30        return "cadastro_departamento.jsp";
31     }
32  }
```

Quando o usuário digita os dados de um departamento e clica no botão **Salvar** do formulário, os dados da requisição são interceptados pela classe de filtro de requisição **HibernateFilter.java**. Nessa classe uma sessão e uma transação Hibernate são iniciadas e essa sessão é incluída (setada) como atributo da requisição. A requisição passa então para a servlet **Controle.java**.

Na servlet, um objeto da classe **Helper** permite identificar por meio da *flag* comando que a classe **CadastrarDepartamento.java** deve ser carregada.

> *Flag*
>
> Uma *flag*(bandeira) é um atributo (variável) enviado do cliente para o servidor em uma requisição que permite identificar a origem da requisição ou a função que se deseja executar. As *flag*s são importantes porque permitem centralizar as requisições em um componente de controle e por meio de comparações identificar a origem da requisição e a operação que se quer realizar.

Na sequência, um objeto da classe **CadastrarDepartamento.java** é instanciado e o método **execute** (linha 14) é chamado para executar a operação. Esse método recebe os dados da requisição, incluindo a atributo contendo a sessão criada na classe **HibernateFiltro.java**.

No método **execute**, um *bean* da classe de persistência **Departamento.java** é instanciado para receber os dados digitados nos campos do formulário.

Se os dados digitados forem válidos (linha 19), um objeto da classe **HibernateDAO.java** é instanciado (linha 20), passando como parâmetro o nome da classe de persistência (**Departamento.java**) e a sessão criada no **HibernateFiltro.java**, no início da requisição.

Por meio do objeto da classe **HibernateDAO.java** o método **salvar** (linha 21) é chamado passando como parâmetro o *bean* da classe **Departamento.java** contendo os dados digitados no formulário.

No método **salvar**, os dados do *bean* **departamento** são persistidos na tabela **departamento** do banco de dados utilizando o mapeamento definido no arquivo **Departamento.hbm.xml**.

Na linha 22 uma mensagem indicando que a operação teve sucesso é incluída (setada) na requisição para ser recuperada e exibida no formulário **cadastro_departamento.jsp**.

Se os dados do departamento não forem válidos e a requisição veio por meio do método post (linha 23), é incluída na requisição uma mensagem pedindo para que sejam preenchidos os campos obrigatórios (linha 24).

Caso alguma exceção ocorra (linha 26) é incluído na requisição uma mensagem indicando que houve problemas na gravação dos dados (linha 27).

Note que todas as mensagens são incluídas na requisição e serão recuperadas no arquivo **cadastro_departamento.jsp** que é carregado de volta para que o usuário veja o retorno da operação.

A linha 30 retorna o arquivo **cadastro_departamento.jsp** para a servlet de controle que devolve a requisição para a classe filtro **FiltroHibernate.java** para que a sessão seja fechada. Após a sessão ser encerrada, o arquivo **cadastro_departamento.jsp** é retornado ao usuário. Nesse arquivo a mensagem devolvida na requisição é recuperada e exibida ao usuário, juntamente com o formulário inicial.

ConsultarDepartamento.java

```
1   package model.command;
2
3   import java.util.List;
4
5   import javax.servlet.http.HttpServletRequest;
6   import javax.servlet.http.HttpServletResponse;
7
8   import org.hibernate.Session;
```

```
9
10  import model.bean.Departamento;
11  import model.dao.HibernateDAO;
12  import model.dao.InterfaceDAO;
13  import util.HibernateUtil;
14
15  public class ConsultarDepartamento implements InterfaceCommand {
16
17      @Override
18      public String execute(HttpServletRequest request,
        HttpServletResponse response) {
19      InterfaceDAO<Departamento> departamentoDAO = new
        HibernateDAO<Departamento>(Departamento.class,
        (Session)request.getAttribute(HibernateUtil.HIBERNATE_
        SESSION));
20      List<Departamento> departamentos = departamentoDAO .getBeans();
21      request.setAttribute("departamentos", departamentos);
22      return "consulta_departamento.jsp";
23    }
24  }
```

Quando o usuário clica no *link* **Consultar departamento** do menu, uma requisição é enviada por meio do método **get** à servlet de controle. Essa requisição traz a *flag* **comando** contendo o valor **consultarDepartamento**.

Os dados da requisição são então interceptados pela classe **HibernateFilter.java**. Nessa classe uma sessão e uma transação Hibernate são iniciadas e essa sessão é incluída (setada) como atributo da requisição. A requisição passa então para a servlet **Controle.java**.

Na servlet, um objeto da classe **Helper.java** permite identificar por meio da *flag* **comando** que a classe **ConsultarDepartamento.java** deve ser carregada.

Na sequência, um objeto da classe **ConsultarDepartamento.java** é instanciado e o método **execute** (linha 18) é chamado para executar a operação. Esse método recebe os dados da requisição, incluindo o atributo contendo a sessão criada na classe **HibernateFiltro.java**.

No método **execute**, um objeto da classe **HibernateDAO.java** é instanciado (linha 19), passando como parâmetro o nome da classe de persistência (**Departamento.java**) e a sessão criada no **HibernateFiltro.java**, no início da requisição.

Por meio desse objeto o método **getBeans** (linha 20) é chamado. Esse método retorna (utilizando o mapeamento definido no arquivo **Departamento.hbm.xml**) uma lista de objetos da classe **Departamento.**

java contendo todos os departamentos cadastrados.

Em seguida essa lista de objetos é incluída (setada) na requisição e a String consulta_departamento.jsp é retornada a servlet de controle. A servlet passa a requisição para a classe **FiltroHibernate.java** para que a sessão seja fechada. Após a sessão ser encerrada, o arquivo consulta_ departamento.jsp é retornado ao usuário contendo na resposta um atributo departamentos que possui a lista de **departamentos** obtida na consulta. Nesse arquivo o conteúdo dessa lista é recuperado e exibido ao usuário em uma tabela.

AtualizarDepartamento.java

```
1     package model.command;
2
3     import javax.servlet.http.HttpServletRequest;
4     import javax.servlet.http.HttpServletResponse;
5
6     import org.hibernate.Session;
7
8     import model.bean.Departamento;
9     import model.dao.HibernateDAO;
10    import model.dao.InterfaceDAO;
11    import util.HibernateUtil;
12
13    public class AtualizarDepartamento implements InterfaceCommand
      {
14
15      @Override
16      public String execute(HttpServletRequest request,
        HttpServletResponse response) {
17        Departamento departamento = new Departamento();
18        try {
19          departamento.setIdeDep(Integer.valueOf(request.
            getParameter("ideDep")));
20          departamento.setNomDep(request.getParameter("nome"));
21          departamento.setTelDep(request.getParameter("telefone"));
22          Session session = (Session) ((HttpServletRequest)
            request).getAttribute(HibernateUtil .HIBERNATE_SESSION);
23          if (departamento.isValido()) {
24             InterfaceDAO<Departamento> departamentoDAO = new Hibern
               ateDAO<Departamento>(Departamento.class, session);
25             departamentoDAO.atualizar(departamento);
26             request.setAttribute("mensagem", "Departamento
               atualizado com sucesso.");
27          } else if (request.getMethod() .equalsIgnoreCase("post"))
            {
28             request.setAttribute("departamento", departamento);
29             request.setAttribute("mensagem", "Preencha os campos
               obrigatórios.");
30             return "atualiza_departamento.jsp";
31          } else {
```

```
32            InterfaceDAO<Departamento> departamentoDAO = new Hibern
              ateDAO<Departamento>(Departamento.class, session);
33            Integer id = Integer.valueOf(request.
              getParameter("ideDep"));
34            request.setAttribute("departamento", departamentoDAO.
              getBean(id));
35            return "atualiza_departamento.jsp";
36          }
37        } catch (Exception e) {
38          request.setAttribute("mensagem", "Problemas com a
            atualização: " + e.getMessage());
39          e.printStackTrace();
40        }
41        return "Controle?comando=consultarDepartamento";
42      }
43    }
```

Esse arquivo pode ser acessado de dois locais diferentes na aplicação: ao clicar no *link* **Atualizar** na tabela que exibe os dados dos departamentos e ao clicar no botão **Atualizar**, após os dados terem sido modificados no formulário. No primeiro caso, a requisição chega ao servidor utilizando o método **get** e o objetivo é obter os dados de um departamento para carregá-lo no formulário de atualização. No segundo caso, a requisição chega ao servidor utilizando-se o método post com os dados do formulário já modificados.

Sendo assim, a classe **AtualizarDepartamento.java** deve executar duas operações diferentes, dependendo da origem da requisição: uma para consultar o departamento que se quer modificar e outra para atualizar os dados do departamento.

A seguir são apresentados os processos executados em cada um dos casos.

Quando o usuário clica no *link* **Atualizar** na tela que exibe os departamentos consultados, uma requisição é enviada por meio do método **get** à servlet de controle trazendo a *flag* **comando** contendo o valor **atualizarDepartamento** e a variável **ideDep** contendo o ID do departamento que se deseja atualizar.

Os dados da requisição são então interceptados pela classe **HibernateFilter.java**. Nessa classe uma sessão e uma transação Hibernate são iniciadas e essa sessão é incluída (setada) como atributo da requisição. A requisição passa então para a servlet **Controle.java**.

Na servlet, um objeto da classe **Helper** permite identificar por meio da *flag* **comando** que a classe **AtualizarDepartamento.java** deve ser utilizada.

Na sequência, um objeto da classe **AtualizarDepartamento.java** é instanciado e o método **execute** (linha 16) é chamado para executar a busca pelo departamento. Esse método recebe os dados da requisição, incluindo a atributo contendo a sessão criada na classe **HibernateFiltro.java**.

No método **execute**, um *bean* da classe de persistência **Departamento.java** é instanciado para receber os dados vindos na requisição. Note que, nesse caso, apenas o ID do departamento veio na requisição e esse ID é incluído no *bean* **departamento** (linha 19). Já o nome e o telefone do departamento, nesse caso, serão nulos (linhas 20 e 21).

Na linha 22 a sessão criada na classe **HibernateUtil.java** é recuperada em um objeto da interface Session.

As condições são então testadas e o bloco **else** (linha 31) da comparação será executado, pois os campos ainda não foram atualizados e o método que gerou a requisição não foi o **post**, mas sim o **get**.

Um objeto da classe **HibernateDAO.java** é instanciado (linha 32), passando como parâmetro o nome da classe de persistência (**Departamento.java**) e a sessão criada no **HibernateFiltro.java**, no início da requisição.

Na linha 33 o ID que veio na requisição é recuperado e o método **getBean** (linha 34) da classe **HibernateDAO.java** é chamado passando como parâmetro o ID do departamento. Os dados desse departamento são retornados em um *bean* da classe **Departamento.java** e incluídos em um atributo da requisição para serem devolvidos ao usuário.

A linha 35 retorna para a servlet de controle a String **atualiza_departamento.jsp**.

A servlet passa a requisição para a classe **FiltroHibernate.java** para que a sessão seja fechada. Após a sessão ser encerrada, o arquivo **atualiza_departamento.jsp** é retornado ao usuário contendo na resposta um atributo **departamento** que possui o departamento obtido na consulta. Nesse arquivo o *bean* departamento é recuperado e os dados são exibidos em um formulário para serem atualizados.

Após atualizar os dados no formulário e clicar no botão **Atualizar**, uma requisição é enviada por meio do método **post** à servlet de controle trazendo a *flag* **comando** com o valor **atualizarDepartamento** e os campos do formulário.

Os dados da requisição são então interceptados pela classe **HibernateFilter.java** e uma nova sessão é iniciada e incluída (setada) como atributo da requisição. A requisição passa então para a servlet **Controle.java**.

Na servlet, um objeto da classe **Helper** permite identificar por meio da *flag* comando que a classe **AtualizarDepartamento.java** deve ser carregada.

Na sequência, um objeto da classe **AtualizarDepartamento.java** é instanciado e o método **execute** (linha 16) é chamado para persistir a atualização. Esse método recebe os dados da requisição, incluindo a atributo contendo a sessão criada na classe **HibernateFiltro.java**.

No método **execute**, um *bean* da classe **Departamento.java** é instanciado para receber os dados vindos na requisição.

O id, nome e telefone do departamento são recebidos e incluídos no *bean* **departamento**.

Se os dados forem válidos, um objeto da classe **HibernateDAO.java** é instanciado (linha 24) e o método **atualizar** é chamado por meio desse objeto, passando como parâmetro o *bean* com os dados do departamento (linha 25).

Na linha 26 uma mensagem é incluída em um atributo da requisição que futuramente será exibido ao usuário.

Caso os dados não sejam válidos, mas a requisição veio por meio do método **post** (linha 27), os dados do departamento que vieram na requisição são inseridos em um atributo de requisição para serem retornados ao usuário e uma mensagem indicando a necessidade de preencher os campos obrigatórios é incluída em um atributo de requisição. Em seguida a String **atualiza_departamento.jsp** é retornada para que o usuário possa fazer o reenchimento correto do formulário.

Por fim, se a alteração teve sucesso, a String "Controle?comando = consultarDepartamento" é retornada à servlet de controle.

A servlet passa a requisição para a classe **FiltroHibernate.java** para que a sessão seja fechada. Após a sessão ser encerrada, todos os departamentos são novamente buscados por meio da command **ConsultarDepartamento.java** e os dados atualizados já aparecem na lista de departamentos.

ExcluirDepartamento.java

```
1   package model.command;
2
3   import javax.servlet.http.HttpServletRequest;
4   import javax.servlet.http.HttpServletResponse;
5   import org.hibernate.Session;
6   import model.bean.Departamento;
7   import model.dao.HibernateDAO;
8   import model.dao.InterfaceDAO;
9   import util.HibernateUtil;
10
11  public class ExcluirDepartamento implements InterfaceCommand{
12
13    @Override
14    public String execute(HttpServletRequest request,
      HttpServletResponse response) {
15    InterfaceDAO<Departamento> departamentoDAO = new
      HibernateDAO<Departamento>(Departamento.class,
      (Session)request.getAttribute(HibernateUtil.HIBERNATE_SESSION));
16      Integer id = Integer.valueOf(request.getParameter("ideDep"));
17      Departamento departamento = new Departamento();
18      departamento.setIdeDep(id);
19      departamentoDAO.excluir(departamento);
20      request.setAttribute("mensagem", "Departamento excluído com
        sucesso.");
21      return "Controle?comando=consultarDepartamento";
22    }
23  }
```

Quando o usuário clicar no *link* **Excluir** na tela que exibe os departamentos consultados, uma requisição é enviada por meio do método **get** à servlet de controle trazendo a *flag* comando contendo o valor **excluirDepartamento** e a variável **ideDep** contendo o ID do departamento que se deseja excluir.

Os dados da requisição são então interceptados pela classe **HibernateFilter.java**. Nessa classe uma sessão e uma transação Hibernate são iniciadas e essa sessão é incluída (setada) como atributo da requisição. A requisição passa então para a servlet **Controle.java**.

Na servlet, um objeto da classe **Helper.java** permite identificar por meio da *flag* **comando** que a classe **ExcluirDepartamento.java** deve ser carregada.

Na sequência, um objeto da classe **ExcluirDepartamento.java** é instanciado e o método execute (linha 14) é chamado para executar a operação. Esse método recebe o ID do departamento (linha 16), e um atributo de requisição contendo a sessão criada na classe **HibernateFiltro.java**.

Na linha 14 um objeto da classe **HibernateDAO.java** é instanciado (linha 19), passando como parâmetro o nome da classe de persistência (**Departamento.java**) e a sessão criada na classe **HibernateFiltro.java**, no início da requisição.

Na linha 17 um *bean* da classe **Departamento.java** é instanciado (linha 17) e o id recebido é incluído nesse *bean* (linha 18).

Na linha 19 o método **excluir** da classe **HibernateDAO.java** é chamado passando como parâmetro o *bean* contendo o id do departamento a ser excluído.

Na linha 20 uma mensagem indicando que o departamento foi excluído com sucesso é incluído como atributo da requisição e a String "**Controle?comando=consultarDepartamento**" é devolvida à servlet de controle.

A servlet passa a requisição para a classe **FiltroHibernate** para que a sessão seja fechada. Após a sessão ser encerrada, a command **ConsultarDepartamento.java** é novamente executada para buscar e exibir todos os departamentos cadastrados. Você vai notar que o departamento excluído não aparecerá mais na lista.

CadastrarFuncionario.java

```
1     package model.command;
2
3     import javax.servlet.http.HttpServletRequest;
4     import javax.servlet.http.HttpServletResponse;
5     import model.bean.Departamento;
6     import model.bean.Funcionario;
7     import model.dao.HibernateDAO;
8     import model.dao.InterfaceDAO;
9     import org.hibernate.Session;
10    import util.HibernateUtil;
11
12    public class CadastrarFuncionario implements InterfaceCommand {
13
14      @Override
15      public String execute(HttpServletRequest request,
        HttpServletResponse response) {
16        Funcionario funcionario = new Funcionario();
17        if (request.getMethod().equalsIgnoreCase("post")) {
18          funcionario.setNomFun(request.getParameter("nome"));
19          funcionario.setTelFun(request .getParameter("telefone"));
20          funcionario.setCarFun(request.getParameter("cargo"));
21          Double sal = new Double("0");
```

```
22          if (request.getParameter("salario") == null) {
23            sal = new Double("0");
24          } else {
25            sal = Double.valueOf(request .getParameter("salario"));
26          }
27          funcionario.setSalFun(sal);
28          Integer departamento_id;
29          if (request.getParameter("departamento_id") == null) {
30            departamento_id = new Integer("0");
31          } else {
32            departamento_id = Integer.valueOf(request
              .getParameter("departamento_id"));
33          }
34        }
35        try {
36          InterfaceDAO<Departamento> departamentoDAO = new Hibernat
            eDAO<Departamento>(Departamento.class, (Session) request.
            getAttribute(HibernateUtil .HIBERNATE_SESSION));
37          request.setAttribute("departamentos", departamentoDAO
            .getBeans());
38          if (request.getMethod().equalsIgnoreCase("post")) {
39              funcionario.setDepartamento(departamentoDAO.
                getBean(Integer.valueOf(request
                .getParameter("departamento_id"))));
40              request.setAttribute("mensagem", "Preencha os campos
                obrigatórios");
41          }
42          request.setAttribute("funcionario", funcionario);
43          if (funcionario.isValido()) {
44              InterfaceDAO<Funcionario> funcionarioDAO = new Hibernat
                eDAO<Funcionario>(Funcionario.class, (Session) request.
                getAttribute(HibernateUtil .HIBERNATE_SESSION));
45              funcionarioDAO.salvar(funcionario);
46              request.setAttribute("mensagem", "Funcionario gravado
                com sucesso: " + funcionario.getNomFun());
47              request.removeAttribute("funcionario");
48          }
49        } catch (Exception e) {
50              request.setAttribute("mensagem", "Problemas com a
                gravação: " + e.getMessage());
51              e.printStackTrace();
52        }
53        return "cadastro_funcionario.jsp";
54      }
55    }
```

Esse arquivo recebe os dados cadastrados no formulário, busca o departamento selecionado para esse funcionário, coloca tudo isso em um *bean* da classe **Funcionario.java** e salva esses dados na tabela do banco de dados utilizando informações contidas nos arquivos de mapeamento.

Quando o usuário digita os dados de um funcionário e clica no botão **Salvar** do formulário, os dados da requisição são interceptados pela classe **HibernateFilter.java**. Nessa classe uma sessão e uma transação

Hibernate são iniciadas e essa sessão é incluída (setada) como atributo da requisição. A requisição passa então para a servlet **Controle.java** onde um objeto da classe Helper permite identificar por meio da *flag* comando que a classe **CadastrarFuncionario.java** deve ser carregada.

Na sequência, um objeto da classe **CadastrarFuncionario.java** é instanciado e o método **execute** (linha 15) é chamado para executar a operação. Esse método recebe os dados da requisição, incluindo a atributo contendo a sessão criada na classe **HibernateFiltro.java**.

No método **execute**, um *bean* da classe **Funcionario.java** é instanciado para receber os dados digitados nos campos do formulário.

Se o método utilizado para submeter a requisição for o **post** (linha17), os dados do funcionário que chegaram na requisição são capturados e incluídos em um objeto da classe **Funcionario.java** (linhas 18 a 34). A esse objeto também deve ser adicionado o departamento selecionado para esse funcionário (linha 39).

Na linha 44, um objeto da classe **HibernateDAO.java** é instanciado, passando como parâmetro o nome da classe (**Departamento.java**) e a sessão criada na classe **HibernateFiltro.java**, no início da requisição.

Por meio desse objeto o método **getBeans** (linha 37) é chamado para obter os dados de todos os departamentos cadastrados (utilizando o mapeamento feito no arquivo **Departamento.hbm.xml**). Esse método retorna uma lista de *bean*s da classe **Departamento.java** que é incluído em um atributo de requisição.

Se a requisição foi submetida utilizando o método **post** (linha 38), os dados do departamento selecionado para o funcionário são obtidos e incluídos no objeto da classe **Funcionario.java** que contém os dados cadastrados. Esse procedimento é necessário porque a classe **Funcionario.java** possui um atributo **departamento** utilizado para relacionar o funcionário ao departamento escolhido.

Na linha 40 uma mensagem é incluída na requisição pedindo o preenchimento dos campos obrigatórios e o objeto da classe **Funcionario.java** é incluído (setado) em um atributo da requisição (linha 42).

Se os dados do funcionário forem válidos (linha 43), um objeto da classe **HibernateDAO.java** é instanciado (linha 44) passando como parâmetro o nome da classe (**Funcionario**) e a sessão aberta.

Na linha 45 o método **salvar** da classe **HibernateDAO.java** é chamado, passando como parâmetro os dados do funcionário cadastrado contidos no objeto da classe **Funcionario.java**.

Na linha 46, uma mensagem é incluída em um atributo de requisição para indicar que os dados do funcionário foram salvos com sucesso.

Caso alguma exceção ocorra (linha 49) é incluído na requisição uma mensagem indicando que houve problemas na gravação dos dados (linha 50).

A linha 53 retorna o arquivo **cadastro_funcionario.jsp** para a servlet de controle que devolve a requisição para a classe **FiltroHibernate**.java para que a sessão seja fechada. Após a sessão ser encerrada, o arquivo **cadastro_funcionario.jsp** é retornado ao usuário. Nesse arquivo a mensagem devolvida na requisição é recuperada e exibida ao usuário, juntamente com o formulário inicial.

ConsultarFuncionario.java

```
1   package model.command;
2
3   import java.util.List;
4   import javax.servlet.http.HttpServletRequest;
5   import javax.servlet.http.HttpServletResponse;
6   import org.hibernate.Session;
7   import model.bean.Funcionario;
8   import model.dao.HibernateDAO;
9   import model.dao.InterfaceDAO;
10  import util.HibernateUtil;
11
12  public class ConsultarFuncionario implements
    InterfaceCommand{
13
14      @Override
15      public String execute(HttpServletRequest
        request,HttpServletResponse response) {
16      InterfaceDAO<Funcionario> funcionarioDAO = new
        HibernateDAO<Funcionario>(Funcionario.class,
        (Session)request.getAttribute(HibernateUtil
        .HIBERNATE_SESSION));
17      List<Funcionario> funcionarios = funcionarioDAO
        .getBeans();
18      request.setAttribute("funcionarios", funcionarios);
19      return "consulta_funcionario.jsp";
20      }
21  }
```

Quando o usuário clica no *link* **Consultar** funcionário do menu, uma requisição é enviada por meio do método **get** à servlet de controle. Essa requisição traz a *flag* **comando** contendo o valor consultarFuncionario.

Os dados da requisição são então interceptados pela classe **HibernateFilter.java**. Nessa classe uma sessão e uma transação Hibernate são iniciadas e essa sessão é incluída (setada) como atributo da requisição. A requisição passa então para a servlet **Controle.java**.

Na servlet, um objeto da classe **Helper.java** permite identificar por meio da *flag* **comando** que a classe **ConsultarFuncionario.java** deve ser utilizada.

Na sequência, um objeto da classe **ConsultarFuncionario.java** é instanciado e o método **execute** (linha 15) é chamado para executar a operação. Esse método recebe os dados da requisição, incluindo a atributo contendo a sessão criada na classe **HibernateFiltro.java**.

No método **execute**, um objeto da classe **HibernateDAO.java** é instanciado (linha 16), passando como parâmetro o nome da classe de persistência (**Funcionario.java**) e a sessão criada na classe **HibernateFiltro.java**.

Por meio desse objeto o método getBeans (linha 17) é chamado e retorna (utilizando o mapeamento definido no arquivo Funcionario.hbm.xml) uma lista de objetos da classe **Funcionario.java** contendo todos os funcionários cadastrados.

Em seguida essa lista de objetos é incluída (setada) na requisição e a String **consulta_funcionario.jsp** é retornada a servlet de controle. A servlet passa a requisição para a classe **FiltroHibernate.java** para que a sessão seja fechada. Após a sessão ser encerrada, o arquivo **consulta_funcionario.jsp** é retornado ao usuário contendo na resposta um atributo funcionarios que possui a lista de **funcionários** obtida na consulta. Nesse arquivo o conteúdo dessa lista é recuperado e exibido ao usuário.

AtualizarFuncionario.java

```
1     package model.command;
2
3     import javax.servlet.http.HttpServletRequest;
4     import javax.servlet.http.HttpServletResponse;
5     import model.bean.Departamento;
6     import model.bean.Funcionario;
7     import model.dao.HibernateDAO;
8     import model.dao.InterfaceDAO;
9     import org.hibernate.Session;
10    import util.HibernateUtil;
```

```
11
12   public class AtualizarFuncionario implements InterfaceCommand {
13
14     @Override
15     public String execute(HttpServletRequest request,
       HttpServletResponse response) {
16       Funcionario funcionario = null;
17       try {
18         InterfaceDAO<Funcionario> funcionarioDAO = new Hibernat
           eDAO<Funcionario>(Funcionario.class, (Session) request.
           getAttribute(HibernateUtil.HIBERNATE_SESSION));
19         funcionario = funcionarioDAO.getBean(Integer
           .valueOf(request.getParameter("ideFun")));
20         InterfaceDAO<Departamento> departamentoDAO = new Hibernat
           eDAO<Departamento>(Departamento.class, (Session) request.
           getAttribute(HibernateUtil.HIBERNATE_SESSION));
21         request.setAttribute("departamentos", departamentoDAO
           .getBeans());
22         if (request.getMethod().equalsIgnoreCase("post")) {
23           funcionario.setIdeFun(Integer.valueOf(request
             .getParameter("ideFun")));
24           funcionario.setNomFun(request.getParameter("nome"));
25           funcionario.setTelFun(request .getParameter("telefone"));
26           funcionario.setCarFun(request.getParameter("cargo"));
27           Double sal = new Double("0");
28           if (request.getParameter("salario") == null) {
29              sal = new Double("0");
30           } else {
31              sal = Double.valueOf(request.getParameter("salario"));
32           }
33           funcionario.setSalFun(sal);
34           funcionario.setDepartamento(departamentoDAO.
             getBean(Integer.valueOf(request
             .getParameter("departamento_id"))));
35           request.setAttribute("mensagem", "Preencha os campos
             obrigatórios");
36         }
37         request.setAttribute("funcionario", funcionario);
38         if (funcionario.isValido() && request.getMethod().
           equalsIgnoreCase("post")) {
39           funcionarioDAO.atualizar(funcionario);
40           request.setAttribute("mensagem", "Funcionario atualizado
             com sucesso: " + funcionario.getNomFun());
41           return "Controle?comando=consultarFuncionario";
42         }
43       } catch (Exception e) {
44           request.setAttribute("mensagem", "Problemas com a
             gravação: " + e.getMessage());
45           e.printStackTrace();
46       }
47       return "atualiza_funcionario.jsp";
48     }
49   }
```

Na linha 18 é instanciado um objeto da classe **HibernateDAO.java** passando como parâmetro o nome da classe **Funcionario.java** e a sessão aberta no início da requisição, na casse **HibernateFiltro.java**.

Esse objeto será utilizado para atualizar os dados do funcionário.

Na linha 19 o ID do funcionário que chegou na requisição é obtido e passado como parâmetro para o método **getBean** da classe **HibernateDAO.java**. Esse método busca esse funcionário na tabela do banco de dados e retorna os dados em um objeto da classe **Funcionario.java**.

Na linha 20 é instanciado um objeto da classe **HibernateDAO.java** passando como parâmetro o nome da classe **Departamento.java** e a sessão aberta no início da requisição. Esse objeto será utilizado para selecionar os departamentos cadastrados.

Na linha 21 é chamado o método **getBeans** da classe **HibernateDAO.java** para selecionar todos os departamentos cadastrados. A lista de departamentos retornada é então incluída em um atributo de requisição.

Se o método utilizado na requisição foi o **post**, os dados atualizados do funcionário são incluídos em um objeto da classe **Funcionario.java** (linhas 23 a 33). Note na linha 34 que o departamento selecionado para o funcionário é pesquisado por meio do método **getBean** da classe **HibernateDAO.java** e incluído no atributo departamento da classe **Funcionario.java** por meio do método setDepartamento.

Na linha 37 os dados do funcionário atualizado são inseridos em um atributo de requisição.

Se os dados do funcionário forem válidos e o método da requisição foi o **post** (linha 38), o método **atualizar** da classe **HibernateDAO.java** é chamado para salvar a atualização nos dados do funcionário.

Em seguida (linha 40), uma mensagem indicando que a operação teve sucesso é incluída em um atributo de requisição e a String "**Controle? comando=consultarFuncionario**" é retornada à servlet de controle. Nesse caso, a classe command **ConsultarFuncionario.java** será utilizada para exibir a lista de funcionários já atualizada.

Caso os dados do funcionário não sejam válidos, é retornado à servlet de controle a String "atualiza_funcionario.jsp". Nesse caso o arquivo atualiza_funcionario.jsp é carregado para o usuários atualizar os dados corretamente.

ExcluirFuncionario.java

```
1   package model.command;
2
3   import javax.servlet.http.HttpServletRequest;
```

```
4    import javax.servlet.http.HttpServletResponse;
5    import org.hibernate.Session;
6    import model.bean.Funcionario;
7    import model.dao.HibernateDAO;
8    import model.dao.InterfaceDAO;
9    import util.HibernateUtil;
10
11   public class ExcluirFuncionario implements InterfaceCommand {
12
13     @Override
14     public String execute(HttpServletRequest request,
       HttpServletResponse response) {
15     InterfaceDAO<Funcionario> funcionarioDAO = new
       HibernateDAO<Funcionario>(Funcionario.class, (Session)
       request.getAttribute(HibernateUtil.HIBERNATE_SESSION));
16     Integer id = Integer.valueOf(request .getParameter("ideFun"));
17     Funcionario funcionario = new Funcionario();
18     funcionario.setIdeFun(id);
19     funcionarioDAO.excluir(funcionario);
20     request.setAttribute("mensagem", "Funcionario " +
       funcionario.getNomFun() + " excluído com sucesso.");
21     return "Controle?comando=consultarFuncionario";
22     }
23   }
```

Na linha 15 é instanciado um objeto da classe **HibernateDAO.java** passando como parâmetro o nome da classe **Funcionario.java** e a sessão aberta no início da requisição, na casse **HibernateFiltro.java**. Na linha 16 o ID do funcionário selecionado para a exclusão é obtido da requisição.

Na linha 17 um objeto da classe **Funcionario.java** é instanciado e o ID recebido é incluído nesse objeto.

Na linha 19 o método **excluir** da classe **HibernateDAO.java** é chamado passando como parâmetro o objeto **funcionario** contendo o ID a ser excluído.

Na linha 20 uma mensagem é incluída em um atributo de requisição indicando que a exclusão foi realizada com sucesso.

Na linha 21 a String "**Controle?comando=consultarFuncionario**" é retornada à servlet de controle e a command **ConsultarFuncionario.java** é utilizada para exibir a lista de funcionários.

PesquisarFuncionario.java

A classe **PesquisarFuncionario.java** o conteúdo dos campos de pesquisa por nome e cargo. Esses campos podem conter dados incompletos, como apenas as partes iniciais do nome e do cargo do funcionário que se quer pesquisar. Por exemplo, se forem digitados para **nome** o conteúdo "**Ev**" e para **cargo** o conteúdo "**ger**", serão localizados todos os funcionários que tenham o nome iniciados por "**Ev**" e **cargo** iniciado por "**ger**". Essa busca será realizada na classe **HibernateDAO.java**, no método **getBeansByExample**.

```
1     package model.command;
2
3     import java.util.List;
4     import javax.servlet.http.HttpServletRequest;
5     import javax.servlet.http.HttpServletResponse;
6     import org.hibernate.Session;
7     import model.bean.Funcionario;
8     import model.dao.HibernateDAO;
9     import model.dao.InterfaceDAO;
10    import util.HibernateUtil;
11
12    public class PesquisarFuncionario implements InterfaceCommand {
13
14      @Override
15      public String execute(HttpServletRequest request,
        HttpServletResponse response) {
16        Funcionario funcionario = new Funcionario();
17        try {
18          funcionario.setNomFun(request.getParameter("nome"));
19          funcionario.setCarFun(request.getParameter("cargo"));
20          InterfaceDAO<Funcionario> funcionarioDAO = new Hibernat
            eDAO<Funcionario>(Funcionario.class, (Session) request.
            getAttribute(HibernateUtil.HIBERNATE_SESSION));
21          List<Funcionario> funcionarios = funcionarioDAO .getBeans
            ByExample(funcionario);
22          request.setAttribute("funcionarios", funcionarios);
23          request.setAttribute("funcionario", funcionario);
24          request.setAttribute("retorno", "manter_campos");
25        } catch (Exception e) {
26          request.setAttribute("mensagem", "Problemas com a
            consulta.");
27          e.printStackTrace();
28        }
29        return "consulta_funcionario.jsp";
30      }
31    }
```

Quando o usuário clica no botão **Pesquisar** da área de busca do arquivo **consulta_funcionario.jsp**, uma requisição é enviada por meio do método post à servlet de controle. Essa requisição traz a *flag* **comando** contendo o valor pesquisarFuncionario e os campos **nome** e **cargo** contendo o nome e/ou cargo completos ou apenas as partes iniciais desejadas.

Os dados da requisição são então interceptados pela classe

HibernateFilter.java. Nessa classe uma sessão e uma transação Hibernate são iniciadas e essa sessão é incluída (setada) como atributo da requisição. A requisição passa então para a servlet **Controle.java**.

Na servlet, um objeto da classe **Helper.java** permite identificar por meio da *flag* **comando** que a classe **PesquisarFuncionario.java** deve ser utilizada.

Em seguida, um objeto da classe **PesquisarFuncionario.java** é instanciado e o método **execute** (linha 15) é chamado para executar a operação. Esse método recebe os dados da requisição, incluindo a atributo contendo a sessão criada na classe **HibernateFiltro.java**.

No método **execute** um objeto da classe **Funcionario.java** é instanciado (linha 16), o conteúdo dos campos **nome** e **cargo** são recebidos e incluídos nesse objeto (linhas 18 e 19) e um objeto da classe **HibernateDAO.java** é instanciado passando como parâmetro o nome da classe de persistência (**Funcionario.java**) e a sessão criada na classe **HibernateFiltro.java** (linha 20).

Por meio desse objeto o método **getBeansByExample** (linha 21) é chamado e retorna (utilizando o mapeamento definido no arquivo **Funcionario.hbm.xml**) uma lista de objetos da classe **Funcionario.java** contendo todos os funcionários cadastrados que atendam aos parâmetros de busca recebidos dos campos **nome** e **cargo** do formulário.

Em seguida essa lista de objetos é incluída (setada) em um atributo da requisição (linha 22).

Os dados recebidos do formulário são incluídos em outro atributo (linha 23). Esses dados serão recuperados no momento da exibição dos resultados e inseridos novamente nos campos de pesquisa. Isso é necessário porque quando o usuário enviou os dados para a pesquisa na requisição os campos foram automaticamente limpos.

Na linha 24 um atributo **retorno** é incluído na requisição contendo o valor "**manter_campos**". Esse atributo será utilizado no arquivo **consulta_funcionario.jsp** para identificar o momento em que o retorno da consulta é recebido e fazer o preenchimento dos campos de busca com os valores enviados anteriormente na requisição da pesquisa.

Na linha 29 a String **consulta_funcionario.jsp** é retornada a servlet de controle. A servlet passa a requisição para a classe **FiltroHibernate.** java para que a sessão seja fechada. Após a sessão ser encerrada, o arquivo **consulta_funcionario.jsp** é retornado ao usuário contendo na resposta um atributo "**funcionarios**" que possui a lista de funcionários obtida na consulta, um atributo "**funcionario**" contendo os valores digitados nos campos de pesquisa e um atributo retorno contendo o valor "**manter_campos**". Nesse arquivo o conteúdo dessa lista é recuperado e exibido ao usuário assim como os dados digitados nos campos de pesquisa anteriormente.

4.9.14 Servlet do componente Controller do MVC

No **Controller** do MVC tradicionalmente cria-se uma única servlet para fazer a comunicação entre as páginas acessadas pelo usuário (**View**) e os componentes que implementam as regras de negócio e acessam dados (**Model**). Todas as requisições passam por aqui, quando chegam e quando os dados são retornados do banco de dados para usuário. Entretanto, é permitido que os componentes **View** acessem componentes **Model**, mas isso não foi feito nessa aplicação.

A servlet de controle dessa aplicação é apresentada a seguir.

Controle.java

```
1     package controller.controle;
2
3     import java.io.IOException;
4     import javax.servlet.ServletException;
5     import javax.servlet.http.HttpServlet;
6     import javax.servlet.http.HttpServletRequest;
7     import javax.servlet.http.HttpServletResponse;
8     import model.command.InterfaceCommand;
9     import helper.Helper;
10
11    public class Controle extends HttpServlet {
12
13      protected void processRequest(HttpServletRequest request,
        HttpServletResponse response)   throws ServletException,
        IOException {
14         Helper helper = new Helper(request);
15         InterfaceCommand command = helper.getCommand();
16         String pagina = command.execute(request, response);
17         request.getRequestDispatcher(pagina).forward(request,
           response);
18      }
19
20      @Override
21      protected void doGet(HttpServletRequest request,
        HttpServletResponse response) throws ServletException,
        IOException {
22         processRequest(request, response);
23      }
24
```

```
25      @Override
26      protected void doPost(HttpServletRequest request,
        HttpServletResponse response) throws ServletException,
        IOException {
27         processRequest(request, response);
28      }
29   }
```

As requisições vindas utilizando o método **get** chegam ao método **doGet** (linha 21) e as utilizando o método **post** ao método **doPost** (linha26). Em ambos os casos são repassadas para o método **processRequest** (linha 13).

Nesse método um objeto da classe **Helper.java** é instanciado (linha 14), passando o objeto **request** da requisição com os dados recebidos na requisição. Por meio desse objeto o método **getCommand** da classe **Helper.java** é chamado para identificar por meio da *flag* comando recebida na requisição qual operação deverá ser realizada. Esse método retorna um objeto da classe do pacote **model.command** responsável por realizar a operação pretendida (linha 15). Por exemplo, se for uma operação para cadastrar um funcionário será retornado um objeto da classe CadastrarFuncionario.java.

Na sequência (linha 16) o método **execute**, presente em todas as classes do pacote **model.command** é chamado para executar a operação. Para esse método são passados os objetos da requisição **request** e **response**. Por exemplo, se você estiver realizando uma operação de cadastro de um funcionário, será chamado o método **execute** da classe CadastrarFuncionario.java.

Esse método, após executar a operação desejada, inclui em atributos da requisição os dados resultantes (resultados de consultas, mensagens de retorno etc.) e retorna uma String contendo o nome a página que deve ser apresentada ao usuário como retorno da operação.

Na linha 17 a página de resposta é carregada levando os objetos de requisição contendo atributos com os dados resultantes da operação.

Note que se não houvesse a classe **Helper.java** seria necessário identificar a operação desejada nessa servlet por meio de um conjunto de comparações.

4.9.15 Arquivos do componente View do MVC

No componente **View** (apresentação) do MVC estão presentes as páginas JSP com as quais o usuário interage, o arquivo de estilos

CSS, arquivos JavaScript, fragmentos de página reutilizáveis, enfim, os componentes que executam no computado do usuário (cliente).

4.9.15.1 Fragmento JSP reutilizável

Uma técnica bastante utilizada na **View** é a criação de fragmentos de código JSP que podem ser inseridos em vários arquivos por meio da diretiva **<%@include %>.** Esses fragmentos evitam a repetição de códigos que seriam necessários em várias páginas. Ao invés de digitá-los, basta incluir o fragmento salvo com a extensão **.jspf**.

> **Nota**: Ao invés de criar um arquivo Jav Server Pages Fragment (JSPF) pode ser criado um arquivo JSP comum e inserido da mesma forma utilizando a diretiva <%@include %>. A diferença é que o fragmento JSPF fica oculto ao usuário em uma pasta jspf que deve ser criada dentro da pasta WEB-INF do projeto do NetBeans.

menu.jspf

```
1     <%@ page pageEncoding="ISO-8859-1" %>
2     <fieldset>
3       <legend>Opções</legend>
4       <h4>Departamento</h4>
5       <ul>
6          <li>
7            <a href="Controle?comando=cadastrarDepartamento">
             Cadastrar</a>
8          </li>
9          <li>
10           <a href="Controle?comando=consultarDepartamento">
             Consultar</a>
11         </li>
12      </ul>
13      <h4>Funcionário</h4>
14      <ul>
15         <li>
16           <a href="Controle?comando=cadastrarFuncionario">
             Cadastrar</a>
17         </li>
18         <li>
19           <a href="Controle?comando=consultarFuncionario">
             Consultar</a>
20         </li>
21      </ul>
22    </fieldset>
```

Esse fragmento de código gera o menu mostrado na Figura 4.20. Esse menu deve estar presente em todas as páginas da aplicação.

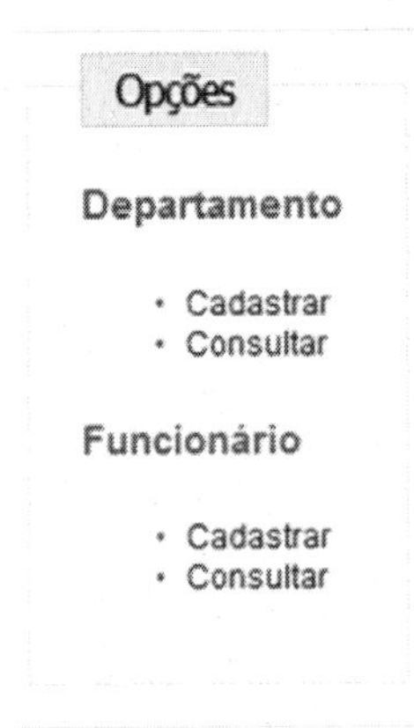

Figura 4.20: Menu da aplicação.

Note que ao clicar nos *link*s (linhas 7, 10, 16 e 19) é enviada uma requisição por meio do método get à servlet **Controle.java** contendo a *flag* **comando** com um valor que identifica a operação que se deseja executar.

4.9.15.2 Arquivo de estilos CSS

O arquivo **config.css** define o estilo dos elementos nas páginas JSP. Entenda estilos como posicionamento, configurações de cores, tamanhos, estilos etc. Esse arquivo é referenciado em todas as páginas JSP no interior da *tag* de cabeçalho por meio da *tag* **<link rel="stylesheet" type= "text/css" href="config.css">**.

config.css

```
1       #explica {
2         font-family:arial;
3         font-size:11px;
4         padding-left: 10px
5       }

6       body {
7         padding:0px;
8         margin:0px;
9         background-color:#ffffff;
10      }
```

```
11
12      fieldset {
13        border:1px dotted #CCCCCC;
14        padding:20px;
15      }
16
17      legend {
18        font-family: Tahoma, Arial;
19        font-size: 16px;
20        letter-spacing: -1px;
21        line-height: 1.1;
22        color:#000000;
23        background: #E6E6E6;
24        border: 1px solid #cccccc;
25        padding: 4px 12px;
26        margin-bottom: 10px
27      }
28
29      h1 {
30        font-family: Tahoma, Arial, Helvetica;
31        font-size: 18px;
32        letter-spacing: -1px;
33        line-height: 1.1;
34        color:#333333;
35      }
36
37      label {
38        width:142px;
39        height:28px;
40        margin-top:3px;
41        margin-right:2px;
42        padding-top:11px;
43        padding-left:6px;
44        background-color:#E6E6E6;
45        float:left;
46        display: block;
47        font-family:Arial, Helvetica, sans-serif;
48        font-size: 15px;
49        letter-spacing: -1px;
50        line-height: 1.1;
51        color:#666666;
52      }
53
54      .form {
55        margin:0;
56        padding:0;
57      }
58
59      #principal {
60        width:900px;
61        margin:auto;
62        padding:10px;
63      }
64
65      #topo {
66        width:100%;
67        height:50px;
68      }
69
70      #esquerdo {
```

```
71        width:150px;
72        float:left;
73        font:normal 12px Arial;
74        color:#666666
75      }
76
77      #direito {
78        width:745px;
79        float:right;
80      }
81
82      .direitoFuncionarios{
83        width:745px;
84        padding-top:10px;
85        float:right;
86        display:none
87      }
88
89      .campotexto {
90        width:428px;
91        float:left;
92        background-color:#E6E6E6;
93        height:31px;
94        margin-top:3px;
95        padding-top:5px;
96        padding-bottom:3px;
97        padding-left:5px;
98      }
99
100     .button {
101       width:582px;
102       float:left;
103       background-color:#fff;
104       border:1px solid #cccccc;
105       text-align:right;
106       height:35px;
107       margin-top:3px;
108       padding-top: 5px;
109       padding-bottom: 3px;
110     }
111
112     input[type=text]{
113       height:25px;
114       color:#0000ff;
115       font-size: 16px
116     }
117
118     input[type=submit], input[type=reset]{
119       background: #e3e3db;
120       float:left;
121       font-size:12px;
122       color: #333333;
123       padding: 6px 14px;
124       border-width: 2px;
125       border-style: solid;
126       border-color: #ffffff #c0c0c0 #c0c0c0 #ffffff;
127       text-decoration: none;
128       font-weight:bold;
129       margin-right: 10px;
130       font-family: tahoma, arial;
```

```
131     }
132
133     input[type=submit]{
134       margin-left: 150px;
135     }
136
137     a {
138       text-decoration: none;
139       color:midnightblue;
140       font-size: 12px;
141     }
142
143     a:hover{
144       text-decoration: underline;
145       color:#0000ff;
146       font-size: 12px;
147     }
148
149     h4{
150       font-family:Arial, Helvetica, sans-serif;
151       font-size: 15px;
152     }
153
154     table,td,th{
155       border:1px dotted #333333;
156       border-collapse:collapse;
157       font-family:Arial, Helvetica, sans-serif;
158       margin:0px;
159     }
160
162     table {
162       width:100%;
163       margin-top:20px
164     }
165
166     td,th{
167       padding:4px 7px;
168       font-family:Arial, Helvetica, sans-serif;
169       font-size: 12px;
170     }
171
172     th{
173       background: #666666;
174     }
175
176     thead, td, tr{
177       color:#000000;
178       background: #ffffff;
179       text-align: left;
180       font-weight:bolder;
181     }
182
183     .cab_tabela1{
184       background-color:#E6E6FA;
185     }
186
187     .cab_tabela{
188       background-color:#E6E6E6;
189     }
```

Apesar do foco desse capítulo não ser tratar de CSS, vale fazer uma revisão básica e comentar algumas partes do arquivo apresentado. Vamos relembrar um pouco.

Os identificadores apresentados com o cerquilha (#) foram definidos nas páginas por meio da propriedade **id** das *tag*s HTML. Por exemplo, a *tag* **<span id="explica"> Formato: (xx)xxxx-xxxx </span>** na página identifica a *tag* **<span>** com o nome "**explica**". Assim, para definir seu estilo no arquivo CSS basta utilizar (veja linha 1):

```
#explica {
  <<estilos css>>
}
```

Todas as *tag*s HTML que forem definidas com a propriedade **id="explica"** receberão a configuração CSS definida. Vale lembrar que em uma mesma página não deve haver mais de uma propriedade **id** com o mesmo nome, ou seja, nesse caso, não pode haver outra *tag* na página com a propriedade **id="explica"**, mas em outra página pode.

Caso queira utilizar várias *tag*s na mesma página com a mesma identificação para formatação, utilize a propriedade **class**.

A propriedade **class** permite identificar várias *tag*s na mesma ou em outra página com o mesmo valor. Assim, é possível configurar várias *tag*s na página com a mesma formatação.

Para identificar *tag*s na página com a propriedade **class** utiliza-se algo como:

```
<div class="campotexto">
  <input type="text" name="nome" size="50"/>
</div>
```

Para definir o estilo da *tag* <div> identificada com o nome de classe "campotexto" basta utilizar o ponto final (.) antes do nome da classe como mostra o exemplo seguinte:

```
.campotexto{
  <<estilos css>>
}
```

Diversas outras *tag*s na página podem ter o mesmo nome de classe e receberão a mesma formatação.

Para *tag*s não identificadas pelas propriedades **id** e **class**, no arquivo

CSS utiliza-se o nome do elemento como mostra o exemplo seguinte:

```
h1 {
  <<estilos css>>
}
```

Mesmo *tag*s identificadas podem ser configuradas assim.

Há muito mais sobre CSS, entretanto, creio que essas explicações básicas lhe ajudarão a compreender esse exemplo que terá suas partes principais comentadas a seguir.

O identificador **#explica** (linha 1) define a formatação das instruções ao usuário para o formato correto do preenchimento do telefone e do salário.

O elemento **fieldset** (linha 12) configura as *tag*s **<fieldset>** e define a borda dos menus e formulários. Nesse caso, borda pontilhada (dotted).

O elemento **legend** (linha 17) configura as *tag*s **<legend>** definindo a formatação dos títulos inseridos na parte superior dessas bordas.

O elemento **label** (linha 37) configura as *tag*s **<label>** e define as configurações dos rótulos dos campos dos formulários.

O identificador de classe **form** (linha 54) define a configuração das *tag*s **<form>** (formulários) identificados com a propriedade class igual a "**form**".

O identificador **#principal** (linha 59) define a formatação do contêiner principal, dentro do qual estarão todos os outros elementos da página. Dentro desse contêiner, em todas as páginas haverá contêineres menores identificados como **topo, esquerda** e **direita**.

O identificador **#topo** (linha 65) define a formatação do contêiner utilizado na parte superior da tela para exibir os títulos das páginas e as mensagens de retorno.

O identificador **#esquerdo** (linha 70) define a formatação do contêiner que ficará a esquerda da tela contendo o menu da aplicação.

O identificador **#direito** (linha 77) define a formatação do contêiner que ficará a direita da tela contendo os formulários e as tabelas de retorno de consultas.

O identificador de classe **.direitoFuncionarios** (linha 82) define a formatação do contêiner que exibirá os funcionários presentes no departamento selecionado na tabela de exibição dos dados dos departamentos.

O identificador de classe **.campotexto** (linha 89) define a formatação do contêiner que recebe cada um dos campos dos formulários.

O identificador de classe **.button** (linha 100) define a formatação do contêiner que recebe os botões dos formulários.

O elemento **input[type=text]** (linha 112) define a configuração de todas as *tag*s **<input>** que tenham a propriedade **type** igual a "**text**".

Os elementos **input[type=submit]**, **input[type=reset]** (linha 118) definem a configuração de todas as *tag*s **<input>** que tenham a propriedade **type** igual a "**submit**" ou "**reset**".

O elemento **a** (linha 137) e **a:hover** (linha 143) definem respectivamente a configuração dos *link*s como aparecem naturalmente na tela e como ficam após o ponteiro do mouse ser posicionado sobre eles.

Os demais elementos definem a formatação de *tag*s das tabelas que exibem os dados retornados nas consultas (linhas 154, 162, 166, 172, 176).

Note que em alguns casos foram definidas a mesma configuração para várias *tag*s diferentes, separadas por vírgula (veja linha 154).

4.9.15.3 Arquivos JavaScript de validação de entrada de dados nos campos dos formulários

Foram criados dois arquivos, **valida_departamento.js** e **valida_funcionario.js**, para validar respectivamente os valores inseridos no campo **telefone** do formulários de departamentos e **telefone** e **salário** do formulários de funcionários.

Esses arquivos utilizam expressões regulares JavaScript para aceitar apenas um formato definido. Para o **telefone** o formato requerido é **(xx) xxxx-xxxx**, ou seja, **o** DDD entre parênteses, quatro dígitos numéricos, hífen e mais quatro dígitos numéricos. Para o salário, o formato definido foi **00000.00**, ou seja, dígitos numéricos seguidos de ponto final e duas casas decimais. Também foi feita a validação para impedir que o usuário deixe o campo nome vazio. Qualquer formato que não atenda o requerido gerará uma mensagem de aviso ao usuário para que ele insira os dados corretamente.

As funções (*functions*) presentes nesses arquivos são chamadas quando o usuário tenta submeter os dados clicando no botão do tipo

submit do formulário. Nesse momento a função é chamada e os dados são submetidos apenas se essa função retornar o valor **true**. Caso retorne **false**, uma mensagem é exibida ao usuário para que ele preencha os campos adequadamente.

A chamada à função é definida na *tag* de abertura do formulário, no evento **onsubmit**, como mostra o exemplo seguinte:

```
<form action="Controle" method="post" name="form" class="form"
 onsubmit="javascript:return verificarTelefone();">
```

Note que a chamada à função verificarTelefone aguarda um retorno que, no caso do evento onsubmit, deverá ser true ou false.

valida_departamento.js

```
1   var t = /^\(\d{2}\)\d{4}-\d{4}$/;
2   function verificarTelefone() {
3     if (t.test(document.form.telefone.value)) {
4       if(document.form.nome.value!=""){
5         return true;
6       } else {
7         document.getElementById("mensagem").innerHTML= "O
          preenchimento do campo nome é obrigatório.";
8         document.form.nome.focus();
9         return false;
10      }
11    } else {
12      document.getElementById("mensagem").innerHTML=
        "Telefone inválido.";
13      document.form.telefone.focus();
14      return false;
15    }
16  }
```

Na linha 1 a expressão regular indicando os caracteres que serão permitidos é armazenada em uma variável.

Entendendo a Expressão regular

A expressão regular **/^\(\d{2}\)\d{4}-\d{4}$/** é explicada a seguir.

Toda expressão regular em JavaScript inicia-se por /^ e termina com **$/**.

O bloco **(\d{2}\)** indica que deve ser digitada a abertura do parêntese \(, dois dígitos numéricos **\d{2}** e o fechamento do parêntese **\)**.

O bloco **\d{4}-** indica que devem ser digitados em seguida quatro dígitos numéricos e um hífen.

O bloco final **\d{4}** indica que devem ser digitados mais quatro dígitos numéricos.

Você poderá montar sua própria expressão regular se pesquisar um pouco mais sobre o assunto.

Na linha 3 o método **test** verifica se o conteúdo do campo **telefone** atende aos critérios definidos e armazenados na variável que contém a expressão regular.

Se, sim, verifica-se se o campo **nome** não está vazio (linha 4). Se sim, retorna o valor **true** (linha 5).

Se o campo **nome** estiver vazio (linha 6), no elemento da página identificado com a propriedade **id="mensagem"** é inserida uma mensagem indicando que o nome deve ser preenchido (linha 7). Em seguida, o cursor é posicionado no campo **nome** (linha 8) e é retornado o valor **false**.

Se o conteúdo do campo **telefone** não atende as exigências da expressão regular (linha 11), no elemento com a propriedade **id="mensagem"** é exibida uma mensagem indicando que o valor digitado não é válido (linha 12), o cursor é posicionado no campo **telefone** (linha 13) e é retornado o valor **false**.

Note que o valor **true** é retornado apenas se o telefone for válido e o campo nome não estiver vazio. Em qualquer outro caso uma mensagem é exibida ao usuário.

Dica – Validação de dados

Apesar de ser cômodo e relativamente fácil validar os dados de entrada nos formulários por meio da linguagem JavaScript no lado Cliente, você não deve confiar totalmente nesse processo de validação porque se a interpretação de JavaScript no navegador do usuário estiver desligada, o processo de validação irá falhar e os dados podem ser enviados de maneira não prevista causando erros nos componentes da aplicação que executam do lado servidor ou sendo armazenados de maneira incorreta no banco de dados. Mesmo validando os dados com JavaScript no lado Cliente é apropriado validar esses dados novamente no Servidor, antes que a operação desejada seja executada. Esse tipo de validação é mais trabalhosa, pois se os dados estiverem incorretos, você precisará devolver esses dados ao usuário para serem alterados na mesma página em que esses dados entraram, sem que o usuário perceba que eles foram ao servidor e voltaram. Nessa aplicação, realizou-se a validação de entrada do lado Servidor apenas dos campos obrigatórios, por meio de métodos presentes nas classes de entidade Funcionario e Departamento.

valida_funcionario.js

```
1       var t = /^\(\d{2}\)\d{4}-\d{4}$/;
2       var s = /^[+-]?((\d+)(\.\d*)?|\.\d+)$/;
3       function verificar() {
4         if (t.test(document.form.telefone.value)) {
5           if (s.test(document.form.salario.value)) {
6             if(document.form.nome.value!=""){
7               return true;
8             } else {
9               document.getElementById("mensagem").innerHTML= "O
                preenchimento do campo nome é obrigatório.";
10              document.form.nome.focus();
11              return false;
12            }
13          } else {
14            document.getElementById("mensagem").innerHTML= "Salário
              inválido.";
15            document.form.salario.focus();
16            return false;
17          }
18        } else {
19          document.getElementById("mensagem").innerHTML= "Telefone
            inválido.";
20          document.form.telefone.focus();
21          return false;
22        }
23      }
```

Esse arquivo segue a mesma estrutura do anterior, entretanto, utiliza duas expressões regulares, uma para validar o telefone (linha 1) e outra para validar o salário (linha 2).

A função **verificar** (linha 3) retorna o valor **true** apenas se o **telefone** (linha 4) e o salário (linha 5) forem válidos e se o **nome** não estiver vazio (linha 6). Em qualquer outro caso, uma mensagem é exibida ao usuário.

Entendendo a expressão regular

A seguir a expressão regular **/^[+-]?((\d+)(\.\d*)?|\.\d+)$/** é explicada.

Uma expressão regular em JavaScript inicia-se por /^ e termina com **$/**.

O bloco **[+-]?** permite a digitação de um sinal opcional (operador ?), de positivo ou negativo **[+-]**.

O bloco **(\d+)** indica que após o sinal opcional devem ser digitados valores numéricos inteiros positivos.

O bloco **(\.\d*)?|\.\d+** indica que o conteúdo digitado pode opcionalmente (operador ?) começar com ponto e ter qualquer número de dígitos numéricos (representando as casas decimais) na sequência ou começar com ponto e ter dígitos positivos na sequência.

4.9.15.4 Controle de departamentos

As páginas que fazem o controle dos departamentos são **cadastro_departamento.jsp**, **atualiza_departamento.jsp** e **consulta_departamento.jsp**. A exclusão é feita por meio da página de consulta.

Esses arquivos são apresentados e comentados a seguir.

4.9.15.4.1 Cadastro de departamentos

O cadastro de departamentos apresenta um formulário cujos dados serão submetidos à servlet **Controle.java** após serem validados por uma função JavaScript contida no arquivo **valida_departamento.js**.

cadastro_departamento.jsp

```
1    <%@page contentType="text/html" pageEncoding="ISO-8859-1"%>
2    <!DOCTYPE HTML PUBLIC "-//W3C//DTD HTML 4.01 Transitional//EN"
     "http://www.w3.org/TR/html4/loose.dtd">
3    <html>
4      <head>
5         <meta http-equiv="Content-Type" content="text/html;
          charset=ISO-8859-1">
6         <title>Cadastro de Departamentos</title>
7         <link rel="stylesheet" type="text/css" href="config.css">
```

```
8          <script src="valida_departamento.js" type="text/javascript"
           language="javascript">
9          </script>
10       </head>
11       <body>
12         <div id="principal">
13           <div id="topo">
14             <h1>Cadastro de Departamentos</h1>
15             <h4 id ="mensagem">
16             <%
17               if (request.getAttribute("mensagem") != null) {
18                 String mensagem = request.getAttribute("mensagem")
                   .toString();
19                 out.print(mensagem);
20               }
21             %>
22             </h4>
23           </div>
24           <div id="direito">
25             <fieldset>
26               <legend>Departamento</legend>
27               <form action="Controle" method="post" name="form"
                 class="form" onsubmit="javascript:return
                 verificarTelefone();">
28                 <input type="hidden" id="comando" name="comando"
                   value="cadastrarDepartamento" />
29                 <label for="nome">Nome*</label>
30                 <div class="campotexto">
31                   <input type="text" name="nome" id="nome" value=""
                     size="50"/>
32                 </div>
33                 <label for="telefone">Telefone</label>
34                 <div class="campotexto">
35                   <input type="text" name="telefone" id="telefone"
                     value="" size="15"/>
36                   <span id="explica">Formato:(xx)xxxx-xxxx</span>
37                 </div>
38                 <div class="button">
39                   <input name="salvar" type="submit" value="Salvar"/>
40                   <input name="limpar" type="reset" value="Limpar"/>
41                 </div>
42               </form>
43             </fieldset>
44           </div>
45           <div id="esquerdo">
46             <%@include file="/WEB-INF/jspf/menu.jspf"%>
47           </div>
48         </div>
49       </body>
50     </html>
```

Essa é uma página padrão para cadastro que faz referência ao arquivo de estilos CSS (linha 7) e ao arquivo de validação JavaScript (linha 8).

Possui um contêiner principal (Linha 12) dentro do qual são posicionados outros três contêineres, um no topo (linha 13), um à direita (linha 24) e um à esquerda (linha 45).

O scriptlet presente entre as linhas 16 e 21 exibe o conteúdo do atributo de requisição "**mensagem**" vindo como resposta do servidor às requisições. Se esse atributo não estiver vazio (linha 17) a mensagem contida nele é exibida no interior da *tag* **<h4>**.

Note que a *tag* **<h4>** (linha 15) tem a propriedade **id** igual a "mensagem". É no interior dessa *tag* que serão inseridas as mensagens geradas no arquivo de validação JavaScript **valida_departamento.js**.

Observe na linha 27, na abertura da *tag* **<form>** que ao clicar no botão do tipo submit (linha 39) a função **verificarTelefone** do arquivo JavaScript de validação **valida_departamento.js** é chamada para verificar se o campo nome está preenchido e se o telefone foi digitado no formato correto. Somente nessas condições os dados do formulário são submetidos à servlet **Controle.java**.

Note na linha 28 que um campo oculto (*flag*) nomeado como comando é enviado contendo o valor **cadastrarDepartamento**. Essa *flag* é utilizada na classe **Helper.java** para identificar que a operação que se quer realizar é a de cadastro de departamento.

Na linha 46 o fragmento de código JSP menu.jspf é inserido no contêiner à esquerda da tela por meio da diretiva **<%@include %>**. A Figura 4.21 mostra a tela gerada no cadastro de departamentos.

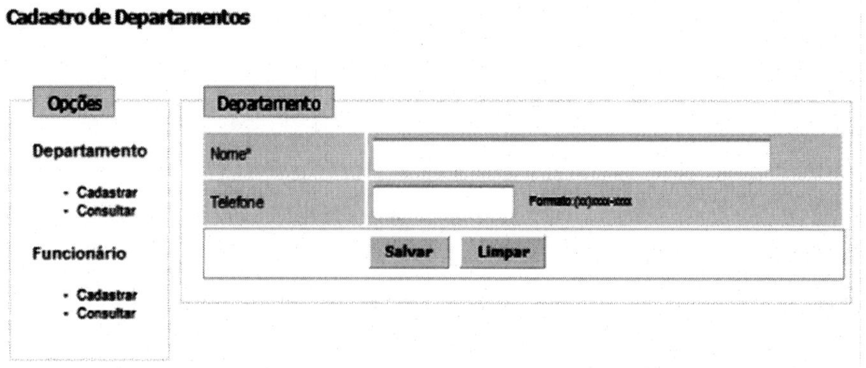

Figura 4.21: Cadastro de departamentos.

4.9.15.4.2 Consulta de departamentos

Esse é a página mais complexa da aplicação. Ela apresenta os departamentos cadastrados em uma tabela e ao posicionar o mouse sobre a linha de um departamento, os funcionários desse departamento são exibidos em outra tabela.

O usuário pode ainda acessar as operações de atualização e exclusão para cada departamento mostrado na tabela.

consulta_departamento.jsp

```
1      <%@page language="java" contentType="text/html;
       charset=ISO-8859-1" pageEncoding="ISO-8859-1"%>
2      <%@page import="java.util.List, model.bean.Departamento"%>
3      <%@page import="model.bean.Funcionario"%>
4      <!DOCTYPE html PUBLIC "-//W3C//DTD HTML 4.01 Transitional//
       EN" "http://www.w3.org/TR/html4/loose.dtd">
5      <html>
6        <head>
7          <meta http-equiv="Content-Type" content="text/html;
           charset=ISO-8859-1">
8          <title>Consulta de Departamento</title>
9          <link rel="stylesheet" type="text/css" href="config.css">
10         <script type="text/javascript">
11         function mostrarFuncionarios(id) {
12           elemento = "funcionario"+id;
13           document.getElementById(elemento).style.display="block";
14         }
15         function esconderFuncionarios(id) {
16           elemento = "funcionario"+id;
17           document.getElementById(elemento).style.display="none";
18         }
19         </script>
20       </head>
21       <body>
22         <div id="principal">
23           <div id="topo">
24             <h1>Consulta de Departamentos</h1>
25             <h4>
26               <%
27                 if (request.getAttribute("mensagem") != null) {
28                   String mensagem = request.getAttribute("mensagem").
                     toString();
29                   out.print(mensagem);
30                 }
31               %>
32             </h4>
33           </div>
34           <div id="esquerdo">
35             <%@include file="/WEB-INF/jspf/menu.jspf"%>
36           </div>
37           <div id="direito">
38             <table>
39               <thead>
40                 <tr>
41                   <td class="cab_tabela">Nome</td>
42                   <td class="cab_tabela">Telefone</td>
43                   <td class="cab_tabela" colspan="2">Opções</td>
44                 </tr>
45               </thead>
46               <%
```

```
47              List<Departamento> departamentos
                = (List<Departamento>) request
                .getAttribute("departamentos");
48              for (Departamento dep: departamentos) {
49                %>
50                <tr onmouseover="mostrarFuncionarios(<%=dep.
                  getIdeDep()%>);" onmouseout="esconderFuncionarios(
                  <%=dep .getIdeDep()%>);">
51                  <td><%=dep.getNomDep()%></td>
52                  <td><%=dep.getTelDep()%></td>
53                  <td> <a href="Controle?comando= atualizarDeparta
                    mento&ideDep=<%=dep .getIdeDep()%>">Atualizar</
                    a></td>
54                  <td>
55                  <a href="Controle?comando=excluirDepartamento
                    &ideDep=<%=dep.getIdeDep()%>">Excluir</a>
56                  </td>
57                </tr>
58                <%
59            }
60            %>
61          </table>
62        </div>
63        <%
64        for (Departamento dep: departamentos) {
65          %>
66          <div class="direitoFuncionarios" id="funcionario<%=dep.
            getIdeDep()%>">
67            <table>
68              <thead>
69                <tr>
70                  <td class="cab_tabela" colspan="3">
71                  <%=dep.getNomDep()%>
72                  </td>
73                </tr>
74              </thead>
75              <tr>
76                <td class="cab_tabela1">Nome</td>
77                <td class="cab_tabela1">Cargo</td>
78                <td class="cab_tabela1">Telefone</td>
79              </tr>
80              <%
81              List<Funcionario> funcionarios = dep.
                getFuncionarios();
82              for (Funcionario fun: funcionarios) {
83                %>
84                <tr>
85                  <td><%=fun.getNomFun()%></td>
86                  <td><%=fun.getCarFun()%></td>
87                  <td><%=fun.getTelFun()%></td>
88                </tr>
89                <%
90              }
91              if (dep.getFuncionariosSize() == 0) {
92                %>
93                <tr>
94                  <td colspan="3">Não há funcionários
                    cadastrados.</td>
```

```
95                 </tr>
96                 <%
97              }
98              %>
99            </table>
100         </div>
101         <%
102       }
103       %>
104     </div>
105   </body>
106 </html>
```

Para entender a consulta de departamentos é necessário entender a função de alguns blocos principais contidos nessa página.

A função JavaScript presente entre as linhas 11 e 14 tem o objetivo de exibir o contêiner com os funcionários do departamento sob o qual o ponteiro do mouse foi posicionado. Já a função presente entre as linhas 15 a 18, oculta esse contêiner. A primeira função é chamada pelo evento **onmouseover** e a segunda pelo evento **onmouseout** presente na linha 50 na *tag* <tr>. Quando o usuário posicionar o mouse sobre a linha da tabela que contém os dados de um departamento, o evento **onmouseover** chama a função **mostrarFuncionarios** (linha11) que exibe o contêiner com a tabela contendo os dados dos funcionários daquele departamento. Quando o mouse for retirado da linha, a função **esconderFuncionarios** (linha 15) é chamada e oculta os dados. Observe na Figura 4.22 que o ponteiro do mouse foi posicionado no departamento de **Recursos Humanos** e os funcionários desse departamento foram mostrados em uma tabela na parte inferior da tela.

A exibição da tabela com os dados do departamento é feita pelas linhas entre 47 e 61.

Note na linha 47 que a lista de objetos da classe de persistência **Departamento.java** está contida no atributo de requisição departamentos e é recebida em um objeto **departamentos** da interface List.

Da linha 48 a 59 um laço de repetição percorre essa lista e extrai departamento por departamento em um objeto **dep** da classe **Departamento**, declarado no laço (linha 48). A linha 51 mostra o nome do departamento, a linha 52 mostra o telefone, a linha 53 mostra um *link* **Atualizar** e a linha 55 exibe um *link* **Excluir**. Os dados de cada departamento são inseridos em linhas de uma tabela.

Note na linha 53 que quando o usuário clicar no *link* **Atualizar**, uma requisição é enviada por meio do método get à servlet **Controle.java** contendo a *flag* **comando** com o valor atualizarDepartamento e ideDep contendo o id do departamento mostrado na linha.

Quando o usuário clicar no *link* **Excluir** (linha 55), uma requisição é enviada por meio do método **get** à servlet **Controle.java** contendo a *flag* comando com o valor **excluirDepartamento** e **ideDep** contendo o id do departamento mostrado na linha.

Depois que a tabela contendo os dados dos departamentos foi exibida, é necessário obter os funcionários de cada departamento para exibir em outra tabela quando o usuário posicionar o ponteiro do mouse sobre a linha do departamento.

Da linha 64 a 102 um novo laço de repetição é criado para percorrer novamente a lista de departamentos. No interior desse laço outro laço é criado para percorrer a lista de funcionários contidos nos departamentos (da linha 82 a 90). Complexo, não! Isso não é tudo.

A lista dos funcionários de cada departamento é obtida na linha 81 e os dados de cada funcionário com o departamento correspondente é inserida em uma tabela (linhas 67 a 99) dentro de um contêiner (linhas 66 a 100). Para os funcionários da dada departamento é gerado um contêiner (linha 66) identificado sequencialmente pela palavra **funcionario** concatenada com o id do departamento correspondente. Por exemplo, para o funcionário do departamento 1 o contêiner gerado terá a propriedade **id** o valor **funcionario1**, para o funcionário do departamento 2 o **id funcionario2** e assim por diante. Logicamente todos esses contêineres gerados não ficarão visíveis. O único contêiner exibido será o que contém os funcionários daquele departamento em que o usuário posicionar o mouse sobre os dados.

Note que ao posicionar o mouse (**onmouseover**) sobre a linha da tabela que contém os dados do departamento desejado (linha 50) a função JavaScript **mostrarFuncionarios** (linha 11) é chamada passando como parâmetro o **id** do departamento selecionado. Essa função recebe o **id**, concatena com a palavra **funcionario** e armazena na variável **elemento** (linha 12). Por exemplo, se o **id** recebido for igual a 1 o conteúdo da variável **elemento** será **funcionario1**. Em seguida (linha 13) o contêiner identificado como **funcionario1** é configurado para ficar visível, apresentando os funcionários do departamento em que o usuário posicionou o ponteiro do mouse. Na realidade uma sequência de contêineres com os funcionários de cada departamento foram gerados, entretanto, será exibido apenas o contêiner com os funcionários do departamento selecionado.

Note na linha 81 que os funcionários do departamento contido no objeto **dep** são obtidos por meio de uma chamada ao método **getFuncionarios** da classe de persistência **Departamento.java**. Esse método foi preparado apenas com essa finalidade, a de obter a lista de funcionários de um dado departamento. O retorno desse método é uma lista de objetos da classe de persistência **Funcionario.java**. Para percorrer essa lista e obter cada funcionário, o laço de repetição da linha 82 foi criado. Esse laço obtém em um objeto nomeado como **fun** da classe **Funcionario.java** para cada funcionário contido na lista de funcionários.

As linhas de 85 a 87 exibem os dados do funcionário do objeto atual no laço em uma linha de tabela.

Muitas vezes o departamento não possui funcionários cadastrados. O método **getFuncionariosSize** da classe **Departamento.java** permite verificar isso. Na linha 91 esse método é chamado e se retornar o valor **0** uma mensagem é apresentada indicando não haver funcionários cadastrados no departamento selecionado.

Esse é um arquivo complexo, que mistura HTML, scriptlets Java e código JavaScript. A melhor maneira de você entender melhor seu conteúdo é colocando um break point no início desse arquivo e executando o processo de depuração.

A Figura 4.22 mostra o resultado gerado na tela ao posicionar o mouse sobre a linha do departamento de **Recursos Humanos**.

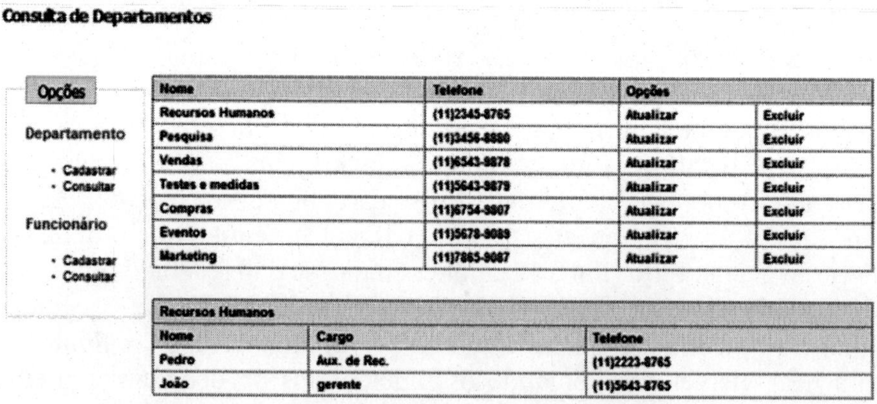

Consulta de Departamentos

Opções

Departamento

- Cadastrar
- Consultar

Funcionário

- Cadastrar
- Consultar

Nome	Telefone	Opções	
Recursos Humanos	(11)2345-8765	Atualizar	Excluir
Pesquisa	(11)3456-8880	Atualizar	Excluir
Vendas	(11)6543-9878	Atualizar	Excluir
Testes e medidas	(11)5643-9879	Atualizar	Excluir
Compras	(11)6754-9807	Atualizar	Excluir
Eventos	(11)5678-9089	Atualizar	Excluir
Marketing	(11)7865-9087	Atualizar	Excluir

Recursos Humanos		
Nome	Cargo	Telefone
Pedro	Aux. de Rec.	(11)2223-8765
João	gerente	(11)5643-8765

Figura 4.22: Consulta de departamentos.

4.9.15.4.3 Atualização de departamentos

Essa página recebe um objeto da classe **Departamento.java** contendo os dados do departamento a ser alterado e exibe esses dados em campos de um formulário. Após alterar os dados eles são validados por uma função JavaScript contida no arquivo **valida_departamento.js** e submetidos à servlet **Controle.java**.

atualiza_departamento.jsp

```
1    <%@page import="model.bean.Departamento"%>
2    <%@page import="java.util.List"%>
3    <%@page contentType="text/html" pageEncoding="ISO-8859-1"%>
4    <!DOCTYPE HTML PUBLIC "-//W3C//DTD HTML 4.01 Transitional//EN"
     "http://www.w3.org/TR/html4/loose.dtd">
5    <html>
6      <head>
7        <meta http-equiv="Content-Type" content="text/html;
         charset=ISO-8859-1">
8        <title>Atualização de Departamentos</title>
9        <link rel="stylesheet" type="text/css" href="config.css">
10       <script src="valida_departamento.js" type="text/javascript"
         language="javascript">
11       </script>
12     </head>
13     <body>
14       <div id="principal">
15         <div id="topo">
16           <h1>Atualização de Departamentos</h1>
17           <h4>
18           <%
19             if (request.getAttribute("mensagem") != null) {
20               String mensagem = request.getAttribute("mensagem").
                 toString();
21               out.print(mensagem);
22             }
23           %>
24           </h4>
25         </div>
26         <div id="direito">
27           <fieldset>
28             <legend>Departamento</legend>
29             <form action="Controle" method="post" class="form"
               name="form" onsubmit="javascript:return
               verificarTelefone();">
30               <input type="hidden" id="comando" name="comando"
                 value="atualizarDepartamento" />
31               <%
32               Departamento departamento = (Departamento) request.
                 getAttribute("departamento");
33               %>
34               <input type="hidden" id="ideDep" name="ideDep"
                 value="<%=departamento.getIdeDep()%>" />
35               <label for="nome">Nome*</label>
36               <div class="campotexto">
```

```
37              <input type="text" name="nome" id="nome"
                value="<%=departamento.getNomDep()%>" size="50"/>
38            </div>
39            <label for="telefone">Telefone</label>
40            <div class="campotexto">
41              <input type="text" name="telefone" id="telefone"
                value="<%=departamento.getTelDep()%>" size="15"/>
42            </div>
43            <div class="button">
44              <input name="atualizar" type="submit"
                value="Atualizar"/>
45            </div>
46          </form>
47        </fieldset>
48      </div>
49      <div id="esquerdo">
50        <%@include file="/WEB-INF/jspf/menu.jspf"%>
51      </div>
52    </div>
53  </body>
54 </html>
```

O scriptlet Java contido entre as linhas 18 e 23 exibe as mensagens de retorno do servidor, por exemplo, um aviso caso o campo **nome**, de preenchimento obrigatório, não tiver sido preenchido. É nesse local também que serão exibidas as mensagens geradas no arquivo de validação **valida_departamento.js**.

Note na linha 32 que um objeto contendo os dados do departamento a ser alterado é recebido em um atributo de requisição e convertido para um objeto da classe **Departamento.java**.

Nos campos do formulário, os valores contidos nos atributos desse objeto são exibidos (por meio de chamadas aos métodos *getters*) no atributo value dos campos (linhas 37 e 41).

Ao realizar as modificações e submeter os dados, eles são validados na função **verificarTelefone** (linha 29) do arquivo **valida_departamento.js** (linha 10) e enviados à servlet **Controle.java**.

Note que juntamente com os campos **nome** (linha 37) e **telefone** (linha 41) são enviados o campo oculto contendo o id do departamento (linha 34) e a *flag* **comando** contendo o valor **atualizarDepartamento**. Essa *flag* permitirá na classe **Helper.java** identificar a operação que se quer executar, nesse caso, atualização.

4.9.15.5 Controle de funcionários

As páginas que fazem o controle dos funcionarios são **cadastro_funcionario.jsp**, **atualiza_funcionario.jsp** e **consulta_funcionario.jsp**.

Esses arquivos são apresentados e comentados a seguir.

4.9.15.5.1 Cadastro de funcionários

A página de cadastro de funcionarios segue o mesmo padrão da página de cadastro de departamentos. Em termos estruturais, possui um contêiner principal dentro do qual é posicionado um contêiner no topo, um à esquerda e um à direita. No contêiner do topo são exibidos um título e as mensagens de retorno ao usuário. No contêiner da esquerda é posicionado um menu e no contêiner da direita o formulário de cadastro.

cadastro_funcionario.jsp

```
1   <%@page import="model.bean.Departamento"%>
2   <%@page import="java.util.List"%>
3   <%@page contentType="text/html" pageEncoding="ISO-8859-1"%>
4   <!DOCTYPE HTML PUBLIC "-//W3C//DTD HTML 4.01 Transitional//
    EN" "http://www.w3.org/TR/html4/loose.dtd">
5   <html>
6     <head>
7       <meta http-equiv="Content-Type" content="text/html;
        charset=ISO-8859-1">
8       <title>Cadastro de Funcionários</title>
9       <link rel="stylesheet" type="text/css" href="config.css">
10      <script src="valida_funcionario.js" type="text/javascript"
        language="javascript">
11      </script>
12    </head>
13    <body>
14      <div id="principal">
15        <div id="topo">
16          <h1>Cadastro de Funcionários</h1>
17          <h4 id ="mensagem">
18            <%
19            if (request.getAttribute("mensagem") != null) {
20              String mensagem = request.getAttribute("mensagem").
                toString();
21              out.print(mensagem);
22            }
23            %>
24          </h4>
25        </div>
26        <div id="direito">
27          <fieldset>
28            <legend>Funcionário</legend>
29            <form action="Controle" method="post" name="form"
              class="form" onsubmit="javascript:return
              verificar();">
30              <input type="hidden" id="comando" name="comando"
                value="cadastrarFuncionario" />
```

```
31                <label for="nome">Nome*</label>
32                <div class="campotexto">
33                  <input type="text" name="nome" id="nome" value=""
                    size="50"/>
34                </div>
35                <label for="nome">Departamento*</label>
36                <div class="campotexto">
37                  <select name="departamento_id">
38                    <%
39                    List<Departamento> departamentos
                      = (List<Departamento>) request.
                      getAttribute("departamentos");
40                    for (Departamento dep : departamentos) {
41                      %>
42                        <option value="<%=dep.getIdeDep()%>"> <%=dep.
                          getNomDep()%></option>
43                      <%
44                    }
45                    %>
46                  </select>
47                </div>
48                <label for="telefone">Telefone*</label>
49                <div class="campotexto">
50                  <input type="text" name="telefone" id="telefone"
                    value="" size="15"/>
51                  <span id="explica">Formato:(xx)xxxx-xxxx</span>
52                </div>
53                <label for="cargo">Cargo</label>
54                <div class="campotexto">
55                  <input type="text" name="cargo" id="cargo"
                    value="" size="30"/>
56                </div>
57                <label for="salario">Salário</label>
58                <div class="campotexto">
59                  <input type="text" name="salario" id="salario"
                    value="" size="15"/>
60                  <span id="explica">Formato: 00000.00</span>
61                </div>
62                <div class="button">
63                  <input name="salvar" type="submit" value="Salvar"/>
64                  <input name="limpar" type="reset" value="Limpar"/>
65                </div>
66              </form>
67            </fieldset>
68          </div>
69          <div id="esquerdo">
70            <%@include file="/WEB-INF/jspf/menu.jspf"%>
71          </div>
72        </div>
73      </body>
74    </html>
```

Todas as mensagens ao usuário são posicionadas na *tag* **<h4>** identificada com a propriedade **id** igual à **mensagem** (linha 17).

O formulário para cadastro de funcionários (linhas 29 a 66)

apresenta os campos **nome** (linha 33), uma caixa de combinação **departamento** (linhas 37 a 46), **telefone** (linha 50), **cargo** (linha 55) e **salario** (linha 59).

Note que para a entrada do departamento e exibida em uma caixa de combinação todos os departamentos cadastrados para que o usuário apenas selecione o departamento ao invés de digitá-lo.

A linha 39 obtém a lista de todos os departamentos cadastrados contida no atributo de requisição **departamentos**. Na linha 40 um laço de repetição e criado para obter cada um dos departamentos da lista. Em seguida o nome do departamento e carregado na caixa de combinação (linha 42).

Note que na linha 42 o nome do departamento e exibido na caixa de combinação, mas o que será enviado na requisição será o id do departamento.

Ao submeter os dados do funcionário a função JavaScript **validar** contida no arquivo **valida_funcionario.js** e chamada para validar os campos nome, **telefone** e **salario**. Somente o telefone e o salário atenderem aos formatos requeridos e se o nome tiver sido preenchido os dados serão submetidos à servlet **Controle.java**.

A Figura 4.23 mostra a tela de cadastro de funcionários.

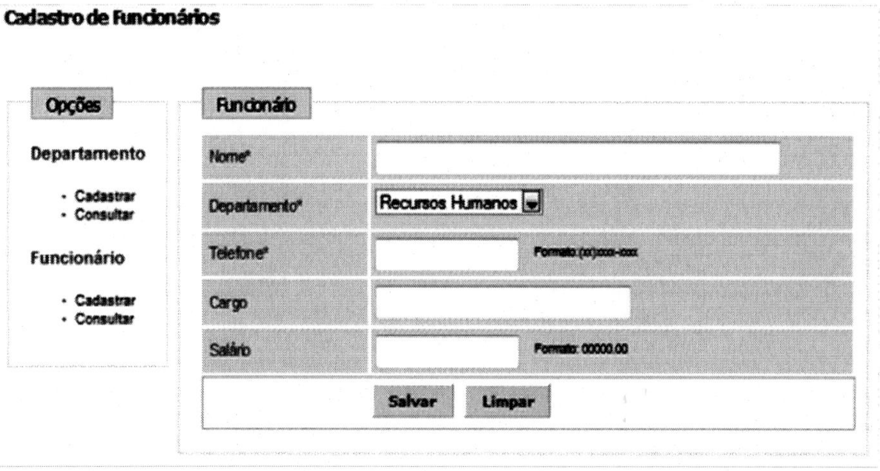

Figura 4.23: Página de cadastro de funcionários.

4.9.15.5.2 Consulta de funcionários

A página de consulta de funcionários além de exibir todos os funcionários cadastrados, ainda apresenta um formulário para que o usuário possa filtrar a pesquisa fornecendo integralmente ou apenas a parte inicial do nome e do cargo do funcionário.

Esse formulário permite submeter os valores digitados à servlet **Controle.java** para que ela acione os componentes responsáveis por fazer a busca no banco de dados. Os funcionários que atenderem aos critérios da pesquisa serão retornados em uma lista contida em um atributo de requisição para serem exibidos em uma tabela.

A página de consulta recebe o retorno de operações executadas nas classes command **ConsultarFuncionario.java** e **PesquisarFuncionario.java**. A primeira retorna todos os funcionários cadastrados e a segunda apenas os funcionários que atendam aos critérios de pesquisa fornecidos pelo usuário.

consulta_funcionario.jsp

```
1     <%@ page language="java" contentType="text/html;
      charset=ISO-8859-1" pageEncoding="ISO-8859-1"%>
2     <%@ page import="java.util.List, model.bean.Funcionario"%>
3     <!DOCTYPE html PUBLIC "-//W3C//DTD HTML 4.01 Transitional//EN"
      "http://www.w3.org/TR/html4/loose.dtd">
4     <html>
5       <head>
6         <meta http-equiv="Content-Type" content="text/html;
          charset=ISO-8859-1">
7         <title>Consulta Funcionário</title>
8         <link rel="stylesheet" type="text/css" href="config.css">
9       </head>
10      <body>
11        <%
12          String nome = "";
13          String cargo = "";
14          if (request.getAttribute("funcionario") != null &&
            request.getAttribute("retorno")!=null) {
15            Funcionario f = (Funcionario) request.
              getAttribute("funcionario");
16            nome = f.getNomFun();
17            cargo = f.getCarFun();
18          }
19        %>
20        <div id="principal">
21          <div id="topo">
22            <h1>Pesquisa de Funcionário</h1>
23            <div id="direito">
24              <fieldset>
```

```
25              <legend>Funcionário</legend>
26              <form action="Controle" method="post" class="form"
                name="form">
27                <input type="hidden" id="comando" name="comando"
                  value="pesquisarFuncionario" />
28                <label for="nome">Nome</label>
29                <div class="campotexto">
30                  <input type="text" name="nome" id="nome"
                    value="<%=nome%>"/>
31                <span id="explica">Completo ou iniciais</span>
32                </div>
33                <label for="cargo">Cargo</label>
34                <div class="campotexto">
35                  <input type="text" name="cargo" id="cargo"
                    value="<%=cargo%>"/>
36                  <span id="explica">Completo ou iniciais</span>
37                </div>
38                <div class="button">
39                  <input name="pesquisar" type="submit"
                    value="Pesquisar"/>
40                </div>
41              </form>
42            </fieldset>
43          </div>
44        </div>
45        <div id="esquerdo">
46          <%@include file="/WEB-INF/jspf/menu.jspf"%>
47        </div>
48        <div id="direito">
49          <table>
50            <thead>
51              <tr>
52                <td class="cab_tabela">Nome</td>
53                <td class="cab_tabela">Telefone</td>
54                <td class="cab_tabela">Cargo</td>
55                <td class="cab_tabela">Salário</td>
56                <td class="cab_tabela">Departamento</td>
57                <td class="cab_tabela" colspan="2">Opções</td>
58              </tr>
59            </thead>
60            <%
61            List<Funcionario> funcionarios = (List<Funcionario>)
              request.getAttribute("funcionarios");
62            for (Funcionario fun : funcionarios) {
63              %>
64              <tr>
65                <td><%=fun.getNomFun()%></td>
66                <td><%=fun.getTelFun()%></td>
67                <td><%=fun.getCarFun()%></td>
68                <td><%=fun.getSalFun()%></td>
69                <td><%=fun.getDepartamento().getNomDep()%></td>
70                <td>
71                  <a href="Controle?comando=atualizarFuncionario
                    &ideFun=<%=fun.getIdeFun()%>"> Atualizar</a>
72                </td>
73                <td>
74                  <a href="Controle?comando=excluirFuncionario
                    &ideFun=<%=fun.getIdeFun()%>"> Excluir</a>
75                </td>
```

```
76              </tr>
77              <%
78            }
79            %>
80          </table>
81        </div>
82      </div>
83    </body>
84  </html>
```

Ao carregar essa página pela primeira vez um formulário para filtrar os dados da pesquisa e exibido vazio e todos os funcionários cadastrados são exibidos em uma tabela (linhas 49 a 80). Nesse caso o retorno foi gerado na classe **ConsultarFuncionario.java**.

Quando você digita o nome e o cargo que deseja buscar no banco de dados e submete esses dados, os campos são esvaziados automaticamente. A pesquisa é realizada no servidor e o retorno acontece nessa mesma página. Nesse caso o retorno vem da classe **PesquisarFuncionario.java**. Os valores que foram digitados anteriormente para a pesquisa são retornados em um atributo de requisição que contém um objeto da classe **Funcionario.java** e devem ser carregados novamente nos campos para que você os visualize (veja os procedimentos da consulta na classe **PesquisarFuncionario.java**). Esse procedimento é realizado no scriptlet presente entre as linhas 11 e 19.

Note que se o atributo **funcionario** e o atributo **retorno** não forem nulos, um objeto da classe **Funcionario** recebe o conteúdo do atributo **funcionario** retornado na consulta (linha 15). O nome do funcionário é então recebido na String **nome** (linha 16) e o cargo e recebido na String **cargo**. O conteúdo dessas variáveis são carregados nos campos do formulário, na propriedade **value** (linhas 30 e 35).

> **Nota**: Esse trabalho de receber os dados de retorno e exibir nos campos poderia ser feito de maneira mais eficiente com tecnologias como AJAX e JSTL, entretanto, esses conteúdos não fazem parte do escopo desse capítulo.

A lista de funcionários resultante da pesquisa (contida no atributo de requisição **funcionarios**) é recebida na linha 61. O laço de repetição (da linha 62 a 78) percorre a lista obtendo cada funcionário em um objeto da classe **Funcionario.java** (linha 62). Os dados do funcionário são então obtidos por meio de chamadas aos métodos *getter* e exibidos em uma linha de tabela.

Note na linha 69 que o nome do departamento a que o funcionário pertence é obtido a partir de uma chamada ao método **getNomDep** da classe **Departamento.java**.

Em cada linha da tabela são mostrados os dados de um funcionário e também os *link*s **Atualizar** e **Excluir**. Ao clicar nesses *link*s são submetidos à servlet **Controle.java** a *flag* **comando** (identificando a operação pretendida) e o id do funcionário da linha.

A Figura 4.24 mostra a tela gerada pela página de consulta de funcionários.

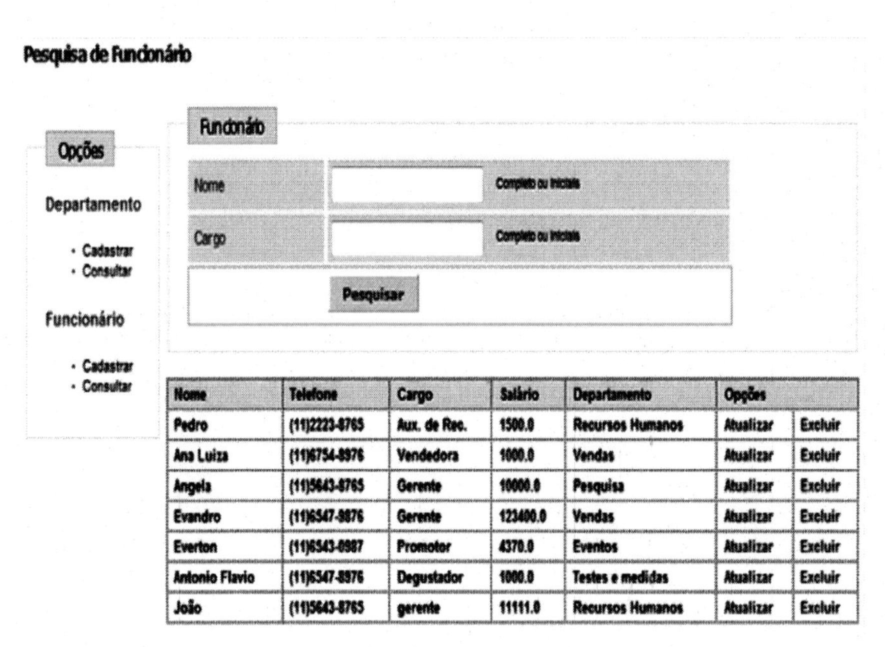

Nome	Telefone	Cargo	Salário	Departamento	Opções	
Pedro	(11)2223-8765	Aux. de Rec.	1500.0	Recursos Humanos	Atualizar	Excluir
Ana Luiza	(11)6754-8976	Vendedora	1000.0	Vendas	Atualizar	Excluir
Angela	(11)5643-8765	Gerente	10000.0	Pesquisa	Atualizar	Excluir
Evandro	(11)6547-9876	Gerente	123400.0	Vendas	Atualizar	Excluir
Everton	(11)6543-0987	Promotor	4370.0	Eventos	Atualizar	Excluir
Antonio Flavio	(11)6547-8976	Degustador	1000.0	Testes e medidas	Atualizar	Excluir
João	(11)5643-8765	gerente	11111.0	Recursos Humanos	Atualizar	Excluir

Figura 4.24: Página de consulta de funcionários.

4.9.15.5.3 Atualização de funcionários

Na página de atualização de funcionários os dados de um funcionário são recebidos em um atributo de requisição e são carregados nos campos de um formulário. Ao modificar os dados e clicar no botão **Salvar** eles são enviados para a servlet **Controle.java** que acessa os componentes responsáveis por fazer a atualização.

atualiza_funcionario.jsp

```
1    <%@page import="model.bean.Funcionario"%>
2    <%@page import="model.bean.Departamento"%>
3    <%@page import="java.util.List"%>
4    <%@page contentType="text/html" pageEncoding="ISO-8859-1"%>
5    <!DOCTYPE HTML PUBLIC "-//W3C//DTD HTML 4.01 Transitional//EN"
     "http://www.w3.org/TR/html4/loose.dtd">
6
7    <html>
8      <head>
9        <meta http-equiv="Content-Type" content="text/html;
         charset=ISO-8859-1">
10       <title>Atualização de Funcionários</title>
11       <link rel="stylesheet" type="text/css" href="config.css">
12       <script src="valida_funcionario.js" type="text/javascript"
         language="javascript">
13       </script>
14     </head>
15     <body>
16       <div id="principal">
17         <div id="topo">
18           <h1>Atualização de Funcionários</h1>
19           <h4>
20             <%
21               if (request.getAttribute("mensagem") != null) {
22                 String mensagem = request.getAttribute("mensagem")
                   .toString();
23                 out.print(mensagem);
24             }
25             %>
26           </h4>
27         </div>
28         <div id="direito">
29           <fieldset>
30             <legend>Funcionario</legend>
31             <form action="Controle" method="post" class="form"
               name="form" onsubmit="javascript:return verificar();">
32               <input type="hidden" id="comando" name="comando"
                 value="atualizarFuncionario" />
33               <%
34               Funcionario funcionario = (Funcionario) request.
                 getAttribute("funcionario");
35               %>
36               <input type="hidden" id="ideFun" name="ideFun"
                 value="<%=funcionario.getIdeFun()%>" />
37               <label for="nome">Nome*</label>
38               <div class="campotexto">
39                 <input type="text" name="nome" id="nome"
                   value="<%=funcionario.getNomFun()%>" size="50"/>
40               </div>
41               <label for="nome">Departamento*</label>
42               <div class="campotexto">
43                 <select name="departamento_id">
44                   <%
45                   List<Departamento> departamentos
                     = (List<Departamento>) request.
                     getAttribute("departamentos");
```

```
46                  for (Departamento dep : departamentos) {
47                    %>
48                    <option value="<%=dep.getIdeDep()%>"
                      <%=dep.getIdeDep().equals(funcionario
                      .getDepartamento().getIdeDep()) ? "SELECTED" : ""
                      %> > <%=dep.getNomDep()%> </option>
49                    <%
50                  }
51                  %>
52                </select>
53              </div>
54              <label for="telefone">Telefone*</label>
55              <div class="campotexto">
56                <input type="text" name="telefone" id="telefone"
                  value="<%=funcionario.getTelFun()%>" size="15"/>
57                <span id="explica">Formato:(xx)xxxx-xxxx</span>
58              </div>
59              <label for="cargo">Cargo</label>
60              <div class="campotexto">
61                <input type="text" name="cargo" id="cargo"
                  value="<%=funcionario.getCarFun()%>" size="30"/>
62              </div>
63              <label for="salario">Salário</label>
64              <div class="campotexto">
65                <input type="text" name="salario" id="salario"
                  value="<%=funcionario.getSalFun()%>" size="15"/>
66                <span id="explica">Formato: 00000.00</span>
67              </div>
68              <div class="button">
69                <input name="salvar" type="submit" value="Salvar"/>
70              </div>
71            </form>
72          </fieldset>
73        </div>
74        <div id="esquerdo">
75          <%@include file="/WEB-INF/jspf/menu.jspf"%>
76        </div>
77      </div>
78    </body>
79  </html>
```

Na página de consulta o usuário clica no *link* **Atualizar** na linha com os dados de um funcionário e esses dados são enviados para essa página em um atributo de requisição contendo um objeto da classe **Funcionario.java**. Outro atributo traz os dados de todos os departamentos cadastrados que são recuperados na linha 45.

Note na linha 34 que os dados do funcionário são recebidos em um objeto da classe **Funcionario.java**. Na sequência os dados contidos nesse objeto são carregados nos campos do formulário (linhas 36, 39, 48, 56, 61 e 65).

É importante lembrar que os departamentos existentes devem ser carregados em uma caixa de combinação para serem selecionados pelo usuário. Isso é feito das linhas de 43 a 52.

Observe na linha 45 que os departamentos cadastrados são obtidos do atributo de requisição **departamentos** e guardados em uma lista de objetos da classe **Departamento.java**.

Em seguida um laço de repetição percorre essa lista e carrega o nome dos departamentos na caixa de combinação (linhas 46 a 50). Note que dentre os departamentos dessa lista deve aparecer selecionado (selected) o nome do departamento cadastrado originalmente para o funcionário, cujos dados estão sendo alterados. Essa seleção é feita na linha 48.

Lembre-se de que, apesar de a caixa de combinação exibir o nome do departamento, é o id que será enviado ao enviar a requisição.

Antes dos dados serem submetidos eles são validados na função **validar** contida no arquivo **valida_funcionario.js** (linha 12).

A Figura 4.25 mostra a tela de atualização de funcionários.

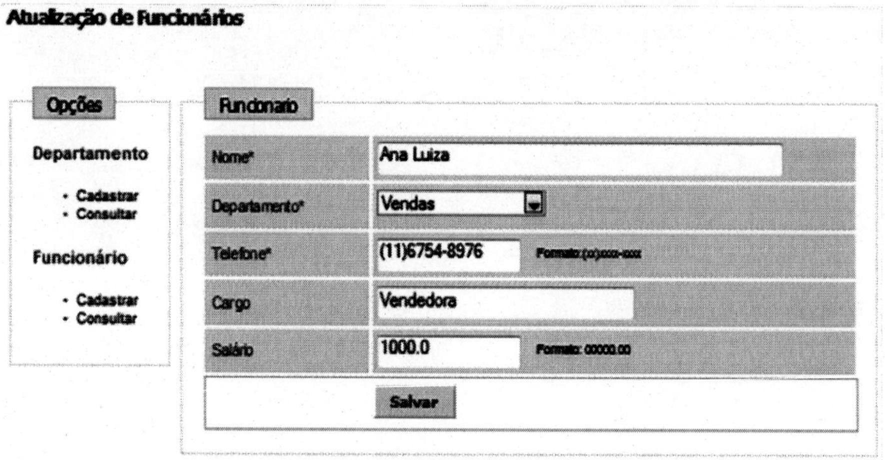

Figura 4.25: Página de atualização de funcionários.

4.10 Outros tipos de mapeamento com Hibernate

No exemplo deste capítulo foi realizado o mapeamento objeto/relacional de uma relação bidirecional de grau 1 para muitos (1:n). O Hibernate permite também mapeamento de relações muitos para muitos (n:n) e 1 para um (1:1). Vale lembrar que a maioria dos relacionamentos de um modelo de dados constituem relacionamento um para muitos.

Quando um relacionamento muitos para muitos é encontrado ele é desmembrado em dois relacionamento um para muitos, sendo que a entidade que surge é conhecida como entidade associativa. Isso permite concluir que a maioria dos relacionamento são de grau 1 para muitos. Por esse motivo, o exemplo apresentado neste capítulo pode servir como base para você desenvolver a maior parte de aplicações utilizando o Hibernate.

Para melhorar esse exemplo, basta substituir os scriptlets Java utilizados nas páginas JSP por *tags* JavaServer Pages *Tag* Library (JSTL). Isso será mostrado no próximo capítulo.

4.10.1 Associação 1 para 1

Não é o caso desse exemplo, mas caso você queira implementar uma associação com relacionamento de grau 1 para um, como mostrado na Figura 4.26, será necessário que a classe pessoa tenha as seguintes anotações:

```
@Entity
public class Pessoa{
 @OnetoOne
 private Endereco endereço;
 // demais atributos e métodos

}
```

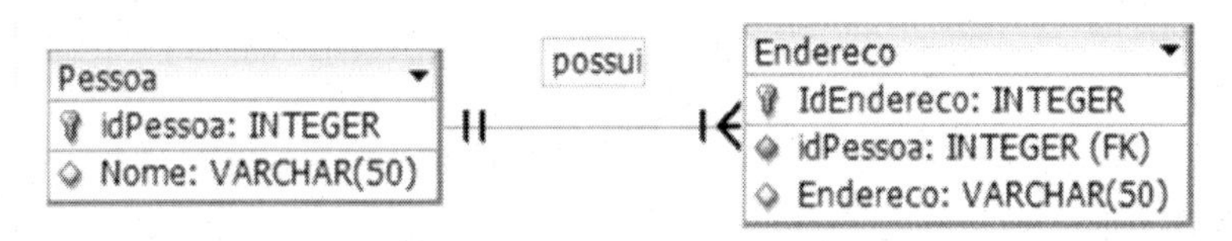

Figura 4.26: Relacionamento 1 para 1.

4.10.2 Associação n para n

Não houve a necessidade de implementar esse tipo de associação nessa aplicação, entretanto, caso você queira implementar uma associação com relacionamento de grau n para n, como mostrado na Figura 4.27, será necessário incluir anotações nas classes das extremidades da associação, ou seja, nas classe **Paciente** e **Médico**.

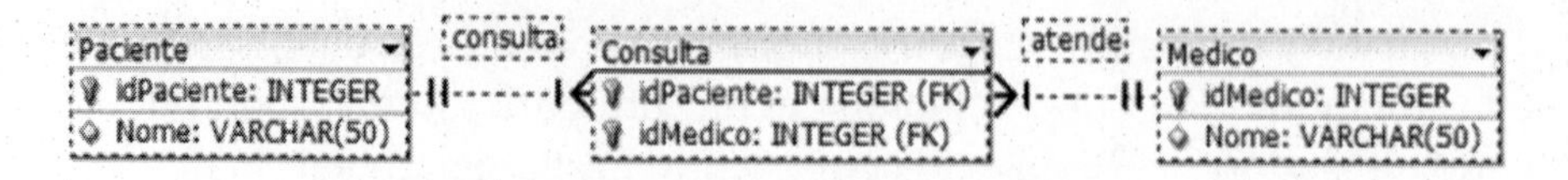

Figura 4.27: Relacionamento n para n.

Em um relacionamento n para n haverá sempre a necessidade de uma entidade de ligação. Nesse caso, o relacionamento entre **Paciente** e **Médico** necessita da entidade de ligação **Consulta**.

Na classe Paciente, inclua as seguintes anotações:

```
@Entity
public class Paciente{
   @ManytoMany
   private Collection <Medico> medicos;
   // demais atributos e métodos

}
```

Na classe Medico, inclua as seguintes anotações:

```
@Entity
public class Medico{
   @ManytoMany
   private Collection <Paciente> pacientes;
   // demais atributos e métodos

}
```

4.11 Considerações finais sobre o exemplo apresentado

Você deve ter observado que utilizamos diversos recursos neste capítulo. Utilizamos o *framework* Hibernate, os *design patterns* MVC, DAO, DTO, Front Controller, Intercepting Filter, Command e o View Helper adaptado para Controller Helper. Além disso, utilizamos interfaces para obrigar grupos de classes a implementar certos métodos essências e um componente DAO genérico criado para executar operações tanto relacionadas a funcionários como a departamentos.

Basicamente, a aplicação foi projetada e desenvolvida para executar da seguinte forma:

Nas páginas (**View**) o usuário envia requisições a uma servlet (**Controller**) no servidor indicando por meio de uma *flag* qual operação deve ser executada. A requisição é interceptada por uma classe filtro que inicia uma sessão do Hibernate e chama a servlet. Essa servlet recebe a requisição e por meio de uma classe de ajuda (Helper) e descobre qual operação deve ser executada.

Em seguida, a servlet chama uma classe Command que implementa o método **execute** de uma interface Command para executar a operação desejada por meio de métodos de uma classe DAO genérica no **Model**. Essa classe devolve o resultado para a classe Command, que os encapsula em atributos de requisição e retorna para a servlet de controle. A servlet então envia os dados para a página. Antes, porém, a classe de filtro de requisições intercepta a requisição e finaliza a sessão do Hibernate. Na página, os resultados são recebidos e exibidos na tela.

4.12 Resumo

O Hibernate é um *framework* que faz o **M**apeamento **O**bjeto/**R**elacional no ambiente Java. O termo **M**apeamento **O**bjeto/**R**elacional se refere à técnica de mapear uma representação de dados de um modelo de objeto para dados de modelo relacional com um esquema baseado em SQL. O Hibernate não somente cuida do mapeamento de classes Java para tabelas de banco de dados (e de tipos de dados em Java para tipos de dados em SQL), como também fornece facilidade de consultas e recuperação de dados, podendo também reduzir significantemente o tempo de desenvolvimento gasto com a manipulação manual de dados no SQL e JDBC.

Há três maneiras de executar operações de consulta no banco de dados utilizando o Hibernate: por critérios, utilizando a Hibernate Query Language (HQL) e utilizando a Structured Query Language (SQL) nativo.

Utilizando SQL nativo: O Hibernate permite a você executar instruções SQL escritas manualmente (incluindo stored procedures) para todas as operações, incluindo criação, atualização, exclusão e recuperação de dados das tabelas. Esse recurso é útil quando se deseja utilizar características específicas do banco de dados e para fazer a migração de uma aplicação baseada em SQL/JDBC para Hibernate.

Utilizando HQL: O Hibernate possui uma linguagem muito parecida com SQL conhecida como Hibernate Query Language (HQL). Essa linguagem é totalmente orientada a objetos e para usá-la é importante possuir conhecimentos relacionados à orientação a objetos como polimorfismo, herança e associações.

Utilizando critérios: A forma mais utilizada para se fazer buscas no banco de dados é utilizando a API Criteria Query. Por meio da interface org.hibernate.Criteria é possível executar operações de busca no banco de dados sem digitar uma única instrução SQL ou HQL.

Após você criar o banco de dados, as tabelas e os relacionamentos, você pode desenvolver uma aplicação Java com Hibernate que faz de forma eficiente a comunicação com o banco de dados permitindo a transferência/recuperação de dados de objetos (*bean*s) Java para as tabelas e vice-versa. O Hibernate gera as instruções SQL automaticamente garantindo integridade referencial dos dados, equivalência de tipos etc. Esse processo, apesar de eficiente, não é muito transparente, o que tira do usuário um pouco do controle das operações, dificultando em alguns casos a correção de problemas relacionados a essa interação objeto/tabelas.

Apesar de as vantagens (que aliviam o desenvolvedor da maior parte das tarefas comuns de programação relacionadas à persistência de dados, deixando-o livre para se concentrar no problema de negócio), segundo Linhares (2006), o Hibernate não é uma boa opção para todos os tipos de aplicação. Sistemas que fazem muito uso de stored procedures, triggers ou que implementam a maior parte da lógica da aplicação no banco de dados não vai se beneficiar com o uso desse *framework*. Ele é mais indicado para sistemas onde a maior parte da lógica de negócios fica na própria aplicação, dependendo pouco de funções específicas do banco de dados.

4.13 Exercícios

1. Qual a principal finalidade do *framework* Hibernate?
2. O que é Mapeamento Objeto/Relacional?

3. O que é persistência de dados?
4. O que é EJB e qual sua relação com JPA?
5. Como se utiliza a JPA?
6. Qual é a Implementação de Referência do JPA?
7. É possível utilizar o Hibernate sem a especificação JPA e vice-versa?
8. Cite três vantagens do Hibernate.
9. O que são classes de persistência?
10. O que são POJOs?
11. O que são os arquivos de mapeamento XML de um projeto que utiliza o Hibernate?
12. O que são os metadados de Mapeamento Objeto/Relacional?
13. Qual o papel do arquivo de configuração do Hibernate, denominado hibernate.cfg.xml?
14. O que é um pool de conexões?
15. Para inicializar o Hibernate e executar operações SQL precisamos de quais objetos?
16. O que é uma sessão do Hibernate?
17. O que é uma transação Hibernate?
18. O que é a Interface List?
19. Quais são os principais métodos da interface List?
20. O que é HQL?
21. Dê um exemplo de uma operação com HQL?
22. Qual a vantagem em se utilizar HQL em lugar de SQL?
23. Quais são as maneiras de executar consultas em aplicações que utilizam o Hibernate?
24. Para que serve a API Criteria Query?
25. O que é Hibernate Annotations?
26. O que é sessão por operação (session-per-operation)?
27. O que é sessão por requisição (session-per-request)?

CAPÍTULO 5 - JAVASERVER PAGES STANDARD TAG LIBRARY (JSTL)

No capítulo 2 foi apresentado um exemplo de aplicação Java construída sem o auxílio de *frameworks*. Naquela aplicação, o número de páginas JSP além de ter sido grande, ainda continha uma enorme quantia de código Java embutido em *tags* de *scriptlets*. Além disso, a comunicação com o banco de dados foi estabelecida implementando-se componentes DAO nos quais a persistência de dados foi feita a mão, ou seja, por meio da digitação de diversas instruções SQL e da utilização de diversas classes e interfaces do pacote **java.sql**.

No capítulo 4, a mesma aplicação foi desenvolvida com o auxílio do *framework* Hibernate para resolver o problema da excessiva digitação de comandos SQL. Com Hibernate, os dados foram persistidos de objetos (*beans*) Java diretamente para as tabelas do banco de dados, sem a digitação de nenhuma instrução SQL. Isso permitiu focar em outros aspectos da aplicação, como na implementação das páginas e nas regras de negócio. Apesar da grande vantagem proporcionada pelo Hibernate, ainda foi inserido muito código Java nas páginas JSP.

Quando se utiliza o *design pattern* MVC, as páginas JSP são representadas no componente de apresentação, o **View**. É desejável que nessas páginas não haja código de programação, pois os designers, principais responsáveis por essas páginas, geralmente não são grandes programadores e não lidam confortavelmente com código de programação. Seu foco está nos aspectos visuais, ou seja, na identidade visual do site.

Dessa forma, para livrar o designer da digitação e da manutenção de código de programação Java, é necessário utilizar algum recurso que permita inserir o código Java por meio de *tags*, semelhantes a *tags* HTML com as quais o *designer* está habituado a lidar. Alguns *frameworks* como Struts e JavaServer Faces disponibilizam bibliotecas de *tags* com essa finalidade, entretanto, essas bibliotecas estão condicionadas ao uso do *framework*.

Pensando nisso, a Sun Microsystems (agora parte da Oracle Corporation), disponibilizou um conjunto de bibliotecas de *tags* chamada JavaServer Pages Standard Tag Library (JSTL).

Segundo Teruel (2009, p.189), JSTL consiste em um conjunto de bibliotecas, cada uma com um propósito específico, que permite desenvolver páginas JSP sem utilizar *scriptlets* Java. Utiliza um conjunto de *tags* especiais que executam diversas funções antes só possíveis pela programação Java.

JSTL é um conjunto de bibliotecas de *tags* que incorpora funcionalidades comuns de aplicações JSP. Por exemplo, em vez de usar *scriptlets* Java para percorrer e exibir os elementos de uma lista, JSTL define *tags* que, quando usadas, funcionam da mesma maneira que utilizando *scriptlets*.

JSTL possui *tags* para iteração (*iterators*) em coleções e execução de comparações para o tratamento de controle de fluxo, *tags* para manipular documentos XML, *tags* que suportam internacionalização, *tags* para acessar bancos de dados usando SQL e de funções comumente utilizadas.

Além disso, introduz uma nova linguagem de expressão para simplificar o desenvolvimento de páginas, além de fornecer uma API para simplificar a configuração de *tags* JSTL e permitir o desenvolvimento de *tags* personalizadas.

5.1 Bibliotecas JSTL

JSTL é formada por um conjunto de cinco bibliotecas: **core**, **fmt**, **sql**, **XML** e **functions**. Para utilizar essas bibliotecas é necessário fazer referência a elas no início da página, antes da *tag* **<html>**, inserindo uma diretiva **<%@taglib %>** específica.

As bibliotecas componentes da JSTL são descritas a seguir:

JSTL core - fornece as principais *tags* JSTL, como aquelas que executam iteração, processamento condicional, laços de repetição, redirecionamento de página etc.

Syntax padrão:

```
<%@taglib prefix="c" uri="http://java.sun.com/jsp/jstl/core"%>
```

JSTL fmt - fornece *tags* que suportam internacionalização, formatos de localização e conversão. Permite converter e formatar números, moedas ou porcen*tag*ens, converter Strings em valores numéricos, formatar datas, converter Strings em Date etc.

Syntax padrão:

```
<%@taglib prefix="fmt" uri="http://java.sun.com/jsp/jstl/fmt"%>
```

JSTL sql - fornece *tags* que permitem o acesso direto a banco de dados a partir de páginas JSP. Possui *tags* para fazer a conexão com o banco de dados, executar *queries* SQL, atualização, inserção de dados, exclusão etc.

Syntax padrão:

```
<%@taglib prefix="sql" uri="http://java.sun.com/jsp/jstl/sql"%>
```

JSTL XML – fornece *tags* que suportam a interpretação e a conversão de documentos XML, fragmentos de código XML, processamento condicional e iterativo baseado em conteúdo XML e transformações de documentos XSLT. Essa biblioteca não será apresentada neste livro por XML e XSTL não fazerem parte de seu escopo. Para saber mais sobre essa biblioteca, veja a documentação oficial no endereço seguinte: `<http://java.sun.com/products/jsp/jstl/1.1/docs/tlddocs/index.html>`.

Syntax padrão:

```
<%@taglib prefix="x" uri="http://java.sun.com/jsp/jstl/xml"%>
```

JSTL functions - fornece *tags* para manipulação de Strings. Permite verificar se uma String contém uma determinada *substring*, contar caracteres, dividir uma String, obter uma *substring* a partir de uma String, converter caracteres para letra maiúscula ou minúscula etc.

Syntax padrão:

```
<%@taglib prefix="fn" uri="http://java.sun.com/jsp/jstl/functions"%>
```

5.2 Como disponibilizar JSTL para utilização no projeto

Para utilizar as *tags* JSTL na página JSP é necessário:

- Adicionar a biblioteca JSTL na pasta **Bibliotecas** do Projeto na IDE de desenvolvimento.
- Inserir a *tag* diretiva **<%@taglib %>** correspondente antes do elemento **<html>** da página. A sintaxe para utilizar cada uma das

bibliotecas foi mostrada anteriormente na definição das bibliotecas.

No NetBeans, para adicionar as bibliotecas JSTL no projeto, siga os seguintes passos:

- Clique com o botão direito na pasta **Bibliotecas** do projeto;
- Selecione a opção **Adicionar Biblioteca**;
- Selecione a opção **JSTL**;
- Clique na opção **Adicionar Biblioteca**.

Este capítulo não abrange todas as *tags* JSTL, mas sim as mais comumente usadas. Para obter uma descrição completa das *tags* consulte o endereço <http://java.sun.com/products/jsp/jstl/1.1/docs/tlddocs/index.html>.

5.3 Biblioteca JSTL core

A biblioteca **JSTL core** permite acessar e modificar dados em memória, executar comandos condicionais, laços de repetição etc. É a biblioteca mais utilizada.

Para utilizar essa biblioteca você deve digitar a diretiva **<%@ taglib prefix="c" uri= "http://java.sun.com/jsp/jstl/core" %>** antes da *tag* **<html>**.

5.3.1 Manipulação de variáveis

Para criar uma variável e utilizar seu valor utilizando *tags* **JSTL core** você pode utilizar a *tag* **<c:set>** como mostra o exemplo a seguir:

```
<body>
 <c:set var="nome" value="Ana Luiza" />
 <p> O nome contido na variável é: <b> ${nome} </b> </p>
 <form action="" method="post">
   <label> Nome: </label>
   <input type="text" name="nome" value="${nome}"
 </form>
</body>
```

Observe que o elemento **<c:set>** cria a variável **nome** contendo o valor "Ana Luiza". O conteúdo dessa variável é então exibido utilizando-se **${nome}**. O resultado na tela é mostrado na Figura 5.1.

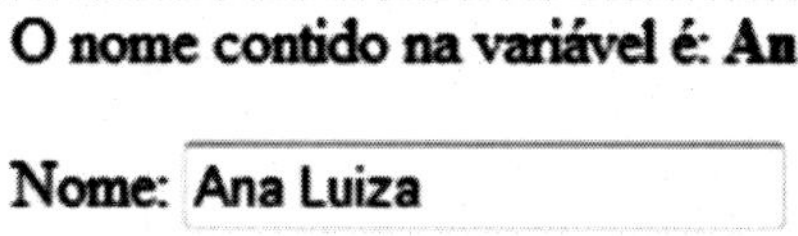

O nome contido na variável é: Ana Luiza

Nome: Ana Luiza

Figura 5.1: Manipulação de variáveis.

O código equivalente ao exemplo apresentado utilizando *scriptlet* Java é mostrado a seguir:

```
<body>
 <% String nome="Ana Luiza"; %>
 <p> O nome contido na variável é: <b> <%=nome%> </b> </p>
 <form action="" method="post">
   <label> Nome: </label>
   <input type="text" name="nome" value="<%=nome%>"
 </form>
</body>
```

Caso você queira trabalhar com variáveis numéricas e de outros formatos diferentes de String, deve utilizar a biblioteca **JSTL fmt**. Para isso, insira a seguinte referência à biblioteca antes da *tag* **<html>**:

```
<%@taglib prefix="fmt" uri="http://java.sun.com/jsp/jstl/fmt"%>
```

Agora, basta mudar a *tag* **<c:set>** do exemplo anterior para:

```
<fmt:parseNumber var="idade" value="18" type="number" />
```

Observe que a variável **idade** recebe o valor **18** convertido de String para um tipo numérico. Caso você queira definir que essa variável deve conter o valor do tipo inteiro, adicione a propriedade **integerOnly="true"**. Nesse caso, se o conteúdo da propriedade **value** tiver casas decimais, elas serão ignoradas.

Outros exemplos da biblioteca **JSTL fmt** serão apresentados no decorrer deste capítulo.

5.3.2 Estruturas de seleção

As estruturas de seleção permitem realizar comparações que executam blocos de código caso o retorno da condição seja verdadeiro (*true*) ou falso (*false*). As estruturas de seleção presentes na JSTL são: **<c:choose>** (escolha) e **<c:if>** (se). A primeira possui função equivalente a if/else if/else (se/senão se/senão), já a segunda, apenas a **if** (se).

Sintaxe padrão:

```
<c:choose>
 <c:when condição>
    <<comandos>>
 </c:when>
 <c:when condição>
    <<comandos>>
 </c:when>
 <c:otherwise>
    <<comandos>>
 </c:otherwise>
</c:choose>
```

Sintaxe padrão:

```
<c:if>
 <<comandos>>
</c:if>
```

5.3.2.1 A estrutura de seleção <c:choose>

A estrutura **<c:choose>** permite executar uma estrutura condicional carregando blocos de código diferentes caso o resultado da condição seja verdadeiro ou falso. É equivalente à estrutura if/else if/else presente nas linguagens de programação. No interior da *tag* **<c:choose>** são permitidos diversos blocos **<c:when></c:when>** que funcionam como if/else if.

Para executar o exemplo seguinte insira antes da *tag* **<html>** a referência às bibliotecas **JSTL core** e **fmt**, digitando as seguintes diretivas JSP:

```
<%@taglib prefix="fmt" uri="http://java.sun.com/jsp/jstl/fmt"%>
<%@taglib prefix="c" uri="http://java.sun.com/jsp/jstl/core"%>
```

Exemplo:

```
<body>
 <fmt:parseNumber var="idade" value="18" type="number" />
 <c:choose>
    <c:when test="${idade<18}">
        <h3>Você é menor de idade. Sua idade é ${idade} </h3>
    </c:when>
```

```
        <c:when test="${idade<=21}">
            <h3>Você tem entre 18 e 21 anos</h3>
        </c:when>
        <c:otherwise>
            <h3>Você tem mais do que 21 anos.</h3>
        </c:otherwise>
    </c:choose>
</body>
```

Observe que foi criada uma variável **idade** que recebeu o valor **18** convertido de String para número. O valor contido na variável **idade** é então testado pela propriedade **test** da *tag* **<c:when>**. Se (**<c:when>**) o valor contido na variável for menor do que 18, será exibida uma mensagem seguida do conteúdo da variável **idade**. Senão, se o conteúdo da variável idade for maior ou igual a 18 e menor ou igual a 21, é exibida uma mensagem diferente. Se, não (**<c:otherwise>**), é exibida uma mensagem indicando que a idade é maior do que 21 anos.

Note que todo o bloco condicional **<c:when></c:when>** e **<c:otherwise> </c:otherwise>** deve ser inserido dentro de um bloco de escolha **<c:choose>**.

O código referente ao exemplo anterior utilizando *scriptlets* Java é mostrado a seguir:

```
<body>
  <%
    int idade = Integer.parseInt("18");
    if (idade < 18) {
        out.print("<h3>Você é menor de idade. Sua idade é " +
        idade + "</h3>");
    } else if (idade <= 21){
        out.print("<h3> Você tem entre 18 e 21 anos </h3>");
    }else {
        out.print("Você tem mais do que 21 anos.");
    }
  %>
</body>
```

5.3.2.2 Operadores lógicos && (and) e || (or)

Nas *tags* que executam operações condicionais é possível utilizar os operadores lógicos **&&** (and) e || (or). Pode ser utilizado **&&** ou **and** para o operador "e". Para o operador "ou" pode ser utilizado **or** ou ||. O exemplo seguinte mostra o uso desses operadores.

Exemplo:

```
1     <body>
2        <fmt:parseNumber var="idade" value="19" type="number"
         integerOnly="true"/>
3        <c:choose>
4          <c:when test="${idade>=18 and idade<=21}">
5            <h3>Você tem entre 18 e 21 anos de idade.</h3>
6          </c:when>
7          <c:when test="${idade>50 || idade<10}">
8            <h3>Ou você tem mais do que 50 anos ou menos do que
             10.</h3>
9          </c:when>
10         <c:otherwise>
11           <h3>A idade não é válida.</h3>
12         </c:otherwise>
13       </c:choose>
14    </body>
```

Note que na linha 2 foi criada a variável **idade** que recebe o valor **19** convertido para número inteiro. Como serão feitas várias comparações, foi utilizada a *tag* **<c:choose>** (linhas 3 a 13).

A primeira comparação verifica se a idade está entre 18 e 21 anos (linha 4).

A segunda comparação verifica se a idade é maior do que 50 ou menor do que 10.

Se nenhuma dessa condições for verdadeira, o conteúdo da *tag* **<c:otherwise>** (linha 10) é executado.

5.3.2.3 A estrutura de seleção <c:if>

O problema com a *tag* **<c:if>** é que essa *tag* não funciona se o valor verificado não corresponder a nenhuma das condições apresentadas. A *tag* **<c:if>** não é aplicável quando se quer executar um bloco de código se a condição for verdadeira, e outro se a condição for falsa. Nessa situação, é necessário utilizar a *tag* **<c:choose>** que funciona como um if/else do Java.

Exemplo:

```
<body>
 <fmt:parseNumber var="idade" value="18" type="number" />
 <c:if var="resultado" test="${idade>=18}">
    <h3>Você é maior de idade. Sua idade é ${idade} </h3>
 </c:if>
```

```
    <p>O valor retornado na condição foi ${resultado}</p>
  </body>
```

Note que a *tag* **<c:if>** possui a propriedade test que testa a condição e a propriedade **var** (opcional) que cria uma variável para armazenar o resultado da comparação. Esse valor resultante será *true* ou *false*.

O código do exemplo anterior desenvolvido com *scriptlets* Java é apresentado a seguir:

```
<body>
  <%
     int idade = Integer.parseInt("18");
     boolean resultado = idade >= 18;
     if (resultado) {
         out.print("<h3>Você é maior de idade. Sua idade é " +
         idade + "</h3>");
     }
     out.print("<p>O valor retornado na condição foi " +
     resultado + "</p>");
  %>
</body>
```

5.3.3 Laços de repetição

Os laços de repetição são estruturas presentes em todas as linguagens de programação e executam tarefas que, de outras maneiras necessitariam de um grande volume de linhas de código. A JSTL possui as *tags* **<c:forEach>** e **<c:forTokens>** para executar lições de repetição. Essas *tags* são apresentadas a seguir.

5.3.3.1 O laço <c:forEach>

O laço **<c:forEach></c:forEach>** funciona como o laço **for** utilizado em diversas linguagens de programação.

```
<c:forEach var="contador" begin="2" end="5">
    <c:out value="${contador}" /> ;
</c:forEach>
```

Note que a variável **contador** recebe o valor inicial **2** e será incrementada automaticamente. Quando a variável receber um valor maior que **5** o laço é finalizado. O resultado exibido na tela será **2 ; 3 ; 4 ; 5 ;**

O código desse exemplo escrito com *scriptlets* Java é apresentado a seguir:

```
<%
 for(int contador=2; contador<=5; contador++)
    out.print(contador + " ; ");
%>
```

5.3.3.1.1 Percorrendo os elementos de uma lista de Strings com <c:forEach>

Um dos usos mais comuns do laço **<c:forEach>** é para percorrer uma lista de elementos (sejam objetos, sejam arrays, sejam Strings ou números). No exemplo seguinte foi criada uma lista por meio de um *scriplet* Java. Na sequência essa lista foi incluída em um atributo de requisição (request). Por meio de um laço **<c:forEach>** essa lista foi percorrida e seu conteúdo foi exibido em uma lista HTML criada pela *tag* **<ul>**.

```
<body>
 <%
    java.util.List lista = new java.util.ArrayList();
    lista.add("Pedro");
    lista.add("Ana");
    lista.add("Paulo");
    request.setAttribute("funcionarios", lista);
%>
<ul>
    <c:forEach var="item" items="${funcionarios}">
        <li>${item}</li>
    </c:forEach>
 </ul>
</body>
```

Note que foi criado o objeto **lista** da interface List e a esse objeto foram adicionados os nomes **Pedro**, **Ana** e **Paulo**. Em seguida essa lista foi adicionada ao atributo de requisição "**funcionarios**". O laço **<c:forEach>** obtém cada item da lista contida no atributo "**funcionarios**" e armazena na variável "**item**" que é exibida no interior do laço como elemento de uma lista HTML criada pelas *tags* **<ul>** e **<li>**.

O código desse exemplo escrito com *scriptlets* Java é mostrado a seguir:

```
<body>
 <%
    java.util.List lista = new java.util.ArrayList();
    lista.add("Pedro");
    lista.add("Ana");
    lista.add("Paulo");
    request.setAttribute("funcionarios", lista);
    java.util.List funcionarios = (java.util.List)
    request.getAttribute("funcionarios");
    out.print("<ul>");
        for (int i = 0; i < funcionarios.size(); ++i) {
            String item = (String) funcionarios.get(i);
            out.print("<li>");
            out.print(item);
            out.print("</li>");
        }
    out.print("</ul>");
 %>
</body>
```

5.3.3.1.2 Percorrendo os elementos de uma lista de objetos com <c:forEach>

Normalmente nas páginas de consulta você recebe uma lista de objetos (*beans*) de uma classe em um atributo de requisição e terá que exibir os dados desses objetos em uma tabela HTML. Nesse caso você deve percorrer a lista de objetos e exibir o conteúdo dos atributos desses objetos por meio de chamada aos métodos *getters*.

O exemplo seguinte mostra como esse trabalho é realizado. Para testar esse exemplo você deve implementar uma classe chamada **Cliente** com os atributos privados **nome** e **telefone** e os respectivos métodos *setter* e *getter* para esses atributos.

```
1    <body>
2        <%
3            Cliente cliente1 = new Cliente();
4            cliente1.setNome("Ana Luiza");
5            cliente1.setTelefone("(11)8765-7865");
6            Cliente cliente2 = new Cliente();
7            cliente2.setNome("Pedro Henrique");
8            cliente2.setTelefone("(11)8765-7845");
9            List lista = new java.util.ArrayList();
10           lista.add(cliente1);
11           lista.add(cliente2);
12           request.setAttribute("clientes", lista);
13       %>
14       <table border="1">
15           <tr><td>Nome</td><td>Telefone</td></tr>
```

```
16 <        c:forEach var="objetoCliente" items="${clientes}">
17          <tr>
18              <td>${objetoCliente.nome}</td>
19              <td>${objetoCliente.telefone}</td>
20          </tr>
21      </c:forEach>
22    </table>
23 </body>
```

Note que foram instanciados dois objetos da classe **Cliente** e adicionados valores aos atributos desses objetos por meio dos métodos *setter* (linhas 3 a 5 e 6 a 8). Em seguida, esses objetos (**cliente1** e **cliente2**) foram adicionados em um objeto da interface List (linhas 10 e 11) que foi adicionado ao atributo de requisição denominado "**clientes**" (linha 12).

Na sequência foi criado um laço de repetição **<c:forEach>**(linhas 16 a 21) para percorrer os elementos da lista, que nesse caso, são dois objetos da classe **Cliente**.Note que a cada vez que o laço é executado um elemento da lista **clientes** é armazenado em um objeto da classe **Cliente** (**objetoCliente**) por meio da propriedade **var**. Para obter o conteúdo dos atributos desse objeto, basta chamar os métodos *getter* da classe **Cliente**, o que foi feito nas linhas 18 e 19.

Normalmente você não utiliza *scriptlets* Java quando trabalha com JSTL. O *scriptlet* para instanciar os objetos e gerar a lista foi criado nesse exemplo apenas para você entender todo o processo.

Você geralmente recebe de uma servlet de controle uma lista de objetos provenientes de uma consulta a uma tabela do banco de dados. Na servlet, você insere essa lista em um atributo de requisição e disponibiliza para uma página JSP. Na página, você executa apenas o bloco contido das linhas 14 a 22.

O resultado obtido na tela é mostrado na figura 5.2.

Nome	Telefone
Ana Luiza	(11)8765-7865
Pedro Henrique	(11)8765-7845

Figura 5.2: Laço para percorrer uma lista de objetos.

O exemplo anterior é apresentado a seguir utilizando apenas *scriptlets* Java:

```
<body>
 <%
    Cliente cliente1 = new Cliente();
    cliente1.setNome("Ana Luiza");
    cliente1.setTelefone("(11)8765-7865");
    Cliente cliente2 = new Cliente();
    cliente2.setNome("Pedro Henrique");
    cliente2.setTelefone("(11)8765-7845");
    List lista = new java.util.ArrayList();
    lista.add(cliente1);
    lista.add(cliente2);
    request.setAttribute("clientes", lista);
    List clientes = (List) request.getAttribute("clientes");
    out.print("<table border='1'>");
       out.print("<tr><td>Nome</td><td>Telefone</td></tr>");
       for (int i = 0; i < clientes.size(); ++i) {
          Cliente objetoCliente = (Cliente) clientes.get(i);
          out.print("<tr>");
             out.print("<td>" + objetoCliente.getNome() + "</td>");
             out.print("<td>" + objetoCliente.getTelefone() +
             "</td>");
          out.print("</tr>");
       }
    out.print("</table>");
 %>
</body>
```

O laço <c:forTokens>

O laço **<c:forTokens> </c:forTokens>** funciona como o laço **<c:forEach>** exceto por ser projetado para iterar sobre uma série de *tokens* (símbolos) separados por delimitadores. Os símbolos são definidos pela propriedade **items** e os delimitadores pela propriedade **delims**. Nesse exemplo, a cada passagem no interior do laço, um item antes da vírgula será exibido na tela até chegar ao último item definido na propriedade **items**. O resultado na tela será **2 ; 3 ; 4 ; 5 ;**.

```
<c:forTokens var="valor" delims="," items="2,3,4,5">
 <c:out value="${ valor }" /> ;
</c:forTokens >
```

Na sequencia é apresentado um exemplo em que foi mudado conteúdo da propriedade **delims** de vírgula (,) para hífen (-). O resultado na tela é o mesmo do exemplo anterior. Pode-se concluir que o delimitador pode ser mudado para atender a uma necessidade específica do desenvolvedor.

```
<c:forTokens var="valor" delims="-" items="2-3-4-5">
 <c:out value="${ valor }" /> ;
</c:forTokens >
```

O exemplo seguinte exibe as partes do e-mail separando-o no delimitador @.

```
<c:forTokens var="valor" delims="@" items="teruel@ig.com.br">
 <c:out value="${ valor }" /> <br />
</c:forTokens >
```

O resultado na tela será:

teruel
ig.com.br

No exemplo seguinte, serão exibidos apenas os números pares (2 - 4 -), pois no interior do laço é verificado se o resto da divisão (%) do valor atual no laço por 2 é igual a 0. Isso só será verdadeiro se o valor for par. Se, sim, o valor é exibido na tela seguido do hífen (-).

```
<c:forTokens var="valor" delims=";" items="2;3;4;5">
 <c:if test="${ valor % 2 == 0}">
    <c:out value="${ valor }" /> -
 </c:if>
</c:forTokens >
```

5.3.4 Redirecionamento automático

O redirecionamento automático de página pode ser muito útil na construção de menus. Nesse caso, após o usuário escolher uma opção do menu, uma página é carregada automaticamente. Geralmente o redirecionamento automático acontece como resultado da execução de uma estrutura de seleção. Para fazer o redirecionamento automático em JSTL utiliza-se a *tag* **<c:redirect>** mostrada no exemplo seguinte.

Esse exemplo apresenta uma caixa de combinação com várias opções de menu. Ao selecionar uma das opções e clicar em no botão **Entrar**, a página é submetida recursivamente (para ela mesma) e um conjunto de estruturas de seleção verificam qual opção foi selecionada carregando a página adequada automaticamente.

```
1    <%@taglib prefix="c" uri="http://java.sun.com/jsp/jstl/core" %>
2    <%@page contentType="text/html" pageEncoding="ISO-8859-1"%>
3    <!DOCTYPE HTML PUBLIC "-//W3C//DTD HTML 4.01 Transitional//EN"
     "http://www.w3.org/TR/html4/loose.dtd">
4    <html>
5      <head>
6         <title> Exemplo </title>
7         <meta http-equiv="Content-Type" content="text/html;
          charset=ISO-8859-1" />
8      </head>
9      <body>
10        <form action="" method="post">
11           <label>Escolha uma opção:</label>
12           <select name="escolha">
13              <option value="produtos"> Produtos </option>
14              <option value="clientes"> Clientes </option>
15              <option value="parceiro"> Google </option>
16              <option value="outro"> Outro</option>
17           </select>
18           <br />
19           <input type="submit" value="Entrar"/>
20        </form>
21        <c:if test="${pageContext.request.method=='POST'}">
22           <c:choose>
23             <c:when test="${param.escolha=='produtos'}">
24                <c:redirect url="produtos.jsp"/>
25             </c:when>
26             <c:when test="${param.escolha=='clientes'}">
27                <c:redirect url="clientes.jsp"/>
28             </c:when>
29             <c:when test="${param.escolha=='parceiro'}">
30                <c:redirect url="http://www.google.com"/>
31             </c:when>
32             <c:otherwise>
33                <p> Opção ainda não disponível</p>
34             </c:otherwise>
35           </c:choose>
36        </c:if>
37     </body>
38   </html>
```

Das linhas 12 a 17 é apresentada uma caixa de combinação denominada **escolha**, contendo as opções do menu. Se for selecionada a opção **Produtos**, a caixa de combinação **escolha** recebe o valor **"produtos"**. Se for selecionada a opção **Clientes** a caixa de combinação **escolha** recebe o valor **"clientes"** e assim por diante.

Na linha 19 há um botão **Entrar** que quando clicado, submete o formulário recursivamente para essa mesma página.

Quando isso ocorre, uma comparação é realizada na linha 21 para saber se o método utilizado na submissão do formulário foi o **"POST"**. Se sim, um bloco de condições é executado (linhas 22 a 35).

Nesse bloco, se no conteúdo da caixa de combinação **escolha** for selecionado o valor **"produtos"** (linha 23), a página **produtos.jsp** é carregada automaticamente (linha 24).

Se no conteúdo da caixa de combinação **escolha** for selecionado o valor **"clientes"** (linha 26), a página **clientes.jsp** é carregada automaticamente (linha 27).

Se no conteúdo da caixa de combinação **escolha** for selecionado o valor **"parceiro"** (linha 29), o site **http://www.google.com.br** é carregado automaticamente (linha 30).

Se for selecionada uma opção diferente das anteriores (linha 32), uma mensagem é exibida na tela (linha 33).

5.4 Biblioteca JSTL sql

A biblioteca de *tags* **JSTL sql** é utilizada para executar operações no banco de dados. Apesar de fazer isso na página não ser o procedimento mais indicado, a biblioteca **sql** permite fazer a conexão com o banco de dados e executar as instruções SQL **insert**, **update**, **delete** ou **select** diretamente na página.

Para utilizar essa biblioteca, não se esqueça de adicionar, além da biblioteca JSTL, a biblioteca do driver de conexão com o banco de dados.

Para adicionar o driver MySQL JDBC Driver à pasta **Bibliotecas** do projeto, siga os seguintes passos:

- Clique com o botão direito sobre a pasta **Bibliotecas** do projeto e selecione a opção **Adicionar Biblioteca**;
- Selecione a opção **MySQL JDBC Driver** e clique no botão **Adicionar Biblioteca**.

Para utilizar a biblioteca **JSTL sql** você deve digitar a diretiva **<%@taglib prefix="sql" uri="http://java.sun.com/jsp/jstl/sql" %>** antes da *tag* **<html>**.

5.4.1 Exemplo para incluir um registro no banco de dados

O exemplo seguinte faz a conexão com o banco de dados e executa uma instrução **insert**. Como esse procedimento pode gerar exceções, foi utilizada a biblioteca **JSTL core** para tratar as exceções por meio da *tag* **<c:catch>**. O exemplo seguinte será utilizado como base para os próximos tópicos.

```
1     <%@ taglib prefix="c" uri="http://java.sun.com/jsp/jstl/core"%>
2     <%@ taglib prefix="sql" uri="http://java.sun.com/jsp/jstl/sql"%>
3     <%@page contentType="text/html" pageEncoding="ISO-8859-1"%>
4     <!DOCTYPE HTML PUBLIC "-//W3C//DTD HTML 4.01 Transitional//EN"
      "http://www.w3.org/TR/html4/loose.dtd">
5     <html>
6       <head>
7         <meta http-equiv="Content-Type" content="text/html;
          charset=ISO-8859-1">
8         <title>Exemplo</title>
9       </head>
10      <body>
11        <c:catch var="ex">
12          <sql:setDataSource var="connection" driver="com.mysql.
            jdbc.Driver" url="jdbc:mysql://localhost:3307/controle_
            cliente" user="root" password="teruel" />
13          <sql:update dataSource="${connection}" >
14             insert into cliente values(11,'Pedro
               Teruel','(11)7865-7865')
15          </sql:update>
16        </c:catch>
17        <c:choose>
18          <c:when test="${ex != null}">
19             <h3>Ocorreu um erro:   ${ex.message} </h3>
20          </c:when>
21          <c:otherwise>
22             <h3>Operação realizada com sucesso.</h3>
23          </c:otherwise>
24        </c:choose>
25      </body>
26    </html>
```

Note que nas linhas 1 e 2 são feitas referências às bibliotecas **core** e **sql** da JSTL.

Observe que a biblioteca **sql** será identificada pelo prefixo **sql** e a biblioteca **core**, pelo prefixo **c**. As *tags* que iniciarem por **sql** indicam o uso da biblioteca **JSTL sql** e as *tags* que iniciarem por **c** indicam o uso da biblioteca **JSTL core**.

Das linhas 11 a 16 a *tag* **<c:catch>** faz o trabalho do **try...catch** do Java. Caso uma exceção ocorra, é instanciado um objeto Exception, nesse caso, nomeado de **"ex"**. Para saber se ocorreu ou não uma exceção, o conteúdo desse objeto é testado na linha 18.

A *tag* **<sql:dataSource>** (linha 12) estabelece a conexão com o banco de dados por meio das propriedades **driver**, **url**, **user** e **password**. A conexão é estabelecida em um objeto Connection, nesse caso nomeado como **connection**.

Para executar uma operação **insert**, **update** ou **delete** pode ser utilizada a *tag* **<sql:update>** (linha 13). Nesse exemplo foi executada a operação **insert** para cadastrar um cliente (linha 14).

Se não houver nenhuma exceção, significa que a operação foi realizada. O bloco **<c:choose> </c:choose>** (linhas 17 a 24) testa isso.

A *tag* **<c:choose>** indica a abertura de uma estrutura condicional para fazer comparações por meio das *tags* **<c:when>** (linha 18) e **<c:otherwise>** (linha 21). A *tag* **<c:when>** funciona como um **if** que testa uma condição por meio da propriedade **test**. Já o a *tag* **<c:otherwise>** funciona como um **else**.

Observe que se o objeto "**ex**" for diferente de null (linha 18), a mensagem gerada pela exceção é mostrada na linha 19.

O bloco de código seguinte mostra o corpo do exemplo anterior todo escrito com *scriptlets* Java.

```
1   <body>
2       <%
3           java.sql.Connection connection;
4           ava.sql.Statement statement;
5           try {
6               Class.forName("com.mysql.jdbc.Driver");
7               connection=java.sql.DriverManager.getConnection("jdbc:
                mysql://localhost:3307/controle_cliente", "root",
                "teruel");
8               statement = connection.createStatement();
9               statement.executeUpdate("insert into cliente
                values('11','Pedro Teruel','(11)7865-7865')");
10              out.print("<h3>Operação realizada com sucesso.</h3>");
11          } catch (Exception ex) {
12          out.print("<h3>Ocorreu um erro:  " + ex.getMessage() +
            "</h3>");
13          }
14      %>
15  </body>
```

5.4.1.1 Incluindo valores recebidos como parâmetro

No exemplo anterior, os dados foram inseridos diretamente no banco por meio da instrução **insert** da SQL:

```
<sql:update dataSource="${connection}" >
 insert into cliente values(11,'Pedro Teruel','(11)7865-7865')
<sql:update>
```

Na maioria dos casos, os valores que deverão ser inseridos são provenientes de requisições feitas a partir de formulários. Nesse caso, os dados digitados nos campos do formulário e presentes na requisição devem ser recebidos e embutidos na instrução **insert**.

Considere o exemplo seguinte que apresenta um formulários contendo os campos **id**, **nome** e **telefone**:

```
<form action="pagina.jsp" method="post" name="form">
 <label>Id</label>
 <input type="text" name="id" size="15" /> <br />
 <label>Nome</label>
 <input type="text" name="nome" size="50" /> <br />
 <label>Telefone</label>
 <input type="text" name="telefone" size="15" /> <br />
 <input type="submit" value="Salvar" />
</form>
```

Nesse caso, como os valores a serem inseridos são provenientes dos campos do formulário presentes na requisição, para inserir os dados deve-se utilizar o bloco seguinte:

```
<sql:update dataSource="${connection}" >
 insert into cliente values('${param.id}', '${param.nome}',
 '${param.telefone}')
<sql:update>
```

Note que ${param.**id**}, ${param.**nome**} e ${param.**telefone**} referem-se respectivamente aos campos **id**, **nome** e **telefone** do formulário.

5.4.2 Exemplo para alterar um registro no banco de dados

Para alterar um registro na tabela do banco de dados pode ser utilizado o mesmo exemplo apresentado anteriormente para incluir um registro. A única diferença é a instrução que será utilizada, nesse caso, a instrução **update** da SQL.

Para definir os dados a serem alterados diretamente na instrução **update** utilize o bloco seguinte:

```
<sql:update dataSource="${connection}" >
 update cliente set nomcli='Angela Cristina',
 telcli='(11)5679-9087' where idecli='11'
</sql:update>
```

Para definir os dados a serem alterados a partir de uma requisição vinda de um formulário utilize o bloco seguinte:

```
<sql:update dataSource="${connection}" >
 update cliente set nomcli='${param.nome}',
 telcli='${param.telefone}' where idecli='${param.id}'
</sql:update>
```

5.4.3 Exemplo para excluir um registro no banco de dados

Para excluir um registro da tabela do banco de dados pode ser utilizado o mesmo exemplo apresentado para incluir um registro. A única diferença é o uso da instrução que será utilizada, nesse caso, a instrução **delete** da linguagem SQL.

Para definir o **id** do cliente a ser excluído diretamente na instrução **delete** utilize o bloco seguinte:

```
<sql:update dataSource="${connection}" >
 delete from cliente where idecli='11'
</sql:update>
```

Para definir o **id** do cliente a ser excluído a partir de dados vindos de um formulário como parâmetros de uma requisição utilize o bloco seguinte:

```
<sql:update dataSource="${connection}" >
delete from cliente where idecli='${param.id}'
</sql:update>
```

5.4.4 Exemplos de consultas

O exemplo apresentado a seguir foi preparado para atender a qualquer tipo de consulta executada por meio da instrução **select** da linguagem SQL. Tanto se o retorno for apenas de uma linha quanto de forem múltiplas linhas, esse exemplo exibe os dados em uma tabela HTML.

```
1    <%@ taglib prefix="c" uri="http://java.sun.com/jsp/jstl/core" %>
2    <%@ taglib prefix="sql" uri="http://java.sun.com/jsp/jstl/sql"
     %>
3    <%@page contentType="text/html" pageEncoding=" ISO-8859-1"%>
4    <!DOCTYPE HTML PUBLIC "-//W3C//DTD HTML 4.01 Transitional//EN"
     "http://www.w3.org/TR/html4/loose.dtd">
```

```
5      <html>
6        <head>
7          <meta http-equiv="Content-Type" content="text/html;
           charset=ISO-8859-1">
8          <title>Exemplo</title>
9        </head>
10       <body>
11         <c:catch var="ex">
12           <sql:setDataSource var="connection" driver="com.mysql.
             jdbc.Driver" url="jdbc:mysql://localhost:3307/controle_
             cliente" user="root" password="teruel" />
13           <sql:query var="resultset" dataSource="${connection}">
14             select * from cliente order by nomcli
15           </sql:query>
16         </c:catch>
17         <c:choose>
18           <c:when test="${ex != null}">
19             Ocorreu um erro:   ${ex.message}
20           </c:when>
21           <c:otherwise>
22             <c:choose>
23               <c:when test="${resultset.rowCount>0}">
24                 <table border="1" cellpadding="5">
25                   <tr><td>Id</td><td>Nome</td><td>Telefone</td></tr>
26                   <c:forEach var="coluna" items="${resultset.
                     rowsByIndex}">
27                     <tr>
28                       <td>${coluna[0]}</td>
29                       <td>${coluna[1]}</td>
30                       <td>${coluna[2]}</td>
31                     </tr>
32                   </c:forEach>
33                 </table>
34               </c:when>
35             </c:choose>
36           </c:otherwise>
37         </c:choose>
38       </body>
39     </html>
```

O processo para se exibir dados retornados em uma consulta na página é bem conhecido. Basicamente se executa um **select** e verifica-se se algum registro da tabela foi retornado. Isso é feito verificando-se se o **resultset** (objeto que recebe o retorno da consulta) possui um número de linhas maior do que 0. Se, sim, cria-se um laço de repetição para exibir os dados em linhas de uma tabela. Todo esse procedimento só poderá ser executado se nenhuma exceção ocorrer.

Foi basicamente esse procedimento utilizado nesse exemplo.

Note que foram utilizadas as bibliotecas JSTL **core** e **sql** (linhas 1 e 2).

A conexão com o banco de dados foi estabelecida na linha 12, dentro de um bloco **try...cath** (linhas de 11 a 16).

A instrução **select** foi executada pelo bloco contido entre as linhas 13 e 15. Os registros retornados são recebidos em um objeto **resultset** definido pela propriedade **var** na linha 13.

Se houver alguma exceção (linha 18), uma informação contendo a mensagem de exceção é exibida na linha 19. Se, não (linha 21), é feita uma comparação (linha 23) para saber se foi retornado algum registro da tabela do banco de dados. Se, sim, é criada uma tabela (linhas 24 a 33) para exibir os dados retornados.

Pode ser que na consulta sejam retornadas diversas linhas da tabela ou apenas uma. Seja qual for a situação, é criado um laço de repetição para percorrer as linhas retornadas na consulta e exibir os dados dos clientes na tela (linhas 26 a 32).

Esse laço é criado para identificar as colunas do registro retornado por seu número de índice. Nesse exemplo, a coluna **idecli** possui índice **0**, a coluna **nomcli**, possui índice **1** e a coluna **telcli**, possui índice **2**.

O laço será executado enquanto houver linhas (registros) no objeto **resultset**.

Note nas linhas 28, 29 e 30 que o conteúdo das colunas do **resultset** são exibidos em colunas da tabela HTML por seus números de índice (0,1 e 2).

A Figura 5.3 mostra a tela gerada na execução da página.

Id	Nome	Telefone
12	Ana	335678
4	Ana Luiza	(11)8765-4398
3	Angela Hossaka	(11)5432-9087
2	Evandro Teruel	7865-5432
10	Evandro Teruel	(11)7865-7865
1	Pedro Henrique	7654-6753

Figura 5.3: Tela gerada pela página de consulta com JSTL.

5.4.5 Consulta para autoincrementar o id em um formulário

Um exemplo prático de uso da biblioteca JSTL **sql** é para obter o maior valor contido no campo **id** da tabela, incrementar em 1 e inserir no campo **id** do formulário. Isso é útil quando se deseja autoincrementar a identificação dos clientes e exibir o valor do **id** na tela. O exemplo a seguir ilustra como fazer esse trabalho.

```
1     <%@ taglib prefix="c" uri="http://java.sun.com/jsp/jstl/core"%>
2     <%@ taglib prefix="sql" uri="http://java.sun.com/jsp/jstl/sql"%>
3     <%@page contentType="text/html" pageEncoding="UTF-8"%>
4     <!DOCTYPE HTML PUBLIC "-//W3C//DTD HTML 4.01 Transitional//EN"
      "http://www.w3.org/TR/html4/loose.dtd">
5     <html>
6       <head>
7         <title> Exemplo </title>
8         <meta http-equiv="Content-Type" content="text/html;
          charset=ISO-8859-1" />
9       </head>
10      <body>
11        <sql:setDataSource var="connection" driver="com.mysql.jdbc.
          Driver" url="jdbc:mysql://localhost:3307/controle_cliente"
          user="root" password="teruel" />
12        <sql:query var="rs" dataSource="${connection}">
13           select max(idecli) from cliente
14        </sql:query>
15        <c:set var="maiorId" value="${rs.rowsByIndex[0][0]+1}" />
16        <form name="formulario" method="post" action="Controle">
17          <table border="1" cellpadding="5">
18            <tr>
19              <td colspan="2">
20                 <h2>Área de cadastro</h2>
21              </td>
22              </tr>
23            <tr>
24              <td> <label>Id:</label></td>
25              <td> <input name="id" type="text" size="10"
                value="<c:out value='${maiorId}' />"
                readonly="readonly"/> </td>
26            </tr>
27            <tr>
28              <td> <label>Nome:</label></td>
29              <td> <input name="nome" type="text" size="45" /> </td>
30            </tr>
31            <tr>
32              <td> <label>Renda:</label></td>
33              <td> <input name="renda" type="text" size="15" /> </td>
34            </tr>
35            <tr>
36              <td colspan="2">
37                 <input type="submit" value="Salvar" />
38              </td>
39            </tr>
40          </table>
```

```
41          </form>
42        </body>
43    </html>
```

A linha 11 faz a conexão com o banco de dados em um objeto **connection**.

As linhas de 12 a 14 executam uma instrução **select** que retornará o maior valor contido no campo **idecli** da tabela. O retorno dessa pesquisa fica no objeto **rs** (resultset).

A linha 15 obtém o valor do maior **id** retornado na consulta, incremente em 1 e armazena na variável **maiorId**. O conteúdo dessa variável é exibido no campo **id** do formulário (linha 25), na propriedade **value** da *tag* **<input>**.

Note que **rs.rowsByIndex[0][0]** na linha 15 obtém o valor contido na coluna e nas linhas de índice 0 do resultset retornado na consulta.

A Figura 5.4 mostra a tela gerada na execução desse exemplo.

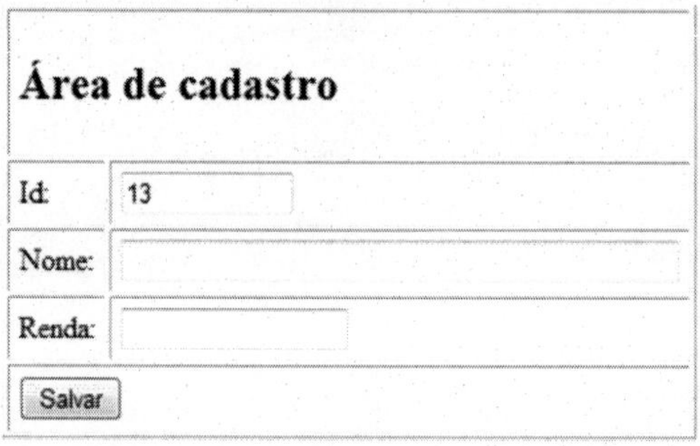

Área de cadastro

Id: 13
Nome:
Renda:
Salvar

Figura 5.4: Autoincrementando o ID em um formulário.

5.5 Biblioteca JSTL fmt

A biblioteca **JSTL fmt** é utilizada principalmente para definir o formato de saída de datas e números. Lembre-se de que para utilizar essa biblioteca você deve inserir na página a referência seguinte, antes da *tag* **<html>**:

```
<%@taglib prefix="fmt" uri="http://java.sun.com/jsp/jstl/fmt" %>
```

Ao formatar um valor você pode exibí-lo ou armazená-lo em uma variável.

Por exemplo, para exibir o valor 100 formatado como moeda utilize a instrução:

```
<fmt:formatNumber  value="100"  type="currency"/>
```

A saída na tela será R$ 100,00.

Já para armazenar o valor formatado em uma variável utilize a instrução:

```
<fmt:formatNumber  var="salario" value="100"  type="currency"/>
```

5.5.1 Formatação de data e hora

Para formatar a data e a hora utiliza-se a *tag* **<fmt:formatDate>**. O exemplo seguinte captura a data e a hora atual do sistema e as formata para exibição de várias formas diferentes.

```
1    <%@ taglib prefix="c" uri="http://java.sun.com/jsp/jstl/core" %>
2    <%@ taglib prefix="fmt" uri="http://java.sun.com/jsp/jstl/fmt"
     %>
3    <%@page contentType="text/html" pageEncoding="ISO-8859-1"%>
4    <!DOCTYPE HTML PUBLIC "-//W3C//DTD HTML 4.01 Transitional//EN"
     "http://www.w3.org/TR/html4/loose.dtd">
5    <html>
6     <head>
7       <meta http-equiv="Content-Type" content="text/html;
        charset=ISO-8859-1">
8       <title>Exemplo</title>
9     </head>
10    <body>
11      <!-- Formatação de data -->
12      <jsp:useBean id="data" class="java.util.Date" />
13      <p>Data formatada: <fmt:formatDate value="${data}"
        type="date" pattern="dd/MM/yyyy"/></p>
14      <p>Data formatada: <fmt:formatDate value="${data}"
        type="date" dateStyle="full"/></p>
15      <p>Data formatada: <fmt:formatDate value="${data}"
        type="date" dateStyle="long"/></p>
16      <p>Data formatada: <fmt:formatDate value="${data}"
        type="date" dateStyle="short"/></p>
17      <p>Data formatada: <fmt:formatDate value="${data}"
        type="date" dateStyle="medium"/></p>
18      <!-- Formatação de hora -->
19      <p>Hora formatada: <fmt:formatDate value="${data}"
        type="time" pattern="hh:mm:ss"/></p>
20      <p>Hora formatada: <fmt:formatDate value="${data}"
        type="time" timeStyle="long"/></p>
```

```
21      <p>Hora formatada: <fmt:formatDate value="${data}"
        type="time" timeStyle="short"/></p>
22      <p>Hora formatada: <fmt:formatDate value="${data}"
        type="time" timeStyle="medium"/></p>
23    </body>
24  </html>
```

Na linha 12 a data atual do sistema é capturada e armazenada em um objeto **data** da classe **Date** contida no pacote **java.util**. A partir do conteúdo desse objeto, segue uma sequência de formatações.

Na linha 13 a data é formatada por meio da propriedade **pattern** para o formato dia/mês/ano, sendo o ano definido com quatro dígitos. Por exemplo: 28/07/2010.

Na linha 14 a data é definida com formato completo estendido, por meio da propriedade **dateStyle** contendo o valor **full**. Esse formato define o nome do dia da semana, o número do dia do mês, o nome do mês e o ano com quatro dígitos. Por exemplo: "Quarta-feira, 28 de julho de 2010".

Na linha 15 a data é formatada por meio da propriedade **dateStyle** contendo o valor **long**. Nesse formato a data é exibida com o número do dia do mês, o nome do mês e o ano com quatro dígitos. Por exemplo: 28 de julho de 2010.

Na linha 16 a data é formatada por meio da propriedade **dateStyle** contendo o valor **short**. Nesse formato a data é exibida com o número do dia do mês, o número do mês e o ano com dois dígitos. Por exemplo: 28/07/10.

Na linha 17 a data é formatada por meio da propriedade **dateStyle** contendo o valor **medium**. Nesse formato a data é exibida com o número do dia do mês, o número do mês e o ano com quatro dígitos. Por exemplo: 28/07/2010.

Na linha 19 a hora é formatada por meio da propriedade **pattern** contendo o valor **hh:mm:ss**. Nesse formato a hora é exibida com dois dígitos para hora, dois para os minutos e dois para os segundos. Por exemplo: 10:50:59.

Na linha 20 a hora é formatada por meio da propriedade **timeStyle** contendo o valor **long**. Nesse formato a hora é exibida com dois dígitos para hora, dois para os minutos e dois para os segundos, além da indicação do local. Por exemplo: 10h50min59s BRT.

Na linha 21 a hora é formatada por meio da propriedade **timeStyle** contendo o valor **short**. Nesse formato a hora é exibida com dois dígitos para hora e dois para os minutos. Por exemplo: 10:50.

Na linha 21 a hora é formatada por meio da propriedade **timeStyle** contendo o valor **medium**. Nesse formato a hora é exibida com dois dígitos para hora, dois para os minutos e dois para os segundos. Por exemplo: 10:50:59.

5.5.2 Formatação de números

Para formatar números utiliza-se a *tag* **<fmt:formatNumber>**. O exemplo seguinte formata um valor String (após convertê-lo em valor numérico) para moeda, número e porcen*tag*em.

```
1   <body>
2       <!-- Formatação de números -->
3       <c:set var="salario" value="10000.50"/>
4       <p>Formato moeda: <fmt:formatNumber  value="${salario}"
        type="currency"/> </p>
5       <p>Formato numérico: <fmt:formatNumber
        value="${salario}" type="number"/> </p>
6       <p>Formato porcentagem: <fmt:formatNumber
        value="${salario}" type="percent"/> </p>
6   </body>
```

Note que uma variável **salario** é criada e o valor String **10000.50** é armazenado nessa variável (linha 3). Em seguida, o valor contido nessa variável é convertido e formatado para moeda (linha 4).

Na linha 5 o valor é convertido e formatado para numérico.

Na linha 6 o valor é convertido e formatado para porcen*tag*em.

O resultado na tela é mostrado a seguir:

Formato moeda: R$ 10.000,50
Formato numérico: 10.000,5
Formato porcen*tag*em: 1.000.050%

5.5.3 Conversão de String para data ou hora

Para converter um valor String para data ou hora utiliza-se a *tag* **<fmt:parseDate>**. O exemplo seguinte mostra como realizar esse tipo de conversão.

Dica: Sempre que você for converter String em data ou hora é importante utilizar as *tags* de conversão no interior da *tag* para tratamento de exceção **<c:cach>**. Isso é necessário porque se o valor a ser convertido não estiver em um formato válido, será lançada uma exceção, geralmente do tipo JspException.

```
1   <body>
2       <c:catch var="ex">
3           <fmt:parseDate  var="data" value="10/07/2010"
            pattern="dd/MM/yyyy" />
4           <fmt:parseDate var="hora" value="10:20:31"
            pattern="hh:mm:ss" />
5           <p>Data: <c:out value="${data}"/> </p>
6           <p>Hora: <c:out value="${hora}"/> </p>
7       </c:catch>
8       <c:if test="${ex != null}">
9           <p><c:out value="${ex}"/> </p>
10      </c:if>
11  </body>
```

Note que o bloco de *tags* de conversão é colocado dentro da *tag* **<c:catch>** (linhas 2 a 7). Se uma exceção for gerada, é instanciado um objeto Exception, nesse caso nomeado de **ex** (linha 2).

Na linha 3 a data informada na propriedade **value** é convertida para o formato definido na propriedade **pattern** e armazenada na variável **data**.

Na linha 4 a hora informada na propriedade **value** é convertida para o formato definido na propriedade **pattern** e armazenada na variável **hora**.

Nas linhas 5 e 6 os valores contidos nas variáveis **data** e **hora** são exibidos na tela.

A linha 8 verifica se houve alguma exceção. Se, sim, os dados da exceção são exibidos na tela (linha 9).

5.5.4 Conversão de String para número

Para converter um valor String para número utiliza-se a *tag* **<fmt:parseNumber>**. O exemplo seguinte mostra como converter valores String para números.

```
1   <body>
2       <c:catch var="ex">
```

```
3         <fmt:parseNumber  var="salario1" value="R$ 100,00"
          type="currency" />
4         <fmt:parseNumber var="salario2" value="100"
          type="number" />
5         <fmt:parseNumber var="salario3" value="100%"
          type="percent" />
6         <p>Conversão 1: <c:out value="${salario1}"/> </p>
7         <p>Conversão 2: <c:out value="${salario2}"/> </p>
8         <p>Conversão 3: <c:out value="${salario3}"/> </p>
9      </c:catch>
10     <c:if test="${ex != null}">
11        <p><c:out value="${ex}"/> </p>
12     </c:if>
13  </body>
```

Note que os valores foram convertidos nas linhas 3, 4 e 5, todos de String para número. A propriedade **type** indica apenas qual o formato do valor que você está fornecendo na propriedade **value**. Note que na linha 3 a propriedade **value** recebe um valor em formato monetário (*currency*). Na linha 5 a propriedade **value** recebe um valor em formato de porcen*tag*em (*percent*).

A conversão da linha 3 armazena na variável **salario1** o valor **100**. Já a conversão da linha 5 armazena na variável **salario3** o valor **1** (equivalente a 100% = 100/100).

O resultado exibido na tela é mostrado a seguir:

Conversão 1: 100
Conversão 2: 100
Conversão 3: 1

5.6 Biblioteca JSTL functions

A biblioteca JSTL functions fornece *tags* para manipulação de Strings. Com essa biblioteca é possível verificar se uma String contém uma determinada *substring*, contar caracteres, dividir uma String etc.

Para utilizar essa biblioteca você deve fazer referência a ela colocando a *tag* seguinte antes da *tag* **<html>**.

```
<%@taglib prefix="fn" uri="http://java.sun.com/jsp/jstl/functions"%>
```

5.6.1 Obtenção do número de caracteres de uma String

Para obter o número de caracteres de uma String utiliza-se a função **fn:length**. O exemplo seguinte mostra como esse trabalho pode ser feito.

```
<body>
 <c:set var="cidade" value="São Paulo" />
 <p>A cidade contém ${fn:length(cidade)} caracteres</p>
 <c:if test="${fn:length(cidade) <= 0}" >
    <p> A variável cidade não tem conteúdo </p>
 </c:if>
</body>
```

Nesse exemplo, uma variável **cidade** recebe o valor "São Paulo". Em seguida é mostrada uma mensagem indicando o número de caracteres contidos na variável **cidade (${fn:length(cidade)}**) e uma comparação verifica se o número de caracteres existente na variável **cidade** é menor ou igual a 0. Se, sim, uma mensagem é exibida na tela.

5.6.2 Separação das partes de uma String

Para dividir uma String a partir de um determinado delimitador e colocar os valores resultantes em uma array de Strings, utiliza-se a função **fn:split**. O exemplo seguinte mostra como fazer isso.

```
1  </body>
2       <c:set var="email" value="teruel@ig.com.br"/>
3       <c:set var="emailDividido" value="${fn:split(email,'@')}" />
4       <c:set var="usuario" value="${emailDividido[0]}" />
5       <c:set var="senha" value="${emailDividido[1]}" />
6       <p>Parte inicial do e-mail: ${emailDividido[0]}</p>
7       <p>Parte final do e-mail: ${emailDividido[1]}</p>
8       <p>Usuário: ${usuario}</p>
9       <p>Senha: ${senha}</p>
10 </body>
```

Na linha 2 a variável **email** é iniciada com o valor **teruel@ig.com.br**.

Na linha 3, a array **emailDividido** recebe em cada posição uma parte do conteúdo da variável **email**, dividida no caractere arroba (@).

A palavra **teruel** fica na posição de índice **0** dessa array enquanto a palavra **ig.com.br** fica na posição de índice **1**.

Na linha 4 o conteúdo da posição **0** da array **emailDividido** é armazenado na variável **usuario**.

Na linha 5 o conteúdo da posição **1** da array **emailDividido** é armazenado na variável **senha**.

As linhas 6 e 7 mostram respectivamente o conteúdo da posição **0** e **1** da array **emailDividido**.

As linhas 8 e 9 mostram respectivamente o conteúdo das variáveis **usuario** e **senha**.

5.6.3 Outras funções

Nesse tópico serão apresentadas as funções para converter uma String para letras maiúsculas (**fn:toUpperCase**), para letras minúsculas (**fn:toLowerCase**), para retirar os espaços antes da primeira letra e após a última letra da String (**fn:trim**), para obter uma parte da String (**fn:substring**) e para verificar se um determinado valor faz parte da String (**fn:contains**). O exemplo seguinte mostra o uso dessas funções.

```
1  <body>
2      <c:set var="cidade" value=" São Paulo " />
3      <p>${fn:toUpperCase(cidade)}</p>
4      <p>${fn:toLowerCase(cidade)}</p>
5      <p>${fn:trim(cidade)}</p>
6      <p>${fn:substring(cidade,1,5)}</p>
7      <c:if test="${fn:contains(cidade,'Paulo')}">
8         <p> A cidade contém a palavra Paulo.
9      </c:if>
10 </body>
```

Na linha 2 a variável **cidade** é criada contendo o valor " São Paulo ". Na linha 3 o conteúdo dessa variável é convertido para letras maiúsculas e exibido na tela.

A linha 6 exibe o conteúdo da variável **cidade** em letra minúscula.

A linha 5 retira os espaços antes da primeira letra e após a última letra do conteúdo da variável **cidade** e exibe o valor resultante na tela.

Na linha 6 é exibido uma parte da String contida na variável **cidade**.

A partir do caractere de índice 1 (a letra **S**) são obtidos os caracteres subsequentes até o caractere de índice 5 (letra **o**).

A linha 7 verifica se no conteúdo da variável **cidade** existe a palavra "Paulo". Se, sim, uma mensagem é exibida na tela.

5.7 Exemplos práticos

As bibliotecas JSTL são utilizadas principalmente para exibir dados retornados do servidor sem utilizar código Java. Os próximos exemplos apresentam juntamente duas situações de uso prático.

O primeiro exemplo valida os dados no servidor e, caso os dados não sejam válidos, eles retornam e são recarregados na própria página. O segundo exemplo recebe uma lista de objetos resultantes de uma consulta realizada no servidor e exibe os dados em uma tabela HTML.

5.7.1 Recebendo e exibindo dados validados no servidor

O exemplo seguinte poderá ser utilizado nas seguintes condições:

- Quando você enviou uma requisição de um formulário para uma servlet e esses dados foram validados no servidor. Caso os dados não sejam válidos, eles são retornados para a mesma página e exibidos nos campos do formulário;
- Quando você recebe do servidor um objeto (*bean*) contendo atributos para serem exibidos nos campos de um formulário;
- Para receber quaisquer retornos do servidor em atributos de requisição.

É natural que as requisições sejam processadas no servidor e os retornos sejam enviados para páginas JSP. É nessa situação que as bibliotecas JSTL encontram sua maior utilidade. Os dados que chegam à página precisam ser recebidos e exibidos de alguma forma.

O exemplo seguinte envia os dados de um formulário para uma servlet chamada **Controle**, esses dados são recebidos, encapsulados em um objeto da classe **Cliente** e validados. A validação verifica apenas se os campos estão vazios.

Se os campos não estiverem vazios, o objeto da classe **Cliente** é retornado em um atributo de requisição que é recebido na página. Os dados contidos nesse objeto são então exibidos no formulário.

Para testar esse exemplo devem ser criados os seguintes componentes

em um projeto web do NetBeans:
- Uma página chamada **index.jsp** que exibirá um formulário;
- Uma classe **Cliente** dentro de um pacote *bean*. Essa classe deve conter os atributos **nome** e **telefone** e os respectivos métodos *setter* e *getter*, além dos métodos para validar os dados;
- Uma servlet chamada **Controle** em um pacote **controle**.

Ao terminar de criar os componentes necessários, adicione a biblioteca JSTL à pasta **Bibliotecas** do projeto. Para isso, clique com o botão direito na pasta **Bibliotecas**, selecione a opção **Adicionar Biblioteca**, selecione a biblioteca **JSTL** e clique no botão **Adicionar Biblioteca**.

Crie os componentes necessários e digite os códigos apresentados a seguir:

Cliente.java

```
1     package bean;
2
3     public class Cliente {
4       private String nome;
5       private String telefone;
6
7       public Cliente() {
8       }
9
10      public String getNome() {
11         return nome;
12      }
13
14      public void setNome(String nome) {
15         this.nome = nome;
16      }
17
18      public String getTelefone() {
19         return telefone;
20      }
21
22      public void setTelefone(String telefone) {
23         this.telefone = telefone;
24      }
25
26      public boolean nomeVazio() {
27         if (this.nome==null || this.nome.equals("")){
28            return true;
29         } else {
30            return false;
31         }
32      }
33
34      public boolean telefoneVazio() {
```

```
35          if (this.telefone==null || this.telefone.equals("")){
36             return true;
37          } else {
38             return false;
39          }
40       }
41    }
```

Observe os métodos **nomeVazio** (linha 26) e **telefoneVazio** (linha 34). O primeiro retorna **true** caso o conteúdo do atributo **nome** esteja nulo ou vazio. O segundo retorna **true** caso o conteúdo do atributo **telefone** esteja nulo ou vazio. Lembre-se de que os atributos **nome** e **telefone** recebem os valores digitados nos campos do formulário.

Controle.java

```
1     package controle;
2
3     import bean.Cliente;
4     import java.io.IOException;
5     import javax.servlet.ServletException;
6     import javax.servlet.http.HttpServlet;
7     import javax.servlet.http.HttpServletRequest;
8     import javax.servlet.http.HttpServletResponse;
9
10    public class Controle extends HttpServlet {
11
12       protected void processRequest(HttpServletRequest request,
         HttpServletResponse response) throws ServletException,
         IOException {
13          response.setContentType("text/html;charset=ISO-8859-1");
14          String mensagem = "Validação realizada com sucesso";
15          Cliente cliente = new Cliente();
16          cliente.setNome(request.getParameter("nome"));
17          cliente.setTelefone(request.getParameter("telefone"));
18          if (cliente.nomeVazio()) {
19             mensagem = "Preencha o campo nome";
20          }
21          if (cliente.telefoneVazio()) {
22             mensagem = "Preencha o campo telefone";
23          }
24          if (cliente.nomeVazio() && cliente.telefoneVazio()) {
25             mensagem = "Preencha os campos nome e telefone";
26          }
27          request.setAttribute("mensagem", mensagem);
28          request.setAttribute("cliente", cliente);
29          request.getRequestDispatcher("index.jsp").forward(request,
            response);
30       }
31
32       @Override
33       protected void doGet(HttpServletRequest request,
         HttpServletResponse response) throws ServletException,
         IOException {
```

```
34          processRequest(request, response);
35      }
36
37      @Override
38      protected void doPost(HttpServletRequest request,
        HttpServletResponse response) throws ServletException,
        IOException {
39          processRequest(request, response);
40      }
41  }
```

O método **doPost** (linha 38) recebe a requisição e passa para o método **processRequest** (linha 12).

Nesse método, na linha 14 uma variável String chamada **mensagem** é criada para armazenar as mensagens de retorno ao usuário de acordo com o resultado da validação. Essa variável é inicializada com a mensagem **"Validação realizada com sucesso"**.

Na linha 15 um objeto da classe **Cliente** é instanciado e o **nome** e **telefone** recebidos do formulário são incluídos nos atributos **nome** e **telefone** desse objeto (linha 16 e 17).

A linha 18 verifica se o **nome** veio vazio ou nulo por meio de uma chamada ao método **nomeVazio** da classe **Cliente**. Se, sim, a variável **mensagem** recebe o valor **"Preencha o campo nome"**.

A linha 21 verifica se o **telefone** veio vazio ou nulo por meio de uma chamada ao método **telefoneVazio** da classe **Cliente**. Se, sim, a variável **mensagem** recebe o valor **"Preencha o campo telefone"**.

A linha 24 verifica se o **nome** e o **telefone** vieram vazios ou nulos por meio de uma chamada aos métodos **nomeVazio** e **telefoneVazio** da classe **Cliente**. Se, sim, a variável mensagem recebe o valor **"Preencha os campos nome e telefone"**.

Na linha 27 o conteúdo da variável **mensagem** é incluído no atributo de requisição **mensagem**.

Na linha 28 o conteúdo do objeto **cliente** (que contém os dados digitados nos campos do formulário) é incluído no atributo de requisição **cliente**.

Na linha 29 a página **index.jsp** é carregada passando os atributos de requisição **mensagem** e **cliente**.

index.jsp

```
1   <%@page contentType="text/html" pageEncoding="ISO-8859-1"%>
2   <!DOCTYPE HTML PUBLIC "-//W3C//DTD HTML 4.01
```

```
   Transitional//EN" "http://www.w3.org/TR/html4/loose.dtd">
3  <html>
4      <head>
5          <meta http-equiv="Content-Type" content="text/html;
           charset=ISO-8859-1">
6          <title>Exemplo</title>
7      </head>
8      <body>
9          <h2> Cadastro de clientes </h2>
10         <form action="Controle" method="post" name="form">
11             <label>Nome*</label>
12             <input type="text" name="nome"
               value="${cliente.nome}" size="50" /> <br />
13             <label>Telefone*</label>
14             <input type="text" name="telefone"
               value="${cliente.telefone}" size="15" /> <br />
15             <input type="submit" value="Enviar" />
16         </form>
17         <p> Mensagem : ${mensagem} </p>
18     </body>
19 </html>
```

Observe que nenhuma biblioteca de *tag* JSTL foi referenciada no início dessa página. Isso porque as *tags* dessas bibliotecas não serão utilizadas.

Lembre-se de que essa página recebe como retorno da requisição (em atributos da requisição) uma String **mensagem** contendo a mensagem de retorno da validação e um objeto **cliente** contendo os dados enviados na requisição.

Note na linha 17 que o conteúdo da String **mensagem** é exibido por meio da instrução **${mensagem}**. Para exibir o **nome** e o **telefone** contidos no objeto **cliente**, são utilizadas as instruções **${cliente.nome}** e **${cliente.telefone}** presentes na propriedade **value** dos campos do formulário (linhas 12 e 14).

As instruções **${cliente.nome}** e **${cliente.telefone}** são respectivamente chamadas aos métodos **getNome** e **getTelefone** da classe **Cliente**.

5.7.2 Como fazer para receber uma lista de objetos do servidor e exibir os dados contidos nesses objetos

Quando se realizam operações de consulta no banco de dados, muitas vezes são retornadas múltiplas linhas (registros). Nessa situação, uma lista de objetos retorna do servidor para serem exibidos em uma página. O exemplo seguinte mostra como utilizar a biblioteca **JSTL core** para extrair os dados de uma lista de objetos e exibir seu conteúdo em uma tabela HTML por meio de um laço de repetição utilizando a *tag* **<c:forEach>**.

O exemplo seguinte requer a criação dos seguintes componentes:

- Um projeto web no NetBeans;
- Os pacotes *bean* e **controle**;
- As páginas **index.jsp** e **lista_clientes.jsp**;
- A classe **Cliente** no pacote *bean*;
- A servlet **Controle.java** no pacote **controle**.

Após terminar de criar os componentes necessários, adicione as seguintes bibliotecas à pasta **Bibliotecas** do projeto:

- JSTL - Clique com o botão direito na pasta **Bibliotecas**, selecione a opção **Adicionar Biblioteca**, selecione a biblioteca **JSTL** e clique no botão **Adicionar Biblioteca**.
- MySQL JDBC Driver - Clique com o botão direito na pasta **Bibliotecas**, selecione a opção **Adicionar Biblioteca**, selecione a biblioteca **MySQL JDBC Driver** e clique no botão **Adicionar Biblioteca**.

Os componentes da aplicação são apresentados a seguir.

Cliente.java

```
1   package bean;
2
3   public class Cliente {
4       private String nome;
5       private String telefone;
6
7       public Cliente() {
8       }
9
10      public String getNome() {
11          return nome;
12      }
13
14      public void setNome(String nome) {
15          this.nome = nome;
16      }
17
```

```
18      public String getTelefone() {
19          return telefone;
20      }
21
22      public void setTelefone(String telefone) {
23          this.telefone = telefone;
24      }
25  }
```

A classe **Cliente** é utilizada apenas para pegar os dados retornados na consulta e encapsular em objetos dessa classe. A lista de objetos gerada é inserida em um objeto da classe **ArrayList**. O procedimento para realizar esse trabalho é mostrado na servlet apresentada a seguir.

Controle.java

```
1    package controle;
2
3    import bean.Cliente;
4    import java.io.IOException;
5    import java.sql.Connection;
6    import java.sql.DriverManager;
7    import java.sql.ResultSet;
8    import java.sql.Statement;
9    import java.util.ArrayList;
10   import javax.servlet.ServletException;
11   import javax.servlet.http.HttpServlet;
12   import javax.servlet.http.HttpServletRequest;
13   import javax.servlet.http.HttpServletResponse;
14
15   public class Controle extends HttpServlet {
16
17     protected void processRequest(HttpServletRequest request,
       HttpServletResponse response) throws ServletException,
       IOException {
18       response.setContentType("text/html;charset=ISO-8859-1");
19       Connection connection = null;
20       Statement statement = null;
21       ResultSet rs = null;
22       String mensagem = "";
23       Cliente cliente = null;
24       ArrayList listaClientes = null;
25       try {
26         Class.forName("com.mysql.jdbc.Driver");
27         connection = DriverManager.getConnection("jdbc:mysql://
           localhost:3307/controle_cliente", "root", "teruel");
28         statement = connection.createStatement();
29         rs = statement.executeQuery("select * from cliente");
30         listaClientes = new ArrayList();
31         while (rs.next()) {
32             cliente = new Cliente();
33             cliente.setNome(rs.getString(1));
34             cliente.setTelefone(rs.getString(2));
35             listaClientes.add(cliente);
```

```
36            }
37            connection.close();
38          } catch (Exception ex) {
39            mensagem = "Ocorreu um erro:  " + ex.getMessage();
40          }
41          request.setAttribute("mensagem", mensagem);
42          request.setAttribute("clientes", listaClientes);
43          request.getRequestDispatcher("lista_clientes.jsp").
            forward(request, response);
44        }
45
46        @Override
47        protected void doGet(HttpServletRequest request,
          HttpServletResponse response) throws ServletException,
          IOException {
48          processRequest(request, response);
49        }
50
51        @Override
52        protected void doPost(HttpServletRequest request,
          HttpServletResponse response) throws ServletException,
          IOException {
53          processRequest(request, response);
54        }
55    }
```

Nota: Sabemos que, na prática, não é na servlet que executam operações de acesso ao banco de dados. Vimos isso nos capítulos anteriores. Esse procedimento foi utilizado nesse exemplo apenas para ilustrar a geração da lista de objetos necessária na página **lista_clientes.jsp**.

A servlet **Controle.java** é carregada ao clicar no *link* **Listar Clientes** da página **lista_clientes.jsp** que será apresentada a seguir. Ao clicar nesse *link*, o método **doGet** (linha 47) recebe a requisição e a repassa para o método **processRequest** (linha 17).

Nesse método, uma conexão é estabelecida com o banco de dados (linha 27) e a instrução **"select * from cliente"** é executada retornando para um objeto rs da interface ResultSet (linha 29), todos os registros cadastrados na tabela **cliente** do banco de dados.

Em seguida é necessário pegar o conteúdo do objeto **rs**, linha por linha, instanciar um objeto da classe **Cliente**, inserir os dados da linha nesse objeto **cliente** e adicioná-lo em um objeto da interface ArrayList. Esse procedimento deve ser executado até que a última linha contida no objeto **rs** seja carregada. Esse trabalho é feito dentro do laço de repetição implementado no intervalo de linhas de 31 a 36.

Note que a condição para que o laço seja executado (linha 31) é enquanto tiver linhas no objeto **rs** (que contém o retorno da consulta). Essa condição faz com que o laço passe por todos os registros retornados na consulta.

Para obter o **nome** e o **telefone** contidos no objeto **rs**, são utilizadas respectivamente as instruções **rs.getString(1)** e **rs.getString(2)**, em que 1 se refere à primeira coluna do **rs** e 2 à segunda coluna. Esses dados são então incluídos nos atributos **nome** e **telefone** do objeto **cliente**, por meio de chamadas aos métodos *setter*. Em seguida o objeto **cliente** é inserido na lista **listaClientes**. Ao final da execução do laço, a lista **listaClientes** estará populada com todos os objetos da classe **Cliente** que foram gerados com os dados retornados na consulta.

Se ocorrer algum erro nas operações relacionadas ao banco de dados (linha 38), uma mensagem de erro é inserida na String **mensagem** (linha 39).

Em seguida, o conteúdo da variável **mensagem** é incluído no atributo de requisição **mensagem** (linha 41) e o conteúdo da lista de objetos **cliente** contida em **listaClientes** é incluído no atributo de requisição **clientes** (linha 42).

Na linha 43 a página **lista_clientes.jsp** é carregada passando os atributos de requisição **mensagem** e **clientes**.

index.jsp

```
1   <%@page contentType="text/html" pageEncoding="ISO-8859-1"%>
2   <!DOCTYPE HTML PUBLIC "-//W3C//DTD HTML 4.01
    Transitional//EN" "http://www.w3.org/TR/html4/loose.dtd">
3   <html>
4       <head>
5           <title>Exemplo</title>
6       </head>
7       <body>
8           <h2> Menu </h2>
9           <br /> <a href="Controle"> Listar Clientes </a>
10      </body>
11  </html>
```

A página **index.jsp** exibe apenas o *link* **Listar Clientes**. Quando clicado, esse *link* encaminha uma requisição por meio do método get para o método **doGet** da servlet **Controle.java**.

lista_clientes.jsp

```
1     <%@taglib prefix=”c” uri=”http://java.sun.com/jsp/jstl/core”%>
2     <%@page contentType=”text/html” pageEncoding=”ISO-8859-1”%>
3     <!DOCTYPE HTML PUBLIC “-//W3C//DTD HTML 4.01 Transitional//EN”
      “http://www.w3.org/TR/html4/loose.dtd”>
4     <html>
5       <head>
6          <meta http-equiv=”Content-Type” content=”text/html;
           charset=ISO-8859-1”>
7          <title>Listagem de clientes</title>
8       </head>
9       <body>
10         <table border=”1” cellpadding=”5”>
11            <tr> <td>Nome</td> <td>Telefone</td> </tr>
12            <c:forEach var=”cliente” items=”${clientes}”>
13               <tr>
14                  <td>${cliente.nome}</td>
15                  <td>${cliente.telefone}</td>
16               <tr>
17            </c:forEach>
18         </table>
19         <h3>${mensagem}</h3>
20      </body>
21    </html>
```

É nessa página que acontece a “mágica”. Ela recebe uma String **mensagem** contendo uma possível mensagem de erro que será exibida na linha 19. Recebe também um atributo de requisição **clientes** contendo uma lista de objetos da classe **Cliente**. Nesses objetos estão os dados retornados na consulta executada no servidor.

Para percorrer essa lista foi criado o laço de repetição da linha 12. Esse laço obtém cada objeto da classe **Cliente** presente na lista **clientes** e armazena no objeto **cliente**. Os dados do objeto **cliente** são então exibidos nas linhas 14 e 15. As instruções **cliente.nome** e **cliente.telefone** referem-se respectivamente às chamadas aos método **getNome** e **getTelefone** da classe **Cliente**.

Cada vez que o laço é executado, o próximo elemento da lista é utilizado.

Observe que não foi utilizado nenhum *scriptlet* Java, apenas *tags* JSTL.

A figura 5.5 mostra o resultado gerado na tela.

Nome	Telefone
1	Pedro Henrique
2	Evandro Teruel
3	Angela Hossaka
4	Ana Luiza
10	Evandro Teruel
12	Ana
14	Pedro Teruel

Figura 5.5: Exibição de uma lista de clientes utilizando JSTL.

5.8 JSTL e Hibernate

Não há relação direta entre o Hibernate e o JSTL, a não ser a de que você terá uma grande redução no número de linhas de código utilizando os dois recursos no mesmo projeto.

O Hibernate atua no componente **Model** do MVC, na camada de persistência, mapeando objetos Java para tabelas do banco de dados.

As bibliotecas JSTL atuam no componente **View** do MVC, embutindo código Java em *tags* especiais no formato semelhante a HTML. JSTL foi criada para auxiliar principalmente os *designers*, que não precisarão possuir conhecimento aprofundado em Java para desenvolver a interface com o usuário.

Neste capítulo foram apresentadas as bibliotecas JSTL e uma série de exemplos práticos para utilização.

Neste tópico vamos voltar ao capítulo 4 que trata do Hibernate e substituir nas páginas JSP do projeto apresentado como exemplo os comandos Java por *tags* JSTL.

5.8.1 Como utilizar JSTL nas páginas do projeto criado com Hibernate

Agora que você já conhece JSTL, abra o projeto criado no capítulo 4 e faça as modificações nas páginas:
- **cadastro_departamento.jsp**;
- **cadastro_funcionario.jsp**;
- **atualiza_departamento.jsp**;
- **atualiza_funcionario.jsp**;
- **consulta_departamento.jsp**;
- **consulta_funcionario.jsp**.

Como essas páginas já foram explicadas com mais detalhes no capítulo 4, será feita a explicação apenas do aspecto funcional e das partes envolvendo o uso das *tags* JSTL. Para obter uma explicação mais detalhada sobre essas páginas, reveja o exemplo apresentado no capítulo 4.

5.8.1.1 Cadastro de Departamentos

cadastro_departamento.jsp

```
1     <%@ taglib uri="http://java.sun.com/jsp/jstl/core" prefix="c"
      %>
2     <%@page contentType="text/html" pageEncoding="ISO-8859-1"%>
3     <!DOCTYPE HTML PUBLIC "-//W3C//DTD HTML 4.01 Transitional//
      EN" "http://www.w3.org/TR/html4/loose.dtd">
4     <html>
5       <head>
6         <meta http-equiv="Content-Type" content="text/html;
          charset=ISO-8859-1">
7         <title>Cadastro de Departamentos</title>
8         <link rel="stylesheet" type="text/css" href="config.css">
9         <script src="valida_departamento.js" type="text/
          javascript" language="javascript">
10        </script>
11      </head>
12      <body>
13        <div id="principal">
14          <div id="topo">
15            <h1>Cadastro de Departamentos</h1>
16            <h4 id ="mensagem">
17              ${mensagem}
18            </h4>
19          </div>
20          <div id="direito">
21            <fieldset>
```

```
22              <legend>Departamento</legend>
23              <form action="Controle" method="post" name="form"
                class="form" onsubmit="javascript:return
                verificarTelefone();">
24                <input type="hidden" id="comando" name="comando"
                  value="cadastrarDepartamento" />
25                <label for="nome">Nome*</label>
26                <div class="campotexto">
27                  <input type="text" name="nome" id="nome"
                    value="${departamento.nomDep}" size="50"/>
28                </div>
29                <label for="telefone">Telefone</label>
30                <div class="campotexto">
31                  <input type="text" name="telefone" id="telefone"
                    value="${departamento.telDep}" size="15"/>
32                  <span id="explica">Formato:(xx)xxxx-xxxx</span>
33                </div>
34                <div class="button">
35                  <input name="salvar" type="submit" value="Salvar"/>
36                  <input name="limpar" type="reset" value="Limpar"/>
37                </div>
38              </form>
39            </fieldset>
40          </div>
41          <div id="esquerdo">
42            <%@include file="/WEB-INF/jspf/menu.jspf"%>
43          </div>
44        </div>
45      </body>
46    </html>
```

Caso os dados digitados não passem na validação feita no servidor, essa página recebe como retorno um atributo de requisição chamado **mensagem** que traz uma mensagem de erro e também um atributo **departamento** contendo um objeto da classe **Departamento** com os dados digitados no formulário antes da validação ser realizada.

O que é preciso fazer com JSTL é exibir a mensagem na tela e reinserir os dados digitados anteriormente nos campos do formulário para que o usuário faça as modificações necessárias para atender as regras de validação impostas.

A linha 17 mostra o conteúdo do atributo **mensagem** e as linhas 27 e 31 inserem o conteúdo dos atributos **nomDep** e **telDep** do objeto **departamento** nos campos do formulário.

As instruções **${departamento.nomDep}** e **${departamento.telDep}** são na realidade chamadas aos métodos **getNomDep** e **getTelDep** da classe **Departamento**.

5.8.1.2 Cadastro de Funcionários

cadastro_funcionario.jsp

```
1     <%@ taglib uri="http://java.sun.com/jsp/jstl/core" prefix="c" %>
2     <%@page contentType="text/html" pageEncoding="ISO-8859-1"%>
3     <!DOCTYPE HTML PUBLIC "-//W3C//DTD HTML 4.01 Transitional//EN"
      "http://www.w3.org/TR/html4/loose.dtd">
4     <html>
5       <head>
6         <meta http-equiv="Content-Type" content="text/html;
          charset=ISO-8859-1">
7         <title>Cadastro de Funcionários</title>
8         <link rel="stylesheet" type="text/css" href="config.css">
9         <script src="valida_funcionario.js" type="text/javascript"
          language="javascript">
10        </script>
11      </head>
12      <body>
13        <div id="principal">
14          <div id="topo">
15            <h1>Cadastro de Funcionários</h1>
16            <h4 id ="mensagem">
17              ${mensagem}
18            </h4>
19          </div>
20          <div id="direito">
21            <fieldset>
22              <legend>Funcionário</legend>
23              <form action="Controle" method="post" name="form"
              class="form" onsubmit="javascript:return verificar();">
24                <input type="hidden" id="comando" name="comando"
                value="cadastrarFuncionario" />
25                <label for="nome">Nome*</label>
26                <div class="campotexto">
27                  <input type="text" name="nome" id="nome"
                  value="${funcionario.nomFun}" size="50"/>
28                </div>
29                <label for="nome">Departamento*</label>
30                <div class="campotexto">
31                  <select name="departamento_id">
32                    <c:forEach var="departamento"
                    items="${departamentos}">
33                      <option value="${departamento.ideDep}"
                      ${departamento.ideDep eq funcionario.
                      departamento.ideDep ? "SELECTED" :
                      ""}>${departamento.nomDep}</option>
34                    </c:forEach>
35                  </select>
36                </div>
37                <label for="telefone">Telefone*</label>
38                <div class="campotexto">
39                  <input type="text" name="telefone" id="telefone"
                  value="${funcionario.telFun}" size="15"/>
40                  <span id="explica">Formato:(xx)xxxx-xxxx</span>
41                </div>
42                <label for="cargo">Cargo</label>
```

```
43              <div class="campotexto">
44                <input type="text" name="cargo" id="cargo"
                  value="${funcionario.carFun}" size="30"/>
45              </div>
46              <label for="salario">Salário</label>
47              <div class="campotexto">
48                <input type="text" name="salario" id="salario"
                  value="${funcionario.salFun}" size="15"/>
49                <span id="explica">Formato: 00000.00</span>
50              </div>
51              <div class="button">
52                <input name="salvar" type="submit" value="Salvar"/>
53                <input name="limpar" type="reset" value="Limpar"/>
54              </div>
55            </form>
56          </fieldset>
57        </div>
58        <div id="esquerdo">
59          <%@include file="/WEB-INF/jspf/menu.jspf"%>
60        </div>
61      </div>
62    </body>
63  </html>
```

Caso os dados digitados no formulário não passem na validação realizada no servidor essa página recebe um atributo **mensagem** e um atributo contendo um objeto da classe **Funcionario** com os dados digitados antes da validação. As linhas 17, 27, 33, 39, 44 e 48 exibem o conteúdo desses atributos.

A grande diferença nessa página em relação à página de cadastro de departamentos é que aqui deve ser exibida uma caixa de combinação contendo todos os departamentos cadastrados para que o usuário possa escolher um departamento adequado para o funcionário que está sendo cadastrado.

Quando essa página é chamada, uma consulta acontece no servidor e todos os departamentos cadastrados são inseridos em objetos da classe **Departamento**. Esses objetos são inseridos em uma lista que é incluída em um atributo de requisição chamado **departamentos**. Para exibir os departamentos na caixa de combinação, basta criar um laço de repetição que percorra a lista de departamentos. Isso é feito da linha 32 a 34.

Note na linha 32 que cada departamento da lista de departamentos é carregado em um objeto chamado **departamento** da classe **Departamento**. Se o código do departamento atual obtido no laço for igual (eq) ao código do departamento selecionado anteriormente (caso os dados não tenham passado na validação realizada no servidor), esse departamento aparece selecionado na caixa de combinação. Note que na caixa de combinação será exibido o nome do departamento, entretanto, é o id que é submetido na requisição.

5.8.1.3 Atualização de Departamentos

atualiza_departamento.jsp

```
1    <%@ taglib uri="http://java.sun.com/jsp/jstl/core" prefix="c" %>
2    <%@page contentType="text/html" pageEncoding="ISO-8859-1"%>
3    <!DOCTYPE HTML PUBLIC "-//W3C//DTD HTML 4.01 Transitional//EN"
     "http://www.w3.org/TR/html4/loose.dtd">
4    <html>
5      <head>
6        <meta http-equiv="Content-Type" content="text/html;
         charset=ISO-8859-1">
7        <title>Atualização de Departamentos</title>
8        <link rel="stylesheet" type="text/css" href="config.css">
9        <script src="valida_departamento.js" type="text/javascript"
         language="javascript">
10       </script>
11     </head>
12     <body>
13       <div id="principal">
14         <div id="topo">
15           <h1>Atualização de Departamentos</h1>
16           <h4>
17             ${mensagem}
18           </h4>
19         </div>
20         <div id="direito">
21           <fieldset>
22             <legend>Departamento</legend>
23             <form action="Controle" method="post" class="form"
               name="form" onsubmit="javascript:return
               verificarTelefone();">
24               <input type="hidden" id="comando" name="comando"
                 value="atualizarDepartamento" />
25               <input type="hidden" id="ideDep" name="ideDep"
                 value="${param.ideDep }" />
26               <label for="nome">Nome*</label>
27               <div class="campotexto">
28                 <input type="text" name="nome" id="nome"
                   value="${departamento.nomDep}" size="50"/>
29               </div>
30               <label for="telefone">Telefone</label>
31               <div class="campotexto">
32                 <input type="text" name="telefone" id="telefone"
                   value="${departamento.telDep}"  size="15"/>
33               </div>
34               <div class="button">
35                 <input name="atualizar" type="submit"
                   value="Atualizar"/>
36               </div>
37             </form>
38           </fieldset>
```

```
39          </div>
40          <div id="esquerdo">
41            <%@include file="/WEB-INF/jspf/menu.jspf"%>
42          </div>
43        </div>
44      </body>
45    </html>
```

Quando essa página é chamada, ela recebe um atributo **departamento** contendo um objeto da classe **Departamento** com os dados a serem alterados. Esses dados são inseridos por meio das *tags* JSTL nos campos do formulário (linhas 28 e 32).

Note que o **id** recebido como parâmetro também é inserido em um campo oculto (linha 24). Isso é necessário porque esse id será utilizado para indicar qual o departamento que deve ter seus dados modificados.

Ao submeter os dados, se eles não passarem na validação realizada no servidor, eles retornam para essa página, juntamente com uma mensagem de erro. Essa mensagem é exibida na linha 17.

5.8.1.4 Atualização de Funcionários

atualiza_funcionario.jsp

```
1     <%@ taglib uri="http://java.sun.com/jsp/jstl/core" prefix="c" %>
2     <%@page contentType="text/html" pageEncoding="ISO-8859-1"%>
3     <!DOCTYPE HTML PUBLIC "-//W3C//DTD HTML 4.01 Transitional//EN"
      "http://www.w3.org/TR/html4/loose.dtd">
4     <html>
5       <head>
6         <meta http-equiv="Content-Type" content="text/html;
          charset=ISO-8859-1">
7         <title>Atualização de Funcionários</title>
8         <link rel="stylesheet" type="text/css" href="config.css">
9         <script src="valida_funcionario.js" type="text/javascript"
          language="javascript">
10        </script>
11      </head>
12      <body>
13        <div id="principal">
14          <div id="topo">
15            <h1>Atualização de Funcionários</h1>
16            <h4>
17              ${mensagem}
18            </h4>
19          </div>
20          <div id="direito">
21           <fieldset>
22            <legend>Funcionario</legend>
23            <form action="Controle" method="post" class="form"
              name="form" onsubmit="javascript:return verificar();">
```

```
24          <input type="hidden" id="comando" name="comando"
            value="atualizarFuncionario" />
25          <input type="hidden" id="ideFun" name="ideFun"
            value="${param.ideFun }" />
26          <label for="nome">Nome*</label>
27          <div class="campotexto">
28            <input type="text" name="nome" id="nome"
              value="${funcionario.nomFun}" size="50"/>
29          </div>
30          <label for="nome">Departamento*</label>
31          <div class="campotexto">
32            <select name="departamento_id">
33              <c:forEach var="departamento"
                items="${departamentos}">
34                <option value="${departamento.ideDep}"
                  ${departamento.ideDep eq funcionario.departamento.
                  ideDep ? "SELECTED" : ""}>${departamento.nomDep}</
                  option>
35              </c:forEach>
36            </select>
37          </div>
38          <label for="telefone">Telefone*</label>
39          <div class="campotexto">
40            <input type="text" name="telefone" id="telefone"
              value="${funcionario.telFun}" size="15"/>
41            <span id="explica">Formato:(xx)xxxx-xxxx</span>
42          </div>
43          <label for="cargo">Cargo</label>
44          <div class="campotexto">
45            <input type="text" name="cargo" id="cargo"
              value="${funcionario.carFun}" size="30"/>
46          </div>
47          <label for="salario">Salário</label>
48          <div class="campotexto">
49            <input type="text" name="salario" id="salario"
              value="${funcionario.salFun}" size="15"/>
50            <span id="explica">Formato: 00000.00</span>
51          </div>
52          <div class="button">
53            <input name="salvar" type="submit" value="Salvar"/>
54          </div>
55        </form>
56      </fieldset>
57      </div>
58      <div id="esquerdo">
59        <%@include file="/WEB-INF/jspf/menu.jspf"%>
60      </div>
61    </div>
62  </body>
63 </html>
```

Essa página recebe em atributos de requisição um objeto da classe **Funcionario**, contendo os dados a serem alterados e uma lista de objetos da classe **Departamento** necessária para popular a caixa de combinação para escolha de um departamento apropriado para o funcionário.

Note nas propriedades **value** das *tags* **<input>** que os dados contidos no objeto da classe **Funcionario** são exibidos nos campos do formulário por meio de chamadas aos métodos *getter*.

Para exibir os departamentos na caixa de combinação com o departamento do funcionário já selecionado, é criado o laço de repetição presente nas linhas de 33 a 35.

Nesse laço, cada objeto **departamento** contido na lista **departamentos** é extraído e o nome do departamento é exibido na caixa de combinação. Quando o departamento que estiver sendo carregado no laço for igual (eq) ao departamento cadastrado originalmente para o funcionário, o nome desse departamento é exibido (SELECTED).

As mensagens de retorno da página, contidas no atributo de requisição **mensagem** são exibidas na linha 17.

5.8.1.5 Consulta de Departamentos

consulta_departamento.jsp

```
1     <%@ taglib uri="http://java.sun.com/jsp/jstl/core" prefix="c" %>
2     <%@page language="java" contentType="text/html;
      charset=ISO-8859-1" pageEncoding="ISO-8859-1"%>
3     <!DOCTYPE html PUBLIC "-//W3C//DTD HTML 4.01 Transitional//EN"
      "http://www.w3.org/TR/html4/loose.dtd">
4     <html>
5       <head>
6         <meta http-equiv="Content-Type" content="text/html;
          charset=ISO-8859-1">
7         <title>Consulta de Departamento</title>
8         <link rel="stylesheet" type="text/css" href="config.css">
9         <script type="text/javascript">
10          function mostrarFuncionarios(id) {
11            elemento = "funcionario"+id;
12            document.getElementById(elemento).style
              .display="block";
13          }
14          function esconderFuncionarios(id) {
15            elemento = "funcionario"+id;
16            document.getElementById(elemento).style .display="none";
17          }
18        </script>
19      </head>
20      <body>
21        <div id="principal">
22          <div id="topo">
23            <h1>Consulta de Departamentos</h1>
24            <h4>
25              ${mensagem}
26            </h4>
27          </div>
```

```
28          <div id="esquerdo">
29            <%@include file="/WEB-INF/jspf/menu.jspf"%>
30          </div>
31          <div id="direito">
32            <table>
33              <thead>
34                <tr>
35                  <td class="cab_tabela">Nome</td>
36                  <td class="cab_tabela">Telefone</td>
37                  <td class="cab_tabela" colspan="2">Opções</td>
38                </tr>
39              </thead>
40              <c:forEach var="departamento" items="${departamentos}">
41                <tr onmouseover="mostrarFuncionarios(${departamento
                  .ideDep});"  onmouseout="esconderFuncionarios(${depar
                  tamento .ideDep});">
42                  <td>${departamento.nomDep}</td>
43                  <td>${departamento.telDep}</td>
44                  <td><a href="Controle?comando=
                    atualizarDepartamento&ideDep= ${departamento.
                    ideDep}"> Atualizar </a></td>
45                  <td><a href="Controle?comando=
                    excluirDepartamento&ideDep= ${departamento.
                    ideDep}">Excluir</a></td>
46                </tr>
47              </c:forEach>
48            </table>
49          </div>
50          <c:forEach var="departamento" items="${departamentos}">
51            <div class="direitoFuncionarios"
            id="funcionario${departamento.ideDep}">
52              <table>
53                <thead>
54                  <tr><td class="cab_tabela"
                  colspan="3">${departamento.nomDep}</td></tr>
55                </thead>
56                <tr>
57                  <td class="cab_tabela1">Nome</td>
58                  <td class="cab_tabela1">Cargo</td>
59                  <td class="cab_tabela1">Telefone</td>
60                </tr>
61                <c:forEach var="funcionario" items="${departamento.
                funcionarios}">
62                  <tr>
63                    <td>${funcionario.nomFun}</td>
64                    <td>${funcionario.carFun}</td>
65                    <td>${funcionario.telFun}</td>
66                  </tr>
67                </c:forEach>
68                <c:if test="${departamento.funcionariosSize == 0}">
69                  <tr><td colspan="3">Não há funcionários
                  cadastrados.</td></tr>
70                </c:if>
71              </table>
72            </div>
73          </c:forEach>
74        </div>
75      </body>
76    </html>
```

A página de consulta de departamentos recebe em atributos de requisição duas listas de objetos, uma da classe **Departamento** (**departamentos**) e outra da classe **Funcionario** (**funcionarios**). Todos os departamentos e funcionários cadastrados estarão nesses atributos.

São criados laços de repetição para percorrer essas listas e exibir os dados. O primeiro laço exibe os departamentos (linhas 40 a 47) em uma tabela HTML.

O segundo laço (linhas 50 a 73) percorre novamente os departamentos para que outro laço (linhas 61 a 67) obtenha a lista de funcionários de cada departamento.

Quando o ponteiro do mouse for posicionado sobre um departamento da tabela que exibe os dados dos departamentos, uma função JavaScript é chamada para exibir a lista de funcionários do departamento selecionado.

Observe na linha 68 que é realizada uma chamada ao método **funcionariosSize** da classe **Departamento**. Esse método retorna o número de funcionários ligados ao departamento. Se não houver nenhum funcionário cadastrado no departamento, uma mensagem é inserida na tabela que exibe os funcionários do departamento selecionado.

Note que os laços de repetição sempre extraem um a um os objetos da lista. Por exemplo, a instrução **<c:forEach var="funcionario" items="${departamento.funcionarios}">** chama o método **getFuncionarios** da classe **Departamento** (**${departamento.funcionarios}**) e essa chamada obtém uma lista de objetos da classe **Funcionario**. A cada passagem no interior do laço, um objeto dessa lista é armazenado no objeto **funcionario** da classe **Funcionario** (**var="funcionario"**).

As instruções como **${funcionario.nomFun}** nada mais são do que chamadas a um método *getter* da classe responsável pelo objeto, nesse caso, uma chamada ao método **getNomFun** da classe **Funcionario**.

5.8.1.6 Consulta de Funcionários

consulta_funcionario.jsp

```
1    <%@ taglib uri="http://java.sun.com/jsp/jstl/core" prefix="c" %>
2    <%@ page language="java" contentType="text/html;
     charset=ISO-8859-1" pageEncoding="ISO-8859-1"%>
3    <!DOCTYPE html PUBLIC "-//W3C//DTD HTML 4.01 Transitional//EN"
     "http://www.w3.org/TR/html4/loose.dtd">
```

```
4       <html>
5         <head>
6           <meta http-equiv="Content-Type" content="text/html;
            charset=ISO-8859-1">
7           <title>Consulta Funcionário</title>
8           <link rel="stylesheet" type="text/css" href="config.css">
9         </head>
10        <body>
11          <div id="principal">
12            <div id="topo">
13              <h1>Pesquisa de Funcionário</h1>
14              <h3>${mensagem }</h3>
15              <div id="direito">
16                <fieldset>
17                  <legend>Funcionário</legend>
18                  <form action="Controle" method="post" class="form"
                    name="form">
19                    <input type="hidden" id="comando" name="comando"
                      value="pesquisarFuncionario" />
20                    <label for="nome">Nome</label>
21                    <div class="campotexto">
22                      <input type="text" name="nome" id="nome"
                        value="${funcionario.nomFun}"/>
23                      <span id="explica">Completo ou iniciais</span>
24                    </div>
25                    <label for="cargo">Cargo</label>
26                    <div class="campotexto">
27                      <input type="text" name="cargo" id="cargo"
                        value="${funcionario.carFun}"/>
28                      <span id="explica">Completo ou iniciais</span>
29                    </div>
30                    <div class="button">
31                      <input name="pesquisar" type="submit"
                        value="Pesquisar"/>
32                    </div>
33                  </form>
34                </fieldset>
35              </div>
36            </div>
37            <div id="esquerdo">
38              <%@include file="/WEB-INF/jspf/menu.jspf"%>
39            </div>
40            <div id="direito">
41              <table>
42                <thead>
43                  <tr>
44                    <td class="cab_tabela">Nome</td>
45                    <td class="cab_tabela">Telefone</td>
46                    <td class="cab_tabela">Cargo</td>
47                    <td class="cab_tabela">Salário</td>
48                    <td class="cab_tabela">Departamento</td>
49                    <td class="cab_tabela" colspan="2">Opções</td>
50                  </tr>
51                </thead>
52                <c:forEach var="funcionario" items="${funcionarios}">
53                  <tr>
54                    <td>${funcionario.nomFun}</td>
55                    <td>${funcionario.telFun}</td>
56                    <td>${funcionario.carFun}</td>
```

```
57              <td>${funcionario.salFun}</td>
58              <td>${funcionario.departamento.nomDep}</td>
59              <td><a href="Controle?comando=
                atualizarFuncionario&ideFun= ${funcionario.
                ideFun}">Atualizar</a></td>
60              <td><a href="Controle?comando=
                excluirFuncionario&ideFun= ${funcionario.
                ideFun}">Excluir</a></td>
61            </tr>
62          </c:forEach>
63        </table>
64      </div>
65    </div>
66  </body>
67 </html>
```

A página de consulta de funcionários exibe um formulário com os campos **nome** e **cargo** para que o usuário realize a pesquisa. Exibe também uma tabela HTML com todos os funcionários cadastrados. Quando o usuário faz a consulta pelos campos de pesquisa, essa tabela exibe os dados dos funcionários que atendem aos critérios contidos nesses campos. De qualquer forma, uma lista de objetos da classe **Funcionario** é recebida e precisa ser exibida por meio de um laço de repetição (linhas 52 a 62). Esse laço extrai cada objeto **funcionario** da lista **funcionarios** e, por meio de chamadas aos métodos *getter* da classe **Funcionario**, exibe os dados contidos no objeto.

5.9 Considerações finais

JSTL facilita a vida do desenvolvedor e diminui o número de linhas de código nas páginas JSP de forma considerável. Todas as operações realizadas pelas *tags* JSTL podem ser realizadas por código Java convencional. Alguns exemplos foram mostrados neste capítulo.

Apesar das vantagens, utilizar JSTL exige estudar Java de outra forma, entendendo como as operações fundamentais de programação (estruturas de seleção, laços de repetição e coleções) funcionam com JSTL.

5.10 Resumo

JSTL é um conjunto de bibliotecas utilizadas para inserir código Java na página por meio de *tags* especiais semelhantes às *tags* HTML. Quando se utiliza JSTL é possível desenvolver páginas sem nenhum *scriptlet* Java, apenas com *tags* das bibliotecas componentes da JSTL.

JSTL é formada por um conjunto de cinco bibliotecas: **core**, **fmt**, **sql**, **XML** e **functions**. Essas bibliotecas são apresentadas resumidamente a seguir:

- A biblioteca **JSTL core** fornece as principais *tags* JSTL, como aquelas que executam iteração, processamento condicional, laços de repetição, redirecionamento de página etc.
- A biblioteca **JSTL fmt** disponibiliza *tags* que suportam internacionalização, formatos de localização e conversão. Permite converter e formatar números, moedas ou porcen*tag*ens, converter Strings em valores numéricos, formatar datas, converter Strings em data etc.
- A biblioteca **JSTL sql** fornece *tags* que permitem o acesso direto a banco de dados a partir de páginas JSP. Possui *tags* para fazer a conexão com o banco de dados, executar *queries* SQL, atualização, inserção de dados, exclusão etc.
- A biblioteca **JSTL XML** disponibiliza *tags* que suportam a interpretação e a conversão de documentos XML, fragmentos de código XML, processamento condicional e iterativo baseado em conteúdo XML e transformações de documentos XSLT.
- A biblioteca **JSTL functions** possui *tags* para manipulação de Strings. Possui funções para verificar se uma String contém uma determinada substring, para contar caracteres, para dividir a String, para obter uma substring a partir de uma String, para converte caracteres para maiúsculas ou minúsculas etc.

As bibliotecas JSTL atuam no componente **View** do padrão MVC, nas páginas JSP. A finalidade principal dessas bibliotecas é fornecer um conjunto de recursos para que os designers possam desenvolver a interface com o usuário sem a necessidade de conhecimentos aprofundados em Java, já que pode utilizar *tags* JSTL semelhantes às *tags* HTML com as quais está acostumado.

O uso de JSTL também reduz bastante o número de linhas das páginas JSP e a complexidade existente quando se utiliza *scriptlets* em meio às *tags* HTML. Com JSTL a página fica mais fácil de entender e manter.

Apesar das vantagens do uso da JSTL, para utilizar suas *tags* é necessário ter conhecimento prévio de lógica de programação e das estruturas fundamentais utilizadas na programação, como estruturas de seleção, laços de repetição, manipulação e coleções e variáveis etc. As bibliotecas JSTL possuem *tags* especiais para implementar cada uma dessas estruturas.

5.11 Exercícios

1. Qual o papel da JSTL no desenvolvimento de páginas web com Java?
2. Quais são as bibliotecas que compõem a JSTL?
3. Como se referencia uma biblioteca JSTL em uma página web?
4. Para que se utiliza a biblioteca JSTL core e qual a diretiva utilizada para referenciar essa biblioteca?
5. Para que se utiliza a biblioteca JSTL XML e qual a diretiva utilizada para referenciar essa biblioteca?
6. Para que se utiliza a biblioteca JSTL fmt e qual a diretiva utilizada para referenciar essa biblioteca?
7. Para que se utiliza a biblioteca JSTL functions e qual a diretiva utilizada para referenciar essa biblioteca?
8. O que é necessário para utilizar as bibliotecas JSTL em um projeto Java desenvolvido com o NetBeans?
9. Como se implementam estruturas de seleção com JSTL?
10. Como se implementam laços de repetição com JSTL?
11. Dê um exemplo de conexão com um banco de dados e inserção de um registro na tabela do banco de dados com a JSTL sql:
12. Dê um exemplo de utilização da biblioteca JSTL fmt:
13. Qual a relação existente entre JSTL e Hibernate?

CAPÍTULO 6 - JAVASERVER FACES

Nos últimos anos observamos a união de grandes empresas, incluindo empresas de desenvolvimento de software, formando grandes corporações nacionais e multinacionais. Esse fenômeno, impulsionado pela globalização e pelo desenvolvimento e popularização da Internet, mudou radicalmente a forma como o software é desenvolvido. É comum o software hoje ter uma interface com a web e ser composto por uma enorme quantidade de tecnologias diferentes que devem ser integradas durante o desenvolvimento. Está mais difícil e demorado desenvolver software de qualidade, o que faz com que muitas empresas optem por ferramentas, recursos e metodologias que permitem agilizar todo o processo de desenvolvimento. Os *frameworks* são recursos valiosos para agilizar o processo de desenvolvimento sem ter de "reinventar a roda", já que agregam componentes e arquiteturas amplamente utilizadas e testadas.

JavaServer Faces (JSF) é um *framework* utilizado no desenvolvimento de aplicações web com Java que utiliza o *design pattern* MVC.

Trata-se de um Struts melhorado com recursos para desenvolver páginas HTML/XHTML, validar valores e chamar a lógica de negócios.

Para evitar o uso de códigos Java nos componentes de apresentação (**View**), JSF disponibiliza muitos controles pré-construídos (HTML-oriented GUI controls), juntamente com o código para manipular seus eventos. Pode ser utilizado também para gerar Graphical User Interface (GUI) em outros formatos além do HTML, usando protocolos diferentes do Hypertext Transfer Protocol (HTTP).

Segundo Jendrock et al. (2010), JSF possui dois componentes principais:

- Uma API para a representação de componentes de interface com o usuário e manipulação de seus estados; manipulação de eventos, validação do lado servidor e conversão de datas; definição de navegação entre páginas; suporte a internacionalização e acessibilidade; e extensibilidade para todas essas características;

- Bibliotecas de *tags* personalizadas para criar componentes de interface com o usuário em páginas JSP e escrever componentes para objetos do lado servidor.

No JSF o componente Controller do MVC é composto por uma servlet denominada **FacesServlet**, por arquivos de configuração e por um conjunto de manipuladores de ações e observadores de eventos.

A **FacesServlet** é responsável por receber requisições dos componentes de apresentação da **View**, redirecioná-las para os *beans* gerenciados (*managed beans*) do componente **Model** e responder a essas requisições.

Os arquivos de configuração são responsáveis por realizar associações e mapeamentos de ações e pela definição das regras de navegação. Os dois arquivos de configuração utilizados em projetos com JSF são o **web.xml** e o **faces-config.xml**. Esses arquivos serão explorados no decorrer deste capítulo.

Os manipuladores de eventos são responsáveis por receber os dados vindos dos componentes da **View**, acessar os componentes da **Model** e devolver o resultado para a **FacesServlet**.

FacesServlet e arquivos de configuração

Quando você cria um projeto com JSF, a **FacesServlet** e os arquivos de configuração são gerados automaticamente. Você não poderá modificar nem visualizar a **FacesServlet**, entretanto, terá de modificar os arquivos de configuração na medida em que incluir novos componentes no projeto.

No JSF o componente **View** é composto por uma hierarquia de componentes de interface com o usuário (*component trees*), tornando possível unir componentes para criar interfaces mais complexas.

6.1 Arquitetura do JSF

A arquitetura do JSF é mostrada pela Figura 6.1.

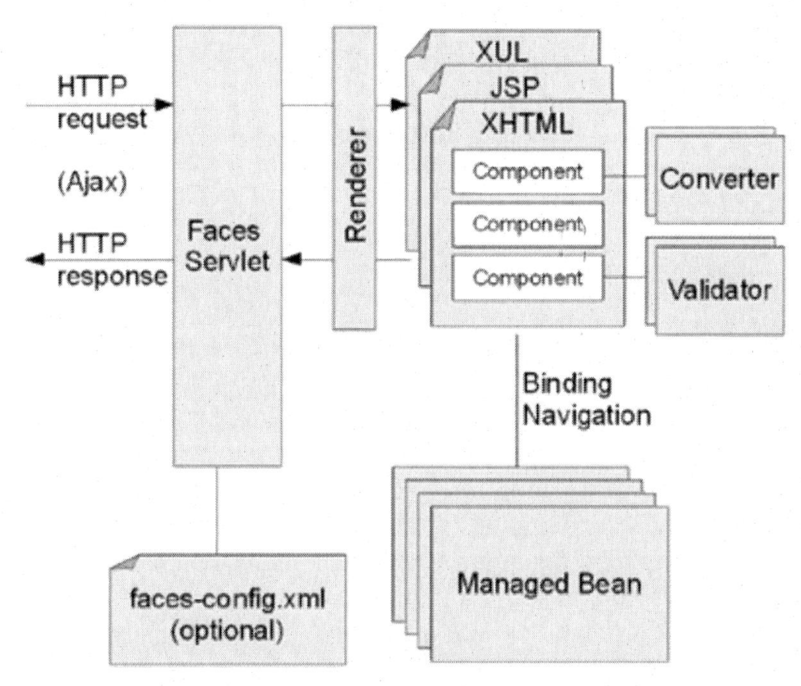

Figura 6.1: Arquitetura do JavaServer Faces.

A **FacesServlet** é a servlet principal para a aplicação e para configurar o fluxo de informações que ela gerencia, você deve criar o arquivo de configuração **faces-config.xml**.

Renderers são os componentes responsáveis por exibir um componente na tela e traduzir uma entrada de valor realizada por um usuário em componentes JSF.

Páginas XHTML/HTML e JSP são arquivos utilizados para renderizar[19] componentes JSF.

Converters representam classes que podem ser criadas para converter o valor de um componente (como moedas, datas, porcen*tag*em etc.) dando-lhes novos formatos. São usados principalmente para converter

[19] Renderizar é utilizar algum processo para obter um produto final a partir de um processamento digital qualquer. O processo de renderização é aplicado essencialmente em programas de modelagem 2D e 3D, como áudio e vídeo.

valores de entradas em formulários.

Validators representam classes que podem ser criadas para validar a entrada de dados de usuário em um componente. São usados principalmente para validar a entrada de dados em formulários.

Managed Beans representam classes *bean* que gerenciam a lógica do negócio e geralmente acessam componentes de acesso a dados como classes DAO.

Ajax[20] representa o uso das tecnologias que compõem o Ajax para fazer o envio/recebimento de dados, sem a necessidade de recarregamento (*refresh*) na página.

6.2 Vantagens do uso de JSF

Utilizar JSF traz muitas vantagens, entre elas podem ser citadas:

- Não é limitado à linguagem HTML e ao protocolo HTTP;
- Prove um conjunto de APIs e *tags* customizadas para criar páginas HTML/XHTML.
- Permite construir uma interface com o usuário com componentes reutilizáveis e extensíveis;
- Permite salvar e restaurar o estado da interface com o usuário para além do tempo de vida da requisição;
- Facilita a criação de códigos Java que são chamados quando os formulários são enviados. Esses códigos podem responder a mudanças em valores, seleções do usuário, clique em botões etc.;
- Permite que se popule um *bean* automaticamente baseado em parâmetros de requisição;
- Possibilita acessar com facilidade atributos dos *beans* e elementos de coleções;
- Permite associar nomes aos *beans*. Isso permite referenciá-los pelo nome nos formulários;
- Permite validar e/ou converter valores de entrada em formulários;
- Muitos códigos Java que teriam de ser inseridos nas classes podem ser inseridos em arquivos XML;
- Associa eventos do lado cliente com manipuladores de eventos do lado servidor;
- Possui várias bibliotecas que suportam Ajax;

---

[20] AJAX é o acrônimo de Asynchronous Javascript And XML. É um conjunto de tecnologias como Javascript e XML, providas e interpretadas por navegadores, para tornar as páginas mais interativas com o usuário, utilizando-se de requisições assíncronas ao servidor cujas respostas são exibidas na página de onde partiu a requisição sem a necessidade de recarregar a página (refresh).

- Separa funções que envolvem a construção de aplicações web utilizando o *design pattern* MVC.

6.3 Desvantagens do uso do JSF

Apesar das vantagens, JSF possui algumas desvantagens que são citadas a seguir:

- Além de se aprender JSP e servlet, quando se utiliza JSF há necessidade de se aprender um *framework* complexo;
- Ainda há pouca documentação em português.

6.4 A representação do MVC no JSF

A representação do MVC quando se utiliza JSF é mostrada pela Figura 6.2.

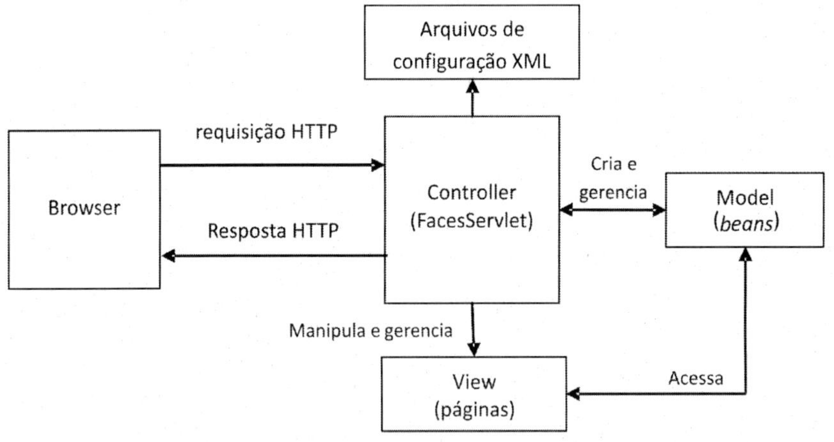

Figura 6.2: MVC representado segundo o JSF.

Segundo Jendrock et al. (2010), a interface com o usuário (**View**) criada com a tecnologia JSF é executada no servidor e devolve conteúdo HTML ao cliente.

No componente **Controller** há uma servlet criada automaticamente chamada **FacesServlet**. Essa servlet gerencia todo o fluxo de comunicação entre os componentes **View** e **Model** com o auxilio do arquivo de configuração **faces-config.xml**.

As requisições vindas do componente **View** chegam a **FacesServlet** e são direcionadas a um *bean* gerenciado (*managed bean*) que normalmente acessa componentes de persistência. As respostas geradas no *bean* gerenciado retorna para a **FacesServlet** e são direcionadas a uma página específica do componente **View**. A **FacesServlet** sabe qual arquivo carregar graças ao mapeamento existente no arquivo **faces-config.xml**.

6.5 Componentes necessários em uma aplicação com JSF

Segundo Jendrock et al. (2010), uma típica aplicação com JSF inclui os seguintes componentes:

- Um conjunto de páginas JSP e HTML/XHTML;
- Um conjunto de *beans* de apoio (*beans* gerenciados), que são componentes JavaBeans utilizados para definir as propriedades e funções dos componentes de interface do usuário em uma página;
- Um arquivo de configuração dos recursos da aplicação, que define regras para a navegação entre as páginas e configura *beans* e outros objetos, tais como componentes personalizados (o arquivo **faces-config.xml**);
- Um descritor de contexto de implantação (o arquivo **web.xml**);
- Possivelmente, um conjunto de objetos personalizados criados pelo desenvolvedor da aplicação. Esses objetos podem incluir componentes personalizados, validadores, conversores, ouvintes de eventos etc.

Além desses componentes é gerada automaticamente a **FacesServlet** que controla do fluxo de navegação da aplicação.

6.6 Arquivos essenciais da aplicação JSF

Quando você cria um projeto web que utiliza o *framework* JSF são criados três arquivos essências para toda aplicação JSF. São eles: **FacesServlet**, **faces-config.xml** e **web.xml**. Esses arquivos são descritos a seguir.

6.6.1 A servlet FacesServlet

FacesServlet é o componente responsável por receber requisições do componente **View**, redirecioná-las para o componente **Model** e responder a essas requisições. É criada automaticamente pela IDE em um projeto web que utiliza JSF. Você não pode visualizar nem modificar essa servlet.

6.6.2 O arquivo de configuração faces-config.xml

O arquivo **faces-config.xml** é o arquivo principal de configuração de uma aplicação web que utiliza o *framework* JSF. Esse arquivo XML é criado automaticamente pela IDE no diretório **WEB-INF** da aplicação. É responsável por descrever os elementos e sub-elementos que compõem o projeto, tais como as regras de navegação, os *beans* gerenciados, as configurações de localização etc. Na sequência é apresentado o arquivo **faces-config.xml** criado inicialmente na aplicação.

```
<?xml version='1.0' encoding='UTF-8'?>
<faces-config version="1.2"
xmlns="http://java.sun.com/xml/ns/javaee"
xmlns:xsi="http://www.w3.org/2001/XMLSchema-instance"
xsi:schemaLocation="http://java.sun.com/xml/ns/javaee
http://java.sun.com/xml/ns/javaee/web-facesconfig_1_2.xsd">
    <!-- Inclua tags de nível mais alto aqui -->
</faces-config>
```

O elemento principal do arquivo **faces-config.xml** é a *tag* **<faces-config> </faces-config>**. No corpo da *tag* **<faces-config>**, outros elementos devem ser incluídos na medida em que outros componentes são desenvolvidos.

6.6.3 O arquivo descritor de implementação web.xml

O arquivo **web.xml** é conhecido como descritor de contexto ou descritor de implementação da aplicação. Esse arquivo descreve as classes, os recursos e a configuração da aplicação e a forma como esses componentes são utilizados pelo servidor web para responder às requisições. Quando o servidor web recebe uma requisição, ele usa o descritor de implementação para mapear o URL da requisição para o código que irá manipular a requisição, normalmente o código de uma servlet.

Para mapear um URL para uma servlet, é necessário utilizar o elemento **<servlet>** e, em seguida, definir o mapeamento de um caminho de URL para uma declaração da servlet com o elemento **<servlet-mapping>**.

O elemento **<servlet>** declara a servlet, incluindo um nome usado para se referir à servlet por outros elementos no arquivo, a classe a ser usada para o servlet e os parâmetros de inicialização. É possível declarar várias servlets usando a mesma classe com parâmetros de inicialização diferentes. O nome de cada servlet deve ser exclusivo no arquivo **web.xml**. Veja a seguir o arquivo **web.xml** inicial criado pela IDE para uma aplicação web com JSF.

```
<?xml version="1.0" encoding="UTF-8"?>
<web-app version="2.5"
xmlns="http://java.sun.com/xml/ns/javaee"
xmlns:xsi="http://www.w3.org/2001/XMLSchema-instance"
xsi:schemaLocation="http://java.sun.com/xml/ns/javaee
http://java.sun.com/xml/ns/javaee/web-app_2_5.xsd">
 <context-param>
    <param-name>com.sun.faces.verifyObjects</param-name>
    <param-value>false</param-value>
 </context-param>
 <context-param>
    <param-name>com.sun.faces.validateXml</param-name>
    <param-value>true</param-value>
 </context-param>
 <context-param>
    <param-name>javax.faces.STATE_SAVING_METHOD</param-name>
    <param-value>client</param-value>
 </context-param>
 <servlet>
    <servlet-name>Faces Servlet</servlet-name>
    <servlet-class>javax.faces.webapp.FacesServlet</servlet-class>
    <load-on-startup>1</load-on-startup>
 </servlet>
 <servlet-mapping>
    <servlet-name>Faces Servlet</servlet-name>
    <url-pattern>/faces/*</url-pattern>
 </servlet-mapping>
 <session-config>
    <session-timeout>30</session-timeout>
 </session-config>
 <welcome-file-list>
    <welcome-file>faces/index.jsp</welcome-file>
 </welcome-file-list>
</web-app>
```

O conteúdo desse arquivo pode ser modificado na medida em que outros componentes são criados.

6.7 A Interface com o usuário com JSF

JSF disponibiliza duas bibliotecas principais de *tags* personalizadas para criar as páginas que compõem a interface da aplicação: a biblioteca **core** e a biblioteca **html**. No decorrer deste capítulo outras bibliotecas serão apresentadas.

Para utilizar essas bibliotecas você precisa inserir antes da *tag* **<html>** duas diretivas apresentadas a seguir:

```
<%@ taglib uri="http://java.sun.com/jsf/html" prefix="h" %>
<%@ taglib uri="http:.//java.sun.com/jsf/core" prefix="f" %>
```

A primeira diretiva declara a biblioteca de *tags* **html** identificada pelo prefixo **h**. Essa biblioteca contém *tags* para a criação de componentes de interface com o usuário. Basicamente substitui *tags* da linguagem HTML e adiciona funcionalidades Java. A biblioteca **html** contém *tags* que representam os componentes associados aos renderizadores que permitem a exibição de elementos HTML para entrada de dados, exibição de dados, criação de botões etc.

A segunda diretiva, declara a biblioteca de *tags* **core** com o prefixo **f**. Essa biblioteca customiza a ações que representam artefatos JSF independentes da linguagem de marcação, tais como conversores e validadores.

6.8 Etapas do processo de desenvolvimento de uma aplicação web com JSF

O desenvolvimento de uma aplicação JavaServer Faces geralmente requer as seguintes tarefas:

- Mapeamento da instância da **FacesServlet** no arquivo **web.xml**;
- Criação das páginas utilizando *tags* das bibliotecas **html** e **core**;
- Definição da navegação entre as páginas no arquivo de configuração dos recursos da aplicação (**faces-config.xml**);
- Desenvolvimento dos *beans* gerenciados (*managed beans*);
- Adição de declarações de gerenciamento dos *beans* no arquivo de configuração dos recursos da aplicação (**faces-config.xml**).

6.9 Internacionalização

JSF permite a criação de arquivos de propriedades e recursos para detecção do idioma do navegador do usuário e exibição personalizada de mensagens naquele idioma. Esses recursos permitem, por exemplo, que você defina os rótulos e as mensagens de aviso e retorno da aplicação com textos em vários idiomas. Quando o usuário entra no site, a aplicação detecta o idioma configurado no navegador e utiliza o arquivo de propriedades específico para aquele idioma. O exemplo que será apresentado na sequência neste capítulo mostra como prover a aplicação de recursos que permitem a internacionalização.

6.10 Exemplo simples de aplicação com JSF

Para que você se familiarize com o funcionamento do JSF, esse tópico apresenta uma aplicação simples que utiliza JSF.

Essa aplicação apresenta um formulário de entrada cujos dados são validados de diferentes formas. Se os dados passarem na validação, são armazenados em atributos de um *bean* gerenciado e exibidos em uma página JSP. A aplicação foi produzida para apresentar os rótulos e mensagens para os idiomas português e inglês.

Serão explicadas,, passo a passo, as configurações necessárias nos arquivos **web.xml** e **faces-config.xml**.

6.10.1 Criação do projeto no NetBeans

Para criar um projeto no NetBeans utilizando o JSF siga os seguintes passos:

- Selecione a opção **Arquivo**, **Novo Projeto**;
- Na divisão **Categorias**, selecione **Java Web** e em **Projetos**, selecione **Aplicação Web**;
- Clique no botão **Próximo**;
- No campo **Nome do projeto**, digite um nome para seu projeto e clique no botão **Próximo**;
- Na caixa de combinação **Servidor**, selecione **Tomcat** e clique no botão **Próximo**;
- Na divisão ***Frameworks***, selecione **JavaServer Faces** e clique no botão **Finalizar**.

Como foi selecionado o *framework* JSF, as bibliotecas JSF necessárias foram adicionadas à pasta **Bibliotecas** do projeto.

Na pasta **Páginas web** foi criada automaticamente uma página de inicialização da aplicação JSF, a página **welcomeJSF.jsp**. Renomeie esse arquivo para **index.jsp** e mude a configuração de inicialização para esse arquivo no arquivo **web.xml** seguindo os passos seguintes:

- Clique com o botão direito sobre o nome do arquivo **welcomeJSF.jsp**, selecione a opção **Renomear**, digite **index** e clique no botão **Ok**.
- Para modificar a referência ao arquivo de inicialização, abra a pasta **WEB-INF** no interior da pasta **Páginas Web** do projeto e dê um duplo clique sobre o arquivo **web.xml**.
- Na parte de edição de código, selecione a aba **XML** na parte superior da tela.

Modifique o conteúdo da *tag* **<welcome-file>** deixando-a como mostra o bloco de código a seguir:

```
<welcome-file-list>
  <welcome-file>faces/index.jsp</welcome-file>
</welcome-file-list>
```

Note que na pasta **WEB-INF**, além do arquivo **web.xml** foi criado o arquivo **faces-config.xml**. Utilizaremos esse arquivo para mapear o fluxo de navegação da aplicação, o *bean* de apoio (*managed bean*), as propriedades de internacionalização etc.

6.10.2 Componentes do projeto

Esse projeto será composto por três páginas JSP (**index.jsp**, **exibir.jsp** e **falha.jsp**), por dois pacotes (**beans e recursos**), por duas classes (**Funcionario.java** e **Validacao.java**) e por dois arquivos de propriedades (**mensagens_en.properties** e **mensagens_pr.properties**).

A página **index.jsp** exibe um formulário para entrada de dados. Já a página **exibir.jsp** exibe os dados digitados no formulário após terem sido validados. Caso algo indesejado ocorra, a página **falha.jsp** é acionada para exibir uma mensagem.

Além das páginas JSP, deverão ser criados dois pacotes, um chamado *bean* e outro **recursos**. No pacote *bean* será criada a classe

Funcionario.java (*managed bean*) e a classe **Validacao.java** para executar validações de dados de entrada na página **index.jsp**.

No pacote **recursos**, serão criados os arquivos de propriedades para definir, nos idiomas português e inglês, as mensagens e rótulos utilizados nas páginas. O objetivo desses arquivos é garantir a internacionalização da aplicação. A Figura 6.3 mostra a arquitetura do exemplo.

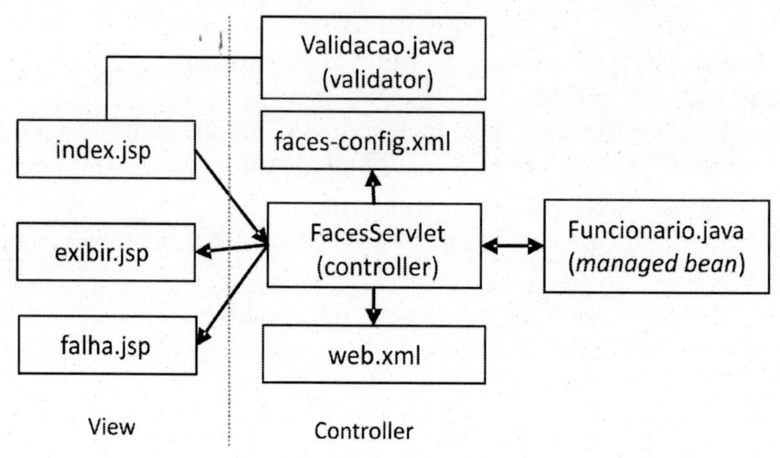

Figura 6.3: Arquitetura da aplicação exemplo.

6.10.2.1 Criação dos arquivos de propriedades para internacionalização

Os arquivos de propriedades proveem a internacionalização da aplicação. Nesses arquivos devem ser definidos valores para propriedades que serão exibidas nas páginas em vários idiomas, dependendo do idioma configurado no navegador do usuário. Para cada idioma deve ser criado um arquivo de propriedade diferente utilizando os mesmos nomes de propriedades, porém, com o conteúdo no idioma específico. A aplicação reconhece os arquivos de propriedades graças à referência a eles no arquivo de configuração **faces-config.xml**.

Nessa aplicação serão criados os arquivos **mensagens_en.properties** e **mensagens_pt.properties** no pacote **recursos**.

Para criar esses componentes, siga os seguintes passos:

- Clique com o botão direito no nome do projeto, selecione a opção

Novo e **Pacote Java**. Nomeie o pacote de **recursos** e clique no botão **Ok**;

- Clique com o botão direito no nome do pacote criado, selecione a opção **Novo** e **Outro**.
- Na divisão **Categorias**, selecione **Outro**, na divisão **Tipos de arquivos**, selecione **Arquivo de propriedades** e clique no botão **Próximo**. Dê o nome de **mensagens_en** ao arquivo e clique no botão **Finalizar**.

Repita o procedimento criando o arquivo **mensagens_pt**. Note que os arquivos criados recebem automaticamente a extensão **.properties**.

Na sequência são apresentados o arquivos **mensagens_en.properties** e **mensagens_pt.properties**.

mensagens_en.properties

```
title=Test JSF
name=Name*
phone=Telephone
salary=Salary
dateBirth=Date of Birth
labelSave=Save
labelBack=Back
errorFound=Error found
fieldRequired = Required field
onlyNumbers=Enter only real numbers in the correct format.
Ex.: 567.56
qtdCharPhone = You must enter 9-15 characters.
Ex.: 5567-8765, or, (11)5678-8765
invalidDate = Invalid date. Enter the birth date in correct format:
dd/mm/yyyy
```

mensagens_pt.properties

```
title=Teste JSF
name=Nome*
phone=Telefone
```

salary=Salário
dateBirth=Data de nascimento
labelSave=Salvar
labelBack=Voltar
errorFound=Erro encontrado
fieldRequired = O preenchimento desse campo é obrigatório
onlyNumbers= Digite apenas números reais no formato 000.00. Ex.: 567.56
qtdCharPhone = Você deve digitar de 9 a 15 caracteres. Ex.: 5567-8765, ou ainda, (11)5678-8765
invalidDate= Data inválida. O formato correto é: dd/mm/yyyy.

Note que os nomes das propriedades são os mesmos nos dois arquivos, entretanto, os valores estão em idiomas diferentes.

Os nomes dos arquivos de propriedades, o nome do pacote onde eles foram criados e os nomes das propriedades contidas nesses arquivos podem ser diferentes dos utilizados nesse exemplo, entretanto, mantenha o prefixo do idioma após o nome do arquivo de propriedades separado por underline (_). Nesse exemplo, foram utilizados **_en** e **_pt** após os nomes dos arquivos.

Para fazer com que a aplicação reconheça esses arquivos de propriedades, insira no arquivo **faces-config.xml** a seguinte referência no interior da *tag* **<faces-config>**:

```
<application>
  <resource-bundle>
     <base-name>recursos.mensagens</base-name>
     <var>msg</var>
  </resource-bundle>
  <locale-config>
     <default-locale>pt</default-locale>
     <supported-locale>en</supported-locale>
  </locale-config>
</application>
```

Se você não se recorda como modificar o arquivo **faces-config.xml**, siga os seguintes passos:

- Abra a pasta **WEB-INF** no interior da pasta **Páginas web** do projeto;
- Dê um duplo clique sobre o nome do arquivo **faces-config.xml**;

– Na área de programação do NetBeans (parte central da tela), clique na aba **XML** na parte superior da tela.

Observe que no interior do bloco **<resource-bundle> </resource-bundle>** foram inseridas as *tags* **<base-name>** e **<var>**. A *tag* **<base-name>** define o nome do arquivo de propriedades (sem o prefixo do idioma) e o pacote onde ele está localizado. Já a *tag* **<var>** indica que nome será utilizado nas páginas para se referir a esse arquivo.

O bloco **<locale-config> </locale-config>** permite definir os idiomas que serão utilizados. A *tag* **<default-locale>** define que, se não houver um arquivo de propriedades para o idioma configurado no navegador do usuário, o arquivo de propriedades para o português (**pt**) será adotado como padrão.

Para cada idioma extra que você criar um arquivo de propriedades, você deve utilizar uma *tag* **<supported-locale>** contendo o prefixo do idioma.

Note que os prefixos indicados nas *tags* **<default-locale>** e **<supported-locale>** devem ser utilizados no final dos nomes dos arquivos de propriedades mensagens_**en** e mensagens_**pt**.

Para exibir o conteúdo de uma propriedade na página, você deve utilizar o nome definido na *tag* **<var>** (nesse caso, **msg**), o ponto final e o nome da propriedade. Por exemplo:

```
<h:outputText value="#{msg.title}"/>
```

Nesse caso, será exibido o valor contido na propriedade **title** de um dos arquivos de propriedades, dependendo do idioma configurado no navegador do usuário.

6.10.2.2 Criação do bean gerenciado

Para cada formulário de entrada em sua aplicação é aconselhável criar um *bean* gerenciado para manipular os dados inseridos.

Os *bean*s gerenciados (*managed beans*) são *beans* que, como o próprio nome diz, são gerenciados pelo JSF. Geralmente recebem da **FacesServlet** os dados que entraram nos formulários. Você pode ter um ou mais *beans* gerenciados para cada página registrada no **faces-config.xml**. Esses *beans* gerenciados possuem, por exemplo, um atributo para cada campo do formulário e as ações que esse formulário deve executar.

Normalmente se utilizam *beans* gerenciados para intermediar a comunicação entre as páginas (**View**) e os componentes do **Model**. Entre outras responsabilidades, esses *beans* têm a função de escutar eventos, processá-los e delegar trabalho à camada de negócios.

O *bean* gerenciado dessa aplicação é utilizado para receber os dados digitados no formulário em um *bean*. Cada informação digitada é recebida em um atributo desse *bean*. Ao clicar no botão **Salvar** do formulário, o método **salvar** do *bean* gerenciado é chamado. Esse método devolve valores que são mapeados para páginas no arquivo **faces-config.xml**. Isso significa que, dependendo do valor retornado, uma página diferente será carregada.

O *bean* gerenciado dessa aplicação é apresentado a seguir:

Funcionario.java

```
1     package bean;
2
3     import java.util.Date;
4
5
6     public class Funcionario {
7
8       private Integer id;
9       private String nome;
10      private String telefone;
11      private Double salario;
12      private Date dataNasc;
13
14      public Funcionario() {
15      }
16
17      public Integer getId() {
18        return id;
19      }
20
21      public void setId(Integer id) {
22        this.id = id;
23      }
24
25      public String getNome() {
26        return nome;
27      }
28
29      public void setNome(String nome) {
30        this.nome = nome;
31      }
32
33      public Double getSalario() {
34        return salario;
```

```
35      }
36
37      public void setSalario(Double salario) {
38        this.salario = salario;
39      }
40
41      public String getTelefone() {
42        return telefone;
43      }
43
44      public void setTelefone(String telefone) {
45        this.telefone = telefone;
46      }
47
48      public Date getDataNasc() {
49        return dataNasc;
50      }
51
52      public void setDataNasc(Date dataNasc) {
53        this.dataNasc = dataNasc;
54      }
55
56      public String salvar() {
57        if (!this.nome.equals("")) {
58          return "sucesso";
59        } else {
60          return "falha";
61        }
62      }
63    }
```

Quando você digita informações no formulário, um *bean* dessa classe é instanciado contendo, em atributos, os valores digitados. Ao clicar no botão **Salvar** do formulário, o método **salvar** (linha 56) é chamado. Desse método é possível, por exemplo, acessar uma classe de negócio ou uma classe para incluir os dados em uma tabela do banco de dados. Após a operação ser realizada deve ser retornado um ou mais valores para que a **FacesServlet** saiba o que deve ser feito em seguida. Nesse exemplo, o método **salvar** retorna apenas os valores **"sucesso"** se o campo **nome** do formulário não estiver vazio, ou **"falha"**, se esse campo estiver vazio. Esses valores são configurados no arquivo **faces-config.xml** para que a **FacesServlet** saiba o que fazer, ou seja, qual página abrir. A seguir, veja a configuração no arquivo **faces-config.xml** para os valores retornados.

```
<navigation-rule>
 <from-View-id>/index.jsp</from-View-id>
 <navigation-case>
    <from-outcome>sucesso</from-outcome>
    <to-View-id>/exibir.jsp</to-View-id>
```

```
  </navigation-case>
  <navigation-case>
     <from-outcome>falha</from-outcome>
     <to-View-id>/falha.jsp</to-View-id>
  </navigation-case>
</navigation-rule>
```

Observe que, se o retorno do método **salvar** da *managed bean* **Funcionario.java** for a palavra **"sucesso"**, será carregada a página **exibir.jsp**. Note também que se o retorno for a palavra **"falha"**, será carregada a página **falha.jsp**. Essas configurações fazem parte do que chamamos de regras de navegação (navigation rules).

Para que a aplicação reconheça a *managed bean* **Funcionario.java** é necessário fazer referência a ela no arquivo **faces-config.xml**. As alterações necessárias são mostradas a seguir:

```
<managed-bean>
  <managed-bean-name>funcionario</managed-bean-name>
  <managed-bean-class>bean.Funcionario</managed-bean-class>
  <managed-bean-scope>session</managed-bean-scope>
</managed-bean>
```

O bloco apresentado define que a classe *managed bean* **Funcionario** contida no pacote *bean* será reconhecida e referenciada nas páginas JSP com o nome **funcionario**.

6.10.2.3 Criação do formulário de entrada

Esse formulário recebe os dados digitados pelo usuário. Esses dados são manipulados pela classe *bean* gerenciada **Funcionario.java**. Os dados digitados são inseridos em atributos de um *bean* da classe **Funcionario**. Nesse exemplo, em seguida, os valores do *bean* são exibidos em campos de um formulário na página **exibir.jsp**.

A seguir é apresentado o código do formulário para entrada de dados.

index.jsp

```
1    <%@page contentType="text/html"%>
2    <%@page pageEncoding="ISO-8859-1"%>
3    <%@taglib prefix="f" uri="http://java.sun.com/jsf/core"%>
4    <%@taglib prefix="h" uri="http://java.sun.com/jsf/html"%>
5    <!DOCTYPE HTML PUBLIC "-//W3C//DTD HTML 4.01 Transitional//EN"
     "http://www.w3.org/TR/html4/loose.dtd">
```

```
6      <html>
7        <head>
8           <meta http-equiv="Content-Type" content="text/html;
            charset=ISO-8859-1">
9           <title> Input Page </title>
10       </head>
11       <body>
12         <f:view>
13           <h:outputText value="#{msg.title}"/>
14           <h:form>
15             <table>
16               <tr>
17                 <td>
18                   <h:outputText value="#{msg.name}"/></td>
19                 <td>
20                   <h:inputText size="50" requiredMessage="#{msg.
                     fieldRequired}" value="#{funcionario.nome}"
                     required="true" id="nome" />
21                   <h:message for="nome"/>
22                 </td>
23               </tr>
24               <tr>
25                 <td>
26                   <h:outputText value="#{msg.phone}"/></td>
27                 <td>
28                   <h:inputText size="17" validatorMessage="#{msg.
                     qtdCharPhone}" value="#{funcionario.telefone}"
                     id="telefone">
29                     <f:validateLength  minimum="9" maximum="15"/>
30                   </h:inputText>
31                   <h:message for="telefone"/>
32                 </td>
33               </tr>
34               <tr>
35                 <td> <h:outputText value="#{msg.salary}"/></td>
36                 <td>
37                   <h:inputText size="15" value="#{funcionario.
                     salario}" id="salario" converterMessage="#{msg.
                     onlyNumbers}">
38                     <f:validator validatorId="valida"  />
39                   </h:inputText>
40                   <h:message for="salario"/>
41                 </td>
42               </tr>
43               <tr>
44                 <td> <h:outputText value="#{msg.dateBirth}"/></td>
45                 <td>
46                   <h:inputText size="10" converterMessage="#{msg.
                     invalidDate}"  value="#{funcionario.dataNasc}"
                     id="dataNasc">
47                     <f:convertDateTime pattern="dd/MM/yyyy" />
48                   </h:inputText>
49                   <h:message for="dataNasc"/>
50                 </td>
51               </tr>
52             </table>
53             <p>
54               <h:commandButton value="#{msg.labelSave}"
                 action="#{funcionario.salvar}" id="salvar"/>
```

```
55            </p>
56          </h:form>
57        </f:view>
58      </body>
59    </html>
```

As linhas 3 e 4 fazem referência às bibliotecas JSF **core** e **html** respectivamente. Note que a biblioteca **core** será identificada pelo prefixo **f** e a biblioteca **html**, pelo prefixo **h**. Isso significa que toda *tag* iniciada por **f** são pertencentes à biblioteca **core** e as iniciadas por **h** são pertencentes à biblioteca **html**.

Todas as páginas JSF dessa aplicação são representadas por uma árvore de componentes, chamada de **View**. A *tag* **<f:View>** representa a raiz da árvore. Todos os componentes JSF devem estar dentro de uma *tag* **<f:View>**.

A *tag* **<h:form>** da biblioteca JSF **html** representa um formulário para a entrada de dados que podem ser submetidos ao servidor ao se clicar em um botão.

A *tag* **<h:outputText>** representa um rótulo (*label*) para exibir alguma informação. Já a *tag* **<h:inputText>** representa um campo para entrada de dados.

A linha 13 exibe na tela a mensagem contida na propriedade **title** definida no arquivo de propriedades referente ao idioma configurado no navegador do usuário. Se o idioma for português (**pt**), será exibido o valor contido na propriedade **title** do arquivo **mensagens_pt.properties**. Se o idioma for inglês (**en**), será exibido o valor contido na propriedade **title** do arquivo **mensagens_en.properties**. O nome do arquivo de propriedades é referenciado pela *tag* **<var>msg</var>** no arquivo **faces-config.xml**. Isso significa que **msg** será utilizado para representar o nome do arquivo de propriedades.

A linha 18 exibe o conteúdo da propriedade **name** configurada nos arquivos de propriedades. Essa propriedade contém o rótulo para o campo **nome**.

A linha 20 exibe o campo **nome** com tamanho visível na tela de 50 caracteres. Esse campo é definido como obrigatório (**required="true"**). Caso nenhum valor seja digitado, será exibida a mensagem contida na propriedade **fieldRequired** definida nos arquivos de propriedades. Quem faz a exibição da mensagem é a *tag* **<h:message>** da linha 21. Note que é necessário que a propriedade **id** do campo (linha 20) tenha o mesmo valor da propriedade **for** (linha 21) da *tag* **<h:message>** para que a mensagem seja exibida. Observe também que o valor digitado no campo **nome** será incluído no atributo **nome** do *bean* referente à classe gerenciada (*managed bean*) **Funcionario.java**. Essa classe foi mapeada pela instrução **<managed-bean-name>funcionario</managed-bean-name>** no arquivo **faces-config.xml** para ser referenciada nas páginas com o nome **funcionario**. Na realidade **value="#{funcionario.nome}"** na *tag* **<h:inputText>** da linha 20 faz uma chamada ao método **setNome** da classe **Funcionario.java**.

A linha 26 exibe o rótulo para o campo **telefone**. Esse rótulo foi definido na propriedade **phone** dos arquivos de propriedades.

A linha 28 exibe o campo identificado como **telefone**. Para esse campo foi especificada uma regra de validação definida pela *tag* **<f:validateLength>** da linha 29. Essa regra diz que o mínimo de dígitos permitidos será 9 e o máximo será 15. Caso o valor digitado não satisfaça a regra de validação imposta, será exibida a mensagem definida na propriedade **qtdCharPhone** dos arquivos de propriedades. A mensagem será exibida na linha 31 pela *tag* **<h:message>**. Note que a propriedade **id** do campo (linha 28) deverá ser igual à propriedade **for** da *tag* de mensagem (linha 31) para que a mensagem seja exibida. O telefone digitado será inserido no atributo **telefone** do *bean* referente à classe gerenciada **Funcionario.java**.

A linha 35 exibe o rótulo para o campo salário. Esse rótulo foi definido na propriedade **salary** nos arquivos de propriedades.

A linha 37 exibe o campo identificado como **salario**. Esse campo deve aceitar apenas números e possui regras de validação definidas na classe **Validacao.java**.

Caso seja digitado algum valor que não seja número, uma tentativa de conversão será feita e se falhar, será exibida a mensagem definida na propriedade **onlyNumbers** dos arquivos de propriedades.

As regras de validação existentes na classe **Validacao.java** são acessadas pela *tag* **<f:validator>** da linha 38. O valor **valida** contido na propriedade **validatorId** faz referência à classe **Validacao.java**. Essa referência é mapeada no arquivo **faces-config.xml**.

Você vai observar na classe **Validacao.java** que será apresentada a seguir que apenas valores entre 500 e 10000 serão permitidos nesse campo. Essa regra de validação poderia muito bem ser definido pela *tag* **<f:validateLength minimum="500" maximum="10000"/>**, entretanto, optou-se por utilizar um arquivo de validação apenas para explicar o uso de validação por meio de um arquivo customizado externo (*custom validator*).

Caso o valor digitado não esteja dentro da faixa estipulada, a mensagem definida na classe **Validacao.java** será exibida pela *tag* **<h:message>** da linha 40. Se o valor digitado passar pela validação, o salário digitado será inserido no atributo **salario** do *bean* referente à classe gerenciada **Funcionario.java**.

A linha 44 exibe o rótulo para o campo de data de nascimento. Esse rótulo foi definido na propriedade **dateBirth** nos arquivos de propriedades.

A linha 46 exibe o campo **dataNasc** com 10 espaços visíveis na tela. O valor digitado será convertido para o tipo **Date** no formato **dd/MM/yyyy** (linha 47). Se ocorrer algum erro nessa conversão, a mensagem definida na propriedade **invalidDate** dos arquivos de propriedades será exibida pela propriedade **<h:message>** da linha 49.

Se o valor digitado passar pela validação, a data digitada será inserida no atributo **dataNasc** do *bean* referente à classe gerenciada **Funcionario.java**.

A linha 54 exibe um botão com rótulo definido na propriedade **labelSave** dos arquivos de propriedades. Ao clicar nesse botão, o método **salvar** da classe gerenciada **Funcionario.java** será chamado. Esse método retornará a String **"sucesso"** se o campo **nome** não estiver vazio, ou **"falha"**, se esse campo estiver vazio. Se retornar **"sucesso"** a página **exibir.jsp** será carregada. se retornar **"falha"** a página **falha.jsp** será carregada. O mapeamento que define qual página será carregada está no arquivo **faces-config.xml**.

A Figura 6.4 mostra a tela gerada pela página **index.jsp**.

Figura 6.4: Formulário de cadastro.

6.10.2.4 Processos que acontecem quando o formulário é submetido

Para cada parâmetro de requisição deve haver um par de métodos *getter* e *setter* no *managed bean*. Por exemplo, se a propriedade **value** de um campo do formulário tiver o valor **"#{funcionario.nome}"**, então a classe **Funcionario.java** (*managed bean*) deve ter um método **getNome** e um método **setNome**.

Quando o formulário é mostrado na tela pela primeira vez um *managed bean* é instanciado e os métodos *getter* são chamados. Se os conteúdos retornados por esses métodos não forem nulos, os valores são mostrados nos campos do formulário. Se forem nulos, os campos aparecem vazios.

Quando o formulário é submetido, um novo *managed bean* é instanciado e os valores contidos nos campos do formulário são passados para os métodos *setter* na classe *managed bean*.

Ao submeter um formulário você pode invocar métodos da classe *managed bean* que permitem acesso aos atributos do *bean* e a outras classes que implementam regras de negócio ou acessam banco de dados. Esses métodos podem retornar valores que são mapeados no arquivo **faces-config.xml** indicando que páginas devem ser carregadas em seguida.

6.10.2.5 Criação do arquivo de validação

A classe **Validacao.java** define nesse exemplo algumas regras de validação para o campo salário. As regras definidas permitem apenas valores entre 500 e 10000 nesse campo. Nessa classe, são definidas também as mensagens de erro que serão exibidas caso os valores digitados não estejam dentro da faixa estipulada. Você vai notar que se estiver utilizando internacionalização na aplicação, essas mensagens devem ser definidas em diversos idiomas, dependendo do idioma configurado no navegador do usuário.

Validacao.java

```
1    package bean;
2
3    import javax.faces.application.FacesMessage;
4    import javax.faces.component.UIComponent;
```

```
5      import javax.faces.context.FacesContext;
6      import javax.faces.validator.Validator;
7      import javax.faces.validator.ValidatorException;
8
9      public class Validacao implements Validator {
10
11       private double salario;
12       private double valorMinimo;
13       private double valorMaximo;
14       private FacesMessage message;
15
16       @Override
17       public void validate(FacesContext context, UIComponent
         componente, Object value) throws ValidatorException {
18         salario = ((Double) value).doubleValue();
19         valorMinimo = 500;
20         valorMaximo = 10000;
21         if (salario < valorMinimo) {
22           message = new FacesMessage("Salary below the minimum
             allowed:" + " (R$" + valorMinimo + ").");
23           throw new ValidatorException(message);
24         } else if (salario > valorMaximo) {
25           message = new FacesMessage("Salary above the maximum
             allowed:" + " (R$" + valorMaximo + ").");
26           throw new ValidatorException(message);
27         } else if (salario < valorMinimo && context.
         getExternalContext().getRequestLocale().getLanguage().
         equals("pt")) {
28           message = new FacesMessage("Salário abaixo do valor minimo
             aceitável:" + " (R$" + valorMinimo + ").");
29           throw new ValidatorException(message);
30         } else if (salario > valorMaximo && context.
         getExternalContext().getRequestLocale().getLanguage().
         equals("pt")) {
31           message = new FacesMessage("Salário acima do valor máximo
             aceitável:" + " (R$" + valorMaximo + ").");
32           throw new ValidatorException(message);
33         }
34       }
35     }
```

Note que uma classe personalizada de validação deve implementar a interface Validator e possuir um método chamado **validate**, o único método definido na interface Validator.

Se a validação falhar, é necessário gerar uma FacesMessage que descreve o problema, construir um ValidadorException e apresentá-lo.

Note na linha 17 que o método **validate** recebe, entre outros, o componente do formulário a ser validado e o valor digitado nesse componente (*value*).

Na linha 18 o valor recebido é armazenado no atributo **salario** do tipo double. Note que ocorre uma conversão de Object para double nessa linha.

Nas linhas 19 e 20 são definidos os valores mínimo e máximo permitidos. Esses valores são armazenados nos atributos **valorMinimo** e **valorMaximo** respectivamente.

Se o valor contido no atributo **salario** for maior que o contido no atributo **valorMinimo** (linha 21), o atributo **message** do tipo FacesMessage recebe uma mensagem em inglês indicando que o salário digitado está abaixo do valor permitido. Se, não, se o valor do atributo **salario** for maior do que o valor contido no atributo **valorMaximo**, o atributo **message** recebe uma mensagem em inglês indicando que o valor do salário digitado está acima do valor máximo permitido. Se, não, se o valor contido no atributo **salario** for menor do que o valor contido no atributo **valorMinimo** e o idioma detectado no navegador do usuário for o português (pt), o atributo **message** recebe uma mensagem em português indicando que o salário digitado está abaixo do valor mínimo permitido. Se, não, se o valor contido no atributo **salario** for maior do que o valor contido no atributo **valorMaximo** e o idioma detectado no navegador do usuário for o português (pt), o atributo **message** recebe uma mensagem em português indicando que o salário digitado está acima do valor máximo permitido.

Note que, para qualquer outro idioma, exceto o português (detectado explicitamente), as mensagens armazenadas (e que serão exibidas) estarão em inglês.

Para que a aplicação saiba que existe um arquivo de validação para as páginas, é necessário fazer uma referência no arquivo **faces-config.xml**. Essa referência é mostrada a seguir:

```
<validator>
  <validator-id>valida</validator-id>
  <validator-class>bean.Validacao</validator-class>
</validator>
```

Note que a classe **Validacao.java**, contida no pacote *bean*, será referenciada na página pelo nome **valida**, definido na *tag* **<validator-id>**.

Note na página **index.jsp** (linha 38) que a *tag* **<f:validator validatorId="valida"/>** faz referência ao nome **valida** na propriedade **validatorId**, indicando que a classe **Validacao.java** deve ser utilizada para validar o campo salário.

6.10.2.6 Criação do formulário de exibição

Esse formulário exibe os dados digitados no formulário de entrada apresentado anteriormente (**index.jsp**) aplicando algumas formatações necessárias utilizando validadores padrão do JSF.

exibir.jsp

```
1    <%@page contentType="text/html"%>
2    <%@page pageEncoding="ISO-8859-1"%>
3    <%@taglib prefix="f" uri="http://java.sun.com/jsf/core"%>
4    <%@taglib prefix="h" uri="http://java.sun.com/jsf/html"%>
5    <!DOCTYPE HTML PUBLIC "-//W3C//DTD HTML 4.01 Transitional//EN"
     "http://www.w3.org/TR/html4/loose.dtd">
6    <html>
7      <head>
8        <meta http-equiv="Content-Type" content="text/html;
         charset=ISO-8859-1">
9        <title> Output Page </title>
10     </head>
11     <body>
12       <f:view>
13             <h:form>
14             <table>
15               <tr>
16                 <td> <h:outputText value="#{msg.name}"/> </td>
17                 <td>
18                   <h:inputText readonly="true" size="50"
                     value="#{funcionario.nome}" />
19                 </td>
20               </tr>
21               <tr>
22                 <td> <h:outputText value="#{msg.phone}"/> </td>
23                 <td>
24                   <h:inputText readonly="true" size="17"
                     value="#{funcionario.telefone}" />
25                 </td>
26               </tr>
27               <tr>
28                 <td> <h:outputText value="#{msg.salary}"/></td>
29                 <td>
30                   <h:inputText readonly="true" size="15"
                     value="#{funcionario.salario}">
31                     <f:convertNumber type="currency"
                       currencySymbol="R$"/>
32                   </h:inputText>
33                 </td>
34               </tr>
35               <tr>
36                 <td> <h:outputText value="#{msg.dateBirth}"/> </
                 td>
37                 <td>
38                   <h:inputText readonly="true" size="40"
                     value="#{funcionario.dataNasc}">
```

```
39                  <f:convertDateTime type="date" dateStyle="full"
                    />
40                  </h:inputText>
41                  </td>
42                </tr>
43              </table>
44            </h:form>
45            <br>
46            <h:outputLink value="index.jsp">
47              <f:verbatim> <h:outputText value="#{msg.labelBack}"/>
              </f:verbatim>
48            </h:outputLink>
49          </f:view>
50        </body>
51      </html>
```

A linha 16 exibe o rótulo para o campo nome definido nos arquivos de propriedades.

Na linha 18 é apresentado o campo nome apenas para leitura com o valor contido no atributo **nome** do *bean* setado no formulário de cadastro **index.jsp**. A referência **funcionario.nome** faz uma chamada ao método **getNome** da classe **Funcionario.java**. O nome obtido é apresentado no campo.

Na linha 22 é exibido o rótulo para o campo telefone definido nos arquivos de propriedades.

A linha 24 apresenta o campo telefone apenas para leitura com o valor contido no atributo **telefone** do *bean* setado no formulário de cadastro. A referência **funcionario.telefone** faz uma chamada ao método **getTelefone** da classe **Funcionario.java**. O telefone obtido é apresentado nesse campo.

Na linha 28 é exibido o rótulo para o campo salário definido nos arquivos de propriedades.

Na linha 30 é apresentado o campo salário apenas para leitura com o valor contido no atributo **salario** do *bean* setado no formulário de cadastro. A referência **funcionario.salario** faz uma chamada ao método **getSalario** da classe **Funcionario.java**. O salário obtido é convertido em número no formato moeda, com o símbolo monetário R$ (linha 31) e apresentado nesse campo.

Na linha 36 é exibido o rótulo para o campo data de nascimento definido nos arquivos de propriedades.

A linha 38 apresenta o campo data de nascimento apenas para leitura com o valor contido no atributo **dataNasc** do *bean* setado no formulário de cadastro. A referência **funcionario.dataNasc** faz uma chamada ao método **getdataNasc** da classe **Funcionario.java**. A data de nascimento obtida é convertida em data por extenso (linha 39) e apresentada no campo.

A linha 46 apresenta um *link* que, quando clicado, carrega a página **index.jsp**. O rótulo para esse *link* é apresentado na linha 47. Esse rótulo foi definido nos arquivos de propriedades.

A Figura 6.5 exibe a tela gerada pela execução da página **exibe.jsp**.

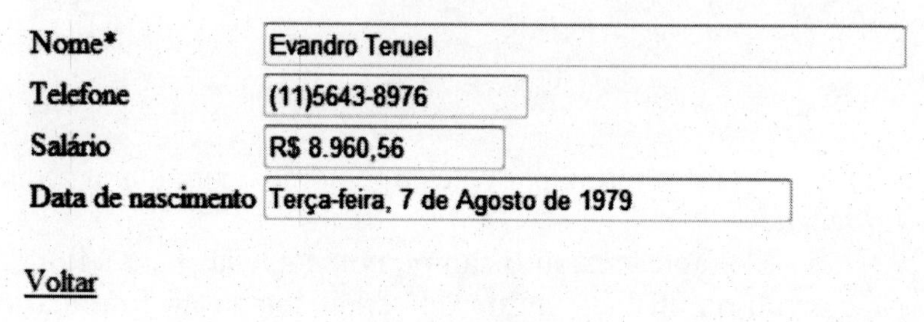

Figura 6.5: Tela de exibição dos dados formatados.

Observe a exibição do salário e da data de nascimento formatadas.

6.10.2.7 Página de exibição de mensagens de erro

Nesse exemplo, após clicar no botão **Salvar** no formulário **index.jsp,** o método **salvar** do *bean* gerenciado **Funcionario.java** é chamado. Se esse método retornar a palavra **"sucesso"**, a página **exibir.jsp** é carregada para exibir os dados digitados já com as formatações adequadas. Se retornar a palavra **"falha"**, a página **falha.jsp** é carregada. Essa página exibe, por exemplo, uma mensagem de erro relativa à qualquer operação realizada a partir do método **salvar**. A mensagem de erro exibida (linha 10) foi configurada nos arquivos de propriedades.

falha.jsp

```
1   <%@taglib prefix="h" uri="http://java.sun.com/jsf/html"%>
2   <%@page contentType="text/html" pageEncoding="ISO-8859-1"%>
3   <!DOCTYPE HTML PUBLIC "-//W3C//DTD HTML 4.01
    Transitional//EN" "http://www.w3.org/TR/html4/loose.dtd">
4   <html>
5       <head>
6         <meta http-equiv="Content-Type" content="text/html;
          charset=ISO-8859-1">
```

```
7       <title> Error Page </title>
8     </head>
9     <body>
10      <h1> <h:outputText value="#{msg.errorFound}"/> </h1>
11    </body>
12  </html>
```

6.10.2.8 Conteúdo final dos arquivos XML de configuração

Os dois arquivos de configuração da aplicação são **web.xml** e **faces-config.xml**. Após terminar a construção dos componentes desse exemplo, esses arquivos devem estar com o conteúdo mostrado a seguir:

faces-config.xml

```
1   <?xml version='1.0' encoding='ISO-8859-1'?>
2   <faces-config version="1.2" xmlns="http://java.sun.com/xml/ns/
    javaee" xmlns:xsi="http://www.w3.org/2001/XMLSchema-instance"
    xsi:schemaLocation="http://java.sun.com/xml/ns/javaee http://
    java.sun.com/xml/ns/javaee/web-facesconfig_1_2.xsd">
3     <navigation-rule>
4       <from-view-id>/index.jsp</from-view-id>
5       <navigation-case>
6         <from-outcome>sucesso</from-outcome>
7         <to-view-id>/exibir.jsp</to-view-id>
8       </navigation-case>
9       <navigation-case>
10        <from-outcome>falha</from-outcome>
11        <to-view-id>/falha.jsp</to-view-id>
12      </navigation-case>
13    </navigation-rule>
14    <managed-bean>
15      <managed-bean-name>funcionario</managed-bean-name>
16      <managed-bean-class>bean.Funcionario</managed-bean-class>
17      <managed-bean-scope>session</managed-bean-scope>
18    </managed-bean>
19    <validator>
20      <validator-id>valida</validator-id>
21      <validator-class>bean.Validacao</validator-class>
22    </validator>
23    <application>
24      <resource-bundle>
25        <base-name>recursos.mensagens</base-name>
26        <var>msg</var>
27      </resource-bundle>
28      <locale-config>
29        <default-locale>pt</default-locale>
30        <supported-locale>en</supported-locale>
31      </locale-config>
32    </application>
33  </faces-config>
```

O arquivo web.xml

```
1     <?xml version="1.0" encoding=" UTF-8"?>
2     <web-app version="2.5" xmlns="http://java.sun.com/xml/ns/
      javaee" xmlns:xsi="http://www.w3.org/2001/XMLSchema-instance"
      xsi:schemaLocation="http://java.sun.com/xml/ns/javaee http://
      java.sun.com/xml/ns/javaee/web-app_2_5.xsd">
3       <context-param>
4         <param-name>com.sun.faces.verifyObjects</param-name>
5         <param-value>false</param-value>
6       </context-param>
7       <context-param>
8         <param-name>com.sun.faces.validateXml</param-name>
9         <param-value>true</param-value>
10      </context-param>
11      <context-param>
12        <param-name>javax.faces.STATE_SAVING_METHOD</param-name>
13        <param-value>client</param-value>
14      </context-param>
15      <servlet>
16        <servlet-name>Faces Servlet</servlet-name>
17        <servlet-class> javax.faces.webapp.FacesServlet</servlet-
          class>
18        <load-on-startup>1</load-on-startup>
19      </servlet>
20      <servlet-mapping>
21        <servlet-name>Faces Servlet</servlet-name>
22        <url-pattern>/faces/*</url-pattern>
23      </servlet-mapping>
24      <session-config>
25        <session-timeout>
26          30
27        </session-timeout>
28      </session-config>
29      <welcome-file-list>
30        <welcome-file>faces/index.jsp</welcome-file>
31      </welcome-file-list>
32    </web-app>
```

6.11 Validação de dados nas páginas

A tecnologia JSF define duas formas para realizar a validação de dados em formulários JSP. A primeira é por meio de *tags* de validação padrão existentes na biblioteca **JSF core** e a segunda é por meio da implementação de uma classe de validação que estende a interface

Validator. No exemplo apresentado anteriormente neste capítulo foram utilizadas as duas formas de validação.

A Tabela 6.1 mostra as classes de validação e as *tags* correspondentes.

Tabela 6.1: Classes e *tags* de validação.

Classe	*Tag*	Função
DoubleRangeValidator	validateDoubleRange	Verifica se o valor digitado em um campo está dentro de um determinado intervalo. O valor deve estar em ponto flutuante ou ser conversível para ponto flutuante.
LengthValidator	validateLength	Verifica se a quantia de caracteres digitada em um campo está dentro de um determinado intervalo. O valor deve ser uma String.
LongRangeValidator	validateLongRange	Verifica se o valor digitado em um campo está dentro de um determinado intervalo. O valor deve ser qualquer tipo numérico ou String que pode ser convertido para uma long.

Exemplos:

```
<h:inputText validatorMessage="Você deve digitar entre 9 e 15
dígitos" value="#{funcionario.telefone}" id="telefone">
    <f:validateLength  minimum="9" maximum="15"/>
</h:inputText>
<h:message for="telefone"/>
```

Nesse exemplo o número de caracteres permitido no campo deve ser de no mínimo 9 e no máximo 15. Caso o número de dígitos digitados não esteja nessa faixa, a mensagem definida na propriedade **validatorMessage** será exibida pela *tag* **<h:message>**. Note que a propriedade **id** da *tag* **<h:inputText>** e **for** da *tag* **<h:message>** devem ser iguais para que a mensagem seja exibida.

```
<h:inputText validatorMessage="Você deve digitar um valor
inteiro entre 0 e 70 " value="#{funcionario.idade}" id="idade">
    <f:validateLongRange  minimum="0" maximum="70"/>
</h:inputText>
<h:message for="idade"/>
```

Nesse exemplo deve ser digitado no campo **idade** um valor inteiro entre 0 e 70. Caso seja digitado qualquer valor que não esteja nessa faixa, a mensagem definida na propriedade **validatorMessage** da *tag* **<h:inputText>** será exibida.

```
<h:inputText validatorMessage="Você deve digitar um valor
numérico real entre 500 e 5000" value="#{funcionario.salario}"
id="salario">
    <f:validateDoubleRange  minimum="500" maximum="5000"/>
</h:inputText>
<h:message for="salario"/>
```

Nesse exemplo deve ser digitado no campo **salario** um valor real entre 500 e 5000. Caso seja digitado qualquer valor que não esteja nessa faixa, a mensagem definida na propriedade **validatorMessage** da *tag* **<h:inputText>** será exibida.

Caso você necessite de outros tipos de validação, deve optar por construir uma classe de validação customizada que estende a interface Validator.

6.12 Conversão de dados nas páginas

JSF também disponibiliza duas formas de conversão de dados seguindo o mesmo padrão das formas de validação. Você pode converter dados por meio de *tags* de conversão presentes na biblioteca **JSF core** ou criar uma classe de conversão que estende a interface Converter.

O uso das *tags* de conversão é mais comum na exibição de dados (**<h:outputText>**), entretanto, essas *tags* podem ser usadas para converter dados de entrada (**<h:inputText>**) que serão submetidos a um *bean* gerenciado.

As *tags* de conversão do JSF atuam sobre valores numéricos e datas. A seguir são apresentados alguns exemplos utilizando esses tipos de valores.

```
<h:outputText value="#{funcionario.salario}">
 <f:convertNumber type="currency" currencySymbol="R$"/>
</h:outputText>
```

Esse exemplo exibe o valor do salário com o símbolo da moeda “R$” e duas casas decimais. Exemplo: R$ 2765,00.

```
<h:outputText value="#{funcionario.salario}">
    <f:convertNumber pattern="R$####" />
</h:outputText>
```

Esse exemplo exibe o valor do salário com o símbolo da moeda "R$" e sem casas decimais. Exemplo: R$2765.

Se você mudar o conteúdo da propriedade **pattern** para "R$###,###.##" você terá a saída do número para R$2.765,85.

```
<h:outputText value="#{funcionario.reajuste}">
    <f:convertNumber type="percent"/>
</h:outputText>
```

Se o valor contido no atributo reajuste do *bean* **funcionario** for, por exemplo, 0.10, será exibido o valor 10%.

```
<h:outputText value="#{funcionario.dataNasc}">
    <f:convertDateTime type="date" dateStyle="full" />
</h:outputText>
```

Se o valor contido no atributo **dataNasc** do *bean* **funcionario** for, por exemplo, 10/10/2010, será exibido na tela a data por extenso, "Domingo, 10 de outubro de 2010".

O atributo **dateStyle** pode receber ainda os valores: default, short, long e medium. A Tabela 6.2 mostra como a data será exibida com cada valor.

Valor da propriedade dateStyle	Exibição
Default	10/out/2010
Short	10-10-2010
Medium	10/out/2010
Long	10 de outubro de 2010
Full	Domingo, 10 de outubro de 2010

Tabela 6.2: formatação de data com a propriedade dateStyle.

```
<h:outputText value="#{funcionario.dataNasc}">
    <f:convertDateTime pattern="EEEEEEEE, MMM dd, yyyy" />
</h:outputText>
```

Se o valor contido no atributo **dataNasc** do *bean* **funcionario** for, por exemplo, 12/10/1998, será exibido na tela a data "Segunda-feira, out 12, 1998".

Se você mudar o valor da propriedade pattern para **dd.MM.yy** você obterá a data "12.10.98".

Mudando ainda o valor da propriedade **pattern** para **EEE, MMM d, yy**, você obterá a data "Seg, out 12, 98".

```
<h:outputText value="#{funcionario.horaTransacao}">
    <f:convertDateTime type="time" dateStyle="short" />
</h:outputText>
```

Se o valor contido no atributo **horaTransacao** do *bean* **funcionario** for, por exemplo, 7:10:30, será exibido na tela a hora 7:30. Note que a propriedade **type** recebeu o valor **time** e a propriedade **dateStyle** recebeu o valor **short**. Se a propriedade **type** receber o valor **time**, a propriedade **dateStyle** pode receber os valores default, short, long e medium. Cada um desses valores exibe a hora de uma maneira diferente.

6.13 Facelets

Facelets se refere a linguagem utilizada nos componentes de apresentação da tecnologia JSF. Antes se utilizava JSP para apresentar conteúdo na tela, entretanto JSP não suporta todos os novos recursos disponíveis no JSF 2.0.

Facelets é uma parte da especificação JSF e também a tecnologia de apresentação normalmente utilizada para construir aplicações que utilizam JSF. Facelets permite a utilização templates HTML para construir páginas e árvores de componentes. Possui as seguintes características:

- Usa XHTML para construir páginas;
- Suporta bibliotecas de *tags* Facelets, JSF e JSTL;
- Possui suporte para Expression Language (EL). Expressões EL podem ser utilizadas para ligar os objetos de um componente da página ou valores para os métodos ou propriedades de *beans* gerenciados;
- Permite criar templates para componentes e páginas.

Vantagens de se utilizar Facelets:

- Possui suporte para reutilização de código por meio de templates;
- Possui extensibilidade funcional de componentes e outros objetos server-side por meio de uma adaptação;
- Possui tempo de compilação mais rápido;
- Reduz o tempo e o esforço gasto no desenvolvimento e implantação de uma aplicação.

A tecnologia JSF suporta diversas bibliotecas de *tags*. A tabela 6.3 mostra as bibliotecas de *tags* suportadas:

Biblioteca	Namespace XML	Descrição	Prefixo
JSF Facelets *tag library*	http://java.sun.com/jsf/facelets	Contém *tags* para definir templates.	ui:
JSF HTML *tag library*	http://java.sun.com/jsf/html	Contém *tags* para todos os componentes de interface com o usuário (UIComponentes).	h:
JSF Core *tag library*	http://java.sun.com/jsp/jstl/core	*Tags* para JSF para ações customizadas que são independentes de qualquer RenderKit particular.	f:
JSTL Core *tag library*	http://java.sun.com/jsp/jstl/core	Contém *tags* JSTL core.	c:
JSTL Functions *tag library*	http://java.sun.com/jsp/jstl/functions	Contém *tags* de função JSTL.	fn:

Tabela 6.3: bibliotecas de *tags* suportadas pela JSF.

Desenvolvedores que utilizam JSF geralmente gastam bastante tempo definindo componentes de interface com o usuário, conversores e validadores em seus arquivos **faces-config.xml**. Facelets simplifica esse processo pedindo apenas para especificar um nome alternativo para ligar os objetos nas páginas sem a necessidade de fazer configurações em arquivos XML. A ideia é facilitar a integração e o desenvolvimento. Facelets permite usar e criar recursos para corrigir problemas existentes no JSF.

O exemplo a seguir declara o namespace XML para que as bibliotecas de *tag* possam ser utilizadas na página XHTML:

```
<html xmlns="http://www.w3.org/1999/xhtml"
      xmlns:ui="http://java.sun.com/jsf/facelets"
      xmlns:h="http://java.sun.com/jsf/html"
      xmlns:f="http://java.sun.com/jsf/core">
```

Os componentes iniciados pelo prefixo **ui** são pertencentes à biblioteca **facelets**. Os iniciados pelo prefixo **h** são pertencentes à biblioteca **html** e os iniciados por **f** à biblioteca **core**.

Exemplo:

```
<ui:define name="titulo">
  <h:outputText value="Controle de Funcionários" />
</ui:define>
<f:facet name="cabecalho">
  <h:outputText value="Nome"/>
</f:facet>
```

6.13.1 Templates Facelets

A tecnologia JSF fornece as ferramentas para implementar interfaces de usuário fáceis de estender e reutilizar. Templates (*templating*) é uma característica útil de Facelets que permite criar uma página que servirá como base ou modelo para as outras páginas em uma aplicação. Usando templates, você pode evitar a reutilização de código ao criar páginas semelhantes.

A Tabela 6.4 lista as *tags* Facelets que são usadas para criar templates e a funcionalidade de cada uma.

Tag	**Descrição**
ui:component	Define um componente que é criado e adicionado à árvore de componentes.
ui:composition	Define os componentes de uma página que, opcionalmente, usa um template. O conteúdo fora dessa *tag* é ignorado.
ui:define	Define o conteúdo que é inserido em uma página por um template.
ui:fragment	Semelhante à *tag* **component**, mas não ignora o conteúdo fora dessa *tag*.
ui:include	Encapsula e reutiliza conteúdo em várias páginas.
ui:insert	Insere conteúdo em um template.
ui:param	Usado para passar parâmetros para um arquivo incluído.
ui:remove	Remove conteúdo de uma página.
ui:repeat	Usado como uma alternativa para *tags* de laço, como **c: forEach** ou **h: dataTable**.
ui:decorate	Semelhante ao *tag* composition, mas não ignora o conteúdo fora dessa *tag*.
ui:debug	Define um componente de depuração que é criado e adicionado à árvore de componentes.

Tabela 6.4: *Tags* Facelets.

O exemplo a seguir apresentará o uso de templates.

6.14 Expression Language (EL)

A Expression Language (EL) permite que os desenvolvedores de páginas usem expressões simples para acessar dados de forma dinâmica a partir de componentes JavaBeans. Por exemplo, o atributo **test** da *tag* condicional seguinte utiliza uma expressão EL que compara se o número de itens na *session bean* com escopo nomeado **carrinho** é maior do que **0**.

```
<c:if test="${sessionScope.carrinho.numeroDeItens > 0}">
 ... </c:if>
```

O exemplo a seguir mostra uma *tag* **inputText**, que representa um componente de campo texto no qual o usuário digita um valor. O atributo **value** da *tag* **inputText** refere-se a uma avaliação de expressão que aponta para a propriedade **nome** do *bean* **cliente**:

```
<h:inputText id="name" value="#{cliente.nome}" />
```

JSF utiliza a EL para as seguintes funções:

- Fazer avaliação de expressões;
- Definir e obter dados;
- Invocar métodos.

A EL fornece uma maneira de usar expressões simples para realizar as seguintes tarefas:

- Ler dinamicamente dados armazenados em componentes JavaBeans, estruturas de dados e objetos implícitos;
- Gravar dinamicamente dados para componentes JavaBeans, tais como a entrada do usuário em formulários;
- Invocar métodos estáticos e públicos;
- Realizar operações aritméticas dinamicamente.

O EL define dois tipos de expressões: **expressões de valor** e **expressões de método**. As expressões de valor podem dar ou definir um valor. As expressões de método referem-se a métodos que podem ser invocados e podem retornar um valor.

As expressões de valor podem ser categorizadas como **rvalue** e **lvalue**. Expressões **rvalue** podem ler dados, mas não podem gravá-los. Expressões **lvalue** podem ler e gravar dados.

Todas as expressões que são avaliadas imediatamente usam o delimitador **${}** e são sempre expressões **rvalue**. Expressões cuja avaliação pode ser adiada utilizam o delimitador **#{}** e podem atuar tanto como **rvalue** quanto como **lvalue**. Considere as duas expressões seguintes:

```
${cliente.nome}
#{cliente.nome}
```

A palavra **cliente** refere-se a um *managed bean* e **nome** ao atributo que se quer acessar por meio de um método *getter* ou *setter*.

A primeira expressão utiliza a sintaxe de avaliação imediata, enquanto a segunda utiliza a sintaxe de avaliação adiada. A primeira acessa a propriedade **nome**, obtém seu valor, agrega valor para a resposta e é renderizada (processada e exibida) na página. O mesmo pode acontecer com a segunda expressão. No entanto, o manipulador de *tag* pode adiar a avaliação da expressão para mais tarde no ciclo de vida da página, se a tecnologia utilizada nessa *tag* permitir. No caso da tecnologia JSF, a expressão dessa *tag* é avaliada imediatamente durante uma solicitação inicial da página. Nesse caso, a expressão funciona como uma expressão **rvalue**. Durante uma requisição de retorno (postback), essa expressão pode ser usada para definir o valor da propriedade **nome** com a entrada do usuário. Nesse caso, a expressão funciona como uma expressão **lvalue**.

Para saber mais sobre a Expression Language consulte o **Java EE tutorial** no endereço http://download.oracle.com/javaee/6/tutorial/doc/gjddd.html.

6.15 Principais tags JSF utilizadas nas páginas XHTML

Para criar as páginas XHTML de uma aplicação que utiliza JSF é possível utilizar um conjunto de bibliotecas de *tags* JSF. As principais bibliotecas disponíveis foram apresentadas anteriormente na Tabela 6.3. Para relembrar e evitar que você tenha que retornar algumas páginas, as principais bibliotecas de *tags* são reapresentadas resumidamente a seguir. São elas:

- Facelets;
- Core;
- HTML.

Essas bibliotecas são disponibilizadas na página por meio da abertura da *tag* XHTML da seguinte forma:

```
<html xmlns="http://www.w3.org/1999/xhtml"
      xmlns:ui="http://java.sun.com/jsf/facelets"
      xmlns:h="http://java.sun.com/jsf/html"
      xmlns:f="http://java.sun.com/jsf/core">
```

Note que *tags* **facelets** iniciam com o prefixo **ui:**, *tags* **HTML** iniciam com o prefixo **h:** e *tags* **core** iniciam com o prefixo **f:**.

Este tópico apresenta as principais *tags* das bibliotecas JSF **facelets**, **core** e **html** utilizadas neste capítulo. Para uma descrição mais completa, consulte a documentação disponível no endereço:

http://www.jsftoolbox.com/documentation/help/01-Introduction/index.jsf.

6.15.1 Biblioteca de facelets

As *tags* da biblioteca **facelets** são iniciadas pelo prefixo **ui**. Essas *tags* são utilizadas principalmente para criar templates que definem um *layout* padrão para um conjunto de páginas de um site. A seguir são apresentadas algumas das principais *tags* dessa biblioteca.

6.15.1.1 ui:insert e ui:define

A *tag* **ui:insert** funciona associada à *tag* **ui:define** por meio do atributo **name**. O conteúdo da *tag* **ui:define** é inserido na página de template em que a *tag* **ui:insert** foi definida. Por exemplo:

Na página do template:

```
<h1>
    <ui:insert name="titulo">Título</ui:insert>
</h1>
```

Na página que utiliza o template:

```
<ui:define name="titulo">
    <h:outputText id="titulo" value="Funcionários">
    </h:outputText>
</ui:define>
```

Nesse exemplo, o conteúdo da *tag* **<h:outputText>**, contida na *tag* **<ui:define>** será inserido no local da página de template onde foi definida a *tag* **<ui:insert>**, ou seja, no interior da *tag* **<h1>**. Isso significa que a palavra **Funcionários** será exibida na tela como título com as características definidas pela *tag* **<h1>**.

6.15.1.2 ui:composition

A *tag* **ui:composition** é uma *tag* de template que define o conteúdo a ser incluído em outra página construída com Facelets.

Se o atributo **template** é especificado na *tag* **ui:composition**, a página JSF irá exibir o conteúdo do template associado.

Se a *tag* **ui:composition** contém *tags* **ui:define**, o conteúdo dessas *tags* serão inseridas no template onde as *tags* **ui:insert** correspondentes foram definidas.

6.15.2 Biblioteca HTML

As *tags* da biblioteca **html** são iniciadas pelo prefixo **h**. A seguir são apresentadas algumas das principais *tags* dessa biblioteca.

6.15.2.1 h:head

Define a área de cabeçalho da página. Essa *tag* é equivalente à *tag* **<head>** da linguagem HTML.

6.15.2.2 h:body

Define a área de corpo da página. Essa *tag* é equivalente à *tag* **<body>** da linguagem HTML.

6.15.2.3 h:outputStylesheet

Define por meio da propriedade **name** qual arquivo de folha de estilos deve ser usado pela página.

Exemplo: <h:outputStylesheet name="css/estilos.css"/>

6.15.2.4 h:panelGroup

Define um contêiner que pode ser utilizado para agrupar outros componentes. Funciona de forma semelhante à *tag* **<div>** da linguagem HTML. A ideia é utilizar esse componente em situações nas quais é necessário incluir vários componentes, mas apenas um componente é permitido. Nessa situação, agrupam-se os componentes desejados em um elemento **h:panelGroup** e insere-se esse componente no local desejado.

A seguir são apresentados alguns dos principais atributos dessa *tag*.

Atributo	Descrição
layout	É utilizado para definir a exibição do componente horizontalmente ou verticalmente. O valor **lineDirection** define que o componente será exibido na horizontal e **pageDirection**, na vertical. O valor padrão é **lineDirection**. Caso seja utilizado o valor **block** o elemento irá renderizar uma *tag* **<div>** da linguagem HTML.
rendered	Avalia uma expressão que define se o conteúdo desse elemento deve ou não ser processado e exibido na tela (renderizado).
styleClass	Define a classe configurada no arquivo CSS que deverá ser aplicada ao conteúdo desse componente.
style	Define o estilo CSS que será aplicado ao conteúdo desse componente.
binding	Define um valor que liga o componente **h:panelGroup** a um atributo do *managed bean*.
id	Define um identificador único para o componente. Esse valor deve ser único dentro da área delimitada pelo contêiner.

6.15.2.5 h:form

A *tag* **form** gera um elemento **<form>** da linguagem HTML. Formulários JSF podem submeter e receber dados no mesmo formulário utilizando uma técnica conhecida como "*post-back*". O método de envio requerido é o **POST** e o método **GET** não é permitido. Os campos do formulário ou parâmetros da requisição são associados aos atributos de um *managed bean* enviando e recebendo dados (*post-back*).

Exemplo:

```
<h:form id="formulario"></h:form>
```

A seguir são apresentados os principais atributos dessa *tag*.

Atributo	Descrição
accept	Identifica a lista de tipos de conteúdo que o servidor deverá ser capaz de processar.
acceptcharset	Identifica a lista de codificações de caracteres para os dados de entrada do usuário que o servidor deverá ser capaz de processar.
binding	Define o valor de uma expressão de ligação para ligar essa *tag* a uma propriedade do *managed bean*.
dir	É um atributo HTML padrão que define a direção de texto padrão para este componente. Os valores aceitos para esse componente são **LTR** (da esquerda para a direita) e **RTL**(da direita para a esquerda).
enctype	Define o tipo de conteúdo dos dados a serem enviados para o servidor. O valor padrão para este atributo é **application / x-www-form-urlencoded** que se refere a conteúdo de texto.
id	Define um valor de identificador exclusivo para esse componente. Esse identificador poderá ser utilizado para definir o estilo desse componente em um arquivo CSS externo.
ondblclick	Define o código JavaScript a executar quando se der um duplo clique com o mouse sobre o formulário.
onclick	Define o código JavaScript a executar quando se clicar com o mouse sobre o formulário.
onsubmit	Define o código JavaScript a ser executado quando o formulário for submetido.
style	Define um estilo CSS a ser aplicado a esse componente quando ele for processado.

styleClass	Define a classe CSS a ser aplicada a esse componente quando ele for processado.
title	É um atributo HTML padrão que define o texto de dica para mostrar quando se posiciona o mouse sobre esse componente.
rendered	Define uma expressão de valor, que avalia uma condição **boolean** que indica se esse componente deve ou não ser processado e exibido.

6.15.2.6 h:messages

A *tag* **messages** direciona toda mensagem para um local definido da página. É possível personalizar as mensagens geradas por esse componente pela aplicação de diferentes estilos CSS, dependendo do nível de gravidade da mensagem (por exemplo, verde para informações, vermelho para erro etc), bem como alterar o nível de detalhe das mensagens.

Exemplo:

```
<h:messages errorStyle="color: red" infoStyle="color: green"
layout="tabela"/>
```

Os principais atributos dessa *tag* são apresentados a seguir.

Atributo	**Descrição**
errorClass	Define a classe de estilo CSS para aplicar a uma mensagem com um nível de severidade de ERROR.
errorStyle	Define o estilo ou estilos CSS para aplicar a uma mensagem com um nível de severidade de ERROR.

infoStyle	Define o estilo ou estilos CSS para aplicar a uma mensagem com um nível de gravidade INFO.
layout	Define o *layout* a ser usado para exibir mensagens. Os valores válidos para este atributo são **table** e **list**. O *layout* **table** usa uma tabela HTML para exibir mensagens, enquanto o *layout* **list** usa uma lista com marcadores. O valor padrão é **list**.
showDetail	É um sinalizador booleano que indica se a parte de detalhes da mensagem deve ser incluído. O valor padrão é **true**.
warnStyle	Define o estilo ou estilos CSS para aplicar a uma mensagem com um nível de gravidade de WARN (avisar).
warnClass	Define a classe de estilo CSS para aplicar a uma mensagem com um nível de gravidade de WARN.

6.15.2.7 h:outputText

A *tag* **outputText** define um espaço da página para exibição de texto simples. Essa *tag* é semelhante à *tag* **<span>** da linguagem HTML.

Exemplo:

```
<h:outputText escape="false"
value="#{propriedades.listaFuncionarioVazia}"
rendered="#{funcionarioMBean.itens.rowCount == 0}"/>
```

Os principais atributos dessa *tag* são apresentados a seguir.

Atributo	**Descrição**
value	Define o valor atual para esse componente.
styleClass	Define a classe CSS para aplicar a esse componente quando ele for processado.

style	Define um estilo CSS a ser aplicado a esse componente quando ele for processado.
converter	Define uma instância de um converter que será registrada para esse componente. O valor deve corresponder ao **converter-id** do elemento converter definido no arquivo **faces-config.xml**.
escape	É um sinalizador booleano que determina se caracteres HTML e XML sensitivos devem ser precedidos na saída gerada por esse componente. O valor padrão para esse atributo é **true**.
rendered	Define uma expressão de valor que avalia se esse componente deve ser visualizado ou não.

6.15.2.8 h:inputText

A *tag* **inputText** apresenta um elemento de entrada HTML do tipo texto.

Exemplo:

```
<h:inputText id="usuario" value="#{usuarioBean.usuario.nome}"/>
```

Os principais atributos dessa *tag* são apresentados a seguir.

Atributo	Descrição
accesskey	Define uma chave de acesso que transfere o foco para esse elemento quando pressionada.
alt	É um atributo que define uma descrição textual para esse componente que aparece na tela ao posicionar o ponteiro do mouse sobre o componente.
binding	Define uma expressão de valor que liga esse componente a um atributo do *managed bean*.
converter	Define uma instância de um converter que será registrada para esse componente. O valor deve corresponder ao **converter-id** do elemento converter definido no arquivo **faces-config.xml**.

disabled	É um sinalizador booleano que, quando definido como **true**, indica que esse componente não deve receber o foco ou ser incluído na submissão de um formulário.
id	Define o valor de um identificador exclusivo para esse componente.
immediate	É um sinalizador booleano que indica que os eventos de componentes devem ser enviados para ouvintes de eventos registrados imediatamente e não após a fase de validação do ciclo de processamento do pedido JSF. O sinalizador immediate permite que você ignore a validação JSF para um determinado componente.
maxlength	Define o comprimento máximo em caracteres aceito por esse componente.
onclick	Define o código JavaScript para executar quando o ponteiro do mouse é clicado sobre esse elemento. Outros manipuladores de evento podem ser utilizados, por exemplo, onblur, onchange, ondblclick, onfocus, onkeypress, oumouseout etc.
readonly	É um sinalizador booleano que, quando definido como **true** proíbe alterações a esse elemento pelo usuário. O elemento vai continuar a receber o foco a menos que você defina o atributo **disabled** para **true**.
rendered	Define uma expressão de valor que avalia uma condição boolean que indica se esse componente deve ser renderizado ou não.
required	É um sinalizador booleano que indica se o usuário é obrigado a fornecer um valor para esse campo antes do formulário ser enviado para o servidor.
style	Define um estilo CSS a ser aplicado a esse componente quando ele for processado.

styleClass	Define a classe CSS para aplicar a esse componente quando ele for processado.
tabindex	É um atributo HTML padrão que define a ordem em que esse elemento recebe o foco quando o usuário usa a tecla **TAB** para navegar sobre os elementos de tela. O valor para esse atributo deve ser um inteiro entre 0 e 32767.
size	Define a largura em caracteres do campo de entrada que ficará visível na tela.
title	É um atributo HTML padrão que define o texto de dica para o componente.
validator	O atributo validator aceita uma expressão que representa um método de validação que será chamado quando o *framework* JSF valida esse componente.
value	Define o valor atual para esse componente.

6.15.2.9 h:commandLink

A *tag* **commandLink** é uma *tag* de âncora (*link*) HTML que se comporta como um botão de envio de formulário e pode ser associado a um *managed bean* ou classe ActionListener para fins de manipulação de eventos. O valor de exibição do *link* pode também ser obtido a partir de um conjunto de mensagens para apoiar a internacionalização (I18N).

Exemplo:

```
<h:commandLink styleClass="comandos"
action="#{departamentoMBean.ver}"
value="#{propriedades.verLink}"/>
```

Os principais atributos dessa *tag* são apresentados a seguir.

Atributo	Descrição
action	Aceita uma expressão de ligação a um método de ação do *managed bean* que será invocado quando esse componente for clicado pelo usuário. Um método de ação deve ser um método público sem parâmetros, que retorna uma String. A sequência de caracteres retornada representa o resultado lógico da ação (por exemplo, o "sucesso", "fracasso" etc.) e é usada pelo *framework* JSF para determinar qual página deve ser exibida em seguida.
actionListener	Aceita uma expressão relacionada a um método de ligação para um ouvinte de método de ação (*action listener*) do *managed bean* que vai ser notificado quando esse componente for ativado pelo usuário.
coords	Define a posição e forma do ponto ativo na tela ao usar este *link* com um mapa de imagem client-side.
binding	Define uma expressão de valor que liga esse componente a um atributo do *managed bean.*
id	Define o valor de um identificador exclusivo para esse componente.
immediate	É um sinalizador booleano que indica que os eventos de componentes devem ser enviados para ouvintes de eventos registrados imediatamente e não após a fase de validação do ciclo de processamento do pedido JSF. O sinalizador **immediate** permite que você ignore a validação JSF para um determinado componente.
value	Define o valor atual para esse componente.
style	Define um estilo CSS a ser aplicado a esse componente quando ele for processado.
styleClass	Define a classe CSS a ser aplicada a esse componente quando ele for processado.

Rendered	Avalia uma expressão que define se o conteudo desse elemento deve ou não ser renderizado na tela.
onclick	Define o código JavaScript para executar quando o ponteiro do mouse é clicado sobre esse elemento. Outros manipuladores de evento podem ser utilizados, por exemplo, onblur, onchange, ondblclick, onfocus, onkeypress, oumouseout etc.

6.15.2.10 h:dataTable

O *tag* **dataTable** cria uma *tag* de tabela que pode ser associada a um *managed bean* para obter dados, bem como para fins de manipulação de eventos.

A tabela pode ser customizado usando folhas de estilo em cascata (CSS), classes e definições para melhorar a aparência de cabeçalhos, rodapés, colunas e linhas. Técnicas comuns de formatação, tais como a alternância de cores de linha, podem ser realizadas com essa *tag*.

A *tag* **dataTable** geralmente contém uma ou mais *tags* de coluna para definir as colunas da tabela.

Um componente de coluna é processado como um único elemento **td**.

Uma *tag* **dataTable** também pode conter facets de cabeçalho e rodapé. Esses facets são processados como um único elemento **th** em uma linha na parte superior da tabela e como um único elemento **td** em uma linha na parte inferior da tabela, respectivamente.

Exemplo:

```
<h:dataTable id="tabela1" value="#{carrinhoComprasBean.items}"
var="item">
  <f:facet name="header">
     <h:outputText value="Seu carrinho de compras" />
  </f:facet>
  <h:column>
    <f:facet name="header">
       <h:outputText value="Descrição" />
    </f:facet>
    <h:outputText value="#{item.descricao}" />
  </h:column>
  <h:column>
    <f:facet name="header">
       <h:outputText value="Preço" />
    </f:facet>
```

```
    <h:outputText value="#{item.preco}" />
  </h:column>
  <f:facet name="footer">
     <h:outputText value="Total: #{carrinhoComprasBean.total}" />
  </f:facet>
</h:dataTable>
```

Os principais atributos dessa *tag* são apresentados a seguir.

Atributo	**Descrição**
bgcolor	Define a cor de fundo da tabela. Esse valor pode ser o nome ou o valor hexadecimal da cor.
binding	Define uma expressão de valor que liga esse componente a um atributo do *managed bean*.
border	Define a largura em pixels da borda para ser desenhada em torno da tabela.
cellpadding	Define a largura, entre o limite de cada célula e seu conteúdo.
cellspacing	Define a largura do espaço entre as bordas dentro e fora da tabela, bem como o espaço entre as células.
columnClasses	Aceita uma lista delimitada por vírgulas de classes de estilo CSS que serão aplicadas às colunas da tabela. Classes de estilo para uma coluna individual também podem ser definidos em uma lista separada por espaços. Uma classe de estilo é aplicada a uma coluna da tabela com um valor para o atributo de classe **th** ou **td**. O algoritmo usado para aplicar as classes de estilo CSS para as colunas da tabela é simples. No processo de renderização da tabela, classes de estilo são aplicadas às colunas, uma de cada vez até que não existam mais colunas para mostrar ou não haja mais classes de estilo a aplicar.
first	Define o número da primeira linha para mostrar na tabela de dados. Isso permite que você defina a posição inicial na lista ou matriz a partir da qual começam as linhas de processamento de dados.
footerClass	Aceita uma lista (separada por espaços) de classes de estilo CSS (ou simplesmente uma classe de estilo) para ser aplicada ao rodapé da tabela, caso tenha sido definido.
headerClass	Aceita uma lista (separada por espaço) de classes de estilo CSS (ou uma classe de estilo única) para ser aplicada a qualquer cabeçalho gerado para essa tabela.

rowClasses	Aceita uma lista delimitada por vírgula de classes de estilo CSS a ser aplicada às linhas da tabela. Classes de estilo para uma linha individual também pode ser definidas em uma lista separada por espaço. Uma classe de estilo é aplicado a uma linha da tabela como o valor para o atributo da classe do elemento tr renderizado. Classes de estilo são aplicadas ás linhas na mesma ordem que elas foram definidas. Por exemplo, se existem duas classes de estilo, a primeira é aplicada à primeira linha, a segunda é aplicada para a segunda linha, a primeira é aplicada para a terceira linha, a segunda é aplicada à quarta linha, e assim por diante. A lista de estilos é retornada a partir do início até que não haja mais linhas para mostrar.
rows	Define o número de linhas a exibir, a partir da linha identificada pelo atributo **first**. Se o valor do atributo **rows** é definido para zero, todas as linhas disponíveis no modelo de dados subjacente serão exibidas.
value	Define o valor atual para esse componente.
var	Define o nome de um atributo de escopo de requisição, expondo os dados de cada iteração sobre as linhas do modelo de dados subjacente para essa tabela.
width	Define a largura de visualização da tabela inteira.
styleClass	Define a classe CSS que será aplicada a esse componente quando ele for processado.
style	Define o estilo CSS a ser aplicado a esse componente quando ele for processado.
rules	Especifica quais linhas irão aparecer entre as células na tabela. Os valores válidos para esse atributo são: – **none** (não há regras, o valor padrão) – **groups** (entre os grupos de linhas) – **rows** (entre as linhas apenas) – **cols** (apenas entre as colunas) – **all** (entre todas as linhas e colunas)

6.15.2.11 h:column

A *tag* **column** processa uma única coluna de dados dentro de um componente de tabela de dados. Uma coluna de dados pode conter qualquer número de linhas em função do comprimento da matriz ou lista de dados associados com a tabela.

Exemplo:

```
<h:dataTable value="#{itemBean.items}" var="item">
  <h:column>
     <h:outputText value="#{item}"></h:outputText>
  </h:column>
</h:dataTable>
```

Os principais atributos utilizados por essa *tag* são descritos a seguir.

Atributo	Descrição
binding	Define uma expressão de valor que liga esse componente a um atributo do *managed bean*.
id	Define o valor de um identificador exclusivo para esse componente.
rendered	Avalia uma expressão que define se o conteúdo desse elemento deve ou não ser renderizado na tela.

6.15.2.12 h:panelGrid

A *tag* **panelGrid** gera um elemento de tabela semelhante ao gerado pela *tag* **dataTable**.

O componente **panelGrid** pode ser usado como um gerenciador de *layout* para uma interface de usuário baseado em grid.

Isso simplifica a tarefa de construir uma tabela de *layout* para agrupar os campos do formulário, etiquetas, botões etc.

O componente **panelGrid**, assim como o componente **dataTable**, podem ser customizados utilizando-se CSS.

O **panelGrid** não usa um modelo de dados subjacente para fornecer linhas de dados para fins de processamento. Pelo contrário, esse componente é um recipiente de *layout* que processa outros componentes JSF em uma grade de linhas e colunas.

Por padrão, um componente **panelGrid** tem apenas uma coluna.

Você pode especificar quantas colunas devem ser usadas para

exibir os componentes e o componente **panelGrid** determina quantas linhas são necessárias no tempo de processamento.

Por exemplo, se você definir o número de colunas para o seu **panelGrid** igual a 2 e incluir quatro componentes dentro dela, a tabela processada terá duas linhas com duas colunas (**td** células) em cada linha.

O algoritmo de *layout* para os componentes internos do **panelGrid** é o seguinte. Os componentes são dispostos um de cada vez, da esquerda para a direita e de cima para baixo, começando com o primeiro elemento e terminando com o último componente na ordem em que aparecem dentro da marca **panelGrid**.

O **panelGrid** processa um componente por coluna e mantém um registro de quantas colunas foram processadas.

Quando o número de colunas processadas por uma determinada linha é o mesmo que o valor dos atributos de colunas, ele inicia uma nova linha e continua dessa maneira até que não haja mais componentes para renderizar.

Se você deseja combinar vários componentes em uma única coluna, você pode usar um componente **panelGroup**.

Você também pode definir facets de cabeçalho e rodapé para o **panelGrid**. Esses são processados como um único elemento **th** em uma linha na parte superior da tabela e como um único elemento **td** em uma linha na parte inferior da tabela, respectivamente.

Exemplo:

```
<h:panelGrid id="painel" columns="2" border="1">
 <f:facet name="header">
    <h:outputText value="#{propriedades.LogIn}"/>
 </f:facet>
 <h:outputLabel for="nomeUsuario"
 value="#{propriedades.lblNomeUsuario}" />
 <h:inputText id="nomeUsuario"
 value="#{usuarioBean.usuario.nomeUsuario}" />
 <h:outputLabel for="senha" value="#{propriedades.lblSenha}" />
 <h:inputText id="senha" value="#{usuarioBean.usuario.senha}" />
 <f:facet name="footer">
    <h:panelGroup style="display:block; text-align:center">
        <h:commandButton id="submit"
        value="#{propriedades.lblSubmit}" />
    </h:panelGroup>
 </f:facet>
</h:panelGrid>
```

Conteúdo HTML gerado no processamento:

```
<table id="form:painel" border="1">
 <thead>
    <tr>
      <th scope="colgroup" colspan="2">Log in</th>
    </tr>
 </thead>
 <tbody>
   <tr>
    <td>
      <label for="form:nomeUsuario">Usuário</label>
    </td>
    <td>
      <input id="form:nomeUsuario" name="form:nomeUsuario" type="text"
      value=""/>
    </td>
   </tr>
   <tr>
    <td>
      <label for="form:senha">Senha</label>
    </td>
    <td>
      <input id="form:senha" name="form:senha" type="text" value=""/>
    </td>
   </tr>
 </tbody>
 <tfoot>
   <tr>
    <td colspan="2">
      <span style="display:block; text-align:center">
         <input id="form:submit" name="form:submit" type="submit"
         value="Enviar" onclick="Enviar();"/>
      </span>
    </td>
   </tr>
 </tfoot>
</table>
```

Essa *tag* apresenta como atributos principais os mesmos atributos já apresentados para a *tag* **dataTable**.

6.15.2.13 h:outputLabel

A *tag* **outputLabel** gera um elemento de rótulo HTML na tela. Essa *tag* permite que você personalize a aparência do rótulo usando os estilos CSS. O componente **outputLabel** pode ser associado a outro componente por seu atributo **for**. O outro componente deve ser criado antes do componente **outputLabel** quando a página JSF é processada.

Observe o uso do contêiner **panelGroup** no exemplo abaixo.

O componente **panelGroup** processa seus componentes internos, permitindo que o componente **outputLabel** localize o componente **inputText** na hora de renderizar. Isso acontece porque os valores dos atributos **for** da *tag* **outputLabel** e do atributo **id** da *tag* **inputText** são iguais.

Exemplo:

```
<h:panelGroup>
 <h:outputLabel id="lblNomeUsuario" for="nomeUsuario"
 value="#{propriedades.lblNomeUsuario}" />
 <h:inputText id="nomeUsuario"
 value="#{usuarioBean.usuario.nomeUsuario}}" />
<h:panelGroup>
```

Os principais atributos utilizados nessa *tag* são apresentados a seguir.

Atributo	Descrição
for	Identifica o componente para o qual gerar um elemento label.
id	Identifica um valor de identificador exclusivo para esse componente.
onclick	Os atributos onclick, onfocus, ondblclick, onkeydown, onkeyup, oumouseout, **onmouseover** etc. definem formas de acessar funções JavaScript para cada um desses eventos específicos.
styleClass	Define a classe CSS para aplicar a este componente quando ele for processado.
style	Define o estilo CSS a ser aplicado a esse componente quando ele for processado.
value	Define o valor atual para esse componente.

6.15.2.14 h:selectOneMenu

A *tag* **selectOneMenu** gera uma *tag* HTML <**select**> de tamanho 1 sem o atributo **multiple**, ou seja, gera uma caixa de combinação. Esse componente é projetado para situações nas quais você deseja exibir uma lista de seleção única de opções para que o usuário selecione um item de cada vez.

Exemplo:

```
<h:selectOneMenu id="descricoes"
value="#{descricaoBean.descricoes}">
  <f:selectItem id="item1" itemLabel="Notícias" itemValue="1" />
  <f:selectItem id="item2" itemLabel="Musicas" itemValue="2" />
  <f:selectItem id="item3" itemLabel="Esportes" itemValue="3" />
</h:selectOneMenu>
```

Equivalente na linguagem HTML:

```
<select id="form:descricoes" name="form:descricoes" size="1">
  <option value="1">Notícias</option>
  <option value="2">Músicas</option>
  <option value="3">Esportes</option>
</select>
```

Os principais atributos utilizados nessa *tag* são apresentados a seguir.

Atributo	Descrição
binding	Define uma expressão de valor que liga esse componente a um atributo do *managed bean*.
id	Define o valor de um identificador exclusivo para esse componente.
value	Define o valor atual para esse componente.
style	Define um estilo CSS a ser aplicado a esse componente quando ele for processado.
styleClass	Define a classe CSS a ser aplicada a esse componente quando ele for processado.
rendered	Avalia uma expressão que define se o conteúdo desse elemento deve ou não ser renderizado na tela.
onclick	Define o código JavaScript para executar quando o ponteiro do mouse é clicado sobre esse elemento. Outros manipuladores de evento podem ser utilizados, por exemplo, onblur, onchange, ondblclick, onfocus, onkeypress, oumouseout etc.

converter	Define uma instância de um converter que será registrada para esse componente. O valor deve corresponder ao **converter-id** do elemento converter definido no arquivo **faces-config.xml**.
disabled	É um sinalizador booleano que, quando definido como **true**, indica que esse componente não deve receber o foco ou ser incluído na submissão de um formulário.
disabledClass	Define a classe de estilo CSS para aplicar ao componente quando ele estiver desabilitado (**disabled="true"**).
enabledClass	Define a classe de estilo CSS para aplicar ao componente quando ele estiver habilitado (**disabled="false"**).
immediate	É um sinalizador booleano que indica que os eventos de componentes devem ser enviados para ouvintes de eventos registrados imediatamente e não após a fase de validação do ciclo de processamento do pedido JSF.
readonly	É um sinalizador booleano que, quando definido como **true** proíbe alterações a esse elemento pelo usuário. O elemento vai continuar a receber o foco a menos que você defina o atributo **disabled** para **true**.
required	É um sinalizador booleano que indica se o usuário é obrigado a fornecer um valor para esse campo antes do formulário ser enviado para o servidor.
validator	Aceita uma expressão que representa um método de validação que será chamado quando o *framework* JSF valida esse componente.

6.15.3 Biblioteca HTML

As *tags* da biblioteca **core** são iniciadas pelo prefixo **f**. A seguir são apresentadas algumas das principais *tags* dessa biblioteca.

6.15.3.1 f:selectItem

A *tag* **selectItem** adiciona um componente UISelectItem filho para o componente associado com a *tag* de fechamento. No RenderKit HTML, isso cria uma única *tag* **<option> </option>**. Essa *tag* pode ser utilizada com qualquer uma das *tags* selecionadas na biblioteca de *tags* **html**. O conteúdo do corpo da *tag* deve estar vazio.

Exemplo:

```
<h:selectOneMenu id="lista1">
 <f:selectItem itemLabel="Opção 1"
 itemValue="1"></f:selectItem>
</h:selectOneMenu>
```

Equivalente na linguagem HTML:

```
<select id="lista1" name="lista1" size="1">
 <option value="1">Opção 1</option>
</select>
```

Os principais atributos dessa *tag* são apresentados a seguir.

Atributo	Descrição
itemDescription	Define a descrição dessa opção (para uso em ferramentas de desenvolvimento).
itemDisabled	É um sinalizador booleano que indica se a opção criada por esse componente está desativada. O valor padrão é **false**.
itemLabel	Define o rótulo que será exibido para o usuário nessa opção.
itemValue	Define o valor a ser enviado para o servidor se essa opção for selecionada pelo usuário.
value	Define o valor de uma expressão de ligação que aponta para uma instância SelectItem contendo informações para essa opção.

6.15.3.2 f:selectItems

A *tag* **selectItems** adiciona um componente UISelectItems filho para o componente associado com o fechamento da *tag*. Você pode usar essa *tag* para definir uma lista de objetos em seu modelo de domínio como opções para um componente de seleção. O conteúdo do corpo da *tag* deve estar vazio.

Exemplo:

```
<h:selectOneMenu id="lista">
 <f:selectItems
 value="#{optionBean.optionList}"></f:selectItem>
</h:selectOneMenu>
```

Equivalente na linguagem HTML:

```
<select id="lista" name="lista">
 <option value="1">Opção 1</option>
 <option value="2">Opção 2</option>
 <option value="3">Opção 3</option>
</select>
```

Os principais atributos dessa *tag* são apresentados a seguir.

Atributo	Descrição
binding	Define uma expressão de valor que liga esse componente a um atributo do *managed bean*.
id	Define o valor de um identificador exclusivo para esse componente.
value	Define o valor atual para esse componente.

6.15.3.3 f:converter

A *tag* **converter** registra uma instância de um Converter no componente associado com a *tag* de fechamento. Essa *tag* necessita do atributo **converterId** para identificar o **id** do Converter definido no arquivo **faces-config.xml**. A interface Converter é implementada por classes que tratam de conversão de dados de entrada do usuário para um tipo de dados esperado pelo modelo de domínio de sua aplicação JSF e vice-versa.

Exemplo:

```
<h:selectOneMenu
 value="#{consumidorBean.consumidor.endereco.pais}">
    <f:converter converterId="paisConverter"></f:converter>
    <f:selectItems
```

```
    value="#{localizacaoBean.paisList}"></f:selectItems>
</h:selectOneMenu>
```

Equivalente na linguagem HTML:

```
<select>
    <option value="1">Brasil</option>
    <option value="2">USA</option>
    <option value="3">Japão</option>
</select>
```

6.15.3.4 f:facet

A *tag* **facet** registra uma facet nomeada no componente associado com a *tag* de fechamento. Um facet representa uma seção chamada dentro de um componente de contêiner. Por exemplo, você pode criar um **facet** de cabeçalho e rodapé para um componente **dataTable**.

Exemplo:

```
<h:dataTable id="relatorio"
value="#{relatorioBean.detalhesRelatorio}" var="item">
 <h:column>
    <f:facet name="header">
        <h:outputText value="Relatório Diário" />
    </f:facet>
    <h:outputText value="#{item}" />
 </h:column>
</h:dataTable>
```

Equivalente na linguagem HTML:

```
<table id="relatorio">
 <thead>
    <tr><th>Relatório Diário</th></tr>
 </thead>
 <tbody>
    <tr><td>Maçã</td></tr>
    <tr><td>Pera</td></tr>
    <tr><td>Melancia</td></tr>
 </tbody>
</table>
```

Note que a **facet** criada definiu o cabeçalho de coluna que será exibido para os itens mostrados.

O atributo **name** define o nome do facet a ser criado.

Alguns componentes têm facets com nomes pré-definidos, como o **header** e o **footer** que são facets dos componentes associados à *tag* **dataTable**.

6.16 Integração do JSF com outras tecnologias

JSF tem sido comumente utilizado com o *framework* Spring e Java Persistence API (JPA) no desenvolvimento de aplicações web. Entretanto, em lugar do Spring têm crescido o uso do Enterprise JavaBeans (EJB) a partir da versão 3.0, na qual problemas e limitações de versões anteriores foram resolvidos. Tanto Spring quanto EJB têm como um dos principais objetivos esconder dos desenvolvedores a complexidade dos códigos responsáveis pelo controle de transações, segurança, persistência etc. Se bem utilizados, esses recursos facilitam o reuso de código, melhoram a produtividade e a qualidade do software.

O Spring é um *framework open source* (de uso livre) popular, entretanto, por não ser um padrão de mercado não possui apoio de grandes empresas como IBM, Oracle etc. Uma aplicação que utiliza Spring geralmente é configurada por arquivos de configuração XML.

O EJB a partir da versão 3.0 é um padrão de mercado definido pela Java Community Process (JCP) e possui suporte das maiores empresas que utilizam Java EE. Possuem implementações disponíveis pelas JBoss e Oracle. Uma aplicação desenvolvida com EJB faz forte uso de anotações (*annotations*) disponíveis a partir do Java 5. As versões anteriores do EJB se mostraram pouco produtivas e complicadas, o que foi modificado na versão 3.0. Uma das principais vantagens do EJB é que ele está fortemente acoplado ao servidor e isso pode melhorar a performance dos servidores. A integração entre Java Transaction API (JTA) e Java Persistence API(JPA) com os servidores é bem alta, otimizando as operações de persistência nos servidores.

O EJB utiliza geralmente anotações e o Spring utiliza XML. Anotações possuem vantagem por ser menos trabalhoso, mais robusto e possuir verificação de consistência em tempo de compilação.

JCP

A JCP é o mecanismo padrão para o desenvolvimento de especificações técnicas para a tecnologia Java. Qualquer pessoa pode se cadastrar no site, participar na análise e fornecer feedback para o Java Specification Requests (JSRs), e qualquer um pode se inscrever para se tornar membro da JCP e, em seguida, participar do Grupo de Peritos de uma JSR, ou mesmo enviar suas propostas JSR próprias. A JCP define versões futuras e funcionalidades da plataforma Java.

6.17 Tipos de controle de transações JPA

Na JPA, existem dois tipos de controle de transações. JTA, que é controlado pelo contêiner e RESOURCE_LOCAL, que é controlado pelo usuário.

Quando se utiliza RESOURCE_LOCAL é o usuário que irá iniciar a transação e, por exemplo, executar um **commit** ou **rollback**. RESOURCE_LOCAL é aconselhável em sistema standalone que rodam fora de um servidor de aplicações.

Quando se utiliza JTA, por exemplo com EJB, existem anotações (*annotations)* relacionadas às transações.

Esses tipos de controle de transações são definidos no arquivo **persistence.xml**.

Exemplo de **persistence.xml** com controle de transações JTA:

```
<?xml version="1.0" encoding="UTF-8"?>
<persistence version="2.0"
xmlns="http://java.sun.com/xml/ns/persistence"
xmlns:xsi="http://www.w3.org/2001/XMLSchema-instance"
xsi:schemaLocation="http://java.sun.com/xml/ns/persistence
http://java.sun.com/xml/ns/persistence/persistence_2_0.xsd">
<persistence-unit name="testePU" transaction-type="JTA">
 <jta-data-source>jdbc/controle001</jta-data-source>
    <properties/>
 </persistence-unit>
</persistence>
```

Note que no caso do uso do controle de transações **JTA** a *tag* **<jta-data-source>jdbc/controle001</jta-data-source>** aponta para um datasorce previamente configurado, identificado com o nome de transação Java Naming and Directory Interface (JNDI) **jdbc/controle001.** Essa configuração é estabelecida no momento da criação do arquivo **persistence.xml**.

A JNDI é uma API para acesso a serviços de diretórios. Ela permite que aplicações cliente descubram e obtenham dados ou objetos por meio de um nome. A API JNDI é utilizada em aplicações Java que acessam recursos externos, como base de dados.

Exemplo de **persistence.xml** com controle de transações RESOURCE_LOCAL:

```
<?xml version="1.0" encoding="UTF-8"?>
<persistence version="1.0"
xmlns="http://java.sun.com/xml/ns/persistence"
xmlns:xsi="http://www.w3.org/2001/XMLSchema-instance"
xsi:schemaLocation="http://java.sun.com/xml/ns/persistence
http://java.sun.com/xml/ns/persistence/persistence_1_0.xsd">
 <persistence-unit name="ExemploJPA_1_NPU" transaction-
 type="RESOURCE_LOCAL">
    <provider>org.hibernate.ejb.HibernatePersistence</provider>
    <class>bean.Funcionario</class>
    <class>bean.Departamento</class>
    <properties>
        <property name="hibernate.connection.username"
        value="root"/>
        <property name="hibernate.connection.driver_class"
        value="com.mysql.jdbc.Driver"/>
        <property name="hibernate.connection.password"
        value="teruel"/>
        <property name="hibernate.connection.url"
        value="jdbc:mysql://localhost:3306/controle001"/>
        <property name="hibernate.cache.provider_class"
        value="org.hibernate.cache.NoCacheProvider"/>
        <property name="hibernate.hbm2ddl.auto"
        value="update"/>
    </properties>
 </persistence-unit>
</persistence>
```

Note que no caso do uso do controle de transações **RESOURCE_LOCAL** as propriedades de conexão com o banco de dados são definidas nas *tags* **<property>** no interior das *tags* **<properties></properties>**.

6.18 Termos técnicos Java EE

Esse tópico apresenta a explicação de um conjunto de tecnologias e termos que serão utilizados no exemplo apresentado a seguir nesse capítulo. Trata-se basicamente de um glossário de termos utilizados em aplicações que utilizam Java EE.

6.18.1 Java EE

Segundo NetBeans.org, o Java EE (Enterprise Edition) é uma plataforma utilizada para desenvolver aplicações corporativas que contém um conjunto de tecnologias que reduz significativamente o custo e a complexidade do desenvolvimento, da implantação e do gerenciamento de aplicações em várias camadas centradas em servidor. O Java EE é construído sobre a plataforma Java SE e oferece um conjunto de APIs (interfaces de programação de aplicativos) para desenvolvimento e execução de aplicações portáteis, robustas, escaláveis, confiáveis e seguras no lado do servidor.

Alguns dos componentes fundamentais do Java EE são:

- **O Enterprise** JavaBeans **(EJB)**: uma arquitetura gerenciada de componente do lado do servidor utilizada para encapsular a lógica corporativa de uma aplicação. A tecnologia EJB permite o desenvolvimento rápido e simplificado de aplicações distribuídas, transacionais, seguras e portáteis baseadas na tecnologia Java.
- **O Java Persistence API (JPA)**: uma estrutura que permite aos desenvolvedores gerenciar os dados utilizando o mapeamento objeto-relacional (ORM) em aplicativos construídos na plataforma Java.

6.18.2 EJB 3.0

NetBeans.org afirma que a API do EJB 3.0 facilita o desenvolvimento por reduzir e simplificar a quantidade de trabalho exigida no desenvolvimento de aplicações, o que significa menos classes e menos código de programação. A seguir são listados alguns recursos e benefícios da API do EJB 3.0:

- **Menos classes e interfaces obrigatórias** - não são mais necessárias interfaces iniciais e de objeto para componentes EJB porque o contêiner EJB agora é responsável pela exposição dos métodos necessários. É preciso somente fornecer a interface de negócio. É permitido utilizar anotações para declarar componentes EJB e o contêiner irá gerenciar as transações.
- **Não há mais descritores de implantação (deployment)** – é possível utilizar anotações diretamente na classe para informar ao contêiner EJB sobre dependências e configurações que anteriormente eram

definidas em descritores de desenvolvimento (*deployment*). Se não houver instruções específicas, o contêiner usará regras padrão para manipular as situações mais comuns.

- **Mapeamento Objeto/Relacional simplificado** - a nova API de persistência do Java torna mais simples e transparente o mapeamento Objeto/Relacional ao permitir o uso de anotações em classes de entidade para mapear objetos Java para bancos de dados relacionais.
- **Pesquisas simples** - o EJBContext permite que a pesquisa de objetos no espaço de nome JNDI diretamente na classe.

6.18.3 Servidor de aplicações

Um servidor de aplicações Java EE possui um contêiner web e um contêiner EJB. Serlvets e JSP rodam em um contêiner web e componentes EJB (EJB sessions, *entity beans*, JMS, transações etc.) executam em um contêiner EJB.

No contêiner web podem executar também JavaBeans e objetos Java das classes de negócios, serviços, DAO etc. Como muitas dessas classes não estão associadas diretamente a um container, elas podem rodar no contêiner web.

Para a parte de persistência, o ideal é utilizar algum fornecedor de persistência como o Hibernate, o EclipseLink ou implementar JPA. As classes relacionadas à persistência rodam tanto em ambientes Java SE como ambientes Java EE. A diferença é que quando executadas em um contêiner EJB, ganham-se algumas vantagens, como controle automático de transações, *pool* de conexões, segurança etc.

6.18.4 Entity beans e EntityManager

Entity beans são classes que representam o modelo de dados, ou seja, classes que expõem o modelo (**Model**) das tabelas do banco de dados. Essas classes são também conhecidas como classes de entidade e derivam dos antigos Plain Java Old Objects (POJOs). São classes simples do Java, gerenciadas pelo serviço EntityManager e identificadas como entidades pela anotação **@Entity**.

O EntityManager é o serviço central do JPA para todas as ações de persistência e oferece todas as funcionalidades de um DAO genérico. Objetos das *entity beans* são objetos que são alocados como qualquer outro objeto Java. Eles só ficam persistentes quando seu código interage com o EntityManager.

Objetos persistentes

São objetos que podem continuar existindo mesmo após o término da execução do programa que os criou.

O EntityManager administra o mapeamento Objeto/Relacional entre um entity *bean* e uma tabela do banco de dados. O EntityManager provê APIs para cadastrar, alterar, consultar e excluir dados no banco de dados através de chamadas a métodos como **persist**, **merge**, **find**, **remove** etc. Também pode prover *caching* e pode administrar a interação entre uma entidade e serviços transacionais em um ambiente Java EE como o JTA. O EntityManager é firmemente integrado com Java EE e EJB, mas não é limitado a esses ambientes, podendo ser utilizado em programas da plataforma Java SE.

6.18.5 Persistence Unit

O conjunto de entidades que podem ser gerenciados por um determinado EntityManager, é definido por uma unidade de persistência (*persistence unit*).

Uma unidade de persistência define o conjunto de todas as classes que estão relacionadas ou agrupadas na aplicação e que devem ser mapeadas para um único banco de dados.

A unidade de persistência é definida em um arquivo chamado **persistence.xml** que, em aplicações web, está localizado na pasta **META-INF** do projeto. Esse arquivo é um descritor de desenvolvimento exigido no JPA. Um arquivo **persistence.xml** pode definir uma ou mais unidades de persistência. Cada unidade de persistência descreve um conjunto de classes de entidade, os parâmetros de conexão com o banco de dados e o gerenciador de entidades (Hibernate, EclipseLink etc.) utilizado na aplicação.

6.18.6 Persistence Context

Um contexto de persistência (*persistence context*) é um conjunto de instâncias de entidades em que para qualquer entidade persistente identificada há uma única instância de entidade. Dentro do contexto de persistência, as instâncias da entidade e seu ciclo de vida são gerenciados.

Todo contexto de persistência é associado com uma unidade de persistência.

Quando o contexto de persistência participa de uma transação, que está na memória, o estado das entidades gerenciadas será sincronizado ao banco de dados. O contexto de persistência é acessado indiretamente pelo EntityManager, de forma não explícita. É importante saber apenas que ele está lá quando precisamos utilizá-lo.

6.18.7 Anotações X descritores de implantação

A plataforma Java EE a partir da versão 5 não necessita de descritores de implantação (*deployment*), exceto do arquivo **web.xml**. Os descritores de *deployment* do Java EE de versões anteriores eram complexos, o que induzia a erros de digitação ao preenchê-los. A partir da plataforma Java EE 5 esses descritores de *deployment* foram substituídos por anotações (*annotations*).

Anotações são modificadores Java, semelhantes a **private** e **public**, que podem ser inseridos no código Java.

A especificação do EJB 3, que é um subconjunto da especificação do Java EE a partir da versão 5, define anotações para o tipo de interface, o tipo de *bean*, atributos de transação etc. Algumas anotações são usadas para documentar o código, outras, para fornecer serviços otimizados, como segurança etc.

As anotações são iniciadas com um caractere @. No NetBeans, quando você cria certas classes (como *beans* de sessão ou de entidade) que faz uso de anotações, estas são inseridas automaticamente no código.

6.18.8 Uso de injeção de dependência para acessar recursos com EJB

Segundo NetBeans.org, a injeção de dependência permite que um objeto use anotações para solicitar recursos externos diretamente. Isso resulta em código mais limpo, porque não é mais necessário sobrecarregar o código com a criação de recursos e código de pesquisa. Você pode usar injeção de recursos em componentes EJB, contêineres da web e clientes.

Para solicitar a injeção de um recurso, um componente usa a anotação **@Resource** ou, no caso de alguns recursos especializados, as anotações **@EJB** e **@WebServiceRef**.

Entre os recursos que podem ser injetados estão:

- Objeto SessionContext;
- Objeto DataSources;
- Interface EntityManager;
- Outros *Bean*s de negócio.

No NetBeans, o editor de código-fonte fornece auto-completar de código completo para anotações de injeção de recursos fornecidas pela plataforma Java EE 5. Além disso, o NetBeans injeta automaticamente recursos nos arquivos quando você executa comandos, como chamar EJB e usar banco de dados.

6.18.9 CDI

A Context and Dependency Injection (CDI) que significa Injeção de Dependência e Contextos, segundo NetBeans.org, é parte integrante do Java EE 6 e fornece uma arquitetura que permite aos componentes do Java EE, como servlets, Enterprise *Bean*s e JavaBeans existir durante o ciclo de vida de um aplicativo. Além disso, os serviços CDI permitem aos componentes do Java EE, como *session beans* (*beans* de sessão) EJB e *managed beans* (*beans* gerenciados) do JSF, serem injetados e interagirem de maneira acoplada e flexível iniciando e observando eventos.

O objetivo do CDI é unificar o modelo de componente JSF *managed bean* com o modelo de componente EJB, resultando em um modelo de programação significativamente simplificado para aplicativos baseados na web.

Com CDI é possível injetar classes ou interfaces em outras classes. Também é possível aplicar qualificadores CDI ao código para especificar qual tipo de classe deverá ser injetada em um determinado ponto de injeção.

O NetBeans 6.9 fornece suporte integrado para CDI, incluindo suporte para editor e navegação para anotações, uma opção para geração do arquivo de configuração **CDI beans.xml** na criação do projeto e também vários assistentes para criação de artefatos CDI.

6.19 Exemplo de aplicação Web com JSF e EJB 3.0

Nesse tópico será apresentada uma aplicação Web com as funcionalidades CRUD (criar, ler, atualizar e excluir) que utiliza JSF e EJB 3.0. Será utilizado o mesmo banco de dados e tabelas dos capítulos anteriores.

6.19.1 Arquitetura da aplicação

A arquitetura utilizada consiste em um modelo em três camadas baseado no padrão MVC. A Figura 6.6 mostra a arquitetura da aplicação.

6.19.1.1 Componentes de apresentação (View)

As páginas XHTML utilizam um modelo de estrutura de página padrão, definido no arquivo **modelo.xhtml**. A página **index.xhtml** permite o acesso às páginas **MenuFuncionario.xhtml** e **MenuDepartamento.xhtml**. Essas páginas, assim como as demais, se comunicam com o *managed bean* correspondente por meio da **FacesServlet**.

Para definir os estilos de exibição dos elementos de todas as páginas foi utilizado o arquivo **estilos.css**. Já para definir os rótulos e os títulos utilizados nas páginas foram utilizados os arquivos **propriedades_pt.properties** e **propriedades_en.properties**. O primeiro utiliza o idioma português e o segundo, o inglês. Ao abrir o *browser*, a aplicação detecta o idioma padrão do navegador e utiliza o arquivo adequado.

A seguir são descritos resumidamente os arquivos presentes no componenente de apresentação (**View**) da aplicação:

Arquivo	**Descrição**
modelo.xhtml	Disponibiliza um template que será utilizado em todas as páginas para definir um *layout* padrão que é configurado no arquivo CSS externo (estilos.css)
index.xhtml	Disponibiliza um menu principal que permite acessar opções para controle de departamentos ou funcionários.
MenuFuncionario .xhtml	Apresenta um menu que permite acesso a páginas para incluir um novo funcionário, para listar os funcionários cadastrados, para consultar funcionários e para voltar ao menu principal (**index.xhtml**).
MenuDepartamento .xhtml	Apresenta um menu que permite acesso a páginas para incluir um novo departamento, para listar os departamentos cadastrados, para consultar departamentos e para voltar ao menu principal.
Listar.xhtml	Há dois arquivos **Listar.xhtml**, um para listar funcionários, outro para listar departamentos. Esses arquivos apresentam todos os registros na tela em uma tabela. À direita de cada registro são disponibilizados os *links* **Ver**, **Alterar** e **Excluir**. Ao clicar nesses *links* são carregadas as páginas responsáveis por executar tais operações.
Consultar.xhtml	Há dois arquivos **Consultar.xhtml**, um para consultar funcionários, outro para consultar departamentos. Esses arquivos exibem na tela um formulário em que pode ser digitado o nome a ser localizado ou qualquer parte do nome. Ao clicar no *link* **Consultar**, os dados são procurados na respectiva tabela e se encontrados, serão exibidos pela página **ListarSelecionados.xhtml**.
ListarSelecionados .xhtml	Há duas páginas **ListarSelecionados.xhtml**, uma para listar os funcionários selecionados na consulta, outra para listar os departamentos. Após digitar o nome (ou parte dele) na página **Consultar.xhtml** e clicar no *link* **Consultar**, os dados selecionados são exibidos na tela pela página **ListarSelecionados.xhtml** correspondente.

Criar.xhtml	Há dois arquivos **Criar.xhtml**, um para cadastrar um novo funcionário, outro para cadastrar um novo departamento. Esses arquivos apresentam um formulário que permitem salvar um novo registro na tabela do banco de dados.
Editar.xhtml	Há duas páginas **Editar.xhtml**, uma para alterar os dados de um funcionário e outra para alterar os dados de um departamento. Ao clicar no *link* **Alterar** à direita de um registro exibido pela página LIstar.xhtml, os dados desse registro são exibidos em um formulário pela página **Editar.xhtml**. Ao modificar os dados contidos no formulário e clicar no *link* **Salvar**, os dados são modificados na tabela do banco de dados.
Ver.xhtml	Há duas páginas **Ver.xhtml**, uma para exibir os dados de um funcionário e outra para exibir os dados de um departamento. Ao clicar no *link* **Ver** a direita de um registro exibido pela página **Listar.xhtml**, os dados desse registro são exibidos em um formulário pela página **Ver.xhtml**.
estilos.css	É a folha de estilos CSS utilizada para formatar os elementos de todas as páginas da aplicação.

6.19.1.2 Componentes de controle (Controller)

O principal arquivo de controle é a **FacesServlet**, componente criado automaticamente quando se utiliza JSF.

A aplicação utiliza dois arquivos XML para fornecer as informações necessárias para a execução da aplicação e comunicação entre os componentes, o arquivo **faces-config.xml** e **web.xml**.

As informações necessárias para que a **FacesServlet** saiba como fazer a comunicação entre os componentes é definida no arquivo **faces-config.xml**. Nesse arquivo são definidos, por exemplo, qual será o arquivo de propriedades de internacionalização utilizado, os conversores e validadores utilizados nas páginas XHTML etc.

No arquivo **web.xml** é definido como a **FacesServlet** será acessada, o tempo para que sessões inativas expirem, o nome da página inicial do site etc.

Quando as páginas relacionadas ao controle de funcionários

acessam a **FacesServlet**, ela estabelece uma comunicação com o *bean* gerenciado **FuncionarioMBean.java**. Essa classe de controle gerencia as instâncias de *beans* da classe de entidade **Funcionario.java** e chama métodos de persistência por meio da classe **FuncionarioFacade.java** para executar operações para inserir, alterar, excluir e consultar dados no banco de dados.

Quando as páginas relacionadas ao controle de departamentos acessam a **FacesServlet**, ela estabelece uma comunicação com o *bean* gerenciado **DepartamentoMBean.java**. Essa classe de controle gerencia as instâncias de *beans* da classe de entidade **Departamento.java** e chama métodos de persistência por meio da classe **DepartamentoFacade.java** para executar operações no banco de dados.

Ambos os *managed beans* utilizam as classe de apoio **JsfUtil.java** e **PaginationHelper.java**. A classe **JsfUtil.java** possui métodos para adicionar mensagens de retorno de operações de inserção, alteração, exclusão e consulta, que serão exibidas nas páginas XHTML. Já a classe **PaginationHelper.java** é uma página baseada no *design pattern* View Helper (ver capítulo 3) que possui métodos para auxiliar na paginação dos resultados das buscas a serem exibidas nas páginas de consulta. Graças a essa classe serão exibidos apenas 10 registros de consulta por página e botões de navegação permitirão avançar ou retroceder na exibição dos dados exibidos.

A seguir é apresentada resumidamente uma descrição dos componentes de controle da aplicação.

Arquivo	Descrição
faces-config.xml	Arquivo de configuração criado automaticamente pela IDE. Pode definir como será o fluxo de navegação da aplicação controlado pela **FacesServlet**, definir os nomes de arquivos de propriedades de internacionalização, dos arquivos de conversão e validação de dados etc.
web.xml	Arquivo de configuração criado automaticamente pela IDE que descreve as classes, os recursos e a configuração do aplicativo e como eles são utilizados pelo servidor da web para servir às requisições. Quando o servidor recebe uma solicitação do aplicativo, ele usa o arquivo **web.xml** para mapear o URL da solicitação para o código que irá manipulá-la.

FacesServlet	Servlet parte do *Framework* JSF que controla o fluxo de comunicação entre os componentes **View** e **Model** da aplicação.
FuncionarioMBean .java	Classe Java conhecida como *managed bean* (*bean* gerenciado) que controla a comunicação entre os componentes **View** e **Model** do módulo de funcionários. Essa classe é gerenciada pelo JSF.
DepartamentoMBean .java	Classe Java do tipo *managed bean* (*bean* gerenciada pelo JSF) que controla a comunicação entre os componentes **View** e **Model** do módulo de departamento.
PaginationHelper.java	Classe java no padrão do *design pattern* View Helper que controla a paginação dos dados de consultas e lis*tag*ens, ou seja, a exibição na tela dos dados gerados nas consultas. Esse arquivo permite definir quantos registros devem ser exibidos na tela e um modo de navegação entre as páginas que exibe esses registros.
JsfUtil.java	Controla a criação de mensagens de retorno de operações de inserção, alteração, exclusão e consulta, que serão exibidas nas páginas XHTML.

6.19.1.3 Componentes de modelo

O modelo (**Model**) é formado basicamente de classes de entidade (*entity beans*) e classes do *design pattern facade* (ver capítulo 3) para executar operações no banco de dados por meio da interface EntityManager.

As classes de entidade possuem a notação **@Entity** e representam o modelo das tabelas do banco de dados. Nessas classes, anotações definem os relacionamentos, colunas e tipos de dados necessários para fazer o mapeamento de um objeto para a respectiva tabela do banco de dados. O NetBeans gera essas classes automaticamente por meio de um assistente de geração de classes de entidade a partir das tabelas do banco de dados.

As classes **DepartamentoFacade.java** e **FuncionarioFacade.java** são *beans* de sessão EJB marcados com a anotação **@Stateless**, que centralizam os métodos de execução de operações de inserção, alteração, exclusão e consulta, na classe abstrata **AbstractFacade.**

java. Isso é possível porque essas classes são genéricas, ou seja, se um método da classe **AbstractFacade.java** recebe uma chamada por meio da classe **DepartamentoFacade.java**, ele executa uma operação relacionada ao departamento. Se não, se recebe uma chamada por meio da classe **FuncionarioFacade.java**, ele executa uma operação relacionada ao funcionário. Dessa forma, esses métodos centralizam a execução de operações, realizando uma grande quantidade de trabalho na aplicação.

As classes de entidade e a conexão com o banco de dados são definidas na unidade de persistência contida no arquivo **persistence.xml**. Esse arquivo utiliza o controle de transações JTA que aponta para um banco de dados previamente configurado, identificado com um nome de transação JNDI.

A seguir é apresentada resumidamente uma descrição dos componentes de modelo (**Model**) da aplicação.

Arquivo	Descrição
Funcionario.java	*Bean* de entidade ou de persistência que representa o modelo da tabela **funcionario** do banco de dados. Esse *bean* possui como atributo os mesmos campos da tabela e os métodos *getter* e *setter* para manipulá-los. Para trafegar dados de um funcionário entre o controle e o modelo é utilizado um objeto dessa classe.
Departamento.java	*Bean* de entidade ou de persistência que representa o modelo da tabela **departamento** do banco de dados. Possui como atributo os mesmos campos da tabela e os métodos *getter* e *setter* para manipulá-los. Para trafegar dados de um departamento entre o controle e o modelo é utilizado um objeto dessa classe.
AbstractFacade.java	Classe que centraliza os principais métodos para incluir, alterar, excluir e consultar funcionários e/ou departamentos. Essa classe abstrata é acessada a partir das classes **DepartamentoFacade.java** e Funcionariofacade.java.

FuncionarioFacade .java	Essa classe direciona as chamadas feitas do *managed bean* **FuncionarioMBean.java** para executar uma operação de inclusão, consulta, alteração e exclusão, para o método adequado da classe **AbstractFacade.java**. Apenas o método **buscar** presente nessa classe executa uma operação de consulta nomeada no *bean* de entidade **Funcionario.java**. Esse método não foi escrito na classe **AbstractFacade.java** porque executa uma operação específica de funcionário que não pode ser escrita de forma genérica na classe **AbstractFacade.java**.
DepartamentoFacade .java	Essa classe direciona as chamadas feitas do *managed bean* **DepartamentoMBean.java** para executar uma operação de inclusão, alteração, consulta e exclusão, para o método adequado da classe **AbstractFacade.java**. Apenas o método **buscar** presente nessa classe executa uma operação de consulta nomeada no *bean* de entidade **Departamento.java**. Esse método não foi escrito na classe **AbstractFacade.java** porque executa uma operação específica de consulta a departamento, que não pode ser escrita de forma genérica na classe **AbstractFacade.java**.
persistence.xml	Nesse arquivo são definidas as classes de entidade e a conexão com o banco de dados. O **persistence.xml** também descreve o tipo de controle de transações utilizado com o banco de dados. No caso dessa aplicação, define o controle de transação JTA que aponta para um banco de dados previamente configurado, identificado com um nome de transação JNDI.

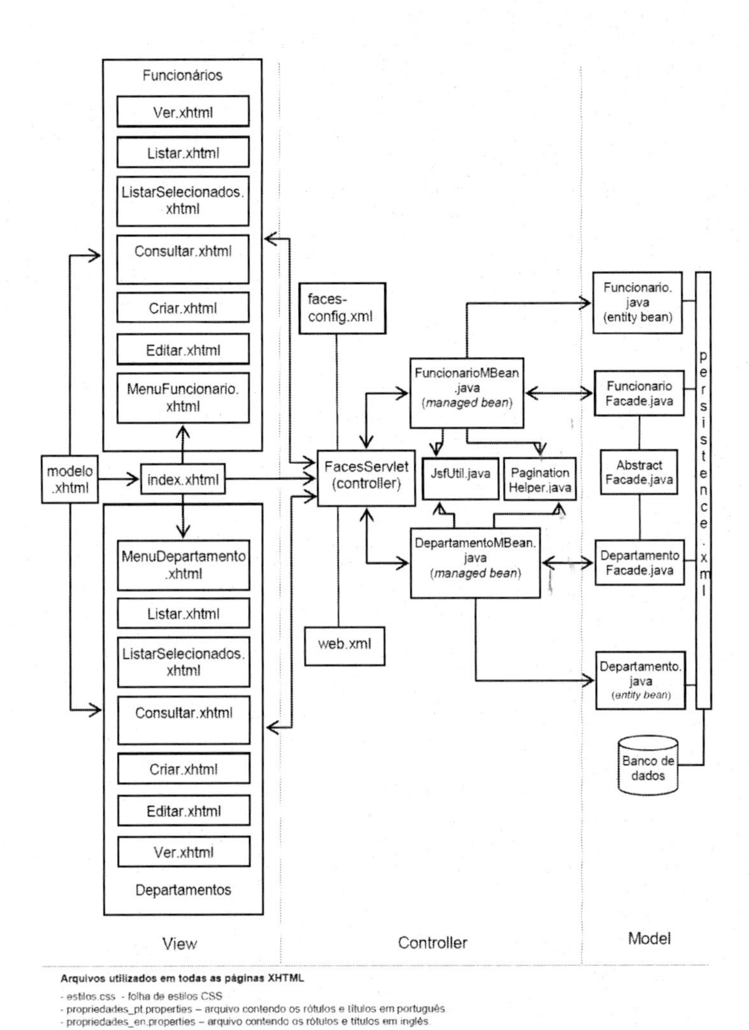

Figura 6.6: Arquitetura da aplicação exemplo.

6.19.2 Banco de dados

O banco de dados utilizado é o mesmo dos capítulos anteriores. O modelo desse banco de dados é apresentado na Figura 6.7.

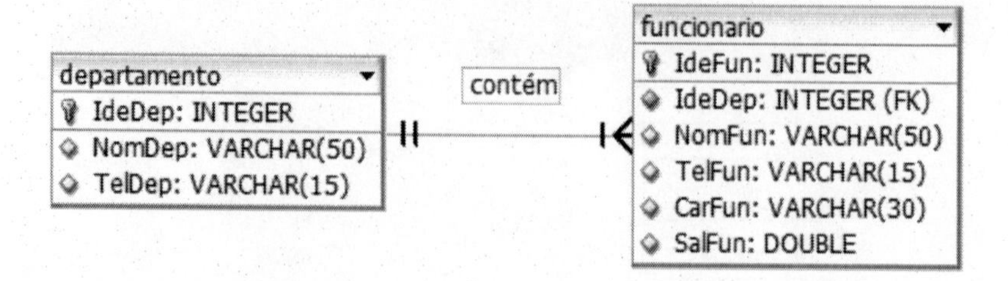

Figura 6.7: Banco de dados do exemplo

Entre no MySQL Workbench ou em linha de comando (MySQL Command Line Cliente), crie um banco de dados chamado **controle001** e digite as instruções seguintes para criar as tabelas **departamento** e **funcionario**:

```
CREATE TABLE departamento (
  IdeDep INTEGER NOT NULL AUTO_INCREMENT,
  NomDep VARCHAR(50) NULL,
  TelDep VARCHAR(15) NULL,
  PRIMARY KEY(IdeDep)
);

CREATE TABLE funcionario (
  IdeFun INTEGER NOT NULL AUTO_INCREMENT,
  IdeDep INTEGER NOT NULL,
  NomFun VARCHAR(50) NULL,
  TelFun VARCHAR(15) NULL,
  CarFun VARCHAR(30) NULL,
  SalFun DOUBLE NULL,
  PRIMARY KEY(IdeFun),
  FOREIGN KEY(IdeDep)
    REFERENCES departamento(IdeDep)
      ON DELETE CASCADE
      ON UPDATE NO ACTION
    );
```

6.19.3 Criação do projeto no NetBeans

Para criar o projeto no NetBeans, siga os seguintes passos:

- Clique no menu **Arquivo** e na opção **Novo Projeto**;
- Em **categorias**, selecione **Java Web**, em **Projetos**, selecione **Aplicação Web** e clique no botão **Próximo**;

- Em **Nome do Projeto**, digite **Exemplo001** e clique no botão Próximo;
- Na caixa de combinação **Servidor**, selecione **GlassFish Server 3**, em **Versão do Java EE**, selecione **Java EE 6 Web** e clique no botão **Próximo**;
- Na divisão ***Frameworks***, selecione **JavaServer Faces** e clique no botão **Finalizar**.

6.19.4 Classes de entidade

As classes de entidade (*entity beans*) são **Departamento.java** e **Funcionario.java**. Essas classes são apresentadas no diagrama de classes da Figura 6.8.

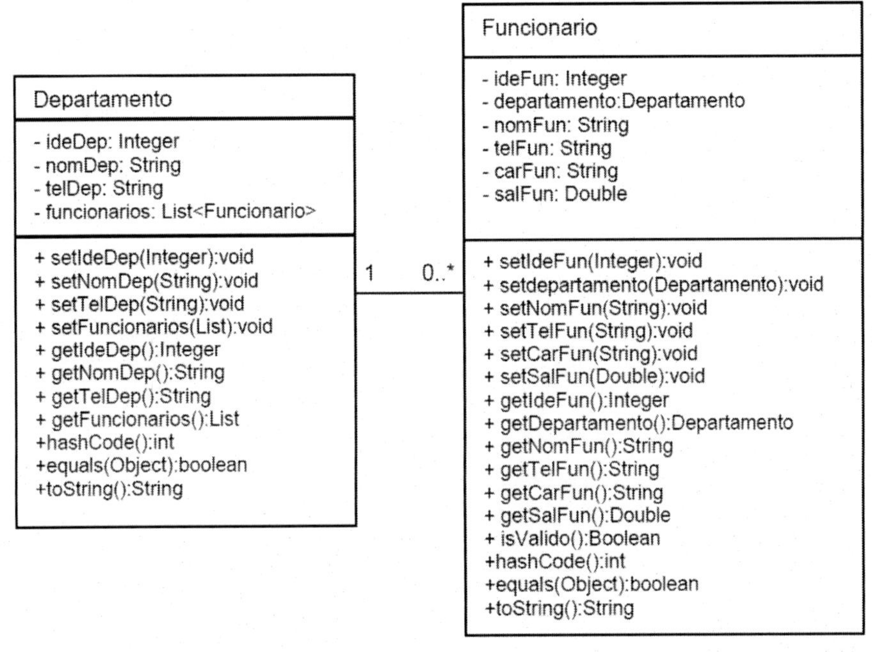

Figura 6.8: Diagrama de classes das classes de entidade.

Para criar as classes de entidade a partir das tabelas do banco de dados siga os seguintes passos:

- Clique com o botão direito do mouse sobre o nome do projeto **Exemplo001**, selecione a opção **Novo** e em seguida a opção **Outro**;
- Na divisão **Categorias**, selecione a opção **Persistence**; na **Divisão Tipos de Arquivos**, selecione a opção **Classes de entidade do banco de dados** e clique no botão **Próximo**;
- Na caixa de combinação **Fonte de dados**, escolha **Nova Fonte de Dados**;
- No campo **Nome JNDI**, digite **jdbc/controle001** e em **Conexão de banco de dados** selecione nova conexão com banco de dados;
- No campo **Nome do driver**, selecione MySQL (Connector/J driver);
- No campo **Host**, digite **localhost**;
- No campo **Porta**, digite a porta configurada no MySQL. O padrão é **3306**.
- No campo **Banco de dados**, digite o nome do banco de dados MySQL. No nosso exemplo, **controle001**;
- No campo nome do usuário, digite o nome do usuário do banco de dados. O MySQL possui um super usuário denominado **root**;
- No campo **Senha**, digite a senha do usuário do banco de dados;
- Clique no botão **Ok**;
- Na divisão **Tabelas disponíveis**, observe que já aparecem o nome das tabelas do banco de dados. Clique no botão **Adicionar todos** para selecionar todas as tabelas disponíveis e em seguida no botão **Próximo**;
- No campo **Pacote**, digite *bean* para criar o pacote onde as classes de entidade serão colocadas;
- Clique no botão **Próximo**;
- No campo **Tipo de coleção**, selecione **java.util.List**, apesar de que qualquer tipo de coleção pode ser utilizada. Clique no botão **Finalizar**.

Uma coleção é usada para que quando um departamento for selecionado, seja gerada automaticamente uma coleção de funcionários desse departamento.

> **Nota:**
> Observe que o procedimento executado criou o pacote *bean* na pasta **Pacotes de código-fonte** do projeto e nesse pacote as classes de entidade **Departamento.java** e **Funcionario.java**.

Observe também que na pasta **Arquivos de configuração** do projeto foi criado o arquivo **persistence.xml** contendo um nome de transação JTA **jdbc/controle** que faz referência às classes de entidade criadas e aos dados de conexão com o banco de dados.

Acrescente na classe **Departamento.java** a linha seguinte mostrada como linha 13 na classe apresentada a seguir:

```
@NamedQuery(name = "Departamento.findByParteNomDep",
query = "SELECT d FROM Departamento d WHERE d.nomDep
like :nomDep")
```

Acrescente na classe **Funcionario.java** a linha seguinte mostrada como linha 12 na classe apresentada a seguir.

```
@NamedQuery(name = "Funcionario.findByParteNomFun",
query = "SELECT f FROM Funcionario f WHERE f.nomFun like
:nomFun")
```

Essas linhas serão explicadas após a apresentação do código de cada classe.

A seguir são apresentadas as classes de entidade criadas pelo assistente do NetBeans.

Departamento.java

```
1       package bean;
2
3       import java.io.Serializable;
4       import java.util.List;
5       import javax.persistence.*;
6
7       @Entity
8       @Table(name = "departamento")
9       @NamedQueries({
10        @NamedQuery(name = "Departamento.findAll", query = "SELECT d
          FROM Departamento d"),
11        @NamedQuery(name = "Departamento.findByIdeDep", query =
          "SELECT d FROM Departamento d WHERE d.ideDep = :ideDep"),
12        @NamedQuery(name = "Departamento.findByNomDep", query =
          "SELECT d FROM Departamento d WHERE d.nomDep = :nomDep"),
13        @NamedQuery(name = "Departamento.findByParteNomDep", query =
          "SELECT d FROM Departamento d WHERE d.nomDep like :nomDep")
```

```
     })
14   public class Departamento implements Serializable {
15
16     private static final long serialVersionUID = 1L;
17     @Id
18     @GeneratedValue(strategy = GenerationType.IDENTITY)
19     @Basic(optional = false)
20     @Column(name = "IdeDep")
21     private Integer ideDep;
22     @Column(name = "NomDep")
23     private String nomDep;
24     @Column(name = "TelDep")
25     private String telDep;
26     @OneToMany(cascade = CascadeType.ALL, mappedBy =
       "departamento")
27     private List<Funcionario> funcionarios;
28
29     public Departamento() {
30     }
31
32     public Departamento(Integer ideDep) {
33        this.ideDep = ideDep;
34     }
35
36     public Integer getIdeDep() {
37        return ideDep;
38     }
39
40     public void setIdeDep(Integer ideDep) {
41        this.ideDep = ideDep;
42     }
43
44     public String getNomDep() {
45        return nomDep;
46     }
47
48     public void setNomDep(String nomDep) {
49        this.nomDep = nomDep;
50     }
51
52     public String getTelDep() {
53        return telDep;
54     }
55
56     public void setTelDep(String telDep) {
57        this.telDep = telDep;
58     }
59
60     public List<Funcionario> getFuncionarios() {
61        return funcionarios;
62     }
63
64     public void setFuncionarios(List<Funcionario> funcionarios)
       {
65        this.funcionarios = funcionarios;
66     }
67
68     @Override
```

```
69        public int hashCode() {
70           int hash = 0;
71           hash += (ideDep != null ? ideDep.hashCode() : 0);
72           return hash;
73        }
74
75        @Override
76        public boolean equals(Object object) {
77           if (!(object instanceof Departamento)) {
78              return false;
79           }
80           Departamento other = (Departamento) object;
81           if ((this.ideDep == null && other.ideDep != null) ||
             (this.ideDep != null && !this.ideDep.equals(other.
             ideDep))) {
82              return false;
83           }
84           return true;
85        }
86
87        @Override
88        public String toString() {
89           return "bean.Departamento[ideDep=" + ideDep + "]";
90        }
91     }
```

Note que foram geradas diversas anotações do JPA com a finalidade de identificar a classe de entidade (**@Entity**) e definir o mapeamento dos atributos para os campos da tabela do banco de dados.

Da linha 9 a 13 foram definidas diversas *queries* nomeadas que poderão ser chamadas de outras classes da aplicação para executar o **select** correspondente. Note que foram definidos **selects** com filtros para cada campo e também um **select** para obter todos os dados armazenados na tabela (linha 10).

Você pode acrescentar novas *queries* nomeadas para atender as suas necessidades de consulta.

Nesse exemplo, acrescente a *query* mostrada na linha 13 e apresentada a seguir:

```
@NamedQuery(name = "Departamento.findByParteNomDep", query =
"SELECT d FROM Departamento d WHERE d.nomDep like :nomDep")
```

Essa *query* seleciona os departamentos a partir da digitação de qualquer parte do nome do departamento.

Note que as *queries* nomeadas necessitam de parâmetros que serão passados no método que as utilizar.

O relacionamento com cardinalidade um para muitos (OneToMany) é estabelecido na linha 26 por meio da anotação **@OneToMany**. O atributo que viabiliza esse relacionamento é o atributo **funcionarios**, definido na linha 27. Esse atributo manipula uma lista de funcionários a partir de um departamento por meio de seu método *setter* e *getter*.

Funcionario.java

```
1     package bean;
2
3     import java.io.Serializable;
4     import javax.persistence.*;
5
6     @Entity
7     @Table(name = "funcionario")
8     @NamedQueries({
9       @NamedQuery(name = "Funcionario.findAll", query = "SELECT f
        FROM Funcionario f"),
10      @NamedQuery(name = "Funcionario.findByIdeFun", query =
        "SELECT f FROM Funcionario f WHERE f.ideFun = :ideFun"),
11      @NamedQuery(name = "Funcionario.findByNomFun", query =
        "SELECT f FROM Funcionario f WHERE f.nomFun = :nomFun"),
12      @NamedQuery(name = "Funcionario.findByParteNomFun", query =
        "SELECT f FROM Funcionario f WHERE f.nomFun like :nomFun"),
13      @NamedQuery(name = "Funcionario.findByCarFun", query =
        "SELECT f FROM Funcionario f WHERE f.carFun = :carFun"),
14      @NamedQuery(name = "Funcionario.findBySalFun", query =
        "SELECT f FROM Funcionario f WHERE f.salFun = :salFun")
      })
15    public class Funcionario implements Serializable {
16
17      private static final long serialVersionUID = 1L;
18      @Id
19      @GeneratedValue(strategy = GenerationType.IDENTITY)
20      @Basic(optional = false)
21      @Column(name = "IdeFun")
22      private Integer ideFun;
23      @Column(name = "NomFun")
24      private String nomFun;
25      @Column(name = "TelFun")
26      private String telFun;
27      @Column(name = "CarFun")
28      private String carFun;
29      @Column(name = "SalFun")
30      private Double salFun;
31      @JoinColumn(name = "IdeDep", referencedColumnName =
        "IdeDep")
32      @ManyToOne(optional = false)
33      private Departamento departamento;
34
35      public Funcionario() {
36      }
37
38      public Funcionario(Integer ideFun) {
39        this.ideFun = ideFun;
```

```
40      }
41
42      public Integer getIdeFun() {
43        return ideFun;
44      }
45
46      public void setIdeFun(Integer ideFun) {
47        this.ideFun = ideFun;
48      }
49
50      public String getNomFun() {
51        return nomFun;
52      }
53
54      public void setNomFun(String nomFun) {
55        this.nomFun = nomFun;
56      }
57
58      public String getTelFun() {
59        return telFun;
60      }
61
62      public void setTelFun(String telFun) {
63        this.telFun = telFun;
64      }
65
66      public String getCarFun() {
67        return carFun;
68      }
69
70      public void setCarFun(String carFun) {
71        this.carFun = carFun;
72      }
73
74      public Double getSalFun() {
75        return salFun;
76      }
77
78      public void setSalFun(Double salFun) {
79        this.salFun = salFun;
80      }
81
82      public Departamento getDepartamento() {
83        return departamento;
84      }
85
86      public void setDepartamento(Departamento departamento) {
87        this.departamento = departamento;
88      }
89
90      @Override
91      public int hashCode() {
92        int hash = 0;
93        hash += (ideFun != null ? ideFun.hashCode() : 0);
94        return hash;
95      }
96
97      @Override
98      public boolean equals(Object object) {
99        if (!(object instanceof Funcionario)) {
```

```
100            return false;
101          }
102          Funcionario other = (Funcionario) object;
103          if ((this.ideFun == null && other.ideFun != null) ||
             (this.ideFun != null && !this.ideFun.equals(other.
             ideFun))) {
104            return false;
105          }
106          return true;
107        }
108
109        @Override
110        public String toString() {
111          return "bean.Funcionario[ideFun=" + ideFun + "]";
112        }
113      }
```

Acrescente a consulta nomeada da linha 12, apresentada a seguir:

```
@NamedQuery(name = "Funcionario.findByParteNomFun", query =
"SELECT f FROM Funcionario f WHERE f.nomFun like :nomFun")
```

Essa *query* seleciona os funcionários a partir da digitação de qualquer parte do nome do funcionário.

O relacionamento com cardinalidade muitos para um (ManyToOne) é estabelecido nas linhas 32 por meio da anotação **@ManyToOne**. O atributo que viabiliza esse relacionamento é o atributo **departamento**, definido na linha 33. Esse atributo manipula um departamento a partir de um funcionário por meio de seu método *setter* e *getter*.

A referência ao atributo das tabelas (**IdeDep**) que estabelece o relacionamento entre elas é feita na linha 31 pela anotação **@JoinColumn**.

6.20 Motivos para utilizar ou não Facades

Quando consultei pela primeira vez alguns exemplos de aplicações construídas utilizando JSF, EJB e JPA observei algumas mudanças no que se refere à arquitetura. Notei a utilização de velhos modelos de arquitetura que ao invés de simplificar, complicavam ainda mais o desenvolvimento.

Veja o modelo de desenvolvimento apresentado a seguir:

Páginas → ManagedBean → Facade → DAO → EntityManager → Banco de dados

Note que para os dados de uma requisição chegarem ao banco de dados um longo caminho é percorrido.

O EntityManager é uma espécie de DAO genérico, por esse motivo o componente DAO pode ser dispensado, pois construir um DAO seria como reinventar a roda. Dessa forma o código fica mais simples e mais fácil de manter, sem perder a flexibilidade. É possível injetar um objeto EntityManager diretamente no componente Facade, outro motivo para que o DAO seja dispensado.

Eliminando o DAO, o modelo de desenvolvimento pode ficar da seguinte maneira:

Páginas → ManagedBean → Facade → EntityManager → Banco de dados

O padrão Facade, apresentado no capítulo 3, é remanescente dos Java EE anterior à versão 5. Originalmente o padrão foi concebido para o desenvolvimento de aplicações com cliente remoto, como uma aplicação com cliente Swing (criação de formulários para *desktop*) e EJBs implementando a lógica.

Facades oferecem uma interface com poucos métodos que executam muitas tarefas para reduzir o número de chamadas remotas e melhorar a performance da aplicação. Por ser um modelo muito simples de se seguir, os Facades se popularizaram como um padrão para todo tipo de aplicação Java EE.

Alguns desenvolvedores desaconselham o uso desse padrão, por considerarem os Facades como “bibliotecas de funções” que incentivam a programação estruturada. Facades são mais simples de usar, porém, são difíceis de customizar e reaproveitar.

Com o Java EE 6 que incorpora CDI, muitas ferramentas ajudam a evitar o uso dos Facades quando eles não são necessários. Nesse caso, se você deseje se livrar dos Facades pode retirá-los do modelo da seguinte maneira:

Páginas → ManagedBean → EntityManager → Banco de dados

Nesse modelo você pode injetar um objeto EntityManager diretamente no *managed bean* e acessar os métodos para incluir, alterar, excluir ou consultar dados diretamente do *managed bean*. Desse modo você reduz o tamanho do código, entrega resultados em um tempo menor e tem um código mais simples com menos bugs e maior facilidade de manutenção.

Esse exemplo foi construído utilizando-se Facades, entretanto, caso você queira se livrar deles, deve injetar o EntityManager diretamente no managed *bean* da seguinte forma:

```
@Stateful
@Named
@ManagedBean(name = "departamentoMBean")
@SessionScoped
public class DepartamentoMBean{
  @PersistenceContext(unitName = "Exemplo001PU")
  @Inject EntityManager em;
  // restante do código do managed bean
  ...
}
```

Nesse *managed bean*, para executar, por exemplo, uma operação de inclusão de um departamento na tabela você deve utilizar algo como:

```
em.joinTransaction();
em.persist(departamento);
em.flush();
```

6.20.1 Descrição dos componentes Facade da aplicação

Os componentes Facade dessa aplicação são as classes **DepartamentoFacade.java**, **FuncionarioFacade.java** e **AbstractFacade.java**. As classes **DepartamentoFacade.java**, **FuncionarioFacade.java** são definidas como *beans* de sessão (*session beans*) pela anotação **@Stateless**. Essas classes herdam os métodos e atributos da classe **AbstractFacade.java** (*extends*). Nessas classes é injetado um objeto da interface EntityManager por meio da anotação **@PersistenceContext**.

Ao executar a aplicação, um objeto da classe **FuncionarioFacade.java** é instanciado e injetado na classe **FuncionarioMBean.java** por meio da anotação **@EJB**. Da mesma forma, um objeto da classe **DepartamentoFacade.java** também é instanciado e injetado na classe **DepartamentoMBean.java**.

Quando um objeto da classe **FuncionarioFacade.java** é instanciado, passa-se o nome da classe de entidade **Funcionario.class**. O construtor da classe **FuncionarioFacade.java** passa então o nome da classe **Funcionario.class** como parâmetro para o construtor da superclasse **AbstractFacade.java**. O nome da classe de entidade é armazenado no atributo **entityClass** desse objeto.

O mesmo acontece com a classe **DepartamentoFacade.java**. Quando um objeto dessa classe é instanciado, passa-se o nome da classe de entidade **Departamento.class**. O construtor da classe **DepartamentoFacade.java** passa então o nome da classe de entidade como parâmetro para o construtor da superclasse **AbstractFacade.java**. O nome da classe de entidade é armazenado no atributo **entityClass** desse objeto.

Note que essa é uma estratégia para fazer com que a classe **AbstractFacade.java** trabalhe ora realizando operações relacionadas a funcionários, ora operações relacionadas a departamentos.

Quando uma operação, por exemplo, para inserir um novo departamento, é acionada na página por meio do clique em um *link*, o objeto da classe **DepartamentoFacade.java** injetado inicialmente na classe **DepartamentoMBean.java** é recuperado. Um novo objeto da classe **DepartamentoFacade.java** é então instanciado e um objeto EntityManager é injetado nessa classe. Por meio desse objeto o método **create** da classe **AbstractFacade.java** é chamado passando como parâmetro um objeto da classe de entidade **Departamento.java** contendo os dados cadastrados na página. No método **create**, o método **persist** da interface EntityManager é chamado por meio do objeto EntityManager injetado, passando como parâmetro o objeto **departamento** recebido para ser persistido no banco de dados.

6.20.2 Criação dos componentes Facade da aplicação

Para criar as classes Facade siga os seguintes passos:

- Clique com o botão direito sobre o nome do projeto **Exemplo001**, selecione a opção **Novo** e a opção **Classe Java**;
- No campo **Nome da classe**, digite **AbstractFacade**;
- No campo **Pacote**, digite **facade**;
- Clique no botão **Finalizar**.

Repita o mesmo procedimento para criar as classes **DepartamentoFacade.java** e **FuncionarioFacade.java** no pacote **facade**.

A seguir são apresentados os códigos das classes facade e uma explicação mais detalhada sobre as funcionalidades de cada uma.

AbastractFacade.java

```
1    package facade;
2
3    import java.util.List;
4    import javax.persistence.EntityManager;
5    import javax.persistence.Query;
6    import javax.persistence.criteria.CriteriaQuery;
7    import javax.persistence.criteria.Root;
8
9    public abstract class AbstractFacade<T> {
10
11     private Class<T> entityClass;
12
13     public AbstractFacade(Class<T> entityClass) {
14        this.entityClass = entityClass;
15     }
16
17     protected abstract EntityManager getEntityManager();
18
19     public void create(T entity) {
20        getEntityManager().persist(entity);
21     }
22
23     public void edit(T entity) {
24        getEntityManager().merge(entity);
25     }
26
27     public void remove(T entity) {
28        getEntityManager().remove(getEntityManager().
          merge(entity));
29     }
30
31     public T find(Object id) {
32        return getEntityManager().find(entityClass, id);
33     }
34
35     public List<T> buscaTodos() {
36        CriteriaQuery cq = getEntityManager().
          getCriteriaBuilder().createQuery();
37        cq.select(cq.from(entityClass));
38        return getEntityManager().createQuery(cq).getResultList();
39     }
40
41     public List<T> buscarFaixa(int[] faixa) {
42        CriteriaQuery cq = getEntityManager().
          getCriteriaBuilder().createQuery();
43        cq.select(cq.from(entityClass));
44        Query q = getEntityManager().createQuery(cq);
45        q.setMaxResults(faixa[1] - faixa[0]);
46        q.setFirstResult(faixa[0]);
47        return q.getResultList();
48     }
```

```
49
50      public int contar() {
51          CriteriaQuery cq = getEntityManager().
            getCriteriaBuilder().createQuery();
52          Root<T> rt = cq.from(entityClass);
53          cq.select(getEntityManager().getCriteriaBuilder().
            count(rt));
54          Query q = getEntityManager().createQuery(cq);
55          return ((Long) q.getSingleResult()).intValue();
            // converte um valor Long para int.
56      }
57  }
```

A classe **AbstractFacade.java** centraliza os métodos que acessam a interface EntityManager. A interface EntityManager é uma espécie de DAO genérico que inclui e recupera dados das tabelas do banco de dados.

Como você pode notar, não há comando SQL nos métodos dessa classe, pois ela é uma classe genérica que ora trabalha executando operações relacionadas a departamentos, ora operações relacionadas a funcionários. O que ela vai manipular depende do objeto recebido como parâmetro nos métodos e do nome da classe de entidade contida no atributo **entityClass**.

Observe que todos os métodos dessa classe obtém o objeto da interface EntityManager injetado por meio de uma chamada ao método **getEntityManager()**. Esse método é abstrato e implementado nas classes **FuncionarioFacade.java** e **DepartamentoFacade.java**. A partir do objeto EntityManager são invocados os métodos **persist**, **merge**, **remove**, **find**, **getCriteriaBuilder** e **createQuery**.

A seguir é apresentada uma breve descrição dos métodos dessa classe:

Método	Descrição
create	Insere o objeto recebido como parâmetro na tabela correspondente do banco de dados.
edit	Altera na tabela do banco de dados um registro com os dados contidos no objeto recebido como parâmetro.
remove	Remove da tabela do banco de dados o registro equivalente ao objeto recebido como parâmetro.
find	Busca na tabela do banco de dados o registro que contém o id recebido como parâmetro.

buscaTodos	Seleciona em uma lista todos os registros cadastrados na tabela do banco de dados.
buscaFaixa	Seleciona os registros dentro de uma faixa definida na array recebida como parâmetro. Esse método é utilizado para selecionar faixas de no máximo 10 registros para serem exibidos nas páginas de listagem.
contar	Conta o número de registros retornados em uma consulta. Esse método é utilizado para exibir o número de registros nas páginas de listagem.

Tabela 6.5:métodos utilizados na classe AbstractFacade.

A Tabela 6.6 apresenta os métodos da interfaces do pacote **javax.persistence** do JPA utilizados nas classes Facade dessa aplicação.

Interface	Método	Descrição
javax.persistence.EntityManager	persist	Torna uma instância de entidade gerenciada ou persistente, ou seja, inclui um objeto de uma classe de entidade na tabela do banco de dados.
javax.persistence.EntityManager	merge	Sincroniza os dados no banco de dados com os atributos da entidade. Retorna um objeto gerenciado (managed). Esse método pode ser utilizado para incluir ou alterar dados no banco.
javax.persistence.EntityManager	remove	Remove a instância da entidade, ou seja, remove da tabela o registro cujos dados estão no objeto passado como parâmetro.
javax.persistence.EntityManager	Find	Retorna uma entidade(managed) por meio de sua chave primária, ou seja, busca um registro cujo valor passado como parâmetro existe no campo chave primaria da tabela. Retorna **null** caso a chave não seja encontrada.

javax.persistence. EntityManager	createQuery	Cria uma consulta dinâmica, ou seja, uma consulta baseada em uma instrução Java Persistence Query Language (JPQL) cujos parâmetros não são pré-fixados e podem ser fornecidos posteriormente.
javax.persistence. criteria. CriteriaBuilder	getCriteriaBuilder	Utilizado para obter uma instância da interface CriteriaBuilder. A interface CriteriaBuilder é utilizada para construir *queries*.
javax.persistence. criteria. CriteriaQuery	createQuery	Cria um objeto CriteriaQuery.
javax.persistence. criteria. CriteriaQuery	From	Cria e adiciona uma consulta raiz correspondente à determinada entidade, formando um produto cartesiano com as raízes existentes.
javax.persistence. criteria. CriteriaQuery	select	Especifique o item que será devolvido no resultado da consulta. Substitui a seleção previamente especificada, se houver.
javax.persistence. criteria. CriteriaBuilder	count	Cria uma expressão de agregação aplicando a operação de con*ta*gem.
javax.persistence. Query	getSingleResult	Executa uma consulta e retorna um único resultado (registro).
javax.persistence. Query	setMaxResult	Define o número máximo de entidades que deve ser retornado na consulta.
javax.persistence. Query	setFirtResult	Define o número da linha inicial que irá compor o resultado da consulta.
javax.persistence. Query	setParameter	Define o valor de um parâmetro a ser inserido na instrução Java Persistence Query Language (JPQL) passada para o método **createQuery** da interface EntityManager.

Tabela 6.6: Métodos das interfaces do JPA utilizados nas classes Facade.

DepartamentoFacade.java

```
1   package facade;
2
3   import bean.Departamento;
4   import java.util.List;
5   import javax.ejb.Stateless;
6   import javax.persistence.*;
7
8   @Stateless
9   public class DepartamentoFacade<T> extends
    AbstractFacade<Departamento> {
10
11      @PersistenceContext(unitName = "Exemplo001PU")
12      private EntityManager em;
13
14      @Override
15      protected EntityManager getEntityManager() {
16      return em;
17  }
18
19      public DepartamentoFacade() {
20      super(Departamento.class);
21      }
22
23      public List<T> buscar(String dep) {
24          Query query = getEntityManager().createNamedQuery
            ("Departamento.findByParteNomDep");
25          query.setParameter("nomDep", "%" + dep + "%");
26          return query.getResultList();
27      }
28  }
```

A classe **DepartamentoFacade.java** é uma ponte para acessar os métodos da superclasse **AbstractFacade.java**. Todos os métodos genéricos que não estão associados a parâmetros de uma classe de entidade em particular são implementados na classe **AbstractFacade.java**. Já os métodos associados a parâmetros da classe de entidade **Departamento.java** devem ser implementados nessa classe. É o caso do método **buscar**. Esse método utiliza um parâmetro definido na *query* nomeada **Departamento.findByParteNomDep** da classe **Departamento.java**. O método **buscar** recebe como parâmetro uma parte do nome do departamento e executa a *query* nomeada mostrada a seguir:

```
@NamedQuery(name = "Departamento.findByParteNomDep",
```

```
query = "SELECT d FROM Departamento d WHERE d.nomDep like
:nomDep")
```

Para completar a instrução JPQL **select** é passado para o parâmetro **nomDep** o valor **"%" + dep + "%"** (linha 25), onde **dep** é a parte do nome do departamento que se deseja localizar.

A anotação **@Stateless** (linha 8) define que a classe **DepartamentoFacade.java** é um *bean* de sessão (*session bean*). Essa anotação permite que um objeto dessa classe seja injetado em outra classe que executa no servidor de aplicações por meio da anotação **@EJB**. Essa injeção ocorre na *managed bean* **DepartamentoMBean.java**.

A anotação **@PersistenceContext** (linha 11) expressa uma dependência em um contexto de persistência em relação ao EntityManager, ou seja, injeta um objeto EntityManager declarado em seguida (linha 12). A propriedade **unitName** define o nome da unidade de persistência existente no arquivo **persistence.xml**.

O método **getEntityManager** (linha 15) é utilizado para obter o objeto EntityManager injetado por meio da anotação **@PersistenceContext**.

FuncionarioFacade.java

```
1   package facade;
2
3   import bean.Funcionario;
4   import java.util.List;
5   import javax.ejb.Stateless;
6   import javax.persistence.*;
7
8   @Stateless
9   public class FuncionarioFacade<T> extends
    AbstractFacade<Funcionario> {
10
11      @PersistenceContext(unitName = "Exemplo001PU")
12      private EntityManager em;
13
14      @Override
15      protected EntityManager getEntityManager() {
16        return em;
17      }
18
19      public FuncionarioFacade() {
```

```
20          super(Funcionario.class);
21        }
22
23        public List<T> buscar(String func) {
24          Query query = getEntityManager().createNamedQuery
            ("Funcionario.findByParteNomFun");
25        query.setParameter("nomFun", "%" + func + "%");
26        return query.getResultList();
27      }
28  }
```

Essa classe possui as mesmas características da classe **DepartamentoFacade.java**. É um *bean* de sessão anotado com **@Stateless** que injeta um EntityManager por meio da notação **@PersistenceContext**.

FuncionarioFacade.java é uma subclasse da superclasse **AbstractFacade.java** e representa apenas uma ponte para acessar os métodos genéricos da superclasse. O método **buscar** é o único presente nessa classe por executar uma *query* nomeada (**Funcionario.findByParteNomFun**) presente na classe de entidade **Funcionario.java** que executa uma operação específica para localizar um funcionário a partir de qualquer parte do nome recebido como parâmetro.

6.21 Classes de apoio ou utilitárias

Para executar algumas funções de apoio aos *managed beans*, por exemplo, adicione mensagens de retorno às operações, carregar os departamentos disponíveis em uma caixa de combinação ou definir quantos registros serão exibidos em uma página de consulta, criou-se algumas classes utilitárias.

A classe **JsfUtil.java** possui métodos para adicionar mensagens de retorno de operações de inserção, alteração, consulta e exclusão, que serão exibidas nas páginas XHTML. Já a classe **PaginationHelper.java** possui métodos para auxiliar na paginação dos resultados das buscas a serem exibidas nas páginas de consulta. Graças a essa classe serão exibidos apenas 10 registros de consulta por página e botões de navegação permitirão avançar ou retroceder na exibição dos dados.

Para criar as classes utilitárias siga os seguintes passos:

- Clique com o botão direito sobre o nome do projeto **Exemplo001**,

selecione a opção **Novo** e a opção **Classe Java**;
- No campo **Nome da classe**, digite **DepartamentoMBeanConverter**;
- No campo **Pacote**, digite **util**;
- Clique no botão **Finalizar**.

Repita o mesmo procedimento para criar a classe **JsfUtil.java** e **PaginationHelper.java** no pacote **util**.

6.21.1 Converter

Em uma página criada utilizando-se as bibliotecas de *tags* JSF você pode converter dados por meio de *tags* de conversão presentes na biblioteca **JSF core** ou criar classes de conversão que implementam os métodos **getAsString** e **getAsObject** da interface Converter.

A classe **DepartamentoMBeanConverter.java** acessa classes do modelo (**Model**) para obter objetos da classe de entidade **Departamento.java** e convertê-los para uma forma adequada de apresentação, por exemplo, em uma caixa de combinação.

Para que a classe **DepartamentoMBeanConverter.java** seja identificada na aplicação, abra o arquivo **faces-config.xml** presente na pasta **WEB-INF** contida na pasta **Páginas Web** do projeto e insira as linhas seguintes no interior da *tag* **<faces-config>**.

```
<converter>
  <converter-id>ConverterDepartamento</converter-id>
  <converter-class>util.DepartamentoMBeanConverter</converter-class>
</converter>
```

Note que esse *converter* será identificado com o **id** **ConverterDepartamento**. Quando na página você quiser referenciar esse *converter* basta utilizar a seguinte *tag* facelet:

```
<f:converter converterId="ConverterDepartamento"/>
```

A seguir é apresentada a classe **DepartamentoMBeanConverter.java.**

DepartamentoMBeanConverter.java

```
1    package util;
2
```

```
3     import bean.Departamento;
4     import javax.faces.component.UIComponent;
5     import javax.faces.context.FacesContext;
6     import javax.faces.convert.Converter;
7     import javax.faces.convert.FacesConverter;
8     import mBean.DepartamentoMBean;
9
10    @FacesConverter(forClass = Departamento.class)
11    public class DepartamentoMBeanConverter implements Converter {
12
13      @Override
14      public Object getAsObject(FacesContext facesContext,
        UIComponent component, String value) {
15        Integer id = Integer.parseInt(value);
16
17        if (value == null || value.length() == 0) {
18          return null;
19        }
20        DepartamentoMBean bean = (DepartamentoMBean) facesContext.
          getApplication().getELResolver().getValue(facesContext.
          getELContext(), null, "departamentoMBean");
21        Departamento dep = (Departamento) bean.getEjbFacade().
          find(id);
22        return dep;
23      }
24
25      java.lang.Integer getKey(String value) {
26        java.lang.Integer key;
27        key = Integer.valueOf(value);
28        return key;
29      }
30
31      String getStringKey(java.lang.Integer value) {
32        StringBuilder sb = new StringBuilder();
33        sb.append(value);
34        return sb.toString();
35      }
36
37      @Override
38      public String getAsString(FacesContext facesContext,
        UIComponent component, Object object) {
39
40        if (object == null) {
41          return null;
42        }
43        if (object instanceof Departamento) {
44          Departamento o = (Departamento) object;
45          return String.valueOf(o.getIdeDep());
46        } else {
47          throw new IllegalArgumentException("Objeto " + object + "
            é do tipo " + object.getClass().getName() + "; esperado o
            tipo: " + DepartamentoMBean.class.getName());
48        }
49      }
50    }
```

O método **getAsObject** (linha 14) é utilizado para receber o **id** de um departamento como um tipo String na variável **value**, obter uma instância do *managed bean* **DepartamentoMBean.java** (linha 20), chamar o método **find** (linha 21) da classe **AbstractFacade.java** por meio dessa instância e obter os dados do departamento. Esse departamento é então retornado para a página que invocou o *converter*.

Já o método **getAsString** (linha 38) da classe **Departamento MBeanConverter.java** recebe como tipo Object um objeto da classe **Departamento.java** e retorna o nome do departamento como um valor String (linha 45). Esse método é invocado várias vezes até que todos os nomes de departamentos sejam carregados na caixa de combinação **Departamentos**.

6.21.2 Paginação

A classe **PaginationHelper.java** é utilizada para controlar a exibição dos dados nas páginas de listagem.

Objetos dessa classe são instanciados nos *managed beans* quando uma função de listagem é acessada. O número de registros que será exibido na página é recebido no construtor da classe **PaginationHelper.java** e armazenado no atributo **tamanhoPagina**. Os métodos dessa classe são acessados nas páginas XHTML de listagem.

PaginationHelper.java

```
1     package util;
2
3     import javax.faces.model.DataModel;
4
5     public abstract class PaginationHelper {
6
7       private int tamanhoPagina;
8       private int pagina;
9
10      public PaginationHelper(int tamanhoPagina) {
11         this.tamanhoPagina = tamanhoPagina;
12      }
13
14      public abstract int getContarItens();
15
16      public abstract DataModel criarPageDataModel();
17
18      public int getPrimeiroItemPagina() {
19         return pagina * tamanhoPagina;
20      }
21
22      public int getUltimoItemPagina() {
23         int i = getPrimeiroItemPagina() + tamanhoPagina - 1;
24         int count = getContarItens() - 1;
25         if (i > count) {
```

```
26            i = count;
27          }
28          if (i < 0) {
29            i = 0;
30          }
31          return i;
32        }
33
34        public boolean temProximaPagina() {
35          return (pagina + 1) * tamanhoPagina + 1 <= getContarItens();
36        }
37
38        public void proximaPagina() {
39          if (temProximaPagina()) {
40            pagina++;
41          }
42        }
43
44        public boolean temPaginaAnterior() {
45          return pagina > 0;
46        }
47
48        public void paginaAnterior() {
49          if (temPaginaAnterior()) {
50            pagina--;
51          }
52        }
53
54        public int getTamanhoPagina() {
55          return tamanhoPagina;
56        }
57      }
```

6.21.3 Manipulador de mensagens

A classe **JsfUtil.java** é utilizada para manipular mensagens de retorno de operações de inserção, alteração, consulta e exclusão, ou seja, aquelas mensagem confirmando que a operação foi realizada ou apresentando a mensagem de erro correspondente.

Em vez de registrar as mensagens resultantes dessas operações no arquivo de propriedades de idioma, você pode definir essas mensagens diretamente do código ou ainda buscar uma mensagem existente no arquivo de propriedades de idioma e adicionar ao contexto da requisição que está sendo processada.

Veja o exemplo:

Chamada ao método estático **addSuccessMessage** feito a partir da classe **DepartamentoMBean.java**.

```
JsfUtil.addSuccessMessage(ResourceBundle.getBundle("/propriedades.
 recursos.propriedades").getString("departamentoCriado"));
```

Implementação do método estático **addSuccessMessage** na classe **JsfUtil.java**.

```
public static void addSuccessMessage(String msg) {
 FacesMessage facesMsg = new
 FacesMessage(FacesMessage.SEVERITY_INFO, msg, msg);
 FacesContext.getCurrentInstance().addMessage("successInfo",
 facesMsg);
}
```

Note que a mensagem definida na palavra chave **departamentoCriado** no arquivo **propriedades_pt.properties** contendo o valor **"Departamento incluído"** é passada como parâmetro para o método **addSuccessMessage** da classe **JsfUtil.java**. Nesse método, um objeto da classe **FacesMessage** é instanciado passando como parâmetro o tipo de mensagem, o resumo da mensagem e a mensagem detalhada. Nesse caso, resumo da mensagem e mensagem detalhada possuem o mesmo valor.

Por meio de um objeto da **FacesContext** obtido através de uma chamada ao método **getCurrentInstance**, o método **addMessage** é chamado passando os dados da mensagem a ser exibida na página.

Um objeto da classe **FacesContext** contém todas as informações do estado por-requisição para tratamento de um único pedido JSF e a renderização da resposta correspondente. O método **getCurrentInstance** retorna uma instância da classe **FacesContext** para a requisição que está sendo processado atualmente. O método **addMessage** da classe **FacesContext** acrescentar um objeto **FacesMessage** ao conjunto de mensagens associadas com um identificados de cliente especificado, nesse caso, denominado **"successInfo"**.

Note que se os métodos **addErrorMessage** das linhas 8 e 17 serão chamados dos *managed beans* caso ocorra alguma exceção no momento da execução da operação pretendida.

JsfUtil.java

```
1      package util;
2
3      import javax.faces.application.FacesMessage;
4      import javax.faces.context.FacesContext;
```

```
5
6      public class JsfUtil {
7
8        public static void addErrorMessage(Exception ex, String
         defaultMsg) {
9          String msg = ex.getLocalizedMessage();
10         if (msg != null && msg.length() > 0) {
11           addErrorMessage(msg);
12         } else {
13           addErrorMessage(defaultMsg);
14         }
15       }
16
17       public static void addErrorMessage(String msg) {
18           FacesMessage facesMsg = new FacesMessage(FacesMessage.
             SEVERITY_ERROR, msg, msg);
19           FacesContext.getCurrentInstance().addMessage(null,
             facesMsg);
20       }
21
22       public static void addSuccessMessage(String msg) {
23           FacesMessage facesMsg = new FacesMessage(FacesMessage.
             SEVERITY_INFO, msg, msg);
24           FacesContext.getCurrentInstance().
             addMessage("successInfo", facesMsg);
25       }
26     }
```

Grau de severidade da mensagem

Os valores **FacesMessage.SEVERITY_INFO** e **FacesMessage.SEVERITY_ERROR** indicam o nível de gravidade da mensagem. Esses valores são identificados e formatados nas páginas pelos atributos **infoStyle** e **errorStyle** *tag* **<h:messages>**.

6.22 Managed Beans

Um *managed bean* (*bean* gerenciado) é uma classe Java. Você pode explicitamente declarar um *managed bean* anotando a classe do *bean* com **@ManagedBean**.

Managed beans são componentes de controle (**Controller**) responsáveis por intermediar a comunicação entre as páginas (Views) e o modelo (**Model**). Algumas de suas responsabilidades são de escutar eventos, processa-los e delegar tarefas para a camada de negócios.

Nessa aplicação foram criados dois *managed beans*, um para gerenciar as funções de funcionário e outro para gerenciar as funções de departamento.

A *managed bean* **DepartamentoMBean.java** escuta eventos

de todas as páginas relacionadas aos departamentos, processa esses eventos e delega as tarefas de inclusão, alteração, consulta e exclusão para a classe **DepartamentoFacade.java**.

Já a *managed bean* **FuncionarioMBean.java** escuta eventos de todas as páginas relacionadas aos funcionários, processa esses eventos e delega as tarefas de inclusão, alteração, consulta e exclusão para a classe **FuncionarioFacade.java**.

6.22.1 Escopo de um Managed Bean

Os *managed beans* normalmente possuem uma declaração de escopo que define o ciclo de vida e a visibilidade de suas instâncias. A declaração do escopo do *bean* se dá por meio de uma anotação. As principais anotações para definição de escopo são:

- **@RequestScoped;**
- **@SessionScoped;**
- **@ApplicationScoped;**
- **@ConversationScoped**

6.22.1.1 @RequestScoped

Uma instância de um *bean* com escopo de requisição (**@RequestScoped**) está vinculada à requisição do usuário. Isso significa que as informações transmitidas serão recebidas e permanecerão apenas na página que foi requisitada. Se o usuário navegar para outra página, essas informações serão perdidas.

6.22.1.2 @SessionScoped

Uma instância de um *bean* com escopo de sessão (**@SessionScoped**) está vinculada à sessão do usuário e é compartilhada por todas as solicitações executadas no contexto dessa sessão.

6.22.1.3 @ApplicationScoped

Uma instância de um *bean* com escopo de aplicação (**@ApplicationScoped**) está vinculada à toda a aplicação. Nesse caso, os objetos permanecem disponíveis para todas as páginas enquanto a aplicação estiver em execução.

6.22.1.4 @ConversationScoped

Uma instância de um bean com escopo de conversação (@ConversationScoped) está vinculada à conversação entre duas páginas, onde os objetos permanecem disponíveis entre a página que originou a requisição e a página alvo.

6.22.2 Injeção de dependência

A anotação **@EJB** especifica uma dependência ou referência a um *bean* de negócio EJB. Utiliza-se essa anotação em uma classe *bean* para especificar uma dependência em relação a outra classe *bean* EJB.

O servidor inicializa automaticamente o objeto anotado, com a referência para o EJB do qual ele depende. Isso é chamado de injeção de dependência. Essa inicialização ocorre antes que qualquer método do *bean* injetado seja invocado.

Se você aplicar a anotação **@EJB** em uma classe, ela declara que o *bean* injetado estará disponível em tempo de execução.

6.22.3 Criação dos Managed Beans

Para criar os *beans* gerenciados (*managed beans*) siga os seguintes passos:

- Clique com o botão direito sobre o nome do projeto **Exemplo001**, selecione a opção **Novo** e a opção **Classe Java**;
- No campo **Nome da classe**, digite **DepartamentoMBean**;
- No campo **Pacote**, digite **mBean**;
- Clique no botão **Finalizar**.

Repita o mesmo procedimento para criar a classe **FuncionarioMBean.java** no pacote **mBean**.

A seguir são apresentados os códigos das *managed beans*.

DepartamentoMBean.java

```
1       package mBean;
2
3       import bean.Departamento;
4       import facade.DepartamentoFacade;
5       import util.JsfUtil;
6       import util.PaginationHelper;
```

```
7       import java.util.List;
8       import java.util.ResourceBundle;
9       import javax.ejb.EJB;
10      import javax.faces.bean.ManagedBean;
11      import javax.faces.bean.SessionScoped;
12      import javax.faces.model.DataModel;
13      import javax.faces.model.ListDataModel;
14
15      @ManagedBean(name = "departamentoMBean")
16      @SessionScoped
17      public class DepartamentoMBean {
18
19        private Departamento corrente;
20        private DataModel itens = null;
21        private DataModel itensSelecionados = null;
22        private PaginationHelper pagination;
23        private int indiceItemSelecionado;
24        @EJB private DepartamentoFacade ejbFacade;
25
26        public DepartamentoMBean() {
27        }
28
29        public DepartamentoFacade getEjbFacade() {
30          return ejbFacade;
31        }
32
33        public Departamento getSelecionado() {
34          if (corrente == null) {
35            corrente = new Departamento();
36            indiceItemSelecionado = -1;
37          }
38          return corrente;
39        }
40
41        public String salvar() {
42          try {
43            getEjbFacade().create(corrente);
44            JsfUtil.addSuccessMessage(ResourceBundle.getBundle("/
              propriedades.recursos.propriedades").getString("departam
              entoCriado"));
45            corrente = new Departamento();
46            indiceItemSelecionado = -1;
47            return "Criar";
48          } catch (Exception e) {
49            JsfUtil.addErrorMessage(e, ResourceBundle.getBundle("/
              propriedades.recursos.propriedades").getString("erroPers
              istenciaOcorrido"));
50            return null;
51          }
52        }
53
54        public String atualizar() {
55          try {
56            getEjbFacade().edit(corrente);
57            JsfUtil.addSuccessMessage(ResourceBundle.getBundle("/
              propriedades.recursos.propriedades").getString("departam
              entoAtualizado"));
58            return "Ver";
59          } catch (Exception e) {
```

```
60          JsfUtil.addErrorMessage(e, ResourceBundle.getBundle("/
            propriedades.recursos.propriedades").getString("erroPers
            istenciaOcorrido"));
61          return null;
62        }
63      }
64
65      public PaginationHelper getPaginacao() {
66        if (pagination == null) {
67          pagination = new PaginationHelper(10) {
68
69            @Override
70            public int getContarItens() {
71              return getEjbFacade().contar();
72            }
73
74            @Override
75            public DataModel criarPageDataModel() {
76              int vetor[] = new int[]{getPrimeiroItemPagina(),
              getPrimeiroItemPagina() + getTamanhoPagina()};
77              List lista = getEjbFacade().buscarFaixa(vetor);
78              ListDataModel lstDataModel = new ListDataModel(lista);
79              return lstDataModel;
80            }
81          };
82        }
83        return pagination;
84      }
85
86      public DataModel getItens() {
87        if (itens == null) {
88          itens = getPaginacao().criarPageDataModel();
89        }
90        return itens;
91      }
92
93      public String proximo() {
94        getPaginacao().proximaPagina();
95        itens = null;
96        return "Listar";
97      }
98
99      public String anterior() {
100       getPaginacao().paginaAnterior();
101       itens = null;
102       return "Listar";
103     }
104
105     public String ver() {
106       corrente = (Departamento) getItens().getRowData();
107       indiceItemSelecionado = pagination.getPrimeiroItemPagina()
          + getItens().getRowIndex();
108       return "Ver";
109     }
110
111     public String entrarConsulta() {
112       corrente = new Departamento();
113       indiceItemSelecionado = -1;
114       return "Consultar";
```

```
115       }
116
117       public String consultar() {
118         itensSelecionados = null;
119         return "ListarSelecionados";
120       }
121
122       public DataModel getItensSelecionados() {
123         if (itensSelecionados == null) {
124           List lista = getEjbFacade().buscar(corrente.
            getNomDep());
125           itensSelecionados = new ListDataModel(lista);
126         }
127         return itensSelecionados;
128       }
129
130       public String editar() {
131         corrente = (Departamento) getItens().getRowData();
132         indiceItemSelecionado = pagination.getPrimeiroItemPagina()
          + getItens().getRowIndex();
133         return "Editar";
134       }
135
136       public String remover() {
137         corrente = (Departamento) getItens().getRowData();
138         indiceItemSelecionado = pagination.getPrimeiroItemPagina()
          + getItens().getRowIndex();
139         acaoExcluir();
140         itens = null;
141         return "Listar";
142       }
143
144       public String criar() {
145         corrente = new Departamento();
146         indiceItemSelecionado = -1;
147         return "Criar";
148       }
149
150       public String listar() {
151         itens = null;
152         return "Listar";
153       }
154
155       public String excluirVer() {
156         acaoExcluir();
157         itens = null;
158         return "Listar";
159       }
160
161       private void acaoExcluir() {
162         try {
163           getEjbFacade().remove(corrente);
164           JsfUtil.addSuccessMessage(ResourceBundle.getBundle("/
            propriedades.recursos.propriedades").getString("departam
            entoDeletedado"));
165         } catch (Exception e) {
166           JsfUtil.addErrorMessage(e, ResourceBundle.getBundle("/
            propriedades.recursos.propriedades").getString("erroPers
            istenciaOcorrido"));
167         }
```

```
168         }
169
170         public List getItensDisponiveis() {
171           return getEjbFacade().buscaTodos();
172         }
173     }
```

6.22.4 Explicação da Managed Bean DepartamentoMBean.java

As *managed beans* são os componentes mais complexos da aplicação e que demandam mais tempo para a criação, cerca de 50% a 70% do tempo gasto no desenvolvimento do site. Devido a sua complexidade, a *managed bean* **DepartamentoMBean.java** será explicada por função CRUD, ou seja, pelas funções incluir, alterar, excluir, listar etc.

6.22.4.1 Incluir um novo departamento

Quando o usuário clica na opção **Incluir Novo** na página **MenuDepartamento.xhtml**, um objeto da classe **DepartamentoMBean.java** é instanciado e o método **criar** é chamado (linha 144). Nesse método um objeto denominado **corrente**, da classe de entidade **Departamento.java**, é instanciado vazio (linha 145), a variável **indiceItemSelecionado** recebe o valor **-1** (linha 146) e o valor String **"Criar"** é retornado para a **FacesServlet** (linha 147) que carrega na tela do navegador a página **Criar.xhtml**.

A página **Criar.xhtml** faz uma chamada ao método **getSelecionado** (linha 33) da classe **DepartamentoMBean.java**. Nesse método, como o objeto **corrente** da classe de entidade **Departamento.java** já existe vazio, esse objeto é retornado para a **FacesServlet**, que carrega os atributos vazios do objeto nos campos do formulário da página **Criar.xhtml**.

Quando o formulário é preenchido e o usuário clica no *link* **Salvar**, os dados são carregados no objeto **corrente** da classe de entidade **Departamento.java** e o método **salvar** é chamado (linha 41).

No método **salvar**, um objeto injetado pela anotação **@EJB** (**ejbFacade**) do *bean* de sessão **DepartamentoFacade.java** é obtido por meio de uma chamada ao método **getEjbfacade** (linha 29). Por meio desse objeto, o método **create** da classe abstrata AbstractFacade.java é chamado (linha 43), passando como parâmetro o objeto **corrente** da classe de entidade **Departamento.java**, contendo os valores digitados no formulário. O método **create** obtém um objeto injetado da interface EntityManager na classe **DepartamentoFacade.java** e persiste (inclui) os dados do departamento **corrente** na tabela do banco de dados.

Na sequência, o conteúdo da palavra chave **departamentoCriado**, definida no arquivo de propriedades de idioma (propriedades), é obtido, o objeto **corrente** da classe de entidade **Departamento.java** é novamente instanciado vazio (linha 45), a variável **indiceItemSelecionado** recebe **-1** (linha 46) e a String **"Criar"** é retornada para a **FacesServlet** (linha 47) que exibe novamente na tela a página **Criar.xhtml**, contendo nos campos os dados do *bean* de entidade vazio e a mensagem de sucesso na realização da operação. Essa mensagem foi obtida da palavra chave **departamentoCriado** no arquivo de propriedade de idiomas.

6.22.4.2 Listar os departamentos

Quando o usuário clica na opção **Listar** da página MenuDeparamento.xhtml, um novo objeto da classe **DepartamentoMBean.java** é instanciado e o método **listar** é chamado (linha 150). Esse método armazena o valor **null** no objeto **itens** (linha 151) da classe **DataModel** e retorna para a **FacesServlet** o valor String **"Listar"** (linha 152). A **FacesServlet** carrega então no navegador a página **Listar.xhtml**.

Da página **Listar.xhtml** é feita uma chamada ao método **getItens** da *managed bean* **DepartamentoMBean.java** (linha 86). Como o objeto **itens** contém o valor **null**, o método **getPaginacao** é chamado (linha 88). Nesse método, um novo objeto **paginacao** da classe **PaginationHelper.java** é instanciado passando como parâmetro o valor **10** que será armazenado no atributo **tamanhoPagina** dessa classe. Esse número refere-se ao número de registros que será exibido em cada página. Em seguida o método **getPaginacao** retorna o objeto **paginacao** da classe **PaginationHelper.java**.

Por meio desse objeto, o método **criarPageDataModel** é chamado (linha 75). Esse método gera uma array de valores inteiros denominada de **vetor** que armazena dois valores. O primeiro valor é obtido por uma chamada ao método **getPrimeiroItemPagina** da classe **PaginationHelper.java**. Esse método retorna o valor **0**. O segundo valor é gerado pela soma do valor obtido no método **getPrimeiroItemPagina** que é **0**, com o valor obtido no método **getTamanhoPagina** que é **10**.

Em seguida o objeto injetado pela anotação **@EJB** da classe **DepartamentoFacade.java** é obtido por meio de uma chamada ao método **getEjbFacade** (linha 29). Por meio desse objeto, o método **buscarFaixa** da classe AbstractFacade.java é chamado, passando como parâmetro o vetor de inteiros contendo os valores 0 e 10.

No método **buscarFaixa** uma *query* é criada e executada para selecionar uma faixa de registros que vai de 0 (primeiro valor do vetor) até 10 (último valor do vetor menos o primeiro). Isso é definido pelos métodos **setMaxResults** e **setFirstResult** da interface Query. Esses registros são então retornados em um objeto da interface List.

Na sequência, um objeto da classe ListDataModel é criado com os dados da lista de departamentos gerada. Esse objeto é então retornado do método **criarPageDataModel** para o método **getItens** e armazenado no objeto **itens** do tipo **DataModel** (linha 88). Esse objeto é então retornado para a página **Listar.xhtml** para que seu conteúdo seja carregado em uma tabela.

Da página **Listar.xhtml** diversos outros métodos da classe **PaginationHelper.java** são chamados por meio do objeto **paginação** instanciado. Esses métodos, chamados apenas se houver departamentos a serem exibidos, são utilizados para fazer a correta renderização da página de acordo com as regras estabelecidas na classe **PaginationHelper.java**.

O método **getPrimeiroItemPagina** é chamado para obter o número do primeiro item da página. Inicialmente o valor retornado é 0 que é incrementado em 1 para ser exibido.

O método **getUltimoItemPagina** é chamado para obter o número do último item da página. Por exemplo, se 5 departamentos foram retornados na consulta, o valor retornado será 4 que é incrementado em um para ser exibido.

Quando o método **getContarItens** é chamado, ele obtém o objeto injetado na classe **DepartamentoFacade.java** por meio de uma chamada ao método **getEjbFacade** e chama o método **contar** da classe AbstractFacade.java. O método **contar** gera e excuta uma *query* para contar quantos departamentos estão cadastrados na tabela. Esse valor é retornado para o método **getContarItens** e em seguida retornado para a página **Listar.xhtml** para ser exibido.

O método **getTamanhoPagina** é chamado apenas se houver mais de 10 departamentos para exibição. Ele retorna o número máximo de elementos que poderá ser exibido na página, nesse caso, o número 10.

O método **isTemPaginaAnterior** verifica se há páginas anteriores. Por exemplo, se está sendo exibida a segunda página de departamentos, significa que tem página anterior e o retorno desse método será **true**.

O método **isTemProximaPagina** verifica se há próximas páginas a serem exibidas. Por exemplo, se está sendo exibida a primeira página de departamentos e existe mais departamentos a serem exibidos, significa que tem próxima página e o retorno desse método será **true**.

6.22.4.3 Ver os dados de um departamento

Quando o usuário clicar no *link* **Ver** a direita de um departamento mostrado na listagem de departamentos, os dados desse departamento deverão ser exibidos em outra página. Ao clicar no *link*, o método **ver** da classe **DepartamentoMBean.java** é chamado (linha 105). Uma chamada ao método **getItens** é feita retornando a lista de departamentos em um objeto da classe **DataModel** (linha 86). Por meio desse objeto, o método **getRowData** da classe **DataModel** é chamado retornando como tipo Object uma array contendo os valores da linha selecionada do **DataModel**, ou seja, da linha da tabela exibida na página na qual se clicou no *link* **Ver**. Esses dados são então convertidos em um objeto denominado **corrente** da classe de entidade **Departamento.java**.

A variável **indiceItemSelecionado** recebe o número de índice do departamento contido na linha do **DataModel** selecionada para exibição e a String **"Ver"** é retornada para a **FacesServlet** que exibe a página **Ver.xhtml** na tela do navegador. Na página **Ver.xhtml** os dados do departamento selecionado são obtidos por meio de uma chamada ao método **getSelecionado** da classe **DepartamentoMBean.java**.

6.22.4.4 Excluir os dados de um departamento

Quando o usuário clicar no *link* **Excluir** à direita de um departamento mostrado em uma tabela de departamentos, os dados desse departamento deverão ser excluídos. Ao clicar no *link*, o método **remover** da classe **DepartamentoMBean.java** é chamado (linha 136).

Uma chamada ao método **getItens** é feita retornando a lista de departamentos em um objeto da classe **DataModel**. Por meio desse objeto, o método **getRowData** da classe **DataModel** é chamado retornando em um tipo Object uma array contendo os valores da linha selecionada do **DataModel**, ou seja, da linha da tabela exibida na página na qual se clicou no *link* **Excluir**. Esses dados são então convertidos em um objeto denominado **corrente** da classe de entidade **Departamento.java**.

A variável **indiceItemSelecionado** recebe o número de índice do departamento contido na linha do **DataModel** selecionada para exibição e o método **acaoExcluir** é chamado (linha 161). No método **acaoExcluir**, um objeto da classe **DepartamentoFacade.java**, injetado pela anotação **@EJB**, é obtido por meio de uma chamada ao método **getEjbFacade**. Por meio desse objeto o método **remove** da classe AbstractFacade.java é chamado passando como parâmetro o departamento **corrente** selecionado para exclusão. O método **remove** obtém, por meio de uma chamada ao método **getEntityManager**, uma instância de objeto da interface EntityManager injetada na classe **DepartamentoFacade.java**. Por meio desse objeto o método **remove** é chamado para excluir o departamento passado como parâmetro.

Em seguida, a mensagem contida na palavra chave **departamentoDeletedado**, definida no arquivo de propriedade de idiomas, é obtida para ser exibida na tela. Essa mensagem é uma confirmação de que a operação de exclusão foi realizada com sucesso.

Após retornar do método **acaoExcluir**, o objeto **itens** da classe **DataModel** recebe o valor **null** e a String **"Listar"** é retornada para a **FacesServlet** que exibe a página **Listar.xhtml** novamente na tela do navegador. Note que ao carregar a página **Listar.xhtml** todos os procedimentos de consulta descritos no tópico **"Listar os departamentos"** são executados novamente para exibir os dados.

6.22.4.5 Alterar os dados de um departamento

Quando o usuário clica no *link* **Alterar** a direita de um departamento mostrado em uma tabela de departamentos, os dados desse departamento deverão ser carregados em outra página para alteração. Ao clicar no *link*, o método **editar** da classe **DepartamentoMBean.java** é chamado (linha 130).

Uma chamada ao método **getItens** é feita retornando a lista de departamentos em um objeto da classe **DataModel**. Por meio desse objeto, o método **getRowData** da classe **DataModel** é chamado retornando como tipo Object uma array contendo os valores da linha selecionada do **DataModel**, ou seja, da linha da tabela exibida na página na qual se clicou no *link* **Alterar**. Esses dados são então convertidos em um objeto denominado **corrente** da classe de entidade **Departamento.java**.

A variável **indiceItemSelecionado** recebe o número de índice do departamento contido na linha do **DataModel** selecionada para exibição e a String **"Editar"** é retornada para a **FacesServlet** que exibe a página **Editar.xhtml** na tela do navegador. Na página **Editar.xhtml** os dados do departamento selecionado são obtidos por meio de uma chamada ao método **getSelecionado** da classe **DepartamentoMBean.java**.

Ao executar a modificação nos dados dos campos do formulário e clicar no *link* **Salvar**, esses dados são modificados no objeto **corrente** da classe de entidade **Departamento.java** e o método **atualizar** é chamado (linha 54).

Nesse método, um objeto da classe **DepartamentoFacade.java**, injetado pela anotação **@EJB**, é obtido por meio de uma chamada ao método **getEjbFacade**. Por meio desse objeto o método **edit** da classe AbstractFacade.java é chamado passando como parâmetro o departamento **corrente** para alteração. O método **edit** obtém, por meio de uma chamada ao método **getEntityManager**, uma instância de objeto da interface EntityManager injetada na classe **DepartamentoFacade.java**. Por meio desse objeto o método **merge** é chamado para alterar o departamento passado como parâmetro.

Em seguida, a mensagem contida na palavra chave **departamentoAtualizado** definida no arquivo de propriedade de idiomas é obtida para ser exibida na tela. Essa mensagem é uma confirmação de que a operação de alteração foi realizada com sucesso.

A String **"Ver"** é então retornada para a **FacesServlet** que exibe a página **Ver.xhtml** na tela do navegador com os dados já modificados. Note que ao carregar a página **Ver.xhtml** todos os procedimentos descritos no tópico **"Ver os dados de um departamento"** são executados novamente para exibir os dados na tela.

6.22.4.6 Consultar departamentos por qualquer parte do nome

Quando o usuário clica no *link* **Consultar** do menu de departamentos o método **entrarConsulta** da *managed bean* **DepartamentoMBean.java** é chamado (linha 111). Nesse método um novo objeto denominado **corrente**, da classe de entidade **Departamento.java**, é instanciado. A variável **indiceItemSelecionado** recebe o valor **-1** e a String **"Consultar"** é retornada para a **FacesServlet** que exibe na tela do navegador a página **Consultar.xhtml**. Ao digitar qualquer parte do nome do departamento no campo nome e clicar no *link* **Consultar**, o valor digitado é inserido no atributo **nomDep** do objeto **corrente** da classe de entidade de **Departamento.java**, e o método **consultar** e chamado.

A variável **itensSelecionados** da classe **DataModel** recebe o valor **null** e a String **"ListarSelecionados"** é retornada para a **FacesServlet** que carrega no navegador a página **ListarSelecionados.xhtml**.

A página **ListarSelecionados.xhtml** faz uma chama ao método **getItensSelecionados**. Nesse método, um objeto da classe **DepartamentoFacade.java**, injetado pela anotação **@EJB**, é obtido por meio de uma chamada ao método **getEjbFacade**. Por meio desse objeto o método **buscar** da classe **DepartamentoFacade.java** é chamado passando como parâmetro a parte do nome do departamento digitada no campo de busca da página **Consultar.xhtml**. O método **buscar** executa a *query* nomeada como **Departamento.findByParteNomDep** na classe de entidade **Departamento.java**. Essa *query* executa a instrução SELECT JPQL seguinte:

```
SELECT d FROM Departamento d WHERE d.nomDep like :nomDep
```

O parâmetro **:nomDep** da instrução JPQL recebe o valor passado ao método buscar concatenado com os operadores permitidos no filtro like (**"%" + dep + "%"**).

Essa consulta retorna um objeto da interface List contendo uma lista de departamentos que tenham como parte do nome o valor digitado no campo de busca da página **Consultar.xhtml**.

Em seguida esse objeto List é carregado em um objeto da classe **DataModel** que é retornado para a página **ListarSelecionados.xhtml** para ser exibido em uma tabela.

6.22.4.7 Principais métodos pré-definidos utilizados nos managed beans

Foram utilizados diversos métodos prontos disponibilizados nas classes disponíveis do Java. Esses métodos são apresentados na Tabela 6.7.

Classe	Método	Descrição
java.util.Resouce Bundle	getBundle	Obtém um conjunto de recursos de idioma padrão a partir do nome base do arquivo de propriedades de idioma passado como parâmetro.
java.util.Resouce Bundle	getString	Obtém o valor armazenado na palavra chave passada como parâmetro. Essa palavra encontra-se no arquivo de propriedades de idioma (*resouce bundle*).
javax.faces.model .DataModel		Pode ser usada para adaptar uma variedade de fontes de dados para uso por componentes JSF que suportam o processamento por linha de seus componentes filho.
javax.faces.model .ListDataModel		É uma implementação da classe **DataModel** que envolve uma lista de objetos Java.
javax.faces.model .DataModel	getRowIndex	Retorna o índice da linha do **DataModel** selecionada no momento.
javax.faces.model .DataModel	getRowdata	Se os dados da linha estiverem disponíveis, retorna uma array contendo os valores contidos na linha do **DataModel** a partir do índice da linha selecionada no momento.

Tabela 6.7: Métodos pré-definidos do Java utilizado nos managed *bean*s

A seguir é apresentada a classe *managed bean* **FuncionarioMBean.java** que executa as operações relacionadas ao controle de funcionários.

FuncionarioMBean.java

```
1     package mBean;
2
3     import bean.Funcionario;
4     import facade.FuncionarioFacade;
5     import util.JsfUtil;
6     import java.util.List;
7     import java.util.ResourceBundle;
8     import javax.ejb.EJB;
9     import javax.faces.bean.ManagedBean;
10    import javax.faces.bean.SessionScoped;
11    import javax.faces.model.DataModel;
12    import javax.faces.model.ListDataModel;
13    import util.PaginationHelper;
14
15    @ManagedBean(name = "funcionarioMBean")
16    @SessionScoped
17    public class FuncionarioMBean {
18
19      private Funcionario corrente;
20      private DataModel itens = null;
21      private DataModel itensSelecionados = null;
22      private PaginationHelper pagination;
23      private int indiceItemSelecionado;
24      @EJB private FuncionarioFacade ejbFacade;
25
26      public FuncionarioFacade getEjbFacade() {
27      return ejbFacade;
28      }
29
30      public FuncionarioMBean() {
31      }
32
33      public Funcionario getSelecionado() {
34        if (corrente == null) {
35          corrente = new Funcionario();
36          indiceItemSelecionado = -1;
37        }
38        return corrente;
39      }
40
41      public String salvar() {
42        try {
43          getEjbFacade().create(corrente);
44          JsfUtil.addSuccessMessage(ResourceBundle.getBundle("/
          propriedades.recursos.propriedades").getString("funciona
          rioCriado"));
45          corrente = new Funcionario();
46          indiceItemSelecionado = -1;
47          return "Criar";
48        } catch (Exception e) {
```

```
49            JsfUtil.addErrorMessage(e, ResourceBundle.getBundle("/
              propriedades.recursos.propriedades").getString("erroPers
              istenciaOcorrido"));
50            return null;
51          }
52        }
53
54        public String atualizar() {
55          try {
56            getEjbFacade().edit(corrente);
57            JsfUtil.addSuccessMessage(ResourceBundle.getBundle("/
              propriedades.recursos.propriedades").getString("funciona
              rioAtualizado"));
58            return "Ver";
59          } catch (Exception e) {
60            JsfUtil.addErrorMessage(e, ResourceBundle.getBundle("/
              propriedades.recursos.propriedades").getString("erroPers
              istenciaOcorrido"));
61            return null;
62          }
63        }
64
65        public PaginationHelper getPaginacao() {
66          if (pagination == null) {
67            pagination = new PaginationHelper(10) {
68
69              @Override
70              public int getContarItens() {
71                return getEjbFacade().contar();
72              }
73
74              @Override
75              public DataModel criarPageDataModel() {
76                int vetor[] = new int[]{getPrimeiroItemPagina(),
                  getPrimeiroItemPagina() + getTamanhoPagina()};
77                List lista = getEjbFacade().buscarFaixa(vetor);
78                ListDataModel lstDataModel = new ListDataModel(lista);
79                return lstDataModel;
80              }
81            };
82          }
83          return pagination;
84        }
85
86        public DataModel getItens() {
87          if (itens == null) {
88            itens = getPaginacao().criarPageDataModel();
89          }
90          return itens;
91        }
92
93        public String proximo() {
94          getPaginacao().proximaPagina();
95          itens = null;
96          return "Listar";
97        }
98
99        public String anterior() {
100         getPaginacao().paginaAnterior();
```

```
101          itens = null;
102          return "Listar";
103        }
104
105        public String entrarConsulta() {
106          corrente = new Funcionario();
107          indiceItemSelecionado = -1;
108          return "Consultar";
109        }
110
111        public String consultar() {
112          itensSelecionados = null;
113          return "ListarSelecionados";
114        }
115
116        public DataModel getItensSelecionados() {
117          if (itensSelecionados == null) {
118            List lista = getEjbFacade().buscar(corrente.
             getNomFun());
119            itensSelecionados = new ListDataModel(lista);
120          }
121          return itensSelecionados;
122        }
123
124        public String ver() {
125          corrente = (Funcionario) getItens().getRowData();
126          indiceItemSelecionado = pagination.getPrimeiroItemPagina()
             + getItens().getRowIndex();
127          return "Ver";
128        }
129
130        public String editar() {
131          corrente = (Funcionario) getItens().getRowData();
132          indiceItemSelecionado = pagination.getPrimeiroItemPagina()
             + getItens().getRowIndex();
133          return "Editar";
134        }
135
136        public String remover() {
137          corrente = (Funcionario) getItens().getRowData();
138          indiceItemSelecionado = pagination.getPrimeiroItemPagina()
             + getItens().getRowIndex();
139          acaoExcluir();
140          itens = null;
141          return "Listar";
142        }
143
144        public String criar() {
145          corrente = new Funcionario();
146          indiceItemSelecionado = -1;
147          return "Criar";
148        }
149
150        public String listar() {
151          itens = null;
152          return "Listar";
153        }
154
155        public String excluirVer() {
156          acaoExcluir();
157          itens = null;
158          return "Listar";
159        }
```

```
160
161      private void acaoExcluir() {
162        try {
163          getEjbFacade().remove(corrente);
164          JsfUtil.addSuccessMessage(ResourceBundle.getBundle("/
             propriedades.recursos.propriedades").getString("funciona
             rioDeletedado"));
165        } catch (Exception e) {
166          JsfUtil.addErrorMessage(e, ResourceBundle.getBundle("/
             propriedades.recursos.propriedades").getString("erroPers
             istenciaOcorrido"));
167        }
168      }
169    }
```

6.22.5 Explicação da managed bean FuncionarioMBean.java

A classe **FuncionarioMBean.java** é um *managed bean* que controla a execução das operações relacionadas a funcionários. Essa classe possui todas as funções já apresentadas na classe **DepartamentoMBean.java**, por esse motivo, serão explicadas aqui apenas as operações que acontecem de maneira diferente.

6.22.5.1 Incluir um novo funcionário

Para incluir um novo funcionário foi criado no formulário uma caixa de combinação contendo os departamentos cadastrados. Dessa forma o funcionário será associado a um departamento escolhido. Para carregar os departamentos na caixa de combinação foi utilizada a classe **DepartamentoMBeanConverter.java**.

Quando o usuário clica na opção **Incluir Novo** do menu **Funcionários**, aparecerá um formulário com os campos associados a um *bean* da classe **Funcionario.java**. Para carregar os nomes dos departamentos na caixa de combinação **Departamentos** é chamado o método **getAsString** da classe **DepartamentoMBeanConverter.java**. Da página **Criar.xhtml**, um objeto da classe **DepartamentoMBean.java** é instanciado e o método **getItensDisponíveis** é chamado por meio desse objeto. O método **getItensDisponíveis** faz uma chamada ao método **buscaTodos** da classe **AbstractFacade.java**. Nesse método uma lista contendo todos os departamentos cadastrados é retornada. No método **getAsString** cada departamento da lista é recebido no parâmetro **object** e convertido em um objeto da classe de entidade **Departamento.java**. O **id** do departamento é então convertido em String e retornado para a página. Na página, o nome do departamento é exibido na caixa de combinação **Departamento**. Esse procedimento se repete, até que todos os departamentos da lista tenham sido carregados na caixa de combinação.

O bloco de código da página responsável por esse trabalho é apresentado a seguir:

```
<h:selectOneMenu id="departamento"
value="#{funcionarioMBean.selecionado.departamento}"
title="#{propriedades.funcionario_ideDep}" required="true"
requiredMessage="#{propriedades.funcionario_ideDep_Requerido}">
 <f:selectItem  itemLabel=" -- Selecione um departamento --" />
 <f:selectItems value="#{departamentoMBean.itensDisponiveis}"
 var="departamento"  itemLabel="#{departamento.nomDep}"/>
 <f:converter converterId="ConverterDepartamento"/>
</h:selectOneMenu>
```

Após digitar os dados no funcionário, selecionar o departamento e clicar no botão **Salvar**, o **id** do departamento selecionado é passado como parâmetro para a variável **value** do método **getAsObject** da classe **DepartamentoMBeanConverter.java**. Em seguida um objeto da *managed bean* **DepartamentoM*Bean*.java** é instanciado e o método **find** da classe **AbstractFacade.java** é chamado passando como parâmetro o **id** do departamento selecionado. Os dados do departamento são então retornados. Em seguida, um objeto da *managed bean* **FuncionarioMBean.java** é instanciado e o método **salvar** é chamado. Nesse método é feita uma chamada ao método **create** da classe **AbstractFacade.java** e os dados do funcionário são passados como parâmetro. Para incluir os dados na tabela o método **create** chama o método **persist** da interface EntityManager. Em seguida uma mensagem de sucesso é apontada para ser exibida na tela, um novo objeto da classe de entidade **Funcionario.java** é instanciado e a página **Criar.xhtml** é carregada novamente na tela com os campos ligados ao objeto funcionário vazios.

Você vai notar que a opção **Alterar** do módulo de controle de funcionários também utilizará a classe **DepartamentoMBeanConverter.java** para carregar os departamentos disponíveis na caixa de combinação de departamentos. Quando se utilizam facelets é comum utilizar um Converter para essa finalidade.

6.23 Arquivos de propriedade de idioma

O pacote de recursos de idioma (*resource bundle*) representado pelos arquivos de propriedades proveem internacionalização à aplicação. Nesses arquivos devem ser definidos valores para propriedades que serão exibidas nas páginas em vários idiomas. O idioma adotado vai depender do idioma configurado no navegador do usuário. Para cada idioma deve ser criado um arquivo de propriedade diferente utilizando os mesmos nomes de propriedades, porém, com o conteúdo no idioma específico. A aplicação reconhece os arquivos de propriedades graças à referência a eles no arquivo de configuração **faces-config.xml**.

Nessa aplicação serão criados os arquivos mensagens_en.properties e mensagens_pt.properties no pacote **recursos**.

Para criar esses componentes, siga os seguintes passos:

- Clique com o botão direito no nome do projeto, selecione a opção **Novo** e **Pacote Java**. Nomeie o pacote de **recursos** e clique no botão **Ok**;
- Clique com o botão direito no nome do pacote criado, selecione a opção **Novo** e, em seguida, **Outro**.
- Na divisão **Categorias**, selecione **Outro**, na divisão **Tipos de arquivos**, selecione **Arquivo de propriedades** e clique no botão **Próximo**. Dê o nome de **mensagens_pt** ao arquivo e clique no botão **Finalizar**.

Repita esse procedimento criando o arquivo **mensagens_en**. Note que os arquivos criados recebem automaticamente a extensão **.properties**.

Para fazer com que a aplicação reconheça esses arquivos de propriedades, insira no arquivo **faces-config.xml** a seguinte referência no interior da *tag* **<faces-config>**:

```
<application>
   <resource-bundle>
      <base-name>propriedades.recursos.propriedades</base-name>
      <var>propriedades</var>
   </resource-bundle>
```

```
    <locale-config>
        <default-locale>pt</default-locale>
        <supported-locale>en</supported-locale>
    </locale-config>
</application>
```

A seguir são apresentados os arquivos de propriedades utilizados nessa aplicação.

propriedades_pt.properties

```
departamentoLink=Departamentos
funcioarioLink=Funcionários
menuDepartamentoTitulo=Controle de departamentos
menuFuncionarioTitulo=Controle de funcionários
listarFuncionarioTitulo=Lista de funcionários
atualizarDepartamentoTitulo=Atualização de departamento
menuDepartamentoLink=Menu Departamentos
menuFuncionarioLink=Menu Funcionários
listarDepartamentoTitulo=Listar
menuPrincipal=Menu Principal
menuDepartamento=Menu Departamentos
menuFuncionario=Menu Funcionários
verDepartamentoTitulo=Consultar Departamento
criarFuncionarioTitulo=Incluir Funcionário
criarDepartamentoTitulo=Incluir Departamento
atualizarFuncionarioTitulo=Atualizar Funcionário
verFuncionarioTitulo=Consultar funcionário
rodape=Sistema de controle de funcionários
criarLink=Incluir novo
listarLink= Listar
consultarLink=Consultar
alterarLink=Alterar
excluirLink=Excluir
salvarLink=Salvar
verLink=Ver
proximo=Próximos
anterior=Anteriores
operacoes=Operações
funcionario_ideFun=ID
departamento_ideDep=ID
departamento_nomDep=Nome
departamento_nomDepartamento=Departamento
departamento_telDep=Telefone
funcionario_nomFun=Nome
funcionario_telFun=Telefone
funcionario_carFun=Cargo
funcionario_salFun=Salário
funcionario_ideDep=Departamento
funcionario_ideDep_Requerido=A seleção do departamento é obrigatória
listaDepartamentoVazia=Não há departamentos cadastrados
```

```
listaFuncionarioVazia=Não há Funcionários cadastrados
departamentoExcluido=Departamento foi excluído com sucesso
departamentoCriado=Departamento incluído
departamentoAtualizado=Departamento atualizado com sucesso
erroPersistenciaOcorrido=Ocorreu um erro de persistência
departamentoDeletedado=Departamento excluído
funcionarioDeletedado= Funcionário excluído
funcionarioAtualizado=Funcionário  atualizado com sucesso
funcionarioExcluido=Funcionário foi excluído com sucesso
funcionarioCriado= Funcionário incluído com sucesso
```

propriedades_en.properties

```
departamentoLink= Departments
funcioarioLink= Employees
menuDepartamentoTitulo= Control of departments
menuFuncionarioTitulo= Control of employees
listarFuncionarioTitulo= Employee list
atualizarDepartamentoTitulo= Update department
menuDepartamentoLink= Menu departments
menuFuncionarioLink= Menu employees
listarDepartamentoTitulo= List
menuPrincipal=Main menu
menuDepartamento= Menu departments
menuFuncionario= Menu employees
verDepartamentoTitulo= Search department
criarFuncionarioTitulo= Includes employee
criarDepartamentoTitulo= Includes department
atualizarFuncionarioTitulo= Update employee verFuncionarioTitulo= Search
 employee
rodape= Control system employed
criarLink=Add new
listarLink= List
consultarLink=Search
alterarLink=Update
excluirLink=Delet
salvarLink=Save
verLink=View
proximo=Next
anterior=Previous
operacoes=Operations
funcionario_ideFun=ID
departamento_ideDep=ID
departamento_nomDep=Name
departamento_nomDepartamento=Department
departamento_telDep=Phone
funcionario_nomFun=Name
funcionario_telFun=Phone
funcionario_carFun=Position
funcionario_salFun=Salary
funcionario_ideDep=Department
funcionario_ideDep_Requerido= The selection of the department is required
```

```
listaDepartamentoVazia= There are no departments registered
listaFuncionarioVazia= There are no employees registered
departamentoExcluido= Department was successfully deleted
departamentoCriado= Department added
departamentoAtualizado= Department successfully updated
erroPersistenciaOcorrido= An persistence error occurred
departamentoDeletedado= Departmente deleted
funcionarioDeletedado= Employee deleted
funcionarioAtualizado= Employee updated successfully
funcionarioExcluido= Employee deleted successfully funcionarioCriado=
Employee successfully added
```

6.24 Páginas XHTML

Esse tópico apresenta as páginas XHTML de interface do usuário para manipular funcionários e departamentos. Todas as páginas foram criadas a partir de uma página de template facelet (**modelo.xhtml**) para garantir a utilização de um *layout* padrão.

Para separar os componentes **View** da aplicação foram criadas pastas para agrupar as páginas que manipulam departamentos, funcionários e o arquivo CSS. Para criar essas pastas, siga os seguintes passos:

- Clique com o botão direito na pasta **Páginas Web**, selecione a opção **Novo**, **Outro**, **Outro** e **Diretório**. No campo **Nome da pasta**, digite **departamentos** e clique no botão **Finalizar**;
- Repita esse procedimento para criar a pasta **funcionarios**.

Para inserir arquivo CSS é necessário criar uma pasta que obrigatoriamente deverá se chamar **resources**. Para isso, siga os seguintes passos:

- Clique com o botão direito na pasta **Páginas Web**, selecione a opção **Novo**, **Outro**, **Outro** e **Diretório**. No campo **Nome da pasta**, digite **resources** e clique no botão **Finalizar**;
- No interior da pasta **resources**, crie uma pasta chamada **css**. Para isso, Clique com o botão direito na **resources**, selecione a opção **Novo**, **Outro**, **Outro** e **Diretório**. No campo **Nome da pasta**, digite **css** e clique no botão **Finalizar**.

Você vai notar que a página de abertura do site (index.html) já foi criada com o projeto. Vamos então criar a página de template que será utilizada como modelo de *layout* da aplicação. Para isso siga os seguintes passos:

- Clique com o botão direito na pasta **Páginas Web**, selecione a opção **Novo**, **Outro**, **Outro** e **Página XHTML**. No campo **Nome do arquivo**, digite **modelo** e clique no botão **Finalizar**.

Crie em seguida as páginas XHTML para controle de departamentos. Faça da seguinte forma:

- Clique com o botão direito na pasta **departamentos**, selecione a opção **Novo**, **Outro**, **Outro** e **Arquivo XHTML**. No campo **Nome do arquivo**, digite **Listar** e clique no botão **Finalizar**;
- Repita esse procedimento para criar as páginas **Criar**, **Ver**, **Editar**, **Consultar**, **MenuDepartamento** e **ListarSelecionados**.

Crie agora as páginas XHTML para controle de funcionários. Faça da seguinte forma:

- Clique com o botão direito na pasta **funcionarios**, selecione a opção **Novo**, **Outro**, **Outro** e **Arquivo XHTML**. No campo **Nome do arquivo**, digite **Listar** e clique no botão **Finalizar**;
- Repita esse procedimento para criar as páginas **Ver**, **Criar**, **Editar**, **Consultar**, **MenuFuncionario** e **ListarSelecionados**.

Para finalizar a criação dos componentes **View**, crie um arquivo CSS na pasta **css**. Para isso, siga os seguintes passos:

- Clique com o botão direito na pasta **css**, selecione a opção **Novo**, **Outro**, **Outro** e **Folha de estilo em cascata**. No campo **Nome do arquivo**, digite **estilos** e clique no botão **Finalizar**.

Nessa etapa você deve notar a estrutura de pastas mostrada na Figura 6.9:

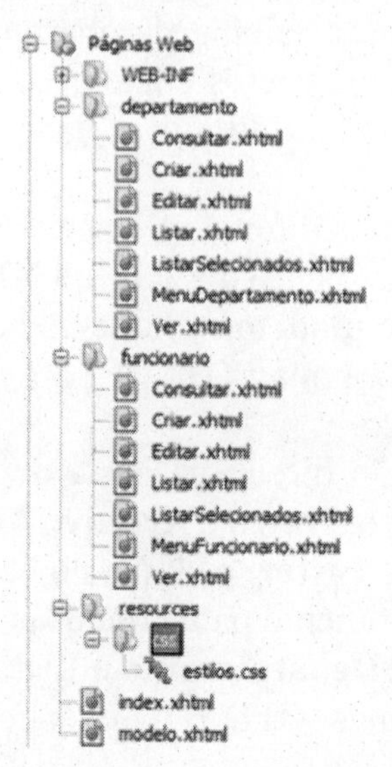

Figura 6.9: Estrutura de componentes **View** do projeto.

Antes de prosseguir, é recomendável a releitura do tópico **"Principais tags JSF utilizadas nas páginas XHTML"**, apresentado no início deste capítulo. Esse tópico apresenta a explicação das *tags* e atributos utilizados nas páginas dessa aplicação.

6.24.1 Página de template

Uma página de template (modelo) define um padrão de *layout* que será utilizado por todas as páginas que utilizarem esse modelo. Para utilizar a página de template outras páginas devem possuir a *tag* **<ui:composition template="/modelo.xhtml">**, em que o **modelo.xhtml** é o nome da página de template.

A página de template dessa aplicação é a página **modelo.xhtml**. Essa página define o seguinte *layout*:

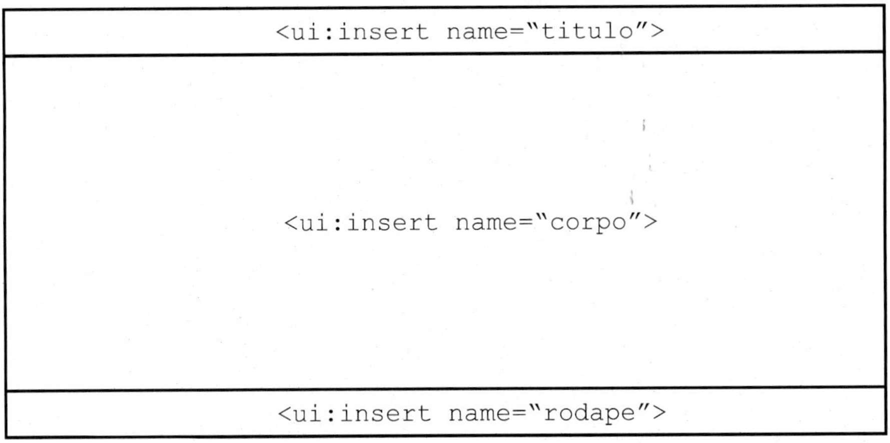

<ui:insert name="titulo">
<ui:insert name="corpo">
<ui:insert name="rodape">

Note que cada parte da página é nomeada por meio da propriedade **name**. As páginas que utilizarem esse *layout* usarão as *tags*:

- **<ui:define name= "titulo">** para adicionar conteúdo à divisão nomeada como **titulo**;
- **<ui:define name="corpo">** para adicionar conteúdo à divisão nomeada como **corpo**;
- **<ui:define name="rodape">** para adicionar conteúdo à divisão de **rodape**.

A página de template **modelo.xhtml** é a única que faz referência ao arquivo CSS estilos.css (linha 9).

modelo.xhtml

```
1      <?xml version='1.0' encoding='ISO-8859-1' ?>
2      <!DOCTYPE html PUBLIC "-//W3C//DTD XHTML 1.0 Transitional//
       EN" "http://www.w3.org/TR/xhtml1/DTD/xhtml1-transitional.
       dtd">
3      <html xmlns="http://www.w3.org/1999/xhtml" xmlns:ui="http://
       java.sun.com/jsf/facelets" xmlns:h="http://java.sun.com/jsf/
       html">
4        <h:head>
5          <meta http-equiv="Content-Type" content="text/html;
           charset=ISO-8859-1" />
6          <title>
7            <ui:insert name="title">Título padrão</ui:insert>
8          </title>
9          <h:outputStylesheet name="css/estilos.css"/>
10       </h:head>
11       <h:body>
12         <div id="principal">
13           <h1>
```

```
14          <ui:insert name="titulo">Título</ui:insert>
15        </h1>
16        <p>
17          <ui:insert name="corpo">Corpo</ui:insert>
18        </p>
19        <p>
20          <ui:insert name="rodape">Rodapé</ui:insert>
21        </p>
22      </div>
23    </h:body>
24  </html>
```

6.24.2 Menu Principal

A página **index.xhtml** apresenta um menu principal com opções para acessar o menu de operações relacionadas aos departamentos e aos funcionários. Essa página, assim como as demais páginas do site, utilizam o template facelet **modelo.xhtml** (linha 4) e a estrutura desse template (linhas 5,10 e 20).

index.xhtml

```
1     <?xml version='1.0' encoding='ISO-8859-1' ?>
2     <!DOCTYPE html PUBLIC "-//W3C//DTD XHTML 1.0 Transitional//
      EN" "http://www.w3.org/TR/xhtml1/DTD/xhtml1-transitional.
      dtd">
3     <html xmlns="http://www.w3.org/1999/xhtml" xmlns:ui="http://
      java.sun.com/jsf/facelets" xmlns:h="http://java.sun.com/jsf/
      html">
4       <ui:composition template="/modelo.xhtml">
5         <ui:define name="titulo">
6           <h:panelGroup id="painelTitulo" layout="block">
7             <h:outputText id="titulo" value="#{propriedades.
              menuPrincipal}"></h:outputText>
8           </h:panelGroup>
9         </ui:define>
10        <ui:define name="corpo" >
11          <h:panelGroup id="painelCorpo" layout="block">
12            <h:form>
13              <h:commandLink action="/departamento/MenuDepartamento.
                xhtml" value="#{propriedades.departamentoLink}"/>
14            </h:form>
15            <h:form>
16              <h:commandLink action="/funcionario/MenuFuncionario.
                xhtml" value="#{propriedades.funcioarioLink}"/>
17            </h:form>
18          </h:panelGroup>
19        </ui:define>
20        <ui:define name="rodape">
21          <h:panelGroup id="painelRodape" layout="block">
22            <h:outputText id="rodape" value="#{propriedades.
              rodape}"></h:outputText>
```

```
23          </h:panelGroup>
24        </ui:define>
25      </ui:composition>
26    </html>
```

A Figura 6.10 apresenta o menu gerado na tela quando a página **index.xhtml** é executada.

Menu Principal

Departamentos
Funcionários

Sistema de controle de funcionários

Figura 6.10: Menu principal - index.xhtml

Ao clicar na opção **Departamentos**, a página **MenuDepartamento.xhtml** (linha 13) será executada e disponibilizará um menu para manipular informações relacionadas aos departamentos da empresa. Ao clicar na opção **Funcionários**, a página **MenuFuncionario.xhtml** será executada e disponibilizará um menu para manipular informações relacionadas aos funcionários.

6.24.3 Páginas de controle de departamentos

As páginas que fazem o controle de departamentos são:

- **MenuDepartamento.xhtml;**
- **Criar.xhtml;**
- **Consultar.xhtml;**
- **Ver.xhtml;**
- **Editar.xhtml;**
- **Listar.xhtml;**
- **ListarSelecionados.xhtml.**

6.24.3.1 Menu Departamentos

O menu de controle de departamentos é gerado pela página **MenuDepartamento.xhtml**. Essa página exibe um menu com os *links* **Incluir Novo**, **Listar**, **Consultar** e **Menu Principal**, como mostra a Figura 6.11.

MenuDepartamento.xhtml

```
1    <?xml version='1.0' encoding='ISO-8859-1' ?>
2    <!DOCTYPE html PUBLIC "-//W3C//DTD XHTML 1.0 Transitional//EN"
     "http://www.w3.org/TR/xhtml1/DTD/xhtml1-transitional.dtd">
3    <html xmlns="http://www.w3.org/1999/
     xhtml"      xmlns:ui="http://java.sun.com/jsf/facelets"
     xmlns:h="http://java.sun.com/jsf/html">
4      <ui:composition template="/modelo.xhtml">
5        <ui:define name="titulo">
6          <h:panelGroup id="painelTitulo" layout="block">
7            <h:outputText id="titulo" value="#{propriedades.
             menuDepartamento}"></h:outputText>
8          </h:panelGroup>
9        </ui:define>
10       <ui:define name="corpo" >
11         <h:panelGroup id="painelCorpo" layout="block">
12           <h:form>
13             <h:commandLink  action="#{departamentoMBean.criar}"
               value="#{propriedades.criarLink}"/>
14           </h:form>
15           <h:form>
16             <h:commandLink action="#{departamentoMBean.listar}"
               value="#{propriedades.listarLink}"/>
17           </h:form>
18           <h:form>
19             <h:commandLink action="#{departamentoMBean.
               entrarConsulta}" value="#{propriedades.
               consultarLink}"/>
20           </h:form>
21           <h:form>
22             <h:commandLink value="#{propriedades.menuPrincipal}"
               action="/index.xhtml" immediate="true" />
23           </h:form>
24         </h:panelGroup>
25       </ui:define>
26       <ui:define name="rodape">
27         <h:panelGroup id="painelRodape" layout="block">
28           <h:outputText id="rodape" value="#{propriedades.
             rodape}"></h:outputText>
29         </h:panelGroup>
30       </ui:define>
31     </ui:composition>
32   </html>
```

Você pode notar que o mesmo template **modelo.xhtml** (linha 4) está sendo utilizado para manter o mesmo *layout* das demais páginas, com uma área para o título (linha 5), uma área para o corpo do menu (linha 10) e uma área para o rodapé (linha 26).

Menu Departamentos

Incluir novo
Listar
Consultar
Menu Principal

Sistema de controle de funcionários

Figura 6.11: Menu de controle de departamentos - MenuDepartamento.xhtml.

6.24.3.2 Incluir um novo departamento

Ao clicar na opção **Incluir Novo** do menu de departamentos, a página **Criar.xhtml** é criada apresentando o formulário mostrado na Figura 6.12. Você pode notar que o formulário (linha 15), criado pela *tag* **form**, aparece dentro de uma tabela, gerada pela *tag* **panelGrid** (linha 16).

Criar.xhtml

```
1     <?xml version="1.0" encoding="ISO-8859-1" ?>
2     <!DOCTYPE html PUBLIC "-//W3C//DTD XHTML 1.0 Transitional//EN"
      "http://www.w3.org/TR/xhtml1/DTD/xhtml1-transitional.dtd">
3     <html xmlns="http://www.w3.org/1999/
      xhtml"      xmlns:ui="http://java.sun.com/jsf/facelets"
      xmlns:h="http://java.sun.com/jsf/html">
4       <ui:composition template="/modelo.xhtml">
5         <ui:define name="titulo">
6           <h:panelGroup id="painelTitulo" layout="block">
7             <h:outputText id="titulo" value="#{propriedades.
              criarDepartamentoTitulo}"></h:outputText>
8           </h:panelGroup>
9         </ui:define>
10        <ui:define name="corpo">
11          <h:panelGroup id="painelCorpo" layout="block">
12            <h:panelGroup id="painelDeMensagens" layout="block">
13              <h:messages errorStyle="color: red" infoStyle="color:
                green" layout="table"/>
14            </h:panelGroup>
15            <h:form>
16              <h:panelGrid columns="2">
17                <h:outputLabel value="#{propriedades.departamento_
                  nomDep}" for="nomDep" />
18                <h:inputText size="50" id="nomDep"
                  value="#{departamentoMBean.selecionado.nomDep}"
                  title="#{departamentoMBean.selecionado.nomDep}" />
19                <h:outputLabel value="#{propriedades.departamento_
                  telDep}" for="telDep" />
```

```
20              <h:inputText id="telDep" value="#{departamentoMBean.
                selecionado.telDep}" title="#{departamentoMBean.
                selecionado.telDep}" />
21            </h:panelGrid>
22            <br />
23            <h:commandLink styleClass="menu_abaixo"
              action="#{departamentoMBean.salvar}"
              value="#{propriedades.salvarLink}" />
24            <h:commandLink styleClass="menu_abaixo"
              action="#{departamentoMBean.listar}"
              value="#{propriedades.listarLink}" immediate="true"/>
25            <h:commandLink styleClass="menu_abaixo"
              value="#{propriedades.menuDepartamentoLink}" action="/
              departamento/MenuDepartamento.xhtml" immediate="true"
              />
26          </h:form>
27        </h:panelGroup>
28      </ui:define>
29      <ui:define name="rodape">
30        <h:panelGroup id="painelRodape" layout="block">
31          <h:outputText id="rodape" value="#{propriedades.
            rodape}"></h:outputText>
32        </h:panelGroup>
33      </ui:define>
34    </ui:composition>
35  </html>
```

Note que cada campo gerado pela *tag* **inputText** está vinculado a um atributo correspondente do *bean* de entidade **Departamento.java**.

Veja o caso da linha 20:

```
<h:inputText id="telDep"
value="#{departamentoMBean.selecionado.telDep}"
```

Note que **departamentoMBean** é o nome do *bean* da classe **DepartamentoMBean.java** instanciado automaticamente quando essa página é processada. Se você procurar na linha 15 da classe *managed bean* (*bean* gerenciado) **DepartamentoMBean.java**, encontrará a instrução **@ManagedBean(name = "departamentoMBean")**. Essa instrução define que o nome do *managed bean* instanciado será **departamentoMBean**.

Já a palavra **selecionado** refere-se a uma chamada ao método **getSelecionado** (linha 33 da *managed bean* **DepartamentoMBean.java**). Esse método obtém um objeto da entity *bean* (classe de entidade) **Departamento.java**.

Por fim, **telDep** refere-se ao atributo **telDep** da classe de entidade **Departamento.java**.

Baseado nas linhas anteriores é possível concluir que **value="#{departamentoMBean.selecionado.telDep}** vincula o campo ao atributo **telDep** da classe de entidade **Departamento.java** por meio de um objeto obtido no método **getSelecionado** da *managed bean* **DepartamentoMBean.java**.

Todos os demais campos do formulário estão vinculados a um atributo da classe de entidade **Departamento.java** utilizando a mesma forma de ligação. A Figura 6.12 mostra a tela gerada pela execução da página **Criar.xhtml**.

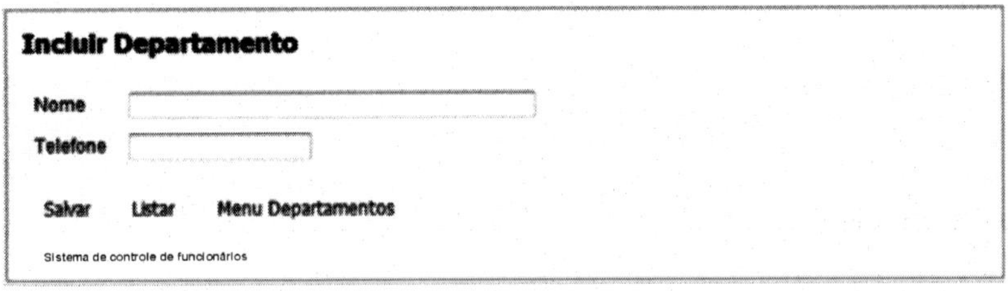

Figura 6.12: Incluir novo departamento - Criar.xhtml.

Note na linha 23 a existência do *link* **Salvar**. Ao clicar nesse *link* o método **salvar** da *managed bean* **DepartamentoMBean.java** é chamado. Esse método inclui os dados digitados na tabela do banco de dados e abre um formulário para incluir um novo departamento.

Da mesma forma um *link* **Listar** é apresentado na linha 24. Esse *link* acessa o método **listar** da *managed bean* **DepartamentoMBean.java**. Já o *link* **Menu Departamentos** (linha 25), carrega a página **MenuDepartamento.xhtml**.

Observe o uso dos atributos **styleClass** nos *links*. Esse atributo permite formatar esses *links* no arquivo CSS pelo nome de classe informada (**menu_abaixo**).

Quando o usuário clica no *link* **Salvar** e a operação é realizada, a mensagem de retorno é exibida no local delimitado pela *tag* **messages** (linha 13). Se for uma mensagem de erro, é aplicada a configuração **errorStyle="color: red"**. Se for uma mensagem de sucesso, é aplicada a configuração **infoStyle="color: green"**.

Para saber mais sobre as *tags* utilizadas nessa página, reveja o tópico **"Principais *tags* JSF utilizadas nas páginas XHTML"**, no início deste capítulo.

6.24.3.3 Consultar departamento

Ao clicar no *link* **Consultar** do menu de departamentos, será exibida uma tabela (linha 16) contendo um formulário (linha 15). Esse formulário apresenta um campo para localizar os departamentos a partir da digitação de qualquer parte de seu nome. A Figura 6.13 apresenta o formulário gerado.

Consultar.xhtml

```
1       <?xml version="1.0" encoding="ISO-8859-1" ?>
2       <!DOCTYPE html PUBLIC "-//W3C//DTD XHTML 1.0 Transitional//
        EN" "http://www.w3.org/TR/xhtml1/DTD/xhtml1-transitional.
        dtd">
3       <html xmlns="http://www.w3.org/1999/
        xhtml"     xmlns:ui="http://java.sun.com/jsf/facelets"
        xmlns:h="http://java.sun.com/jsf/html">
4         <ui:composition template="/modelo.xhtml">
5           <ui:define name="titulo">
6             <h:panelGroup id="painelTitulo" layout="block">
7               <h:outputText id="titulo" value="#{propriedades.
                verDepartamentoTitulo}"></h:outputText>
8             </h:panelGroup>
9           </ui:define>
10          <ui:define name="corpo">
11            <h:panelGroup id="painelCorpo" layout="block">
12              <h:panelGroup id="painelDeMensagens" layout="block">
13                <h:messages errorStyle="color: red" infoStyle="color:
                  green" layout="table"/>
14              </h:panelGroup>
15              <h:form>
16                <h:panelGrid columns="2">
17                  <h:outputLabel value="#{propriedades.departamento_
                    nomDep}"/>
18                  <h:inputText size="50" id="nomDep"
                    value="#{departamentoMBean.selecionado.nomDep}"
                    title="#{departamentoMBean.selecionado.nomDep}" />
19                </h:panelGrid>
20                <h:commandLink styleClass="comandos"
                  action="#{departamentoMBean.consultar}"
                  value="#{propriedades.consultarLink}"/>
21                <h:commandLink styleClass="menu_abaixo"
                  value="#{propriedades.menuDepartamentoLink}"
                  action="/departamento/MenuDepartamento.xhtml"
                  immediate="true" />
22              </h:form>
23            </h:panelGroup>
24          </ui:define>
25          <ui:define name="rodape">
26            <h:panelGroup id="painelRodape" layout="block">
27              <h:outputText id="rodape" value="#{propriedades.
                rodape}"></h:outputText>
28            </h:panelGroup>
```

```
29          </ui:define>
30        </ui:composition>
31      </html>
```

Observe que ao digitar qualquer parte do nome do departamento pretendido para localização e clicar no *link* **Consultar** (linha 20), o método **consultar** da *managed bean* **DepartamentoMbean.java** é chamado. Esse método carrega a página **ListarSelecionados.xhtml** que exibe os dados dos departamentos localizados.

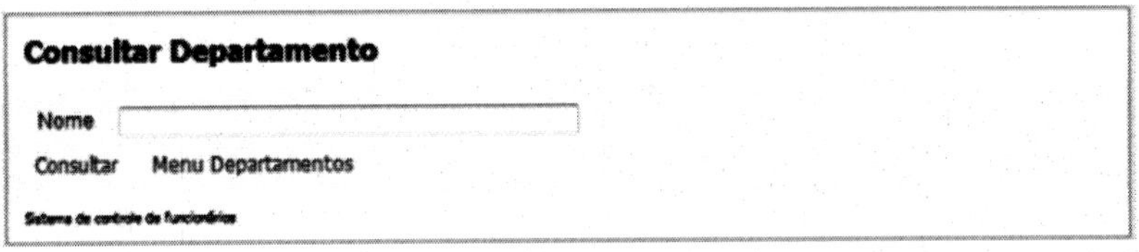

Figura 6.13: Formulário de consulta de departamentos - Consultar.xhtml

Note na linha 18 que o nome do departamento digitado (ou parte dele) é carregado no atributo **nomDep** de um objeto da classe de entidade **Departamento.java**. Isso é feito automaticamente por meio de uma chamada ao método **getSelecionado** da *managed bean* **DepartamentoMBean.java**. O conteúdo do atributo **nomDep** do objeto da classe **Departamento.java** é então passado para o método **buscar** da classe **DepartamentoFacade.java**. Isso ocorre no método **getItensSelecionados** da *managed bean* **DepartamentoMBean.java**, invocado na página **ListarSelecionados.xhtml**, que exibe os dados dos departamentos localizados na busca.

6.24.3.4 Listar departamentos consultados

Quando o usuário clica no *link* **Consultar** e digita a parte do nome do departamento que deseja buscar, o resultado da pesquisa é exibido pela página **ListarSelecionados.xhtml**.

ListarSelecionados.xhtml

```
1     <?xml version="1.0" encoding="ISO-8859-1" ?>
2     <!DOCTYPE html PUBLIC "-//W3C//DTD XHTML 1.0 Transitional//EN"
      "http://www.w3.org/TR/xhtml1/DTD/xhtml1-transitional.dtd">
```

```
3      <html xmlns="http://www.w3.org/1999/
       xhtml"      xmlns:ui="http://java.sun.com/jsf/facelets"
       xmlns:h="http://java.sun.com/jsf/html"      xmlns:f="http://
       java.sun.com/jsf/core">
4        <ui:composition template="/modelo.xhtml">
5          <ui:define name="titulo">
6            <h:panelGroup id="painelTitulo" layout="block">
7              <h:outputText id="titulo" value="#{propriedades.
               listarDepartamentoTitulo}"></h:outputText>
8            </h:panelGroup>
9          </ui:define>
10         <ui:define name="corpo" >
11           <h:panelGroup id="painelCorpo" layout="block">
12             <h:form styleClass="listagem">
13               <h:panelGroup id="painelDeMensagens" layout="block">
14                 <h:messages errorStyle="color: red" infoStyle="color:
                   green" layout="table"/>
15               </h:panelGroup>
16               <h:outputText escape="false"
                 value="#{propriedades.listaDepartamentoVazia}"
                 rendered="#{departamentoMBean.itensSelecionados.
                 rowCount == 0}"/>
17               <h:panelGroup rendered="#{departamentoMBean.
                 itensSelecionados.rowCount > 0}">
18                 <h:commandLink action="#{departamentoMBean.
                   anterior}" value="#{propriedades.anterior}
                   #{departamentoMBean.paginacao.tamanhoPagina}"
                   rendered="#{departamentoMBean.paginacao.
                   temPaginaAnterior}"/> 
19                 <h:commandLink action="#{departamentoMBean.
                   proximo}" value="#{propriedades.proximo}
                   #{departamentoMBean.paginacao.tamanhoPagina}"
                   rendered="#{departamentoMBean.paginacao.
                   temProximaPagina}"/> 
20                 <h:dataTable value="#{departamentoMBean.
                   itensSelecionados}" var="item" border="0"
                   cellpadding="2" cellspacing="0"
                   rowClasses="linhaA,linhaB" rules="all"
                   style="border:solid 1px">
21                   <h:column>
22                     <f:facet name="header">
23                       <h:outputText value="#{propriedades.
                         departamento_nomDep}"/>
24                     </f:facet>
25                     <h:outputText value="#{item.nomDep}"/>
26                   </h:column>
27                   <h:column>
28                     <f:facet name="header">
29                       <h:outputText value="#{propriedades.
                         departamento_telDep}"/>
30                     </f:facet>
31                     <h:outputText value="#{item.telDep}"/>
32                   </h:column>
33                 </h:dataTable>
34               </h:panelGroup>
35               <br />
```

```
36            <h:commandLink styleClass="menu_abaixo"
              action="#{departamentoMBean.criar}"
              value="#{propriedades.criarLink}"/>
37            <h:commandLink styleClass="menu_abaixo"
              value="#{propriedades.menuDepartamentoLink}" action="/
              departamento/MenuDepartamento.xhtml" />
38          </h:form>
39        </h:panelGroup>
40      </ui:define>
41      <ui:define name="rodape">
42        <h:panelGroup id="painelRodape" layout="block">
43          <h:outputText id="rodape" value="#{propriedades.
            rodape}"></h:outputText>
44        </h:panelGroup>
45      </ui:define>
46    </ui:composition>
47  </html>
```

Os dados dos departamentos são exibidos em uma *tag* **dataTable**, ou seja, em uma tabela que processa e exibe o conteúdo de um objeto da classe **DataModel** retornado do método **getItensSelecionados** da *managed bean* **DepartamentoMBean.java**.

Note que alguns elementos possuem o atributo **rendered**. Elementos com esse atributo são processados e exibidos apenas se a condição chamada no atributo retornar **true**.

Veja o caso da linha 16. O conteúdo do atributo **value** da *tag* **outputText** será exibido apenas se a condição chamada na propriedade **rendered** retornar **true**. A propriedade **rendered** desse elemento chama o método **getRowCount** da classe **DataModel.java** por meio do método **getItensSelecionados** da *managed bean* **DepartamentoMBean.java**. Se esse método retornar o valor **0**, o atributo **rendered** recebe o valor boolean **true**, o que faz com que o conteúdo do atributo **value** seja exibido, ou seja, uma mensagem definida no arquivo de propriedade de idiomas. Outros elementos que possuem o atributo **rendered** também só serão processados se retornarem na condição chamada por esse atributo um valor **true**. É o caso da linha 17, que apenas exibe o painel definido pela *tag* **panelGroup** (com os dados dos departamentos) caso o método **rowCount** da classe DataModel.java retornar um valor maior do que **0**, ou seja, caso haja um ou mais departamento na lista **DataModel** retornada pelo método **getItensSelecionados** da *managed bean* **DepartamentoMBean.java**.

A linha 18 é responsável por mostrar um *link* **Anterior** caso a condição especificada na propriedade **rendered** retornar **true**.

Já a linha 19 mostra um *link* **Próxima** caso a condição especificada na propriedade **rendered** retornar **true**. A propriedade **rendered** dessa linha chama o método **temProximaPagina** da classe Paginaion**Helper.java**. Esse método verifica se tem mais que 10 departamentos a serem exibidos na tela. Se, sim, esse método retorna **true** e o *link* **Próxima** é exibido acima da tabela com os dados dos departamentos.

Uma das linhas mais importantes dessa página é a linha 20. Essa linha chama o método **getItensSelecionados** da *managed bean* **DepartamentoMBean.java**. Esse método chama o método **buscar** da classe **DepartamentoFacade.java** passando como parâmetro a parte do nome do departamento digitada no formulário de consulta. Todos os departamentos que possuam no nome a parte digitada são retornados em uma lista (List) que é convertida para um objeto da classe **DataTable**. A *tag* **dataTable** processa esse objeto **DataTable** identificando-o com o nome de **item (var="item")** e exibindo seu conteúdo na tela (das linhas 20 a 33).

As linhas de 21 a 26 exibem o cabeçalho da primeira coluna da tabela (linhas 22 a 24) e o conteúdo dos nomes dos departamentos (linha 25). Note que para exibir o nome do departamento foi utilizado o nome do objeto **DataTable** identificado pela propriedade **var="item"** na linha 20 e o nome do atributo **nomDep** da classe de entidade **Departamento.java**. Isso porque cada linha da lista contida no **DataTable** contém um objeto da classe de entidade **Departamento.java**.

As linhas de 27 a 32 exibem o cabeçalho da segunda coluna da tabela (linhas 28 a 30) e o conteúdo dos telefones dos departamentos (linha 31).

Após exibir os dados na tabela gerada pela *tag* **h:dataTable**, são exibidos os *links* **Incluir Novo** (linha 36) e **Menu Departamentos** (linha 37). Note que o texto do *link* **Incluir Novo** e **Menu Departamentos** estão definidos nas palavras chave utilizadas nos atributos **value** e definidas no arquivo de propriedades de idiomas (**.properties**).

A Figura 6.14 exibe os departamentos consultados que possuem em qualquer parte do nome do departamento a String **"es"**.

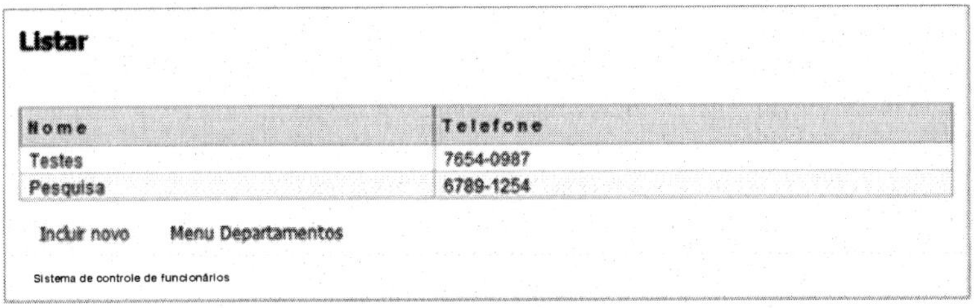

Listar

Nome	Telefone
Testes	7654-0987
Pesquisa	6789-1254

Incluir novo   Menu Departamentos

Sistema de controle de funcionários

Figura 6.14: Listagem dos departamentos consultados - ListarSelecionados.xhtml.

6.24.3.5 Listar todos os departamentos

Quando o usuário clica no *link* **Listar** do menu de departamentos, todos os departamentos cadastrados são exibidos pela página **Listar.xhtml**, assim como *links* para **Ver**, **Excluir** ou **Alterar** cada departamento. A Figura 6.15 mostra a tela gerada após o processamento dessa página.

Listar.xhtml

```
1    <?xml version="1.0" encoding="ISO-8859-1" ?>
2    <!DOCTYPE html PUBLIC "-//W3C//DTD XHTML 1.0 Transitional//
     EN" "http://www.w3.org/TR/xhtml1/DTD/xhtml1-transitional.
     dtd">
3    <html xmlns="http://www.w3.org/1999/
     xhtml"      xmlns:ui="http://java.sun.com/jsf/facelets"
     xmlns:h="http://java.sun.com/jsf/html"      xmlns:f="http://
     java.sun.com/jsf/core">
4      <ui:composition template="/modelo.xhtml">
5        <ui:define name="titulo">
6          <h:panelGroup id="painelTitulo" layout="block">
7            <h:outputText id="titulo" value="#{propriedades.
             listarDepartamentoTitulo}"></h:outputText>
8          </h:panelGroup>
9        </ui:define>
10       <ui:define name="corpo" >
11         <h:panelGroup id="painelCorpo" layout="block">
12           <h:form styleClass="listagem">
13             <h:panelGroup id="painelDeMensagens" layout="block">
14               <h:messages errorStyle="color: red"
                 infoStyle="color: green" layout="table"/>
15             </h:panelGroup>
16             <h:outputText escape="false"
               value="#{propriedades.listaDepartamentoVazia}"
               rendered="#{departamentoMBean.itens.rowCount == 0}"/>
```

```
17          <h:panelGroup rendered="#{departamentoMBean.itens.
            rowCount > 0}">
18            <h:outputText value="#{departamentoMBean.paginacao.
              primeiroItemPagina+ 1}..#{departamentoMBean.
              paginacao.ultimoItemPagina + 1}/#{departamentoMBean.
              paginacao.contarItens}"/> 
19            <h:commandLink action="#{departamentoMBean.
              anterior}" value="#{propriedades.anterior}
              #{departamentoMBean.paginacao.tamanhoPagina}"
              rendered="#{departamentoMBean.paginacao.
              temPaginaAnterior}"/> 
20            <h:commandLink action="#{departamentoMBean.
              proximo}" value="#{propriedades.proximo}
              #{departamentoMBean.paginacao.tamanhoPagina}"
              rendered="#{departamentoMBean.paginacao.
              temProximaPagina}"/> 
21            <h:dataTable value="#{departamentoMBean.
              itens}" var="item" border="0" cellpadding="2"
              cellspacing="0" rowClasses="linhaA,linhaB"
              rules="all" style="border:solid 1px">
22              <h:column>
23                <f:facet name="header">
24                  <h:outputText value="#{propriedades.
                    departamento_nomDep}"/>
25                </f:facet>
26                <h:outputText value="#{item.nomDep}"/>
27              </h:column>
28              <h:column>
29                <f:facet name="header">
30                  <h:outputText value="#{propriedades.
                    departamento_telDep}"/>
31                </f:facet>
32                <h:outputText value="#{item.telDep}"/>
33              </h:column>
34              <h:column>
35                <f:facet name="header">
36                  <h:outputText value="#{propriedades.
                    operacoes}"/>
37                </f:facet>
38                <h:commandLink styleClass="comandos"
                  action="#{departamentoMBean.ver}"
                  value="#{propriedades.verLink}"/>
39                <h:commandLink styleClass="comandos"
                  action="#{departamentoMBean.editar}"
                  value="#{propriedades.alterarLink}"/>
40                <h:commandLink styleClass="comandos"
                  action="#{departamentoMBean.remover}"
                  value="#{propriedades.excluirLink}"/>
41              </h:column>
42            </h:dataTable>
43          </h:panelGroup>
34          <br />
35          <h:commandLink styleClass="menu_abaixo"
            action="#{departamentoMBean.criar}"
            value="#{propriedades.criarLink}"/>
```

```
36          <h:commandLink styleClass=“menu_abaixo”
            value=“#{propriedades.menuDepartamentoLink}”
            action=“/departamento/MenuDepartamento.xhtml”
            immediate=“true” />
37        </h:form>
38      </h:panelGroup>
39    </ui:define>
40    <ui:define name=“rodape”>
41      <h:panelGroup id=“painelRodape” layout=“block”>
42        <h:outputText id=“rodape” value=“#{propriedades.
          rodape}”></h:outputText>
43      </h:panelGroup>
44    </ui:define>
45  </ui:composition>
46 </html>
```

A página **Listar.xhtml** executa de forma semelhante à página **ListarSelecionados.xhtml**, porém, apresentando mais opções de interação, como *links* para **Ver**, **Alterar** e **Excluir** cada departamento exibido, como mostra a Figura 6.15.

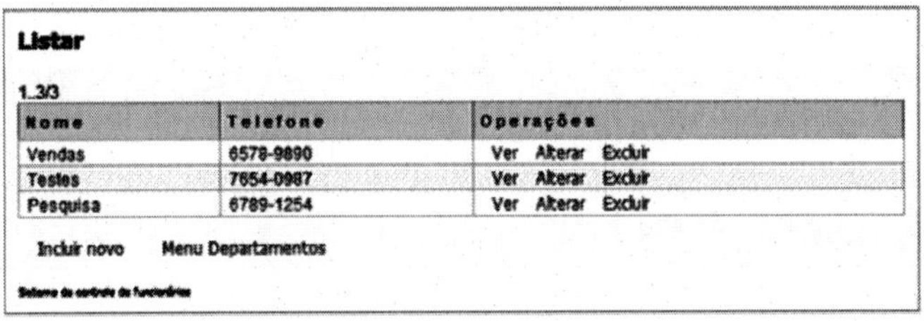

Listar

1..3/3

Nome	Telefone	Operações
Vendas	6578-9890	Ver Alterar Excluir
Testes	7654-0987	Ver Alterar Excluir
Pesquisa	6789-1254	Ver Alterar Excluir

Incluir novo   Menu Departamentos

Figura 6.15: Listar todos os departamento - Listar.xhtml.

Quando o usuário clica na opção **Listar** no **menu Departamentos**, o método **listar** na *managed bean* **DepartamentoMBean.java** é chamado. Esse método carrega a página **Listar.xhtml**. Quando essa página é carregada, uma série de métodos são chamados para obter os dados a serem exibidos e informações sobre esses dados, como quantidade de registros etc.

A página **Listar.xhtml** possui alguns elementos que serão executados apenas se uma determinada condição presente na propriedade **rendered** retornar **true**. É o caso da linha 16. A mensagem definida no atributo **value** da *tag* **outputText** será exibida apenas se o método **rowCount** da classe DataModel.java retornar um valor igual a **0**. Isso é definido pelo atributo **rendered=“#{departamentoMBean.itens.rowCount == 0}”**.

A linha 17 define que o painel que exibe os dados dos departamentos por meio da *tag* **panelGroup**, será exibido apenas se o método **rowCount** retornar um valor maior do que **0**, ou seja, se tiver algum departamento cadastrado. Isso é definido pelo atributo **rendered="#{departamentoMBean.itens.rowCount > 0}"**. Note que esse método é chamado a partir do objeto DataModel obtido no método **getItens** da *managed bean* **DepartamentoMBean.java**. Um objeto DataModel contém uma lista de objetos da classe de entidade, nesse caso, **Departamento.java**.

As linhas de 18 a 43 serão mostradas apenas se a condição especificada na linha 17 retornat **true**, ou seja, se forem encontrados departamentos cadastrados.

A linha 18 exibe o número do primeiro e do último registro e o número de registros cadastrados. Observe na Figura 6.15 que foi mostrado os valores **1..3/3**. Esses valores foram obtidos nos métodos **getPrimeiroItemPagina**, **getUltimoItemPagina** e **getContarItens** da classe **PaginationHelper.java**.

A linha 19 exibe um *link* com a palavra **Anterior**, caso o conteúdo da propriedade **rendered** (**rendered="#{departamentoMBean.paginacao.temPaginaAnterior}"**) retornar **true**, ou seja, caso o método **isTemPaginaAnterior** da classe **PaginationHelper.java** retornar **true**.

A linha 20 exibe um *link* com a palavra **Próxima**, caso o conteúdo da propriedade **rendered** (**rendered="#{departamentoMBean.paginacao.temProximaPagina}"**) retornar **true**, ou seja, caso o método **isTemProximaPagina** da classe **PaginationHelper.java** retornar o valor **true**.

A linha 21 obtém um objeto da classe DataTable a partir do método **getItens** da *managed bean* **DepartamentoMBean.java**. Isso ocorre na propriedade **value** da *tag* **dataTable**. Esse objeto DataTable, contendo os departamentos selecionados, é identificado pelo nome de **item** na propriedade **var** (**var="item"**). O método **getItens** da *managed bean* **DepartamentoMBean.java** obtém o objeto DataTable a partir de uma chamada ao método **getPaginacao**. O método **getPaginacao** chama o método **criarPageDataModel** que por sua vez chama o método **buscarFaixa** da classe **AbstractFacade.java**. É nesse método que os departamentos são obtidos e retornados em um objeto List que é convertido em um tipo DataModel para ser processado pela *tag* **dataTable**.

Note que a *tag* **dataTable** gera uma tabela com o conteúdo do objeto DataTable recebido da *managed bean*. Essa tabela utiliza duas classes

CSS (no arquivo estilos.css) para fazer a formatação das linhas com os departamentos selecionados, as classes **linhaA** e **linhaB** (**rowClasses= "linhaA, linhaB"**). Isso permite, como mostra a Figura 6.15, exibir as linhas com cores de fundo alternadas.

As linhas de 22 a 27 definem a primeira coluna da tabela. Da linha 23 a 25 é definida a legenda da coluna e na linha 26 existem os nomes dos departamentos. Isso é feito por uma chamada ao método **getNomDep** da classe de entidade **Departamento.java**. Essa chamada ocorre por meio do objeto DataTable identificado na propriedade **var** da linha da *tag* **dataTable** como **item**. Um procedimento semelhante é utilizado para exibir também as demais colunas da tabela.

Das linhas 28 a 24 é construída a segunda coluna da tabela que exibe os telefones dos departamentos.

Já a terceira coluna da tabela, das linhas 34 a 41, são exibidos os *links* **Ver** (linha 38), **Alterar** (linha 39) e **Excluir** (linha 40).

Ao clicar no *link* **Ver**, método **ver** da *managed bean* **DepartamentomBean.java** é chamado. Ao clicar no *link* **Alterar**, o método **editar** é chamado e ao clicar no *link* **Excluir,** o método **remover** é invocado. Esses métodos acessam operações para executar as funções sugeridas.

A linha 35 exibe um *link* **Incluir Novo** e a linha 36 um *link* **Menu Departamentos**.

6.24.3.6 Exibir os dados de um departamento

Quando o usuário clica no *link* **Ver** a direita dos dados de um departamento exibido na listagem de departamentos, a página **Ver. xhtml** é carregada exibindo os dados do departamento em uma tabela com duas colunas, como mostra a Figura 6.16.

Ver.xhtml

```
1    <?xml version="1.0" encoding="ISO-8859-1" ?>
2    <!DOCTYPE html PUBLIC "-//W3C//DTD XHTML 1.0 Transitional//
     EN" "http://www.w3.org/TR/xhtml1/DTD/xhtml1-transitional.
     dtd">
3    <html xmlns="http://www.w3.org/1999/
     xhtml"       xmlns:ui="http://java.sun.com/jsf/facelets"
     xmlns:h="http://java.sun.com/jsf/html">
4      <ui:composition template="/modelo.xhtml">
5        <ui:define name="titulo">
```

```
6         <h:panelGroup id="painelTitulo" layout="block">
7           <h:outputText id="titulo" value="#{propriedades.
            verDepartamentoTitulo}"></h:outputText>
8         </h:panelGroup>
9       </ui:define>
10      <ui:define name="corpo">
11        <h:panelGroup id="painelCorpo" layout="block">
12          <h:panelGroup id="painelDeMensagens" layout="block">
13            <h:messages errorStyle="color: red" infoStyle="color:
              green" layout="table"/>
14          </h:panelGroup>
15          <h:form>
16            <h:panelGrid columns="2">
17              <h:outputText value="#{propriedades.departamento_
                nomDep}"/>
18              <h:outputText style="background-color: #ffffff;
                padding:3px 30px" value="#{departamentoMBean.
                selecionado.nomDep}" title="#{propriedades.
                departamento_nomDep}"/>
19              <h:outputText value="#{propriedades.departamento_
                telDep}"/>
20              <h:outputText style="background-color: #ffffff;
                padding:3px 30px" value="#{departamentoMBean.
                selecionado.telDep}" title="#{propriedades.
                departamento_telDep}"/>
21            </h:panelGrid>
22            <br />
23            <h:commandLink styleClass="menu_abaixo"
              action="#{departamentoMBean.excluirVer}"
              value="#{propriedades.excluirLink}"/>
24            <h:commandLink styleClass="menu_abaixo"
              action="Editar" value="#{propriedades.alterarLink}"/>
25            <h:commandLink styleClass="menu_abaixo"
              action="#{departamentoMBean.criar}"
              value="#{propriedades.criarLink}" />
26            <h:commandLink styleClass="menu_abaixo"
              action="#{departamentoMBean.listar}"
              value="#{propriedades.listarLink}"/>
27            <h:commandLink styleClass="menu_abaixo"
              value="#{propriedades.menuDepartamentoLink}"
              action="/departamento/MenuDepartamento.xhtml"
              immediate="true" />
28          </h:form>
29        </h:panelGroup>
30      </ui:define>
31      <ui:define name="rodape">
32        <h:panelGroup id="painelRodape" layout="block">
33          <h:outputText id="rodape" value="#{propriedades.
            rodape}"></h:outputText>
34        </h:panelGroup>
35      </ui:define>
36    </ui:composition>
37  </html>
```

Quando o usuário clica no *link* **Ver** à direita dos dados de um departamento, exibidos na listagem de departamentos, o método **ver** da *managed bean* **DepartamentoMBean.java** é chamado. Nesse método, os dados da linha selecionada são obtidos e carregados em um objeto da classe de entidade **Departamento.java.** Em seguida, a página **Ver. xhtml** é carregada.

Observe o uso da propriedade **style** nas *tags* **outputText**. Essa propriedade permite a aplicação de estilos CSS inline(na própria linha).

Para exibir os dados do departamento selecionado é feita uma chamada ao método **getSelecionado** da *managed bean* **DepartamentoMBean. java**. Esse método retorna os dados do departamento selecionado em um objeto da classe de entidade **Departamento.java**. Para obter os dados contidos nos atributos desse objeto basta chamar os métodos *getter*. Veja nas linhas 18 e 20 que a chamada a esses métodos ocorre no atributo **value** das *tags* **outputText**.

Após exibir os dados do departamento, são exibidos os *links* **Excluir** (linha 23), **Alterar** (linha 24), **Incluir Novo** (Linha 25), **Listar** (linha 26) e **Menu Departamentos** (linha 27).

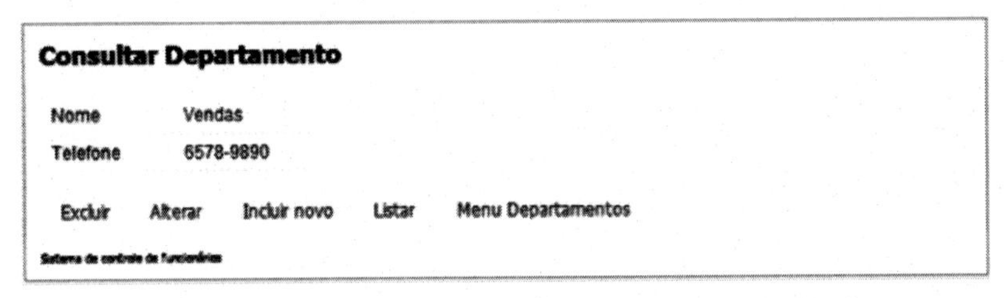

Figura 6.16: Ver dados de um departamento - Ver.xhtml.

6.24.3.7 Alterar os dados de um departamento

Quando o usuário clicar no *link* **Alterar** à direita dos dados de um departamento exibido na listagem de departamentos, a página **Editar. xhtml** é carregada exibindo os dados do departamento em um formulário contido em uma tabela de duas colunas, como mostra a Figura 6.17.

Editar.xhtml

```
1    <?xml version="1.0" encoding="ISO-8859-1" ?>
2    <!DOCTYPE html PUBLIC "-//W3C//DTD XHTML 1.0 Transitional//EN"
     "http://www.w3.org/TR/xhtml1/DTD/xhtml1-transitional.dtd">
3    <html xmlns="http://www.w3.org/1999/
     xhtml"      xmlns:ui="http://java.sun.com/jsf/facelets"
     xmlns:h="http://java.sun.com/jsf/html">
4      <ui:composition template="/modelo.xhtml">
```

```
5       <ui:define name=”titulo”>
6         <h:panelGroup id=”painelTitulo” layout=”block”>
7           <h:outputText id=”titulo” value=”#{propriedades.
            atualizarDepartamentoTitulo}”></h:outputText>
8         </h:panelGroup>
9       </ui:define>
10      <ui:define name=”corpo”>
11        <h:panelGroup id=”painelCorpo” layout=”block”>
12          <h:panelGroup id=”painelDeMensagens” layout=”block”>
13            <h:messages errorStyle=”color: red” infoStyle=”color:
              green” layout=”table”/>
14          </h:panelGroup>
15          <h:form>
16            <h:panelGrid columns=”2”>
17              <h:outputLabel value=”#{propriedades.departamento_
                nomDep}”/>
18              <h:inputText size=”50” value=”#{departamentoMBean.
                selecionado.nomDep}” title=”#{propriedades.
                departamento_nomDep}”/>
19              <h:outputLabel value=”#{propriedades.departamento_
                telDep}”/>
20              <h:inputText value=”#{departamentoMBean.selecionado.
                telDep}” title=”#{propriedades.departamento_
                telDep}”/>
21            </h:panelGrid>
23            <h:commandLink styleClass=”menu_abaixo”
              action=”#{departamentoMBean.atualizar}”
              value=”#{propriedades.salvarLink}”/>
24            <h:commandLink styleClass=”menu_abaixo”
              action=”#{departamentoMBean.listar}”
              value=”#{propriedades.listarLink}”/>
25            <h:commandLink styleClass=”menu_abaixo”
              value=”#{propriedades.menuDepartamentoLink}” action=”/
              departamento/MenuDepartamento.xhtml” immediate=”true”
              />
26          </h:form>
27        </h:panelGroup>
28      </ui:define>
29      <ui:define name=”rodape”>
30        <h:panelGroup id=”painelRodape” layout=”block”>
31          <h:outputText id=”rodape” value=”#{propriedades.
            rodape}”></h:outputText>
32        </h:panelGroup>
33      </ui:define>
34    </ui:composition>
35  </html>
```

Atualização de departamento.

Nome Vendas

Telefone 6578-9890

Salvar Listar Menu Departamentos

Sistema de controle de funcionários

Quando o usuário clica na opção **Alterar** à direita de um departamento na página de listagem de departamentos, o método **editar** da *managed bean* **DepartamentoMBean.java** é chamado. Nesse método, os dados do departamento selecionado são convertidos em um objeto da classe de entidade **Departamento.java** e a página **Editar.xhtml** é carregada.

Nessa página, os dados do departamento selecionado são carregados em um formulário contido em uma tabela de duas colunas (linhas 15 a 26).

Após exibir os dados, são apresentados os *links* **Salvar** (linha 23), **Listar** (linha 24) e **Menu Departamento** (linha 25).

Após atualizar os dados e clicar no *link* **Salvar**, o método **atualizar** da *managed bean* **DepartamentoMBean.java** é chamado. Esse método chama o método **edit** da classe **AbstractFacade.java** passando como parâmetro o departamento alterado. Em seguida a página **Ver.xhtml** é carregada exibindo os dados do departamento alterado.

6.24.3.8 Exclui os dados de um departamento

Quando o usuário clica no *link* **Excluir** à direita dos dados de um departamento exibido na listagem de departamentos, o método **remover** da *managed bean* **DepartamentoMBean.java** é chamado.

No método **remover**, os dados da linha do departamento selecionado são convertidos em um objeto da classe de entidade **Departamento.java** e o método **acaoExcluir** é chamado. Esse método chama o método **remove** da classe **AbstractFacade.java** passando como parâmetro o departamento selecionado. No método **remove** o departamento é excluído e a página **Listar.xhtml** é carregada exibindo uma mensagem afirmando que a exclusão foi realizada e os dados dos departamentos já atualizados.

6.24.4 Páginas de controle de funcionários

As páginas que fazem o controle de funcionários são:

- **MenuFuncionario.xhtml**;
- **Criar.xhtml**;
- **Consultar.xhtml**;
- **Ver.xhtml**;

- **Editar.xhtml**;
- **Listar.xhtml**;
- **ListarSelecionados.xhtml**.

Como você pode notar, o módulo que contém as páginas de controle de funcionários excuta basicamente as mesmas funções do módulo de controle de departamentos apresentado no tópico anterior. Por esse motivo, e para evitar a repetição das mesmas explicações, esse módulo será explicado de forma bastante resumida, já que as funções presentes aqui já foram explicadas com mais detalhes no tópico anterior.

6.24.4.1 Menu Funcionários

O menu de controle de funcionários é gerado pela página **MenuFuncionario.xhtml**. Essa página exibe um menu com os *links* **Incluir Novo**, **Listar**, **Consultar** e **Menu Principal**, como mostra a Figura 6.17.

Figura 6.17: Menu de controle de funcionários - MenuFuncionario.xhtml.

MenuFuncionario.xhtml

```
1     <?xml version='1.0' encoding='ISO-8859-1' ?>
2     <!DOCTYPE html PUBLIC "-//W3C//DTD XHTML 1.0 Transitional//EN"
      "http://www.w3.org/TR/xhtml1/DTD/xhtml1-transitional.dtd">
3     <html xmlns="http://www.w3.org/1999/
      xhtml"        xmlns:ui="http://java.sun.com/jsf/facelets"
      xmlns:h="http://java.sun.com/jsf/html">
4       <ui:composition template="/modelo.xhtml">
5         <ui:define name="titulo">
6           <h:panelGroup id="painelTitulo" layout="block">
7             <h:outputText id="titulo" value="#{propriedades.
              menuFuncionario}"></h:outputText>
8           </h:panelGroup>
9         </ui:define>
10        <ui:define name="corpo" >
11          <h:panelGroup id="painelCorpo" layout="block">
12            <h:form>
13              <h:commandLink  action="#{funcionarioMBean.criar}"
                value="#{propriedades.criarLink}"/>
```

```
14          </h:form>
15          <h:form>
16            <h:commandLink action="#{funcionarioMBean.listar}"
              value="#{propriedades.listarLink}"/>
17          </h:form>
18          <h:form>
19            <h:commandLink action="#{funcionarioMBean.
              entrarConsulta}" value="#{propriedades.
              consultarLink}"/>
20          </h:form>
21          <h:form>
22            <h:commandLink value="#{propriedades.menuPrincipal}"
              action="/index.xhtml" immediate="true" />
23          </h:form>
24        </h:panelGroup>
25      </ui:define>
26      <ui:define name="rodape">
27        <h:panelGroup id="painelRodape" layout="block">
28          <h:outputText id="rodape" value="#{propriedades.
            rodape}"></h:outputText>
29        </h:panelGroup>
30      </ui:define>
31    </ui:composition>
32  </html>
```

6.24.4.2 Incluir um novo funcionário

Ao clicar no *link* **Incluir Novo** do menu de controle de funcionários, o método **criar** da *managed bean* **FuncionarioMBean.java** é chamado. Esse método carrega a página **Criar.xhtml**. A página **Criar.xhtml** exibe um formulário em uma tabela de duas colunas com os campos para realizar o cadastro de um funcionários.

Criar.xhtml

```
1     <?xml version="1.0" encoding="ISO-8859-1" ?>
2     <!DOCTYPE html PUBLIC "-//W3C//DTD XHTML 1.0 Transitional//
      EN" "http://www.w3.org/TR/xhtml1/DTD/xhtml1-transitional.
      dtd">
3     <html xmlns="http://www.w3.org/1999/
      xhtml"      xmlns:ui="http://java.sun.com/jsf/facelets"
      xmlns:h="http://java.sun.com/jsf/html"      xmlns:f="http://
      java.sun.com/jsf/core">
4       <ui:composition template="/modelo.xhtml">
5         <ui:define name="titulo">
6           <h:panelGroup id="painelTitulo" layout="block">
7             <h:outputText id="titulo" value="#{propriedades.
              criarFuncionarioTitulo}"></h:outputText>
8           </h:panelGroup>
9         </ui:define>
10        <ui:define name="corpo">
11          <h:panelGroup id="painelCorpo" layout="block">
```

```
12          <h:panelGroup id="painelDeMensagens" layout="block">
13            <h:messages errorStyle="color: red" infoStyle="color:
              green" layout="table"/>
14          </h:panelGroup>
15          <h:form>
16            <h:panelGrid columns="2">
17              <h:outputLabel value="#{propriedades.funcionario_
                nomFun}" for="nomFun" />
18              <h:inputText size="50" id="nomFun"
                value="#{funcionarioMBean.selecionado.nomFun}"
                title="#{funcionarioMBean.selecionado.nomFun}" />
19              <h:outputLabel value="#{propriedades.funcionario_
                telFun}" for="telFun" />
20              <h:inputText id="telFun" value="#{funcionarioMBean.
                selecionado.telFun}" title="#{funcionarioMBean.
                selecionado.telFun}" />
21              <h:outputLabel value="#{propriedades.funcionario_
                carFun}" for="carFun" />
22              <h:inputText size="30" id="carFun"
                value="#{funcionarioMBean.selecionado.carFun}"
                title="#{funcionarioMBean.selecionado.carFun}" />
23              <h:outputLabel value="#{propriedades.funcionario_
                salFun}" for="salFun" />
24              <h:inputText id="salFun" value="#{funcionarioMBean.
                selecionado.salFun}" title="#{funcionarioMBean.
                selecionado.salFun}" />
25              <h:outputLabel value="#{propriedades.funcionario_
                ideDep}" for="departamento" />
26              <h:selectOneMenu id="departamento"
                value="#{funcionarioMBean.selecionado.departamento}"
                title="#{propriedades.funcionario_ideDep}"
                required="true" requiredMessage="#{propriedades.
                funcionario_ideDep_Requerido}">
27                <f:selectItem  itemLabel=" --- Selecione um
                  departamento --" />
28                <f:selectItems value="#{departamentoMBean.
                  itensDisponiveis}"   var="departamento"
                  itemLabel="#{departamento.nomDep}"/>
29                <f:converter converterId="ConverterDepartamento"/>
30              </h:selectOneMenu>
31            </h:panelGrid>
32            <br />
33            <h:commandLink styleClass="menu_abaixo"
              action="#{funcionarioMBean.salvar}"
              value="#{propriedades.salvarLink}" />
34            <h:commandLink styleClass="menu_abaixo"
              action="#{funcionarioMBean.listar}"
              value="#{propriedades.listarLink}" immediate="true"/>
35            <h:commandLink styleClass="menu_abaixo"
              value="#{propriedades.menuFuncionarioLink}" action="/
              funcionario/MenuFuncionario.xhtml" immediate="true"
              />
36          </h:form>
37        </h:panelGroup>
38      </ui:define>
39      <ui:define name="rodape">
40        <h:panelGroup id="painelRodape" layout="block">
```

```
41            <h:outputText id="rodape" value="#{propriedades.
              rodape}"></h:outputText>
42          </h:panelGroup>
43        </ui:define>
44      </ui:composition>
45    </html>
```

Ao digitar os dados do funcionário e clicar no *link* **Salvar** (linha 33), o método **salvar** da *managed bean* **FuncionarioMBean.java** é chamado.

Nesse método os dados do departamento cadastrado (presentes em objeto da classe de entidade **Funcionario.java**) são enviados para o método **create** da classe **AbstractFacade.java**. No método **create** os dados são inseridos na tabela do banco de dados. Em seguida, um novo objeto da classe **Funcionario.java** é instanciado vazio e a página **Criar.xhtml** é exibida novamente com os campos vazios para se cadastrar um novo funcionário.

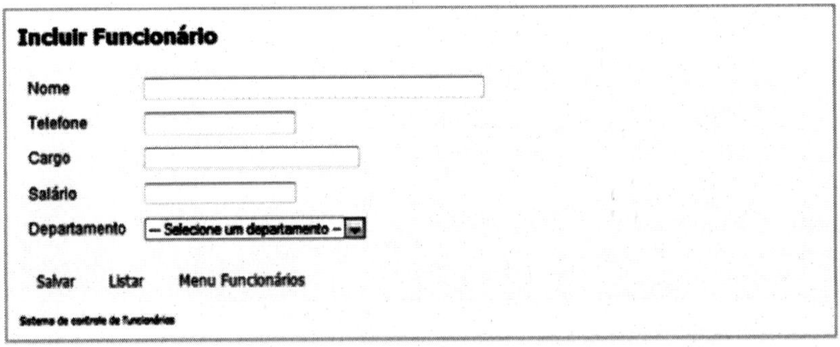

Figura 6.18: Inclusão de um novo funcionário - Criar.xhtml.

Note nas Figuras 6.18 e 6.19 que o nome dos departamentos cadastrados são incluídos em uma caixa de combinação do formulário para cadastrar funcionários. Isso é feito nas linhas de 26 a 30. Para carregar os departamentos na caixa de combinação, um objeto da classe **DepartamentoMBean.java** é instanciado automaticamente e o método **getItensDisponíveis** é chamado por meio desse objeto (linha 28). O método **getItensDisponíveis** faz uma chamada ao método **buscaTodos** da classe **AbstractFacade.java**. Nesse método uma lista contendo todos os departamentos cadastrados é retornada. Em seguida, cada departamento da lista é recebido no método **getAsString** da classe DepartamentoMBenConverter.java, na variável **object**. O departamento contido na variável **object** é então convertido em um objeto da classe de entidade **Departamento.java**. O **id** do departamento é então convertido em String e retornado para a página **Criar.xhtml**. Na página, o nome do departamento é exibido na caixa de combinação **Departamento** por meio da propriedade **itemLabel** (linha 28).

O método **getAsString** da classe DepartamentoMBenConverter. java recebe cada departamento da lista de departamentos consultados e carrega na caixa de combinação da página até que todos os departamentos da lista tenham sido carregados.

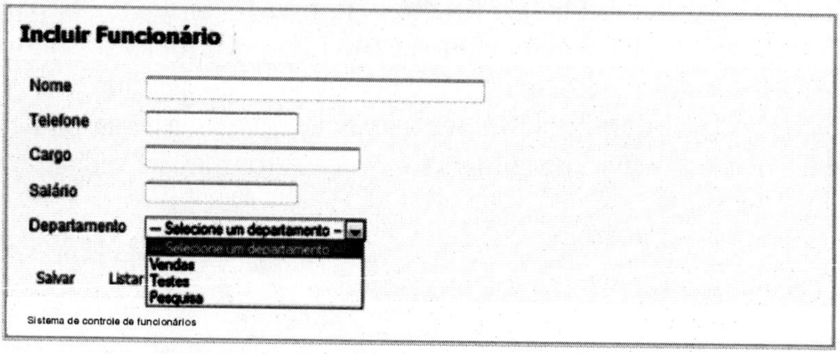

Figura 6.19: Departamentos incluídos em uma caixa de combinação da página para cadastrar um funcionário.

6.24.4.3 Consultar um funcionário

Ao clicar no *link* **Consultar** do menu de controle de funcionários a página **Consultar.xhtml** é chamada. Essa página exibe um formulário em uma tabela de duas colunas contendo um campo para se digitar o nome completo do funcionário ou uma parte do nome que se deseja buscar e os *links* **Consultar** e **Menu Funcionários**, como mostra a Figura 6.20.

Consultar.xhtml

```
1    <?xml version=″1.0″ encoding=″ISO-8859-1″ ?>
2    <!DOCTYPE html PUBLIC ″-//W3C//DTD XHTML 1.0 Transitional//
     EN″ ″http://www.w3.org/TR/xhtml1/DTD/xhtml1-transitional.
     dtd″>
3    <html xmlns=″http://www.w3.org/1999/
     xhtml″       xmlns:ui=″http://java.sun.com/jsf/facelets″
     xmlns:h=″http://java.sun.com/jsf/html″>
```

```
4        <ui:composition template="/modelo.xhtml">
5          <ui:define name="titulo">
6            <h:panelGroup id="painelTitulo" layout="block">
7              <h:outputText id="titulo" value="#{propriedades.
               verFuncionarioTitulo}"></h:outputText>
8            </h:panelGroup>
9          </ui:define>
10         <ui:define name="corpo">
11           <h:panelGroup id="painelCorpo" layout="block">
12             <h:panelGroup id="painelDeMensagens" layout="block">
13               <h:messages errorStyle="color: red" infoStyle="color:
                 green" layout="table"/>
14             </h:panelGroup>
15             <h:form>
16               <h:panelGrid columns="2">
17                 <h:outputLabel value="#{propriedades.funcionario_
                   nomFun}"/>
18                 <h:inputText size="50" id="nomFun"
                   value="#{funcionarioMBean.selecionado.nomFun}"
                   title="#{funcionarioMBean.selecionado.nomFun}" />
19               </h:panelGrid>
20               <h:commandLink styleClass="comandos"
                 action="#{funcionarioMBean.consultar}"
                 value="#{propriedades.consultarLink}"/>
21               <h:commandLink styleClass="menu_abaixo"
                 value="#{propriedades.menuFuncionarioLink}" action="/
                 funcionario/MenuFuncionario.xhtml" immediate="true"
                 />
22             </h:form>
23           </h:panelGroup>
24         </ui:define>
25         <ui:define name="rodape">
26           <h:panelGroup id="painelRodape" layout="block">
27             <h:outputText id="rodape" value="#{propriedades.
               rodape}"></h:outputText>
28           </h:panelGroup>
29         </ui:define>
30       </ui:composition>
31     </html>
```

Ao digitar o nome ou parte dele e clicar no *link* **Consultar** (linha 20), o método consultar da *managed bean* **FuncionarioMBean.java** é chamado. Esse método carrega a página **ListarSelecionados.xhtml**, responsável por realizar a pesquisa e exibir os dados dos funcionários selecionados.

Consultar funcionário

Nome

Consultar   Menu Funcionários

Sistema de controle de funcionários

Figura 6.20: Consulta de um funcionário - Consultar.xhtml.

6.24.4.4 Listagem **dos funcionários consultados**

Após digitar o nome do funcionário que deseja consultar (ou parte dele) e clicar no *link* **Consultar** da página **Consultar.xhtml**, a página **ListarSelecionados.xhtml** é carregada. Nessa página, são chamados métodos da *managed bean* **FuncionarioMBean.java** para realizar a pesquisa e exibir os dados em uma tabela, como mostra a Figura 6.21.

ListarSelecionados.xhtml

```
1       <?xml version="1.0" encoding="ISO-8859-1" ?>
2       <!DOCTYPE html PUBLIC "-//W3C//DTD XHTML 1.0 Transitional//
        EN" "http://www.w3.org/TR/xhtml1/DTD/xhtml1-transitional.
        dtd">
3       <html xmlns="http://www.w3.org/1999/
        xhtml"      xmlns:ui="http://java.sun.com/jsf/facelets"
        xmlns:h="http://java.sun.com/jsf/html"      xmlns:f="http://
        java.sun.com/jsf/core">
4         <ui:composition template="/modelo.xhtml">
5           <ui:define name="titulo">
6             <h:panelGroup id="painelTitulo" layout="block">
7               <h:outputText id="titulo" value="#{propriedades.
                listarFuncionarioTitulo}"></h:outputText>
8             </h:panelGroup>
9           </ui:define>
10          <ui:define name="corpo" >
11            <h:panelGroup id="painelCorpo" layout="block">
12              <h:form styleClass="listagem">
13                <h:panelGroup id="painelDeMensagens" layout="block">
14                  <h:messages errorStyle="color: red"
                    infoStyle="color: green" layout="table"/>
15                </h:panelGroup>
16                <h:outputText escape="false" value="#{propriedades.
                  listaFuncionarioVazia}" rendered="#{funcionarioMBean.
                  itensSelecionados.rowCount == 0}"/>
17                <h:panelGroup rendered="#{funcionarioMBean.
                  itensSelecionados.rowCount > 0}">
188                 <h:commandLink action="#{funcionarioMBean.
                    anterior}" value="#{propriedades.anterior}
                    #{funcionarioMBean.paginacao.tamanhoPagina}"
                    rendered="#{funcionarioMBean.paginacao.
                    temPaginaAnterior}"/> 
19                  <h:commandLink action="#{funcionarioMBean.
                    proximo}" value="#{propriedades.proximo}
                    #{funcionarioMBean.paginacao.tamanhoPagina}"
                    rendered="#{funcionarioMBean.paginacao.
                    temProximaPagina}"/> 
20                  <h:dataTable value="#{funcionarioMBean.
                    itensSelecionados}" var="item" border="0"
                    cellpadding="2" cellspacing="0"
                    rowClasses="linhaA,linhaB" rules="all"
                    style="border:solid 1px">
21                    <h:column>
```

```
22                  <f:facet name="header">
23                    <h:outputText value="#{propriedades.funcionario_
                      nomFun}"/>
24                  </f:facet>
25                  <h:outputText value="#{item.nomFun}"/>
26                </h:column>
27                <h:column>
28                  <f:facet name="header">
29                    <h:outputText value="#{propriedades.funcionario_
                      telFun}"/>
30                  </f:facet>
31                  <h:outputText value="#{item.telFun}"/>
32                </h:column>
33                <h:column>
34                  <f:facet name="header">
35                    <h:outputText value="#{propriedades.funcionario_
                      carFun}"/>
36                  </f:facet>
37                  <h:outputText value="#{item.carFun}"/>
38                </h:column>
39                <h:column>
40                  <f:facet name="header">
41                    <h:outputText value="#{propriedades.funcionario_
                      salFun}"/>
42                  </f:facet>
43                  <h:outputText value="#{item.salFun}"/>
44                </h:column>
45                <h:column>
46                  <f:facet name="header">
47                    <h:outputText value="#{propriedades.
                      departamento_nomDepartamento}"/>
48                  </f:facet>
49                  <h:outputText value="#{item.departamento.
                    nomDep}"/>
50                </h:column>
51              </h:dataTable>
52            </h:panelGroup>
53            <br />
54            <h:commandLink styleClass="menu_abaixo"
              action="#{funcionarioMBean.criar}"
              value="#{propriedades.criarLink}"/>
55            <h:commandLink styleClass="menu_abaixo"
              value="#{propriedades.menuFuncionarioLink}" action="/
              funcionario/MenuFuncionario.xhtml" />
56          </h:form>
57        </h:panelGroup>
58      </ui:define>
59      <ui:define name="rodape">
60        <h:panelGroup id="painelRodape" layout="block">
61          <h:outputText id="rodape" value="#{propriedades.
            rodape}"></h:outputText>
62        </h:panelGroup>
63      </ui:define>
64    </ui:composition>
65  </html>
```

Os procedimentos executados para exibir os dados dos funcionários são os mesmos utilizados para exibir os dados dos departamentos.

Esses procedimentos foram explicados com mais detalhes na página que exibe os departamentos selecionados, no módulo de controle de departamentos.

A Figura 6.21 mostra os funcionários consultados que possuem a String **"au"** como parte do nome. O valor **"au"** foi digitado no campo **nome** do formulário de consulta presente na página **Consultar.xhtml**.

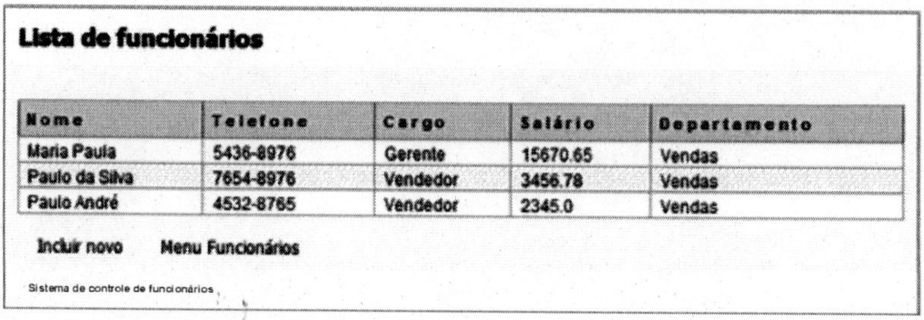

Lista de funcionários

Nome	Telefone	Cargo	Salário	Departamento
Maria Paula	5436-8976	Gerente	15670.65	Vendas
Paulo da Silva	7654-8976	Vendedor	3456.78	Vendas
Paulo André	4532-8765	Vendedor	2345.0	Vendas

Incluir novo   Menu Funcionários

Sistema de controle de funcionários

Figura 6.21: Listagem dos departamentos consultados - ListarSelecionados.xhtml.

6.24.4.5 Listar todos os funcionários

Quando o usuário clicar no *link* **Listar** do menu de controle de funcionários, todos os funcionários cadastrados serão exibidos pela página **Listar.xhtml**, assim como *links* para **Ver**, **Excluir** ou **Alterar** cada funcionários. A Figura 6.22 mostra a tela gerada após o carregamento dessa página.

Listar.xhtml

```
1       <?xml version="1.0" encoding="ISO-8859-1" ?>
2       <!DOCTYPE html PUBLIC "-//W3C//DTD XHTML 1.0 Transitional//
        EN" "http://www.w3.org/TR/xhtml1/DTD/xhtml1-transitional.
        dtd">
3       <html xmlns="http://www.w3.org/1999/
        xhtml"        xmlns:ui="http://java.sun.com/jsf/facelets"
        xmlns:h="http://java.sun.com/jsf/html"        xmlns:f="http://
        java.sun.com/jsf/core">
4         <ui:composition template="/modelo.xhtml">
5           <ui:define name="titulo">
6             <h:panelGroup id="painelTitulo" layout="block">
7               <h:outputText id="titulo" value="#{propriedades.
                listarFuncionarioTitulo}"></h:outputText>
8             </h:panelGroup>
9           </ui:define>
10          <ui:define name="corpo" >
11            <h:panelGroup id="painelCorpo" layout="block">
12              <h:form styleClass="listagem">
```

```
13            <h:panelGroup id="painelDeMensagens" layout="block">
14              <h:messages errorStyle="color: red"
              infoStyle="color: green" layout="table"/>
15            </h:panelGroup>
16            <h:outputText escape="false" value="#{propriedades.
            listaFuncionarioVazia}" rendered="#{funcionarioMBean.
            itensSelecionados.rowCount == 0}"/>
17            <h:panelGroup rendered="#{funcionarioMBean.
            itensSelecionados.rowCount > 0}">
188             <h:commandLink action="#{funcionarioMBean.
              anterior}" value="#{propriedades.anterior}
              #{funcionarioMBean.paginacao.tamanhoPagina}"
              rendered="#{funcionarioMBean.paginacao.
              temPaginaAnterior}"/> 
19              <h:commandLink action="#{funcionarioMBean.
              proximo}" value="#{propriedades.proximo}
              #{funcionarioMBean.paginacao.tamanhoPagina}"
              rendered="#{funcionarioMBean.paginacao.
              temProximaPagina}"/> 
20              <h:dataTable value="#{funcionarioMBean.
              itensSelecionados}" var="item" border="0"
              cellpadding="2" cellspacing="0"
              rowClasses="linhaA,linhaB" rules="all"
              style="border:solid 1px">
21                <h:column>
22                  <f:facet name="header">
23                    <h:outputText value="#{propriedades.funcionario_
                    nomFun}"/>
24                  </f:facet>
25                  <h:outputText value="#{item.nomFun}"/>
26                </h:column>
27                <h:column>
28                  <f:facet name="header">
29                    <h:outputText value="#{propriedades.funcionario_
                    telFun}"/>
30                  </f:facet>
31                  <h:outputText value="#{item.telFun}"/>
32                </h:column>
33                <h:column>
34                  <f:facet name="header">
35                    <h:outputText value="#{propriedades.funcionario_
                    carFun}"/>
36                  </f:facet>
37                  <h:outputText value="#{item.carFun}"/>
38                </h:column>
39                <h:column>
40                  <f:facet name="header">
41                    <h:outputText value="#{propriedades.funcionario_
                    salFun}"/>
42                  </f:facet>
43                  <h:outputText value="#{item.salFun}"/>
44                </h:column>
45                <h:column>
46                  <f:facet name="header">
47                    <h:outputText value="#{propriedades.
                    departamento_nomDepartamento}"/>
48                  </f:facet>
49                  <h:outputText value="#{item.departamento.
                  nomDep}"/>
```

```
50            </h:column>
51          </h:dataTable>
52        </h:panelGroup>
53        <br />
54        <h:commandLink styleClass="menu_abaixo"
          action="#{funcionarioMBean.criar}"
          value="#{propriedades.criarLink}"/>
55        <h:commandLink styleClass="menu_abaixo"
          value="#{propriedades.menuFuncionarioLink}" action="/
          funcionario/MenuFuncionario.xhtml" />
56      </h:form>
57    </h:panelGroup>
58  </ui:define>
59  <ui:define name="rodape">
60    <h:panelGroup id="painelRodape" layout="block">
61      <h:outputText id="rodape" value="#{propriedades.
        rodape}"></h:outputText>
62    </h:panelGroup>
63  </ui:define>
64 </ui:composition>
65 </html>
```

Os procedimentos adotados para exibir os dados dos funcionários cadastrados são os mesmos utilizados para exibir os departamentos cadastrados e foram explicados com mais detalhes na página **Listar.xhtml** do módulo de controle de departamentos.

Caso seja necessário, reveja a explicação da página **Listar.xhtml** no módulo de controle de departamentos.

Lista de funcionários

1..5/5

Nome	Telefone	Cargo	Salário	Departamento	Operações
Maria Paula	5436-8976	Gerente	15670.65	Vendas	Ver Alterar Excluir
Paulo da Silva	7654-8976	Vendedor	3456.78	Vendas	Ver Alterar Excluir
Ana Luiza	6543-8976	Vendedora	20000.0	Vendas	Ver Alterar Excluir
Paulo André	4532-8765	Vendedor	2345.0	Vendas	Ver Alterar Excluir
Pedro Henrique	4567-9087	Gerente	10000.0	Vendas	Ver Alterar Excluir

Incluir novo   Menu Funcionários

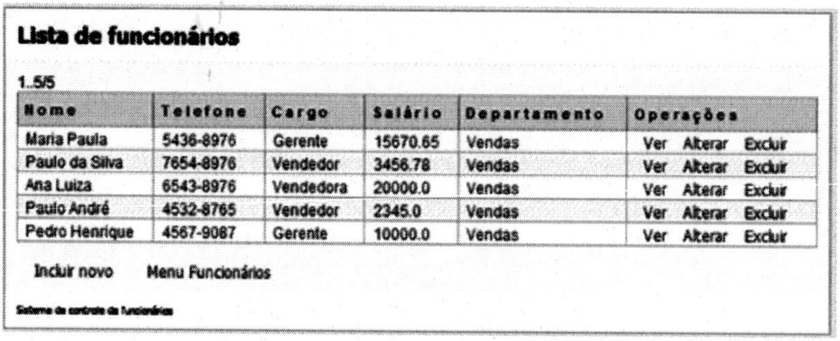

Figura 6.22: Listagem de todos os funcionários cadastrados - Listar.xhtml.

6.24.4.6 Alterar os dados de um funcionário

Quando o usuário clica na opção **Alterar** à direita dos dados de um funcionário na página de listagem de funcionários, o método **editar** da *managed bean* **FuncionarioMBean.java** é chamado. Nesse método, os dados do funcionário selecionado são convertidos em um objeto da classe de entidade **Funcionario.java** e a página **Editar.xhtml** é carregada.

Nessa página, os dados do funcionário selecionado são carregados em um formulário e em seguida, são exibidos os *links* **Salvar**, **Listar** e **Menu Funcionários**, como mostra a Figura 6.23.

Após atualizar os dados e clicar no *link* **Salvar**, o método **atualizar** da *managed bean* **FuncionarioMBean.java** é chamado. Esse método chama o método **edit** da classe **AbstractFacade.java** passando como parâmetro o funcionário alterado. Em seguida a página **Ver.xhtml** é carregada para exibir os dados do funcionário já modificados.

Editar.xhtml

```
1       <?xml version="1.0" encoding="ISO-8859-1" ?>
2       <!DOCTYPE html PUBLIC "-//W3C//DTD XHTML 1.0 Transitional//
        EN" "http://www.w3.org/TR/xhtml1/DTD/xhtml1-transitional.
        dtd">
3       <html xmlns="http://www.w3.org/1999/
        xhtml"      xmlns:ui="http://java.sun.com/jsf/facelets"
        xmlns:h="http://java.sun.com/jsf/html"      xmlns:f="http://
        java.sun.com/jsf/core">
4         <ui:composition template="/modelo.xhtml">
5           <ui:define name="titulo">
6             <h:panelGroup id="painelTitulo" layout="block">
7               <h:outputText id="titulo" value="#{propriedades.
                listarFuncionarioTitulo}"></h:outputText>
8             </h:panelGroup>
9           </ui:define>
10          <ui:define name="corpo" >
11            <h:panelGroup id="painelCorpo" layout="block">
12              <h:form styleClass="listagem">
13                <h:panelGroup id="painelDeMensagens" layout="block">
14                  <h:messages errorStyle="color: red"
                    infoStyle="color: green" layout="table"/>
15                </h:panelGroup>
16                <h:outputText escape="false" value="#{propriedades.
                  listaFuncionarioVazia}" rendered="#{funcionarioMBean.
                  itensSelecionados.rowCount == 0}"/>
17                <h:panelGroup rendered="#{funcionarioMBean.
                  itensSelecionados.rowCount > 0}">
188                 <h:commandLink action="#{funcionarioMBean.
                    anterior}" value="#{propriedades.anterior}
                    #{funcionarioMBean.paginacao.tamanhoPagina}"
                    rendered="#{funcionarioMBean.paginacao.
                    temPaginaAnterior}"/> 
19                  <h:commandLink action="#{funcionarioMBean.
                    proximo}" value="#{propriedades.proximo}
                    #{funcionarioMBean.paginacao.tamanhoPagina}"
                    rendered="#{funcionarioMBean.paginacao.
                    temProximaPagina}"/> 
```

```
20              <h:dataTable value="#{funcionarioMBean.
                itensSelecionados}" var="item" border="0"
                cellpadding="2" cellspacing="0"
                rowClasses="linhaA,linhaB" rules="all"
                style="border:solid 1px">
21                <h:column>
22                  <f:facet name="header">
23                    <h:outputText value="#{propriedades.funcionario_
                      nomFun}"/>
24                  </f:facet>
25                  <h:outputText value="#{item.nomFun}"/>
26                </h:column>
27                <h:column>
28                  <f:facet name="header">
29                    <h:outputText value="#{propriedades.funcionario_
                      telFun}"/>
30                  </f:facet>
31                  <h:outputText value="#{item.telFun}"/>
32                </h:column>
33                <h:column>
34                  <f:facet name="header">
35                    <h:outputText value="#{propriedades.funcionario_
                      carFun}"/>
36                  </f:facet>
37                  <h:outputText value="#{item.carFun}"/>
38                </h:column>
39                <h:column>
40                  <f:facet name="header">
41                    <h:outputText value="#{propriedades.funcionario_
                      salFun}"/>
42                  </f:facet>
43                  <h:outputText value="#{item.salFun}"/>
44                </h:column>
45                <h:column>
46                  <f:facet name="header">
47                    <h:outputText value="#{propriedades.
                      departamento_nomDepartamento}"/>
48                  </f:facet>
49                  <h:outputText value="#{item.departamento.
                    nomDep}"/>
50                </h:column>
51              </h:dataTable>
52            </h:panelGroup>
53            <br />
54            <h:commandLink styleClass="menu_abaixo"
              action="#{funcionarioMBean.criar}"
              value="#{propriedades.criarLink}"/>
55            <h:commandLink styleClass="menu_abaixo"
              value="#{propriedades.menuFuncionarioLink}" action="/
              funcionario/MenuFuncionario.xhtml" />
56          </h:form>
57        </h:panelGroup>
58      </ui:define>
59      <ui:define name="rodape">
60        <h:panelGroup id="painelRodape" layout="block">
61          <h:outputText id="rodape" value="#{propriedades.
            rodape}"></h:outputText>
62        </h:panelGroup>
63      </ui:define>
```

```
64        </ui:composition>
65      </html>
```

Observe na Figura 6.23 que o nome dos departamentos disponíveis são incluídos em uma caixa de combinação do formulário para alterar os dados do funcionário e o departamento atual do funcionário aparece visível nessa caixa de combinação. Isso é feito nas linhas de 26 a 29. Para carregar os departamentos na caixa de combinação, um objeto da classe **DepartamentoMBean.java** é instanciado automaticamente e o método **getItensDisponíveis** é chamado por meio desse objeto. O método **getItensDisponíveis** faz uma chamada ao método **buscaTodos** da classe **AbstractFacade.java**. Nesse método uma lista contendo todos os departamentos cadastrados é retornada. Em seguida, cada departamento da lista é recebido no método **getAsString** da classe DepartamentoMBenConverter.java, na variável **object**. O departamento contido na variável **object** é então convertido em um objeto da classe de entidade **Departamento.java** e o **id** do departamento é convertido em String e retornado para a página **Editar.xhtml**. Na página, o nome do departamento é exibido na caixa de combinação **Departamento** por meio da propriedade **itemLabel**.

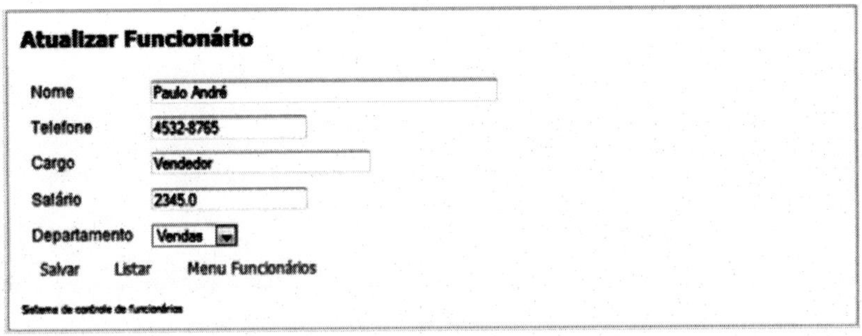

Figura 6.23: Formulário para alterar os dados de um funcionário - Alterar.o - Editar.xhtml

6.24.4.7 Exibir os dados de um funcionário

Na página que exibe os funcionários cadastrados, quando o usuário clica no *link* **Ver** à direita dos dados de um funcionário, o método **ver** da *managed bean* **FuncionarioMBean.java** é chamado. Nesse método, os dados da linha selecionada são obtidos e carregados em um objeto da classe de entidade **Funcionario.java**. Em seguida, a página **Ver.xhtml** é carregada.

Essa página exibe um formulário contendo os dados do funcionário selecionado, conforme mostra a Figura 6.24.

Para exibir os dados do funcionário é feita uma chamada ao método **getSelecionado** da *managed bean* **FuncionarioMBean.java**. Esse método retorna os dados do funcionário em um objeto da classe de entidade **Funcionario.java**. Os dados do objeto funcionário são então exibidos na tela juntamente com os *links* **Excluir**, **Alterar**, **Incluir Novo**, **Listar** e **Menu Funcionários**.

Ver.xhtml

```
1     <?xml version="1.0" encoding="ISO-8859-1" ?>
2     <!DOCTYPE html PUBLIC "-//W3C//DTD XHTML 1.0 Transitional//
      EN" "http://www.w3.org/TR/xhtml1/DTD/xhtml1-transitional.
      dtd">
3     <html xmlns="http://www.w3.org/1999/
      xhtml"        xmlns:ui="http://java.sun.com/jsf/facelets"
      xmlns:h="http://java.sun.com/jsf/html">
4       <ui:composition template="/modelo.xhtml">
5         <ui:define name="titulo">
6           <h:panelGroup id="painelTitulo" layout="block">
7             <h:outputText id="titulo" value="#{propriedades.
              verFuncionarioTitulo}"></h:outputText>
8           </h:panelGroup>
9         </ui:define>
10        <ui:define name="corpo">
11          <h:panelGroup id="painelCorpo" layout="block">
12            <h:panelGroup id="painelDeMensagens" layout="block">
13              <h:messages errorStyle="color: red" infoStyle="color:
                green" layout="table"/>
14            </h:panelGroup>
15            <h:form>
16              <h:panelGrid columns="2">
17                <h:outputText value="#{propriedades.funcionario_
                  nomFun}"/>
18                <h:outputText style="background-color: #ffffff;
                  padding:3px 30px"  value="#{funcionarioMBean.
                  selecionado.nomFun}" title="#{propriedades.
                  funcionario_nomFun}"/>
19                <h:outputText  value="#{propriedades.funcionario_
                  telFun}"/>
20                <h:outputText style="background-color: #ffffff;
                  padding:3px 30px" value="#{funcionarioMBean.
                  selecionado.telFun}" title="#{propriedades.
                  funcionario_telFun}"/>
21                <h:outputText value="#{propriedades.funcionario_
                  carFun}"/>
```

```
22              <h:outputText style="background-color: #ffffff;
                padding:3px 30px" value="#{funcionarioMBean.
                selecionado.carFun}" title="#{propriedades.
                funcionario_carFun}"/>
23              <h:outputText value="#{propriedades.funcionario_
                salFun}"/>
24              <h:outputText style="background-color: #ffffff;
                padding:3px 30px" value="#{funcionarioMBean.
                selecionado.salFun}" title="#{propriedades.
                funcionario_salFun}"/>
25            </h:panelGrid>
26            <br />
27            <h:commandLink styleClass="menu_abaixo"
              action="#{funcionarioMBean.excluirVer}"
              value="#{propriedades.excluirLink}"/>
28            <h:commandLink styleClass="menu_abaixo"
              action="Editar" value="#{propriedades.alterarLink}"/>
29            <h:commandLink styleClass="menu_abaixo"
              action="#{funcionarioMBean.criar}"
              value="#{propriedades.criarLink}" />
30            <h:commandLink styleClass="menu_abaixo"
              action="#{funcionarioMBean.listar}"
              value="#{propriedades.listarLink}"/>
31            <h:commandLink styleClass="menu_abaixo"
              value="#{propriedades.menuFuncionarioLink}" action="/
              funcionario/MenuFuncionario.xhtml" immediate="true"
              />
32          </h:form>
33        </h:panelGroup>
34      </ui:define>
35      <ui:define name="rodape">
36        <h:panelGroup id="painelRodape" layout="block">
37          <h:outputText id="rodape" value="#{propriedades.
            rodape}"></h:outputText>
38        </h:panelGroup>
39      </ui:define>
40    </ui:composition>
41  </html>
```

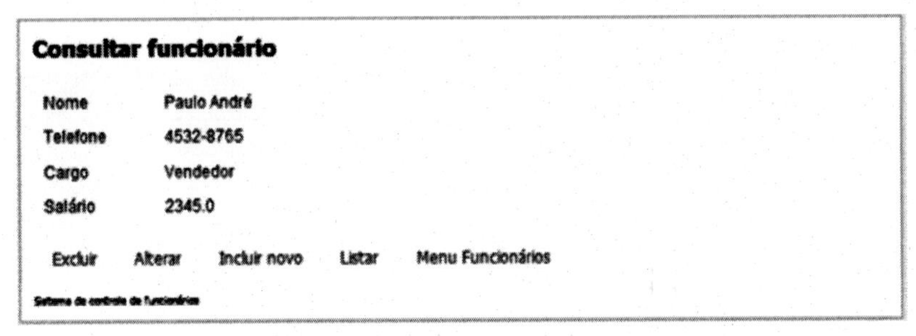

Figura 6.24: Exibição dos dados de um funcionário - Ver.xhtml.

6.24.4.8 Excluir os dados de um funcionário

Quando o usuário clicar no *link* **Excluir** à direita dos dados de um funcionário, exibido na listagem de funcionários, o método **remover** da *managed bean* **FuncionárioMBean.java** será chamado.

Nesse método, os dados da linha do funcionário selecionado são convertidos em um objeto da classe de entidade **Funcionario.java** e o método **acaoExcluir** é chamado. Esse método, por sua vez, chama o método **remove** da classe **AbstractFacade.java** passando como parâmetro o funcionário selecionado. No método **remove** o funcionário é excluído e a página **Listar.xhtml** é carregada exibindo uma mensagem afirmando que a exclusão foi realizada e os dados dos funcionários cadastrados.

6.24.5 Folha de estilos CSS

Todas as páginas da aplicação são formatadas por estilos CSS definidos no arquivo estilos.css. Esse arquivo configura classes referenciadas nas *tags* por meio do atributo **styleClass**, identificadores definidos pelos atributos **id**, e *tags* sem identificadores e classes.

estilos.css

```
1       body {
2         text-align:center;
3         margin:0px;
4         padding:0px;
5         font-family: Arial, Helvetica, sans-serif;
6         color: #3a4f54;
7         background-color: #ededed;
8         font-size: small;
9       }
10
11      a {
12        text-decoration:none;
13        font-family:tahoma;
14        color:#4e6a71;
15      }
16
17      a:hover{
18        text-decoration:underline;
19        color:#90b4bd
20      }
21
22      tabela {
23        empty-cells: show;
```

```
24      }
25
26      #titulo{
27        color:darkblue;
28        font-size:18px;
29        font-family:tahoma;
30      }
31
32      #rodape{
33        color:darkblue;
34        font-size:9px;
35        font-family:tahoma;
36      }
37
38      #painelTitulo{
39        background-color:#ffffff;
40        padding: 10px;
41        margin:0px;
42      }
43
44      #painelCorpo{
45        background-color:aliceblue;
46        padding: 10px;
47        margin:0px;
48      }
49
50      #painelRodape{
51        background-color:#ffffff;
52        padding: 10px;
53        margin:0px;
54      }
55
56      h1, p {
57        margin:0px;
58        padding:0px
59      }
60
61      #principal{
62        width:700px;
63        border:solid #c0c0c0 1px;
64        background-color: #c0c0c0;
65        margin:0 auto;
66        margin-top:10px;
67        text-align:left;
68      }
69
70      .listagem th, td th {
71        font-size: 12px;
72        color: #4e6a71;
73        border-top-style: solid;
74        border-bottom-style: solid;
75        border-left-style: solid;
76        border-right-style: solid;
77        border-top-width: 1px;
78        border-bottom-width: 1px;
79        border-left-width: 1px;
80        border-right-width: 1px;
81        border-top-color: #b2d5d6;
82        border-bottom-color: #b2d5d6;
```

```
83        border-left-color: #90b4bd;
84        border-right-color: #90b4bd;
85        letter-spacing: 3px;
86        text-align: left;
87        padding-top: 6px;
88        padding-bottom: 6px;
89        padding-left: 6px;
90        padding-right: 6px;
91        background-color:lavender;
92      }
93
94      td {
95        vertical-align: top;
96        padding-bottom: 8px;
97        padding-left: 7px;
98        padding-right:7px;
99        font-size: small;
100     }
101
102     .listagem table{
103       width:100%
104     }
105
106     .listagem td, td td {
107       border-top-style: solid;
108       border-bottom-style: solid;
109       border-left-style: solid;
110       border-right-style: solid;
111       border-top-width: 1px;
112       border-bottom-width: 1px;
113       border-left-width: 1px;
114       border-right-width: 1px;
115       border-top-color: #b2d5d6;
116       border-bottom-color: #b2d5d6;
117       border-left-color: #b2d5d6;
118       border-right-color: #b2d5d6;
119       vertical-align: baseline;
120       padding-bottom: 0px;
121     }
122
123     tr.linhaA {
124       background-color: #fefeff;
125       color: #4e6a71;
126     }
127
128     tr.linhaB {
129       background-color: #eff5fa;
130       color: #4e6a71;
131     }
132
133     .comandos{
134       padding-left:7px;
135       padding-right:7px
```

```
136     }
137
138     .menu_abaixo{
139       padding-left:15px;
140       padding-right:15px
141     }
```

Apenas para relembrar os conceitos fundamentais de CSS, classes identificadas pelo atributo **styleClass** das *tags* são definidas no arquivo CSS antecedidas pelo ponto final (**.**). Por exemplo, a classe **menu_abaixo**, identificada nas *tags* com **styleClass= "menu_abaixo"** é formatada no arquivo CSS com **.menuabaixo { estilos }** (linha 138).

Já as *tags* identificadas pelo atributo **id** são formatadas no arquivo CSS antecedidas pelo cerquilha (#). Por exemplo, as *tags* que contém o atributo **id="principal"** são formatadas no arquivo CSS com **#principal { formatos }** (linha 61). As *tags* sem identificação são formatadas pelo nome da *tag*. Por exemplo, as *tags commandLink* são formatadas no arquivo CSS com a instrução **a { formatos }** (linha 11). Isso porque quando processadas, as *tags commandLink* geram uma *tag* **<a>**.

Observe, por exemplo, na linha 123 a instrução **tr.linhaA {formatos}**. Note que a classe **linhaA**, contida no interior da *tag*, quando processada gera uma *tag* HTML **<tr>**, que receberá os formatos definidos. O mesmo acontece na linha 128, na instrução **tr.linhaB {formatos}**. Nas páginas XHTML as classes **linhaA** e **linhaB** foram definidas na instrução seguinte, presente nas páginas de listagem:

```
<h:dataTable value="#{departamentoMBean.itens}" var="item"
border="0" cellpadding="2" cellspacing="0"
rowClasses="linhaA,linhaB" rules="all" style="border:solid 1px">
```

Note que o atributo **rowClasses="linhaA,linhaB"** identifica que a formatação definida em uma linha da tabela será a da classe **linhaA** e na próxima linha será a da classe **linhaB**. Isso faz com que cada linha da tabela receba uma formação diferente, de forma alternada. Basicamente esse recurso foi utilizado para formatar o fundo de cada linha com cor diferente de forma alternada.

6.24.6 Arquivos XML de configuração do projeto

Os principais arquivos XML de configuração do projeto são **web.xml**, **faces-config.xml** e **persistence.xml**.

O arquivo **web.xml** define entre outras coisas a página inicial do site, o tempo em que a sessão demora para expirar, as configurações de nome e mapeamento da servlet **FacesServlet** etc.

O arquivo **faces-config.xml** define o fluxo de navegação da aplicação, os nomes dos arquivos de configuração de idiomas (internacionalização), o nome dos Converters etc.

Já o arquivo **persistence.xml** define o tipo de controle de transações nessa aplicação Java Transaction API (JTA). Isso significa que serão utilizadas nas classes annotations relacionadas às transações.

Os arquivos **web.xml**, **faces-config.xml** e **persistence.xml** são apresentados a seguir.

Caso algum desses arquivos não tenham sido gerados, siga os passos seguintes para criá-los:

- Clique com o botão direito sobre o nome do projeto, selecione a opção **Novo** e a opção **Outro**;
- Na divisão **Categorias**, selecione **XML**, na divisão **Tipos de arquivos**, selecione **Documento XML** e clique no botão **Próximo**;
- Dê um nome para o arquivo XML, selecione a pasta do projeto onde você deseja criar o arquivo e clique no botão **Finalizar**.

web.xml

```
1       <?xml version="1.0" encoding="ISO-8859-1"?>
2       <web-app version="3.0" xmlns="http://java.sun.com/xml/
        ns/javaee" xmlns:xsi="http://www.w3.org/2001/XMLSchema-
        instance" xsi:schemaLocation="http://java.sun.com/xml/ns/
        javaee http://java.sun.com/xml/ns/javaee/web-app_3_0.xsd">
3         <context-param>
4           <param-name>javax.faces.PROJECT_STAGE</param-name>
5           <param-value>Development</param-value>
6         </context-param>
7         <servlet>
8           <servlet-name>Faces Servlet</servlet-name>
9           <servlet-class>javax.faces.webapp.FacesServlet</servlet-
          class>
10          <load-on-startup>1</load-on-startup>
11        </servlet>
12        <servlet-mapping>
13          <servlet-name>Faces Servlet</servlet-name>
14          <url-pattern>/faces/*</url-pattern>
```

```
15        </servlet-mapping>
16        <session-config>
17          <session-timeout>
18            30
19          </session-timeout>
20        </session-config>
21        <welcome-file-list>
22          <welcome-file>faces/index.xhtml</welcome-file>
23        </welcome-file-list>
24      </web-app>
```

faces-config.xml

```
1       <?xml version='1.0' encoding='ISO-8859-1'?>
2       <faces-config version="2.0" xmlns="http://java.sun.com/xml/
        ns/javaee" xmlns:xsi="http://www.w3.org/2001/XMLSchema-
        instance" xsi:schemaLocation="http://java.sun.com/xml/ns/
        javaee http://java.sun.com/xml/ns/javaee/web-facesconfig_2_0.
        xsd">
3         <application>
4           <resource-bundle>
5             <base-name>propriedades.recursos.propriedades</base-
              name>
6             <var>propriedades</var>
7           </resource-bundle>
8           <locale-config>
9             <default-locale>pt</default-locale>
10            <supported-locale>en</supported-locale>
11          </locale-config>
12        </application>
13        <converter>
14            <converter-id>ConverterDepartamento</converter-id>
15            <converter-class>util.DepartamentoMBeanConverter</
              converter-class>
16        </converter>
17      </faces-config>
```

persistence.xml

```
1       <?xml version="1.0" encoding="ISO-8859-1"?>
2       <persistence version="2.0" xmlns="http://java.sun.com/
        xml/ns/persistence" xmlns:xsi="http://www.w3.org/2001/
        XMLSchema-instance" xsi:schemaLocation="http://java.sun.com/
        xml/ns/persistence http://java.sun.com/xml/ns/persistence/
        persistence_2_0.xsd">
3         <persistence-unit name="Exemplo001PU" transaction-
          type="JTA">
4            <jta-data-source>jdbc/controle001</jta-data-source>
5            <properties/>
6         </persistence-unit>
7       </persistence>
```

O projeto está pronto e já pode ser executado. Nessa etapa, você deve ter uma estrutura de pastas como a mostrada na Figura 6.25.

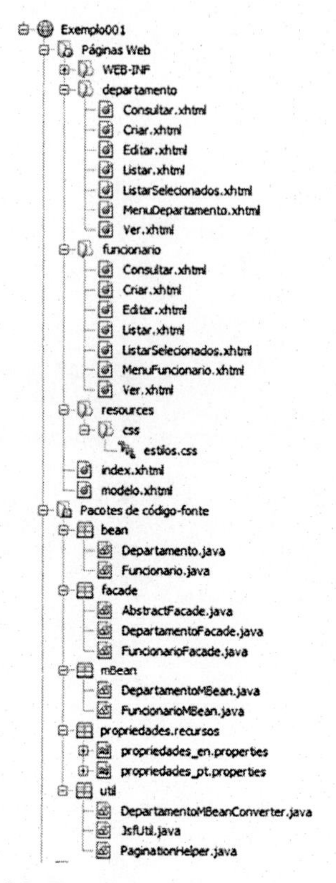

Figura 6.25: Estrutura de pastas do projeto.

6.25 Gerando uma aplicação CRUD JavaServer Faces 2.0 a partir de um banco de dados utilizando os assistentes do NetBeans IDE

O NetBeans possui alguns assistentes que permitem gerar um site, que executa as operações CRUD (*Create*, *Read*, *Update*, *Delete*), automaticamente a partir de um banco de dados relacional. Isso significa que você pode criar o banco de dados com as tabelas relacionadas e depois utilizar esses assistentes para criar as classes de entidade (*entity beans*), as classes de sessão EJB (EJB *session beans*), os arquivos de propriedade que possibilitam a internacionalização da aplicação, os arquivos XML de configuração, as páginas XHTML, os *managed beans* e as classes de apoio JSF. É isso mesmo, você pode criar o site apenas na base de ações "*Next, Next, Finish*".

O único problema desse procedimento é que serão gerados alguns códigos desnecessários e todas as mensagens e rótulos aparecerão em inglês. Apesar disso é uma ótima forma de começar a utilizar JSF com EJB e JPA.

Para utilizar os assistentes na criação da aplicação é necessário que você tenha instalado no computador:

- NetBeans **6.8 ou posterior,** para acessar os assistentes necessários.
- **Java Development Kit (JDK) versão 6,** para disponibilizar a Java Virtual Machine (JVM) e a Java Runtime Environment (JRE).
- **Servidor de aplicações GlassFish 3.0.1,** para executar a aplicação.
- **JavaServer Faces (JSF) 2.0,** para criar páginas web frontend, manipulação de validação e gerenciamento do ciclo de solicitação-resposta.
- **Java Persistence API (JPA) 2.0,** utilizando o fornecedor de persistência EclipseLink para gerar classes de entidade do banco de dados e gerenciar transações. O EclipseLink é a implementação de referência para JPA e é o provedor padrão de persistência utilizado pelo servidor de aplicativos GlassFish.
- **Enterprise** JavaBeans **(EJB) 3.1**, que proporciona EJBs sem estado (@Stateless) que acessam as classes de entidade e contém a lógica corporativa do aplicativo.

O NetBeans IDE oferece dois assistentes que geram todos os códigos do aplicativo. O primeiro é o **Assistente para classes de entidade do banco de dados** que permite gerar as classes de entidade a partir do banco de dados relacional. Após criar as classes de entidade, você pode utilizar o **Assistente para criar as páginas JSF a partir das classes de entidade** para criar EJBs e *beans* gerenciados do JSF para as classes de entidade, assim como um conjunto de páginas XHTML com Facelets JSF para manipular as exibições dos dados das classes de entidade.

Para executar as etapas seguintes é necessário que você tenha o banco de dados utilizado no exemplo anterior com as tabelas **departamento** e **funcionário**.

6.25.1 Criando o projeto Web

Nessa etapa, vamos criar um projeto web e adicionar o *framework* JavaServer Faces a esse projeto. Para isso, siga os seguintes passos:

- Escolha a opção **Arquivo** e a opção **Novo projeto** (Ctrl-Shift-N);
- Na categoria **Java Web**, selecione **Aplicação Web** e clique no botão **Próximo**;
- Digite **Exemplo** para o nome do projeto e defina a localização do projeto. Clique no botão **Avançar**.
- Defina o servidor como **GlassFish 3.0.1** e defina a versão de Java EE para **Java EE 6 Web**. Clique no botão Avançar.
- No painel ***Frameworks***, selecione a opção **JavaServer Faces e** clique no botão **Finalizar**.

Quando você clicar no botão **Finalizar**, o NetBeans gera o projeto web e abre a página **index.xhtml** no editor.

6.25.2 Gerando as classes de entidade a partir do banco de dados

Agora que já criamos o projeto, vamos utilizar o **Assistente para classes de entidade do banco de dados** para gerar automaticamente as classes de entidade com base nas tabelas do banco de dados. Para isso, siga os seguintes passos:

- Na aba **Projetos**, clique com o botão direito do mouse no nó do projeto **Exemplo** e escolha a opção **Novo** e **Classes de entidade do banco de dados**. Se essa opção não estiver na lista, escolha a opção **Outros**, selecione na divisão categorias a opção **Persistência** e a opção **Classes de entidade do banco de dados**;
- Selecione **Nova fonte de dados** na caixa de combinação **Fonte de dados** para abrir a caixa de diálogo **Criar fonte de dados**;
- Digite **jdbc/controle** como o **Nome JNDI** e selecione **Nova conexão com banco de dados**;

Aparecerá uma janela na qual você deverá digitar os dados de conexão com o servidor MySQL. Digite os seguintes conteúdos para os campos presentes nessa janela:

Nome do driver: selecione **MySQL (Connector/J driver)**.
Host: digite **localhost**.

Porta: digite **3306** ou outra porta na qual seu MySQL responde às requisições.

Banco de dados: digite o nome do banco de dados MyQL.

Usuário: digite o nome do seu usuário MySQL.

Senha: digite sua senha de acesso ao banco de dados.

- Clique no botão **Ok** para fechar a janela e voltar para o assistente;
- Clique no botão **Ok** novamente para prosseguir. Note que as tabelas do banco de dados já aparecem na divisão da esquerda da janela;
- Clique no botão **Adicionar todos** para selecionar todas as tabelas contidas no banco de dados.
- Clique no botão **Avançar**.
- Digite **entitybeans** como nome do pacote em que as classes de entidade serão criadas. Verifique se a caixa de verificação para gerar as consultas nomeadas está marcada;
- Clique no botão **Criar unidade de persistência** para abrir a caixa de diálogo **Criar unidade de persistência**;
- Clique no botão **Próximo**;
- Mantenha os valores padrão na página **Opções de mapeamento do assistente**. Clique no botão **Finalizar**.

Quando você utiliza o assistente para criar as classes de entidade a partir das tabelas do banco de dados o NetBeans examina os relacionamentos existentes entre as tabelas do banco de dados. Na aba **Projetos**, se você expandir o nó do pacote **entitybeans**, poderá ver que o NetBeans criou uma classe de entidade para cada tabela do banco.

6.25.3 Gerando as páginas XHTML/JSF a partir das classes de entidade

Agora que as classes de entidade foram criadas, criaremos a interface web para incluir, alterar, excluir e consultar os dados. Usaremos o **Assistente para páginas JSF de classes de entidade** para gerar as páginas XHTML com *tags* JSF. O assistente utiliza as anotações nas classes de entidade para gerar as páginas web da aplicação.

Para cada classe de entidade o assistente gera:

- Um *bean* de sessão sem estado para a criação, recuperação, modificação e remoção de instâncias de entidade;

- Um *bean* gerenciado no escopo da sessão JSF;
- Um diretório contendo quatro páginas XHTML com Facelets JSF para os recursos CRUD (Create.xhtml, View.xhtml, Edit.xhtml e List.xhtml);
- Classes utilitárias usadas pelos *managed beans* JSF (**JsfUtil.java** e **PaginationHelper.java**) ;
- Um conjunto de propriedades para mensagens localizadas e uma entrada correspondente no arquivo de configuração Faces do projeto (um arquivo **faces-config.xml** é criado, caso um já não exista);
- Um arquivo de folha de estilos padrão para formatar os componentes das páginas;
- Um arquivo de modelo (template.xhtml) Facelet utilizado para definir o *layout* das páginas.

Para gerar as páginas XHTML com JSF siga os seguintes passos:

- Na janela Projetos, clique com o botão direito do mouse no nome do projeto e escolha **Novo** e **Outro**. Em seguida, selecione a categoria **JavaServer Faces** e **Páginas JSF das classes de entidade**; A divisão **Classes de entidade disponíveis** apresenta duas classes de entidade contidas neste projeto (**entitybeans.Departamento** e **entitybeans.Funcionario**);
- Clique no botão **Adicionar todos** para mover todas as classes para a divisão à direita nomeada de **Classes de entidade selecionadas**.;
- Clique no botão **Avançar**;
- Na terceira etapa do assistente, **Gerar classes e páginas JSF**, digite **session** no **Pacote de** *Bean* **de sessão JPA** e **jsf** para o pacote de classes JSF;
- **No campo Nome do pacote de localizações, d**igite **/recursos/Propriedades.** Isso gerará um pacote denominado **recursos** no qual estará o arquivo **Propriedades.properties**. Se você deixar esse campo em branco, o conjunto de propriedades será criado no pacote padrão do projeto;
- Para que o NetBeans ajuste melhor as convenções do projeto, você pode personalizar qualquer arquivo gerado pelo assistente. Para isso, clique no *link* **Personalizar modelo** para modificar os modelos de arquivo usados pelo assistente. Em geral, você pode acessar e fazer alterações em todos os modelos mantidos pelo

NetBeans utilizando o **Gerenciador de modelos** (Ferramentas > Modelos).

– Clique no botão **Finalizar**.

O NetBeans gera os *beans* de sessão sem estado no pacote **session** e os *beans* gerenciados (*managed beans*) com escopo de sessão JSF no pacote **jsf**. Cada *bean* de sessão sem estado (@Stateless) manipula as operações da classe de entidade correspondente, incluindo a criação, edição e exclusão de instâncias da classe de entidade por meio da API de persistência Java. Cada managed *bean* JSF implementa a interface **javax.faces.convert.Converter** e realiza as tarefas de conversão das instâncias da classe de entidade correspondente para objetos **String** e vice-versa.

Expanda, na aba **Projetos**, o nó Páginas da Web. É possível observar que o NetBeans criou uma pasta de cada uma das classes de entidade, ou seja, uma pasta **departamento** e uma pasta **funcionario**. Cada pasta contém os arquivos Create.xhtml, Edit.xhtml, List.xhtml e View.xhtml. O NetBeans também modificou o arquivo **index.xhtml** tornando-o uma página de menu de acesso ao sistema.

Observe na pasta **Páginas Web**, na aba **Projetos**, que foi criada uma pasta **resources** e uma subpasta **css**. Nessa subpasta foi criado um arquivo de folha de estilo **jsfcrud.css** padrão. Se abrir a página **index.xhtml** ou o arquivo de modelo Facelets (template.xhtml) no editor, você verá que esses arquivos contêm uma referência ao arquivo de folha de estilos (**<h:outputStylesheet name="css/jsfcrud.css"/>**).

O assistente gerou também o arquivo de configuração **faces-config.xml** a fim de registrar a localização do conjunto de propriedades. Se expandir o nó **Arquivos de configuração** na aba **Projetos** e abrir o arquivo **faces-config.xml** no editor XML, você verá que o seguinte bloco de código foi incluído:

```
<application>
  <resource-bundle>
     <base-name>/recursos/Propriedades</base-name>
     <var>bundle</var>
  </resource-bundle>
</application>
```

Se você expandir o nó do pacote **recursos**, encontrará o arquivo Propriedades.properties que contém mensagens no idioma inglês. As mensagens definidas nesse arquivo foram obtidas dos atributos das classes de entidade.

6.25.4 Executando o aplicativo

Para executar o projeto, clique com o botão direito do mouse no nó do projeto na aba **Projetos** e escolha a opção **Executar** ou clique no botão **Executar projeto** na barra de ferramentas principal. Quando a página de boas-vindas do aplicativo (**index.xhtml**) é exibida, aparecem dois *links*, um para listar os departamentos e outro para listar os funcionários cadastrados. Esses *links* permitem visualizar as entradas contidas em cada uma das tabelas do banco de dados.

6.26 Considerações Finais

JSF é um poderoso *framework* para Java que cada vez mais vem substituindo o Struts por ter nascido mais maduro e incorporar e integrar um maior conjunto de recursos. O Struts não deve deixar de existir, entretanto as aplicações web desenvolvidas com Struts devem aos poucos serem migradas para o JSF, pois ele possui um conjunto de bibliotecas de *tags* para gerar a interface do usuário juntamente com JSTL e XHTML e permite a fácil integração dos formulários com *beans* de entidade, facilitando o uso de APIs como JPA e EJB. Não é uma "bala de prata" para solucionar todos os problemas de desenvolvimento de software para web, entretanto, permite o desenvolvimento de aplicações simples e/ou complexas geralmente com redução do número de linhas de código, maior facilidade na manutenção, flexibilidade e integração com tecnologias mais complexas.

6.27 Resumo

JavaServer Faces (JSF) é um *framework* utilizado no desenvolvimento de aplicações web com Java que utiliza o *design pattern* MVC.

Possui recursos como:

- Um conjunto de bibliotecas de *tags* para criar a interface do usuário;

- Permite o uso de bibliotecas JSTL;
- Integra-se facilmente com recursos AJAX;
- Facilita a conversão e formatação de valores;
- Possui suporte à internacionalização;
- Permite o tratamento de eventos de forma facilitada.

No componente **Controller** do MVC traz a servlet **FacesServlet** para controlar o fluxo de navegação da aplicação que é configurado em um arquivo chamado **faces-config.xml**.

Os campos dos formulários da interface do usuário são integrados facilmente com atributos de *beans* de apoio, como os *beans* gerenciados (*managed beans*), o que facilita a captação dos dados de entrada e a devolução de dados do servidor para a interface do usuário.

JSF integra-se facilmente com EJB 3 e JPA, permitindo a utilização de anotações (annotations) para simplificar e reduzir o número de linhas de código.

O IDE NetBeans possui um conjunto de assistentes que auxiliam na geração de componentes de uma aplicação desenvolvida com JSF. Entre esses componentes destacam-se assistentes para a conexão com o banco de dados, geração de classes de entidade a partir de tabelas do banco de dados, geração de componentes JSF a partir de classes de entidade etc. Com o auxílio desses assistentes é possível reduzir o tempo de desenvolvimento da aplicação.

JSF está, aos poucos, substituindo o Struts por ser uma evolução natural desse *framework*.

6.28 Exercícios

01. O que é JSF?
02. Como é possível evitar o uso de *scriptlets* Java nas páginas quando se utiliza JSF?
03. Quais são os dois componentes principais do JSF?
04. Que componente JSF está disponível automaticamente no **Controller** do MVC?
05. Qual a finalidade da **FacesServlet**?
06. Qual é a finalidade dos arquivos de configuração de uma aplicação criada com JSF?
07. O que são os Renders da arquitetura JSF?

08. O que são os *managed beans* da arquitetura JSF?
09. O que são os Converters e Validators da arquitetura JSF?
10. Cite três principais vantagens do uso de JSF.
11. Qual a finalidade do arquivo **faces-config.xml**?
12. Qual a finalidade do arquivo **web.xml**?
13. Quais são as principais bibliotecas de *tag* JSF?
14. Para que serve a biblioteca de *tags* JSF html e qual a diretiva utilizada para referenciá-la na página?
15. Para que serve a biblioteca de *tags* JSF Facelets e qual a diretiva utilizada para referenciá-la na página?
16. Para que serve a biblioteca de *tags* JSF core e qual a diretiva utilizada para referenciá-la na página?
17. Quais as duas formas de referenciar as bibliotecas JSF nas páginas web?
18. Quais são as etapas fundamentais do processo de desenvolvimento de uma aplicação web com JSF?
19. JSF permite internacionalização da aplicação? Justifique.
20. Quais são as formas de validação de dados de entrada do usuário em formulário disponibilizadas pelo JSF?
21. Quais são as formas de conversão de dados de entrada do usuário em formulário disponibilizadas pelo JSF?
22. O que são Facelets?
23. Quais são as características de uma aplicação que utiliza Facelets JSF?
24. Quais são as vantagens do uso de Facelets JSF?
25. Uma aplicação construída com JSF suporta as bibliotecas de *tags* JSTL?
26. Qual a vantagem em se utilizar templates criados com a biblioteca JSF Facelets?
27. Para que serve a Expression Language (EL) JSF?
28. Para que serve a propriedade rendered, utilizada em diversas *tags* da biblioteca JSF html?
29. Para que servem as *tag*s dataTable e panelGrid da biblioteca de *tags* JSF html?
30. Qual a finalidade do Spring e do EJB em uma aplicação?
31. Qual a relação existente entre JSF, Spring, EJB e JPA?
32. Quais são os tipos de controle de transações JPA?
33. Onde é definido o tipo de controle de transações JPA?

34. Cite os principais recursos e benefícios do EJB 3.
35. O que é um servidor de aplicações Java EE?
36. O que são *entity beans* ou classes de entidade?
37. O que é Entity Manager?
38. O que são objetos persistentes?
39. O que é Unidade de Persistência e onde ela fica localizada em um projeto web que utiliza JPA?
40. O que é Contexto de Persistência?
41. O que são annotations Java EE?
42. Para que serve a Injeção de Dependência e qual sua vantagem?
43. O que é CDI?
44. O que são *queries* nomeadas? Dê um exemplo:
45. O que é uma declaração de escopo do *managed bean*?
46. Quais são as principais anotações para declarar o escopo dos managed *beans*?
47. Para que serve a anotação @SessionScoped?
48. O que é CRUD?

CAPÍTULO 7 - O FUTURO DO DESENVOLVIMENTO DE SOFTWARE – FERRAMENTAS DE APOIO AO DESENVOLVIMENTO RÁPIDO DE SOFTWARE

A revolução causada pelos PCs, mais especificamente a partir da segunda metade na década de 80 deu origem a um cenário de desenvolvimento de softwares voltados para microcomputadores baseado na programação estruturada. Nesse tipo de programação, extensos programas eram criados com milhares de linhas de código em um ou poucos arquivos de programas. O reaproveitamento de código era conseguido por meio do acesso a rotinas (funções) chamadas em diversos pontos de um ou vários programas. Era fantástico, um programa Basic com três mil linhas e desvios condicionais que permitiam o reaproveitamento de blocos de código em um programa de jogo semelhante aos existentes no inesquecível Atari.

Com a evolução natural das linguagens e o surgimento de novos paradigmas como o da Orientação a Objetos, a reutilização de código e manutenção ficou mais fácil e intuitiva e ganhos de produtividade passaram a ser conseguidos principalmente em grandes e complexas aplicações.

Mesmo com essa evolução natural, por mais de uma década e meia todo o esforço de programação foi concentrado na habilidade do programador em gerar código. Ainda hoje, muitas empresas relutam em utilizar ferramentas para auxiliar no desenvolvimento do software e consequentemente acelerar o desenvolvimento. A justificativa normalmente é que essas ferramentas, geralmente conhecidas como ferramentas CASE, geram códigos desnecessários que normalmente acarreta um maior esforço de processamento deixando a aplicação mais lenta. De fato essa justificativa é em parte verdadeira, entretanto, nas últimas décadas os recursos de processamento e memória cresceram e baratearam exponencialmente minimizando os efeitos negativos do excesso de código gerado por tais ferramentas.

Outra justificativa normalmente apresentada para a não utilização de ferramentas CASE é que tais ferramentas não possuem nível de inteligência suficiente e equivalente a do ser humano, gerando softwares com falhas que poderiam ser evitadas. Vale lembrar que as ferramentas CASE não geram o software sozinhas, elas geram o banco de dados e/ou o software a partir de um modelo que abstrai os requisitos coletados. Se esses requisitos forem coletados, analisados e inseridos de forma incorreta no modelo, consequentemente isso maximiza a possibilidade do produto final ser gerado com sérios problemas.

Apesar das limitações, nos últimos anos essas ferramentas estão sendo desenvolvidas já dotadas de um bom nível de inteligência, corrigindo nas novas versões, erros de versões anteriores. Algumas dessas ferramentas têm apresentado resultados bastante positivos.

Nesse cenário, a função do programador está mudando. De um gerador de código, a partir da análise do sistema, o programador está se tornando um integrador de sistemas complexos compostos por vários subsistemas geralmente desenvolvidos em plataformas de programação, banco de dados e sistemas operacionais diferentes. A geração do banco de dados e do sistema está ficando cada vez mais a cargo de ferramentas. Nessas ferramentas, o programador passa a ser um especialista nos procedimentos necessários para gerar, manter, sincronizar e configurar recursos.

Segundo Johnson (2010) em seu artigo "A Futilidade da Codificação", utilizar ferramentas que auxiliam na geração do código fonte da aplicação pode ser um bom negócio não somente pelo tempo poupado no desenvolvimento do código, mas também pelo fato de que:

- Projetos de programação de computador são conhecidos por suas taxas de insucesso e muitos desses problemas podem ser ligados ao grande esforço necessário para escrever um programa que funcione;
- As empresas rotineiramente tentam resolver problemas de negócios, pela escrita de milhões de linhas de código de computador, mas não estão obtendo sucesso com isso;
- É difícil encontrar pessoas em um departamento de TI que são realmente capazes de programar.

Johnson (2010) afirma que apesar das enormes mudanças que ocorreram desde que a computação eletrônica foi inventada na década de 1950, algumas coisas permanecem obstinadamente iguais. Em particular, a maioria das pessoas não pode aprender a programar: entre 30% e 60% das matrículas nos departamentos de ciência da computação de cada universidade falham no primeiro curso de programação. Professores experientes estão cansados, mas nunca esquecem esse fato; novatos empolgados que acreditam que os antigos devem ter feito errado aprendem a verdade da experiência amarga e assim tem sido durante quase duas gerações, desde que o tema começou na década de 1960.

Apesar de parecer atrativa a utilização de ferramentas de desenvolvimento acelerado que geram código automaticamente, é importante lembrar que essas ferramentas têm, geralmente, um alto custo de licença, exigem treinamento especializado e geralmente não atendem 100% as expectativas dos desenvolvedores. É necessária uma análise detalhada dos recursos oferecidos e das vantagens e desvantagens que essas ferramentas proporcionam.

Esse capítulo apresenta algumas das principais ferramentas de apoio ao desenvolvimento de software como Genexus, ERWin, DBDesigner, MySQL Workbench e DreamWeaver.

Ferramentas CASE

Segundo a Wikipedia.org, Ferramentas CASE (do inglês Computer-Aided Software Engineering) é uma classificação que abrange todas ferramentas baseadas em computadores que auxiliam atividades de engenharia de software, desde análise de requisitos e modelagem até programação e testes. Podem ser consideradas como ferramentas automatizadas que tem como objetivo auxiliar o desenvolvedor de sistemas em uma ou várias etapas do ciclo de desenvolvimento de software.

7.1 Ferramentas Rapid Application Development

As ferramentas Rapid Application Development (RAD) conhecidas como Ferramentas de Desenvolvimento Acelerado de software são utilizadas para gerar o software automaticamente a partir, por exemplo, de modelos de dados. Nesse tópico são apresentados o Genexus da ARTech e iBOLT e uniPaaS da Magic Software.

7.1.1 Genexus

Segundo Santos (2010), o GeneXus foi criado em 1984 quando Breogán Gonda e Nicolás Jodal (presidente e vice-presidente da ARTech) enfrentavam um grande desafio em São Paulo, Brasil. Tratava-se de um projeto de reengenharia com mainframes na empresa Alpargatas.

Na primeira análise constataram que precisavam de umas 700 tabelas, algo que era impossível de manter para um projeto de um ano e duas pessoas naquela época.

Quando buscaram uma forma de realizar esse projeto, descobriram a "Geração inteligente da aplicação, baseada em conhecimento", em outras palavras, criaram o GeneXus, uma ferramenta de desenvolvimento multiplataforma, na qual o Analista, tem seu foco no conhecimento do negócio, deixando a programação de baixo nível para o Genexus.

O GeneXus pertence a uma categoria de software conhecida como Ferramenta de Desenvolvimento Acelerado (Rapid Application Development - RAD) e também pode ser considerado uma ferramenta CASE. É uma ferramenta multiplataforma que permite a geração e manutenção automáticas de aplicações. O GeneXus incorpora uma tecnologia que permite ao desenvolvedor capturar os requerimentos dos usuários de forma independente da plataforma de execução e daí gerar 100% da aplicação. Com isso, a ferramenta permite o desenvolvimento de aplicativos, seu gerenciamento e manutenção de forma rápida.

O GeneXus foca na visão de cada usuário do futuro sistema e, a partir daí, gera tanto a base de dados como os programas da aplicação sem que o desenvolvedor tenha de digitar scripts SQL e códigos de programa.

Com o GeneXus o programador, não precisa conhecer a fundo a linguagem de programação de baixo nível, uma vez que ele cria o código fonte necessário na linguagem desejada e a base de dados no Sistema Gerenciador de Banco de dados escolhido.

O Genexus conta com três ambientes: desenho, protótipo e produção. A ideia é automatizar a normalização e a manutenção da base de dados e a programação.

Em 1989 lançaram no mercado a primeira versão de GeneXus, com geradores de código de programa para COBOL e RPG para AS/400. Hoje, o GeneXus gera aplicações para as principais plataformas de software: Java, .NET, dispositivos móveis .NET etc., para os sistemas operativos Windows, Unix, Linux e OS/400. Suporta as bases de dados mais populares do mercado como DB2, Oracle, SQL Server, PostgreSQL, mySQL etc.

Um dos pontos que mais se destacam no GeneXus é a facilidade de passar um software de uma plataforma para outra e/ou de uma arquitetura a outra em pouco tempo.

Uma versão de teste de 60 dias do genexus está disponível para download no endereço seguinte:

<http://www.genexus.com/portal/hgxpp001.aspx?2,61,1055,O,E>.

Já para comprar a ferramenta você pode obter a lista de fornecedores em seu país no endereço seguinte:

<http://www.genexus.com/portal/hgxpp001.aspx?2,61,1035, O,E,0, MNU;E;227;3;MNU;>.

7.1.2 Magic Software iBOLT e uniPaaS

As ferramentas da Magic Software são utilizadas no desenvolvimento acelerado de software e são concorrentes do GeneXus da Artech.

A Magic Software foi a empresa pioneira na utilização de plataformas de codificação pré-programada, ou plataformas de aplicações baseadas em metadados.

É uma empresa israelense que produz e comercializa as ferramentas uniPaaS e iBOLT.

O uniPaaS é uma ferramenta que gera código a partir da utilização de menus, drop-downs, caixas de diálogo e desenho de formulários. Segundo Johnson (2010) é fácil ver o que está fazendo nesse tipo de abordagem. Não é apenas mais fácil de ver porque é legível, é também fácil de ver porque há menos instruções necessárias. A aplicação uniPaaS aproveita as capacidades nativas da própria plataforma, que encapsula recursos que de outra forma teriam de ser escritos e mostradas como milhares de linhas de código. Além disso, o uniPaaS prevê a execução imediata do programa, ainda no ambiente de projeto. O paradigma orientado a tabelas do uniPaaS resulta em programação que oferece resultados instantâneos. O que se segue à invocação de um programa baseado em tabelas é um processo interativo de refinamento. Os dados, a lógica e as camadas de interface do usuário de um aplicativo são bem organizados e facilmente manipulados. Processos complexos que são difíceis de visualizar devido ao número de etapas complexas inter-relacionadas, tais como o projeto de um Web Service, são gerenciados por um programador uniPaaS pela utilização de assistentes que fornecem uma abordagem de diálogo que elimina a necessidade de ler e escrever detalhadas instruções codificadas.

Já o iBOLT é uma ferramenta da Magic Software que integra aplicações corporativas de software rapidamente incluindo SAP, Oracle JD Edwards, Lotus Notes, Microsoft Office, IBM i (AS/400), HL7, Google Apps, CIGAM, Totvs, Benner, Senior, ABC71 Omega etc.

O iBOLT é uma ferramenta de código aberto que permite criar processos de negócio simples e complexos arrastando, soltando e configurando componentes ao invés de criar páginas e páginas de código de programa.

O iBOLT, através de ODBC, conecta várias tecnologias entre elas o MySQL. Para vários outros SGBDs como Oracle, MS-SQL, DB2, Db2/400, etc. há um conector próprio que dispensa o ODBC.

Para obter as ferramentas iBOLT e uniPaaS da Magic Software entre no endereço <http://blog.magicsoftware.com.br/about>.

7.2 Ferramentas CASE para criação de banco de dados

As ferramentas CASE apresentadas nesse tópico criam o banco de dados a partir do desenho de um modelo de dados ou o modelo a partir de um banco de dados existente. São apresentadas as ferramentas Erwin, DBDesigner e MySQl Workbench.

7.2.1 ERwin

CA ERwin Data Modeler, antigamente chamado de AllFusion ERwin Data Modeler e mais conhecido como ERWin é uma ferramenta case da Computer Associates utilizada para a modelagem de sistemas de informação.

Essa ferramenta permite que você desenhe o modelo de dados numa abordagem lógica e física (MER - Modelo Entidade-Relacionamento) e a partir do modelo gere automaticamente o banco de dados, as tabelas e os relacionamentos utilizando os principais Sistemas Gerenciadores de Banco de Dados (SGBD) existentes, como Oracle, SQL Server etc. Após concluir o desenho do modelo, basta selecionar o SGBD de sua preferência que o banco de dados será gerado automaticamente pelo assistente. É possível também fazer o processo reverso, ou seja, a partir de um banco de dados existente, gerar o modelo de dados. Essa técnica é conhecida como engenharia reversa.

O ERwin permite criar o modelo lógico de dados. Nessa perspectiva, o modelo de dados representa os requisitos de negócio como entidades, atributos etc.

Permite criar também o modelo físico de dados. Nessa perspectiva, o modelo de dados representa estruturas físicas, como tabelas, colunas, tipos de dados etc. Permite ainda que muitos usuários trabalhem com um mesmo modelo de dados simultaneamente.

Além de gerar e comparar modelos de dados o Erwin permite ainda criar relatórios nos formatos .html, .rtf, e .txt. Os modelos criados podem ser abertos e salvos em diversos tipos de arquivos como .er1, .ert, .bpx, .xml, .ers, .sql, .cmt, .df, .dbf e .mdb.

Uma versão de teste de 15 dias do CA ERwin Data Modeler r7.3 está disponível no endereço <http://www.ca.com/us/collateral/trials/na/ca-erwin-data-modeler-r73-evaluation-software.aspx>.

Já para comprar a ferramenta você pode visitar o endereço <http://shop.erwin.com>.

7.2.2 DBDesigner

Segundo FabFoirce.net (2003), o DBDesigner é um sistema de design de banco de dados de uso livre que integra projeto, modelagem, criação e manutenção de banco de dados. É suportada pelos sistemas operacionais Windows e Linux e desenvolvida e otimizada para bancos de dados MySQL.

O DBDesigner está disponível para download gratuitamente e possui licença pública GNU GENERAL PUBLIC LICENSE. Há suporte público gratuito durante a fase de beta teste no site da Fabulous Force Database Tools (www.fabforce.net).

No DBDesigner você geralmente cria um modelo e a partir do modelo gera automaticamente toda a estrutura do banco de dados MySQL. Um modelo é uma visualização de meta informações armazenadas em um banco de dados (tabelas, índices, relações etc). É possível armazenar dados iniciais para cada tabela diretamente no modelo, representando apenas os metadados, não os dados propriamente ditos.

No DBDesigner é possível implementar o banco de dados, as

tabelas, os índices e as relações a partir de um modelo ou vice-versa em um processo de engenharia reversa.

Após criar o modelo de dados, é possível gerar um script SQL para ser executado no MySQL ou criar o banco de dados diretamente usando a função de sincronização do DBDesigner. Essa função também pode ser utilizada para alterar automaticamente o banco de dados quando o modelo for alterado.

O modelo criado no DBDesigner pode ser salvo no formato XML ou pode ser armazenado diretamente dentro do banco de dados habilitando acesso distribuído ao modelo.

O DBDesigner pode ser baixado gratuitamente no endereço <http://www.fabforce.net/downloads.php>.

7.2.3 MySQL Workbench

Segundo Hinz et. al., o MySQL Workbench é uma ferramenta gráfica para trabalhar com servidores de banco de dados e banco de dados MySQL. É suportado pelas versões do MySQL de 5.0 em diante. Possui funcionalidades para trabalhar com modelagem de dados, desenvolvimento SQL e administração de servidores de banco de dados MySQL.

Entre outras coisas o MySQL Workbench permite criar modelos de banco de dados graficamente, e a partir do modelo, criar o banco de dados e vice-versa. Possui um editor de tabelas que permite usar recursos para editar tabelas, colunas, indices, triggers, particionamento, inserts, privilégios de acesso, rotinas e Views. Além disso, permite a criação e o gerenciamento de conexões com servidores de banco de dados MySQL, configuração de parâmetros de conexão, execução de consultas SQL, criação e administração de instâncias do servidor etc.

O uso mais comum dessa ferramenta é para gerar o banco de dados MySQL a partir do desenho do modelo de dados. O processo de engenharia reversa também é permitido.

O MySQL Workbench está disponível em duas edições: Community Edition e the Standard Edition. O Community Edition está disponível gratuitamente. Já o Standard Edition é pago e fornece recursos adicionais para empresas, como geração de documentação de banco de dados etc.

O MySQL Workbench Community Edition pode ser baixado gratuitamente no endereço <http://dev.mysql.com/downloads/workbench/5.2.html>.

7.3 Frameworks

No desenvolvimento de software, *framework* pode ser considerado um conjunto de classes implementadas em uma linguagem específica, usadas para auxiliar o desenvolvimento do software. O *framework* traz implementado um conjunto de classes e/ou recursos que são comuns em aplicações de um domínio. Por exemplo, em aplicações web é comum a utilização de classes de controle de transações entre os componentes de interface do usuário e os componentes que acessam as bases de dados. Como essas classes são comuns nesse tipo de aplicação, foram desenvolvidos diversos *frameworks* como Struts e JavaServer Faces que trazem implementado esses componentes de controle.

Os *frameworks* podem proporcionar a redução do número de linhas de código necessárias para desenvolver uma aplicação, entretanto, a maioria dos programas deverão ser escritos pelos programadores que, além de saber uma linguagem de programação específica terão de estudar a documentação do *framework* para entender como integrar seus programas com os componentes pré-existentes do *framework*.

7.4 IDEs de desenvolvimento

Ambientes de desenvolvimento como o NetBeans IDE (para a plataforma Java), Visual Studio IDE (para plataforma Microsoft) e Dreamweaver IDE (para web), possuem assistentes e recursos que permitem desenvolver aplicações utilizando recursos gráficos que permitem arrastar e soltar componentes para os formulários de interface do usuário e gerar software baseados em ações "*Next, Next, Finish*". Nesse tópico serão apresentados os recursos dessas IDEs.

7.4.1 NetBeans IDE

Segundo NetBeans.org, o NetBeans IDE é um ambiente de desenvolvimento integrado, modular e baseado em padrões. O projeto do NetBeans consiste em um IDE de código-fonte aberto com recursos escrito na linguagem de programação Java e em uma plataforma que pode ser utilizada como uma estrutura genérica para construir qualquer tipo de aplicativo.

A Sun Microsystems criou o projeto NetBeans no ano 2000 e continua a ser o seu principal patrocinador. Atualmente existem dois produtos NetBeans: o IDE NetBeans (NetBeans IDE) e a Plataforma NetBeans (NetBeans Platform). Ambos os produtos são open source e livres para uso comercial e não comercial.

O NetBeans IDE é um ambiente de desenvolvimento - uma ferramenta para programadores, que permite escrever, compilar, depurar, instalar e gerar automaticamente programas através de assistentes. O IDE é completamente escrito em Java, mas pode suportar qualquer linguagem de programação. Existe também um grande número de módulos para extender as funcionalidades do IDE NetBeans.

A Plataforma NetBeans é uma base modular e extensível que pode ser usada como infraestrutura para a criação de grandes aplicações para desktop. Fabricantes parceiros podem fornecer plugins para serem facilmente integrados na Plataforma e que podem ser utilizados para desenvolver ferramentas e soluções próprias.

O NetBeans pode ser baixado gratuitamente no endereço <http://NetBeans.org/downloads/index.html>.

7.4.2 Visual Studio IDE

O Microsoft Visual Studio, atualmente na versão 2010, é um pacote de programas de uso pago, desenvolvido pela Microsoft para desenvolvimento de software utilizando o *framework* .NET (atualmente na versão 4). Permite a criação de softwares utilizando as linguagens C , C++, C#, J#, Visual Basic etc. Possui também a linguagem ASP .NET para o desenvolvimento de aplicações para web.

Há quatro edições do Visual Studio disponíveis para desenvolvimento: Professional, Premium, Ultimate e Test Professional.

Dentre os destaques do Visual Studio 2010 podem ser citados:

- Melhorias visuais e suporte a múltiplos monitores;
- Editor de códigos que permite ampliar o texto, realçar códigos etc;
- No Visual C# e Visual C++, a hierarquia de chamada permite navegar a partir de um membro para os membros chamados e dos mesmos chamados para o membro que realizou a chamada;
- Depuração em uma janela de *threads* redesenhada que fornece filtragem, pesquisa de chamadas de pilha, expansão e agrupamento;
- Gerenciamento de Ciclo de Vida do Aplicativo que inclui o controle de versão, acompanhamento de item de trabalho, criação automática de códigos fonte, um portal da equipe, relatórios,

business intelligence, Agile Planning Workbooks e gerenciamento de caso de teste;
- Suporte para geração de código melhorado por meio de uma melhor integração com o sistema de compilação. Assim que o código-fonte é gerado ele é atualizado após qualquer alteração no modelo de origem;
- Inclui aprimoramentos para o ADO.NET Entity *Framework* que diminuem ainda mais a quantidade de código e manutenção necessária para aplicativos orientados a dados;
- Inclui trechos de código para HTML, JScript e controles ASP.NET para aumentar a velocidade do desenvolvimento;
- Facilidade para empacotar e publicar a aplicação Web;
- Inclui novas funcionalidades para o ASP.NET e suporte para aplicações Web MVC;
- Após adicionar uma fonte de dados ao projeto é possível gerar controles do Windows Presentation Foundation (WPF) ligados aos dados arrastando itens da janela Data Sources para o WPF Designer;
- É possível escrever programas que distribuem trabalho para vários processadores sem ter de trabalhar diretamente com *threads* ou *pool* de *threads*;
- Inclui novas bibliotecas que oferecem suporte a tarefa e paralelismo de dados;
- Inclui ferramentas de computação em nuvem.

Uma versão de teste de 30 dias pode ser baixada no endereço <http://msdn.microsoft.com/pt-br/vstudio/bb984878.aspx>. Esse período pode ser extendido para 60 dias.

7.4.3 Dreamweaver IDE

O Adobe Dreamweaver, atualmente na versão CS5, é uma ferramenta proprietária da Adobe que possui recursos para a criação de sites baseados em padrões existentes no mercado com linguagens como HTML, XHTML, CSS, XML, JavaScript, Ajax, PHP, ColdFusion, ASP etc. É possível criar o site no modo visual ou diretamente no código, desenvolver páginas com sistemas de gerenciamento de conteúdo e realizar testes de compatibilidade de navegadores.

No Adobe Dreamweaver CS5 destaca-se os seguintes recursos:

- Permite o teste das páginas do site no Adobe BrowserLab, em vários navegadores e sistemas operacionais. É possível comparar as visualizações de navegador em tela inteira, lado a lado ou em camadas para obter uma melhor correspondência de pixels.
- É possível importar arquivos FLV diretamente no Dreamweaver e integrar um player skin de sua preferência.
- Possui suporte de criação de teste para estruturas de sistemas de gerenciamento de conteúdo como WordPress, Joomla! e Drupal.
- Suporta os recursos do HTML5.
- Exibe a sintaxe apropriada para funções PHP personalizadas.
- Permite a integração com Adobe Flash Professional, Fireworks, Photoshop Extended e serviços on-line do Adobe CS Live.
- Fornece dicas de codificação com HTML, JavaScript e as estruturas Ajax como Spry, jQuery e Prototype.
- Permite criar e desenvolver sites com poderosas ferramentas do CSS.
- Permite criar e desenvolver, em um ambiente compatível com a maioria das tecnologias de desenvolvimento, líderes na Web, incluindo HTML, XHTML, CSS, XML, JavaScript, Ajax, PHP, software Adobe ColdFusion e ASP.
- Permite configurar sites rapidamente, mesmo com vários servidores para sites em camadas ou em rede.

Para adquirir o DreanWeaver CS5 visite o endereço seguinte: <http://www.adobe.com/br/products/dreamweaver/whatisdreamweaver/>.

7.5 Integração de sistemas

Segundo Cummins (2002), a Enterprise Application Integration (EAI), que significa Integração de Sistemas Corporativos, envolve a captura e a transformação de dados, para um objetivo diferente. Esse termo passou a ser utilizado a partir da década de 90, quando surgiram várias aplicações para dar suporte a funções de negócio específicas, como fabricação, contabilidade, controle de funcionários etc. A instalação dessas aplicações normalmente passou a exigir a integração com sistemas legados[21] e surgiram várias ferramentas e outros recursos para fazer esse tipo de integração.

[21] Sistemas legados são sistemas computacionais que, apesar de serem bastante antigos, fornecem serviços essenciais.

A Internet e a World Wide Web, a partir da segunda metade da década de 90, permitiu que empresas se comunicassem diretamente com seus clientes e colaboradores e trocassem dados em meios heterogêneos onde muitas vezes há necessidade de integração.

Basicamente, a integração ocorre para que haja a transferência de dados entre aplicações e será necessária nos seguintes casos:

- Quando há necessidade de realizar troca de arquivos em formato de texto definido;
- Quando se necessita trocar dados entre bases de dados ou tabelas;
- Quando se deseja integrar aplicativos por meio da chamada a programas remotos os quais são responsáveis pela extração, envio/recebimento e persistência dos dados no sistema;
- Quando é necessário integrar aplicativos de mediação entre softwares orientados a mensagem, o qual é responsável pela entrega dos dados aos sistemas integrados.

No aspecto mais técnico da programação, a integração de sistemas pode ser necessária em casos como os apresentados a seguir:

- Quando se deseja integrar partes específicas de um sistema com um *framework*;
- Quando se deseja rodar uma aplicação em um servidor de aplicações específico ou migrar de um servidor de aplicação para outro;
- Quando se deseja mudar o SGBD utilizado na aplicação.

Nesses casos, a aplicação deve ter sido desenvolvida de forma a fornecer interfaces que permitam a integração no menor tempo e custo possíveis, sem a necessidade de modificar dezenas de linhas de código. Isso permite concluir que é necessário incluir as possibilidades de integração ainda no projeto do software.

7.5.1 XML

Segundo Teruel (2009), a XML é uma linguagem de marcação padronizada pela World Wide Web Consortium (W3C)[22] que pode ser utilizada na comunicação entre aplicações executadas em diferentes plataformas de hardware ou sistema operacional.

A linguagem Extensible Markup Language (XML) tornou-se o meio preferido de intercâmbio de dados entre empresas e sistemas. A XML possui um formato de dados com *tags* descritivas e um valor

[22] A W3C é uma organização que visa desenvolver padrões para a criação e a interpretação de conteúdos para a Web.

associado a cada *tag* e em cada documento XML pode ter seu conteúdo descrito por um Document Type Definition (DTD) que é utilizado para validar o documento XML.

Algumas das vantagens da XML são:

Possui conteúdo no formato texto contido em *tags* descritivas que podem ser interpretadas e transformadas em qualquer plataforma;

É compatível com o HyperText Transfer Protocol (HTTP) e pode atravessar firewalls.

Segundo Cummins (2002), a XML se tornou a sintaxe preferida para o intercâmbio de dados em um ambiente EAI, devido a sua flexibilidade de formato e possibilidade de transformação. A XML também se tornou a sintaxe preferida para trocas Business-to-Business (B2B) devido a sua capacidade de atravessar firewalls.

Cada vez mais a XML tem sido utilizada em lugar do Electronic Document Interchange (EDI). Cummins (2002) afirma que o EDI define documentos de campo fixo para comunicação em arquivos batch. Já a XML está associada com documentos flexíveis, autodocumentados à medida que ocorrem. Apesar das vantagens, a XML é menos eficiente em virtude do uso de *tags*, entretanto, a flexibilidade e a agilidade de entrega compensam o custo adicional.

7.6 Considerações Finais

Existe hoje no mercado um conjunto de ferramentas que facilitam o desenvolvimento de software. Dois desses principais grupos são as ferramentas de apoio ao desenvolvimento do banco de dados e as ferramentas geradoras de código fonte. Essas ferramentas agilizam o desenvolvimento na medida em que geram os scripts SQL e códigos de programa automaticamente, a partir dos metadados de um modelo que abstrai os requisitos do sistema. A maioria dessas ferramentas implementa os dois processos de engenharia, normal e reversa. Por exemplo, permitem desenvolver um banco de dados a partir de um modelo ou um modelo a partir de um banco de dados existente.

Apesar da agilidade proporcionada, essas ferramentas ainda estão em evolução e geram blocos de código muitas vezes desnecessários, que podem, em casos muito específicos, (como em dispositivos móveis com recursos limitados) ocasionar perda de performance.

Outro fator que vale lembrar é que muitas dessas ferramentas são pagas e a licença de uso é conseguida por preços bastante elevados.

As próprias IDEs de desenvolvimento trazem assistentes e outros recursos (como integração com *frameworks*) que geram códigos automaticamente. Na maioria das vezes é necessário integrar os códigos gerados automaticamente e produzidos pelo programador por meio de arquivos de configuração XML. A XML é a linguagem preferida para integrar sistemas de todos os tipos por ter seu conteúdo baseado em texto que passa facilmente pelos firewalls das redes de computadores. Por ser texto, o conteúdo de um documento XML pode ser recebido e interpretado por qualquer plataforma de hardware e/ou software.

7.7 Resumo

A evolução das tecnologias e dos sistemas de informação lançou no mercado nas últimas duas décadas uma infinidade de linguagens de programação, SGBD e aplicativos que nem sempre "conversam" entre si. Entretanto, o desenvolvimento de novos softwares quase sempre necessitam de integração com essa gama de tecnologias e com sistemas legados. Essa integração é conseguida utilizando-se, por exemplo, linguagens baseadas em texto, como XML.

Nesse novo cenário multitecnológico, o programador, que por muitas décadas foi um produtor incansável de milhares de linhas de código, passa a utilizar ferramentas para auxiliar no desenvolvimento da programação. Essas ferramentas geram códigos automaticamente a partir de modelos contendo de forma geralmente abstrata os requisitos do sistema. Seu papel passa a ser o de especialista no uso dessas ferramentas e integrador dos recursos do novo sistema e do sistema com outros sistemas já existentes na empresa.

Já o desenvolvedor do banco de dados, habituado à digitação de dezenas ou centenas de linhas de código em scripts SQL, passa a ser um especialista no uso de ferramentas que, a partir de um modelo de dados, gera automaticamente o banco de dados no SGBD de sua escolha.

De fato, cada vez mais esse tipo de ferramenta será utilizado, já que é cada vez mais difícil encontrar pessoas realmente capazes de programar de forma adequada para os níveis de complexidade exigidos nos sistemas atuais. No futuro, os processos de programação serão cada vez mais automatizados.

Neste capítulo foram apresentadas as ferramentas de apoio ao desenvolvimento de banco de dados, as ferramentas de desenvolvimento rápido de programas e as IDEs de desenvolvimento.

As ferramentas de apoio ao desenvolvimento de banco de dados apresentadas foram ERwin, DBDesigner e MySQL Workbench. Ambas geram o banco de dados a partir de um modelo de dados ou vice-versa.

ERwin é uma ferramenta paga que permite projetar um modelo de banco de dados numa abordagem lógica e física e, a partir do modelo, gerar o banco de dados nos principais SGBDs existentes no mercado como Oracle, SQL Server etc.

Já o DBDesigner e o MySQL Workbench são ferramentas gratuitas que suportam apenas o SGBD MySQL.

As ferramentas de desenvolvimento rápido de programas apresentadas foram GeneXus, iBOLT e uniPaaS.

O GeneXus permite, entre outras coisas, a partir do modelo de dados, gerar o banco nos principais SGBDs existentes e em seguida gerar a aplicação nas principais linguagens de programação do mercado. A codificação dos programas é gerada automaticamente.

O uniPaaS é uma ferramenta com características semelhantes a do GeneXus, que gera código a partir da utilização de menus, drop-downs, caixas de diálogo e desenho de formulários.

O iBOLT é uma ferramenta de integração que integra aplicações corporativas de software incluindo SAP, Oracle JD Edwards, Lotus Notes, Microsoft Office, IBM i (AS/400), HL7, Google Apps, CIGAM, Totvs, Benner, Senior, ABC71 Omega etc.

As IDEs de desenvolvimento apresentadas foram a do NetBeans, do Visual Studios e do Dreamweaver.

O NetBeans possui uma IDE gratuita para Java que integra servidores, *frameworks* e interface com outras linguagens. Permitem desenvolver programas Java e gerar código automaticamente utilizando assistentes.

O Visual Studio possui uma IDE paga que permite desenvolver aplicações nas linguagens de programação da plataforma Microsoft. Possui assistentes e recursos que auxiliam no desenvolvimento de softwares para ambiente Windows.

O Dreamweaver permite criar e desenvolver em um ambiente compatível com a maioria das tecnologias de desenvolvimento líderes na Web, incluindo HTML, XHTML, CSS, XML, JavaScript, Ajax,

PHP, software Adobe ColdFusion e ASP. É possível criar o site no modo visual (arrastando e soltando componentes para a tela ou usando assistentes) ou diretamente no editor de código fonte.

Além das ferramentas que geram códigos automaticamente e dos recursos de geração automática de código das IDES, os *frameworks* também auxiliam no desenvolvimento de software por trazer implementado um conjunto de classes e/ou recursos que são comuns em aplicações de um domínio. Assim, o desenvolvedor precisa apenas integrar seu código com os códigos predefinidos no *framework*.

Para integrar essa gama de tecnologias, componentes, servidores de aplicação, SGBD etc. é necessário não apenas habilidade para construir código, mas conhecimento de um conjunto de tecnologias relacionadas e das formas e recursos necessários para integrar essas tecnologias. Esse é o novo papel do programador. Uma das ferramentas mais utilizadas para integrar tecnologias é a linguagem XML, que por transportar e descrever conteúdo de texto, pode ser utilizado de forma quase irrestrita.

7.8 Exercícios

01. O que são Ferramentas Case?
02. Para que são utilizadas as Rapid Application Development (RAD)?
03. O que é GeneXus?
04. Porque o desenvolvedor não precisa conhecer a fundo uma linguagem de programação e um SGBD para desenvolver softwares utilizando o GeneXus?
05. O que é uniPaaS?
06. Defina iBOLT.
07. Para que o ERwin é utilizado?
08. O que é DBDesigner?
09. Como os *frameworks* auxiliam na programação?
10. Como as IDEs modernas auxiliam no desenvolvimento de softwares?
11. O que é Dreamweaver?
12. O que é Enterprise Application Integration (EAI)?
13. Para que ocorre a integração de sistemas e em que casos ela é necessária?
14. No aspecto técnico da programação, quando a integração de sistemas pode ser necessária?

15. Defina XML.
16. Quais são as vantagens da XML no aspecto da integração de sistemas?

REFERÊNCIAS BIBLIOGRÁFICAS

BAUER, Christian; King, Gavin. Java Persistence com Hibernate. Rio de Janeiro: Ciência Moderna, 2007.

BERNARD, Emmanuel; Ebersole, Steve; King, Gavin. Hibernate EntityManager:User guide. 2009.

BOOCH, Grady, RUMBAUGH, James, JACOBSON, Ivar. UML: Guia do usuário. Campus, 2005.

CUMMINS, Fred A. Integração de Sistemas: EAI - Enterprise Application Integration. Rio de Janeiro: Campus, 2002.

DEITEL, Harvey M.; DEITEL, Paul J. Java: Como programar. 6. ed. São Paulo: Pearson Prentice-Hall, 2005.

FAYAD, Mohamed; SCHMIDT, Douglas. Object-Oriented Application *Frameworks*. Communications of the ACM, New York, v. 40, n. 10, p. 32-38, Oct. 1997.

FOWLER, Martin. UML essencial: um breve guia para a linguagem-padrão de modelagem de objetos. Bookman, 2005.

GOMES, Yuri Marx P. Java na Web com JSF, Spring, Hibernate e NetBeans 6. Ciência Moderna, 2008.

KURNIAWAN, Budi. Struts 2 Projeto e Programação: Um tutorial. Ciência Moderna, 2008.

SOMMERVILLE, Ian. Engenharia de Software. 6. ed. Pearson Addison Wesley, 2003.

TERUEL, Evandro Carlos. Web Total: Desenvolva Sites com Tecnologias de Uso Livre. São Paulo:Erica, 2009.

REFERÊNCIAS NA WEB

ADOBE. O que é o Dreamweaver? Desenhe, desenvolva e mantenha sites com base em padrões e aplicativos. Disponível em : <http://www.adobe.com/br/products/dreamweaver/whatisdreamweaver/>. Acesso em: 23 nov. 2010.

BARTH, Carlos. Trabalhando com Interfaces. Disponível em<http://www.guj.com.br/article.show.logic?id=123>. Acesso em: 20 jul. 2010.

BEA WebLogic Server. OverView of EJB 3.0 Annotations. 2008. Disponível em: <http://download.oracle.com/docs/cd/E13222_01/

wls/docs100/ejb30/annotations.html>. Acesso em: 02 nov. 2010.

BRACHA, Gilad. Generics in the Java Programming Language. 2004. Disponível em: <http://java.sun.com/j2se/1.5/pdf/generics-tutorial.pdf>. Acesso em: 20 jul. 2010.

CARVALHO, Marlon. Spring *Framework*: Introdução. 2006. Disponível em: <http://imasters.uol.com.br/artigo/4497/java/spring_framework_introducao/>. Acesso em: 16 abr de 2010.

CORE J2EE Patterns. Application Service. Disponível em: <http://www.corej2eepatterns.com/Patterns2ndEd/ApplicationService.htm>. Acesso em: 26 jul. 2010.

________. Businesse Object. Disponível em: <http://www.corej2eepatterns.com/Patterns2ndEd/BusinessObject.htm>. Acesso em: 26 jul. 2010.

________. Session Facade. ________.e m: <http://www.corej2eepatterns.com/Patterns2ndEd/SessionFacade.htm>. Acesso em: 26 jul. 2010.

________. Session Facade. Disponível em: <http://java.sun.com/blueprints/corej2eepatterns/Patterns/SessionFacade.html>. Acesso em: 26 jul. 2010.

ECKEL, Bruce. The pattern concept. 2002. Disponível em: <http://jamesthornton.com/eckel/TIPython/html/Sect02.htm>. Acesso em: 10 abr de 2010.

FABFORCE.NET. Fabulous Force Database Tools. DBDesigner. 2003. Disponível em: <http://downloads.mysql.com/DBDesigner4/DBDesigner4_manual_1.0.42.pdf>. Acesso em: 27 nov. 2010.

GENEXUS - Grow thru knowledge - Xtend beyond technology. Disponível em:<http://www.genexus.com/portal/hgxpp001.aspx?2, 61,1006,O,P,0,MNU;E;226;1;236;2;MNU;,> Acesso em: 26 nov. 2010.

HEURYS. Genexus Distribuidor. Disponível em: <http://www.heurys.com.br/gxpbackend/hgxpp001.aspx?2,17,194,P,P,0,MNU;E;43;1;MNU>. Acesso em: 26 nov. 2010.

HINZ, Stefan; DUBOIS, Paul; STEPHENS, Jonathan; BROWN, Martin; BEDFORD, Anthony; RUSSELL, John. Chapter 1: MySQL Workbench Introduction. Disponível em: <http://dev.mysql.com/doc/workbench/en/wb-intro.html>. Acesso em: 27 nov. 2010.

JENDROCK, Eric; BALL, Jennifer; CARSON, Debbie ; EVANS,

Ian; FORDIN, Scott; HAASE, Kim. The Java EE 5 Tutorial. Disponível em: <http://download-llnw.oracle.com/javaee/5/tutorial/doc/bnakc.html>. Acesso em: 28. jul. 2010.

_________. The Java EE 5 Tutorial. Disponível em: <http://download.oracle.com/javaee/5/tutorial/doc/>. Acesso em 16 ago. 2010.

JAVA Source and Support. JSTL. Disponível em: <http://www.java2s.com/Tutorial/Java/0380__JSTL/Catalog0380__JSTL.htm>. Acesso em: 26 jul. 2010.

JOHNSON, Glenn. A Futilidade da Codificação. 2010. Disponível em <http://blog.magicsoftware.com.br>. Acesso em: 25 nov. 2010.

JSFTOOLBOX. JSF *Tag* Library Documentation. Disponível em: <http://www.jsftoolbox.com/documentation/help/12-*Tag*Reference/index.jsf>. Acesso em: 15 nov. 2010.

King, Gavin ; Bauer, Christian ; Andersen, Max Rydahl ; Bernard, Emmanuel ; Ebersole, Steve. Hibernate Reference Documentation. V3.5.1. 2009. Disponível em <http://docs.jboss.org/hibernate/core/3.5/reference/en-US/html_single/ >. Acesso em: 25 jun. 2010.

KOLB, Mark. A JSTL primer, Part 3: Presentation is everything - Formatting and internationalization through custom *tags*. Disponível em <http://www.ibm.com/developerworks/java/library/j-jstl0415/>. Acesso em: 30 jul. 2010.

LEARNDATAMODELING. ERwin tutorial. Disponível em: <http://www.learndatamodeling.com/erwin1.htm> Acesso em: 26 nov. 2010.

LINHARES, Maurício. Introdução ao Hibernate 3. 2006. Disponível em: <http://www.guj.com.br/content/articles/hibernate/intruducao_hibernate3_guj.pdf>. Acesso em: 17 abr de 2010.

MSDN. Visual Studio 2010 Product Highlights. Disponível em <http://msdn.microsoft.com/pt-br/library/dd547188.aspx>. Acesso em: 20 Nov 2010.

NetBeans.ORG. Introdução à tecnologia Java EE 5. 2010. Disponível em: <http://NetBeans.org/kb/docs/javaee/javaee-intro_pt_BR.html>. Acesso em: 26 out. 2010.

______ Trabalhando com injeção e qualificadores no CDI. Disponível em: <http://NetBeans.org/kb/docs/javaee/cdi-inject_pt_BR.html>. Acesso em: 26 out. 2010.

______ Trilha do aprendizado do Java EE e Java Web. Disponível em:

<http://NetBeans.org/kb/trails/java-ee_pt_BR.html> Acesso em: 01 nov. 2010.

_______ Gerando um aplicativo CRUD JavaServer Faces 2.0 de um banco de dados. Disponível em <http://NetBeans.org/kb/docs/web/jsf20-crud_pt_BR.html>. Acesso em: 22 nov. 2010.

OLIVEIRA, E.C.M. Introdução a *Design Patterns*. São Paulo, 2004. Disponível em: <http://www.linhadecodigo.com.br/artigo/345/introducao-a-design-patterns.aspx>. Acesso em: 15 abr de 2010.

ORACLE. The Java EE 5 Tutorial. Disponível em:<http://download.oracle.com/docs/cd/E17477_01/javaee/5/tutorial/doc/bnakc.html>. Acesso em: 26 jul. 2010.

________. The Java EE Tutorial. JavaServer Faces Technology. 2010. Disponível em: <http://download.oracle.com/javaee/6/tutorial/doc/gjddd.html>. Acesso em: 21 set. 2010.

________. The Java EE 6 Tutorial. Using Bean Validation. Disponível em <http://download.oracle.com/javaee/6/tutorial/doc/gircz.html>. Acesso em: 19 nov. 2010.

PITANGA, Talita. JavaServer Faces: A mais nova tecnologia Java para desenvolvimento WEB. 2008. Disponível em: <http://www.guj.com.br/content/articles/jsf/jsf.pdf>. Acesso em: 16 abr de 2010.

RICARTE, Ivan Luiz Marques. Interface. Disponível em <http://www.dca.fee.unicamp.br/cursos/PooJava/classes/interface.html>. Acesso em 19 jul. 2010.

SANTOS, Fabricio de los. Filosofia Ágil - Genexus. 2010. Disponível em: <http://www.fabriciodelossantos.com/genexus.html>. Acesso em: 26 nov. 2010.

SEAMFRAMEWORK.ORG. *Bean*s. Disponível em: <http://docs.jboss.org/weld/reference/snapshot/pt-BR/html/1.html> Acesso em: 02 nov. 2010.

SUN Microsystems. Core J2EE Patterns - View Helper. Disponível em <http://java.sun.com/blueprints/corej2eepatterns/Patterns/ViewHelper.html>. Acesso em: 22 jul. 2010.

______. Data Access Object. Disponível em: <http://java.sun.com/blueprints/patterns/DAO.html>. Acesso em: 24 jul. 2010.

______. Intercepting Filter. Disponível em: <http://java.sun.com/blueprints/patterns/InterceptingFilter.html>. Acesso em: 26 jul. 2010.

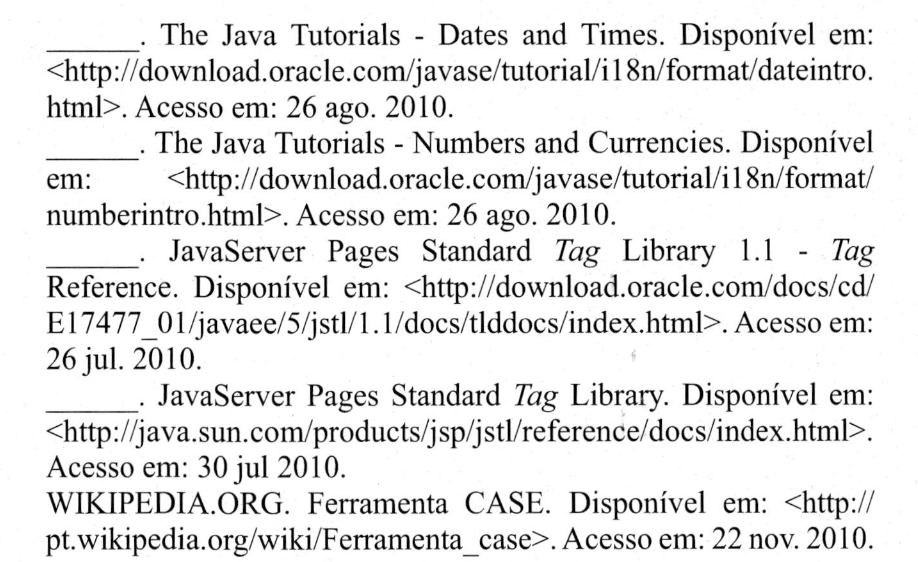

______. The Java Tutorials - Dates and Times. Disponível em: <http://download.oracle.com/javase/tutorial/i18n/format/dateintro.html>. Acesso em: 26 ago. 2010.

______. The Java Tutorials - Numbers and Currencies. Disponível em: <http://download.oracle.com/javase/tutorial/i18n/format/numberintro.html>. Acesso em: 26 ago. 2010.

______. JavaServer Pages Standard *Tag* Library 1.1 - *Tag* Reference. Disponível em: <http://download.oracle.com/docs/cd/E17477_01/javaee/5/jstl/1.1/docs/tlddocs/index.html>. Acesso em: 26 jul. 2010.

______. JavaServer Pages Standard *Tag* Library. Disponível em: <http://java.sun.com/products/jsp/jstl/reference/docs/index.html>. Acesso em: 30 jul 2010.

WIKIPEDIA.ORG. Ferramenta CASE. Disponível em: <http://pt.wikipedia.org/wiki/Ferramenta_case>. Acesso em: 22 nov. 2010.

Impressão e Acabamento
Gráfica Editora Ciência Moderna Ltda.
Tel.: (21) 2201-6662